U0379688

“十二五”职业教育国家规划教材
经全国职业教育教材审定委员会审定
普通高等教育“十一五”国家级规划教材
高等职业技术教育机电类专业系列教材

电子线路 CAD Protel 2004

第3版

主　　编　王廷才
参　　编　杨聚庆　刘娇月
　　　　　吕俊霞　崔英杰
　　　　　沈晓霞　倪江楠

机械工业出版社

本书为“十二五”职业教育国家规划教材，经全国职业教育教材审定委员会审定。

Protel 2004 是 Altium 公司推出的完整的板卡级设计系统，包括原理图设计、印制电路板（PCB）设计、混合信号电路仿真、布局前后信号完整性分析、规则驱动 PCB 布局与编辑、改进型拓扑自动布线及计算机辅助制造（CAM）输出和 FPGA 设计等。

本书结合实例系统地介绍了应用 Protel 2004 进行电路原理图设计、电路仿真、印制电路板（PCB）设计的方法和操作步骤，特别是对 Protel 2004 新增功能做了透彻的讲解。全书内容编排由浅入深、结构合理、图文并茂，并配有丰富的教辅资料：教学 PPT 课件、电子教案、习题解答、试题和典型教学案例视频演示等。

本书可作为高等职业院校和成人教育学院电子类、电气类、自动化类、通信类和机电类相关专业的 EDA 教材，也可作为从事电子线路设计的工程技术人员和电子爱好者的参考用书。

凡选用本书作为教材、需要教辅资料的老师，均可来电免费索取。咨询电话：010-88379375；电子邮箱：wangzongf@163.com。

图书在版编目（CIP）数据

电子线路 CAD Protel 2004/王廷才主编. —3 版. —北京：机械工业出版社，2015.8（2024.1 重印）

“十二五”职业教育国家规划教材. 经全国职业教育教材审定委员会审定. 普通高等教育“十一五”国家级规划教材. 高等职业技术教育机电类专业系列教材

ISBN 978-7-111-51030-7

Ⅰ. ①电… Ⅱ. ①王… Ⅲ. ①印刷电路—计算机辅助设计—应用软件—高等职业教育—教材 Ⅳ. ①TN410.2

中国版本图书馆 CIP 数据核字（2015）第 176186 号

机械工业出版社（北京市百万庄大街 22 号　邮政编码 100037）
策划编辑：于　宁　责任编辑：于　宁　王宗锋　崔利平
版式设计：霍永明　责任校对：刘秀芝
封面设计：鞠　杨　责任印制：单爱军
北京虎彩文化传播有限公司印刷
2024 年 1 月第 3 版第 6 次印刷
184mm×260mm · 17 印张 · 420 千字
标准书号：ISBN 978-7-111-51030-7
定价：49.80 元

电话服务	网络服务
客服电话：010-88361066	机　工　官　网：www.cmpbook.com
010-88379833	机　工　官　博：weibo.com/cmp1952
010-68326294	金　　书　　网：www.golden-book.com
封底无防伪标均为盗版	机工教育服务网：www.cmpedu.com

前　　言

Protel 设计系统是世界上第一套将 EDA 设计环境引入 Windows 平台的开发工具，它具有强大便捷的编辑功能、卓有成效的检测手段和完善灵活的设计管理方式。Protel 2004 是 Altium 公司推出的板卡级电路设计系统，它将原理图设计、电路仿真、PCB 设计、设计规则检查、文档报表输出、VHDL、FPGA 及逻辑器件设计等完美融合，为用户提供了全面的设计解决方案，已成为目前各电子设计公司及大中专院校使用最普遍的 EDA 设计软件之一。

本书共分 10 章，第 1 章为 Protel 2004 软件操作；第 2 章至第 5 章由浅入深地讲述电路原理图设计系统；第 6 章介绍集成元器件库的创建与管理；第 7 章介绍印制电路板设计基础；第 8 章和第 9 章以具体实例详细介绍印制电路板设计系统；第 10 章介绍 PCB 设计规则及 PCB 报表。全书各章节均结合实例具体讲述操作方法，每章后附有练习题，内容由浅入深，结构合理、条理清晰、内容翔实、通俗易懂、图文并茂。本书配套教辅资料有教学 PPT 课件、电子教案、习题解答、试题和典型教学案例视频演示等，方便教学使用和工程技术人员自学。

本书中元器件符号及电路图采用的是 Protel 2004 软件的符号标准，有些与国家标准不符，特提请读者注意，并深表歉意。

本书由深圳信息职业技术学院王廷才主编，参加编写的老师有杨聚庆、刘娇月、吕俊霞、崔英杰、沈晓霞、倪江楠等。本书在编写过程中，得到了深圳信息职业技术学院和河南工业职业技术学院的大力支持，参阅了部分专家学者的论著资料，在此一并表示真诚谢意。

限于编者水平，不足之处请广大读者批评指正。

编　者

目　录

第1章　Protel 2004 软件操作

知识目标

1. 掌握 Protel 2004 的基本功能。
2. 了解 Protel 2004 的主要组成。
3. 了解 Protel 2004 文件格式。

技能目标

1. 学会 Protel 2004 软件启动和退出。
2. 学会 Protel 2004 主窗口界面操作方法。
3. 初步学会创建设计项目文件和设计文件的方法。

作为电子线路计算机辅助设计系统，Protel 是最流行、最畅销的 EDA（电子设计自动化）软件之一，它具有强大便捷的编辑功能、卓有成效的检测手段和完善灵活的设计管理方式，已成为众多电子线路设计人员首选的软件。

1.1　Protel 2004 概述

Protel 2004 也称为 DXP 2004，是 Altium 公司于 2004 年 2 月推出的板卡级设计系统，主要运行在 Windows XP 操作系统。该软件从多方面改进和完善了 Protel DXP 版本，通过把原理图设计、电路仿真、PCB 绘制编辑、拓扑自动布线、信号完整性分析和设计输出等技术的完美融合，为设计者提供了全新的板卡级设计解决方案。

1.1.1　Protel 2004 的主要组成

Protel 2004 主要由四大部分组成：

（1）原理图设计系统（SCH）　它主要用于电路原理图的设计，为印制电路板的制作做准备工作。

（2）印制电路板设计系统（PCB）　它主要用于印制电路板的设计，由它生成的 PCB 文件将直接应用到印制电路板的生产中。

（3）FPGA 设计系统　它主要用于可编程逻辑器件的设计。设计完成之后，就可以制作具备特定功能的元器件。

（4）VHDL 设计系统　硬件描述语言设计编译系统。

1.1.2　Protel 2004 的系统配置

Protel 2004 是第一代板卡级设计系统，在设计过程中要进行大量的数据处理和存取操作，对系统的配置要求为

① 操作系统：Windows XP。

② 硬件配置：CPU 主频为 2 GHz 或更高、内存 1GB、硬盘空间 2GB、最低显示分辨率为 1280 × 1024、显存 64MB。

1.1.3　Protel 2004 的安装及文件组成

1. Protel 2004 的安装

Protel 2004 的安装比较简单，用户只需要根据安装盘在安装过程中的提示一步一步操作，即可完成安装工作，安装过程这里从略。

2. Protel 2004 的文件组成

Protel 2004 打破了以往"Protel for Windows"的文件管理方式，可以单独地建立一个设计文件，打开该设计文件就可直接调出该文件类型的编辑器，极大地方便了设计。同时这种文件管理方式也与 Windows 的其他应用程序的管理方式协调一致。

Protel 2004 引入了设计项目的概念，在印制电路板的设计过程中，一般先建立一个项目文件，项目文件扩展名为".Prj × × ×"（其中"× × ×"由所建项目的类型决定）。该文件只是定义项目中的各个设计文件之间的关系，并不将各个设计文件包含于内，在设计过程中，建立的原理图、PCB 等设计文件都以分立文件的形式保存在计算机中。有了项目文件这个联系的纽带，同一项目中不同设计文件可以不必保存在同一文件夹中。在查看设计文件时，可以通过打开项目文件的方式找到与项目相关的所有文件，也可以将项目中的单个设计文件以自由文件的形式单独打开。

为便于管理和查阅项目文件，建议设计者在开始某一项设计时，首先为该项目单独创建一个文件夹，将所有与该项设计有关的文件都存放在该文件夹下。

不同类型的文件，其保存文件的扩展名是不同的，表 1-1 即为 Protel 2004 的文件扩展名所对应的文件对象。

表 1-1　Protel 2004 的文件扩展名所对应的文件对象

文件扩展名	文 件 对 象	文件扩展名	文 件 对 象
. PrjPCB	PCB 项目文件	. SchLib	原理图元器件库文件
. SchDoc	原理图文件	. PcbLib	PCB 元器件库文件
. PcbDoc	PCB 文件	. Cam	辅助制造工艺文件
. PrjFpg	FPGA 项目文件	. Txt	纯文本文件
. Vhd	VHDL 设计文件	. LibPkg	集成库项目文件
. IntLib	集成库文件	. Sdf	波形图文件

当然，也可以不建立项目文件，而直接建立一个原理图文件或者其他单独的、不属于任何项目的自由文件。

1.2　Protel 2004 的操作界面

Protel 2004 安装注册后，安装程序自动在桌面的开始菜单上放置一个启动 Protel 2004 的快捷方式，如图 1-1 所示。

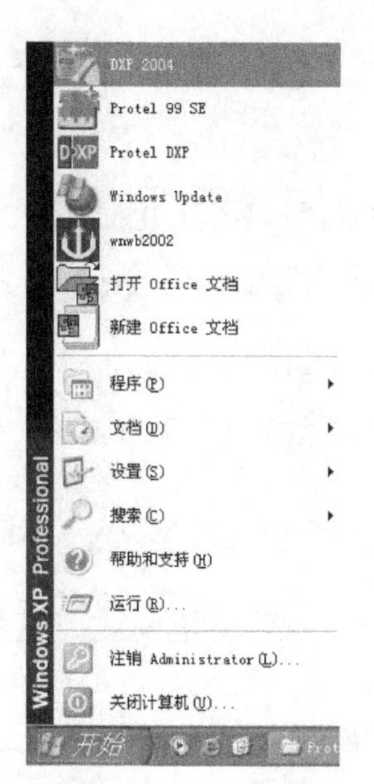

图 1-1　启动 Protel 2004 的快捷方式

单击 开始 按钮，选取 DXP 2004 菜单项并单击，即可启动 Protel 2004。

Protel 2004 应用程序启动后，会出现图 1-2 所示的主窗口界面。主窗口上方依次是工具栏、菜单栏和标题栏；中部是两个大窗口，右边是面板窗口，左边是工作窗口，靠右侧是面板标签；下面有面板标签栏、命令栏和状态栏等。

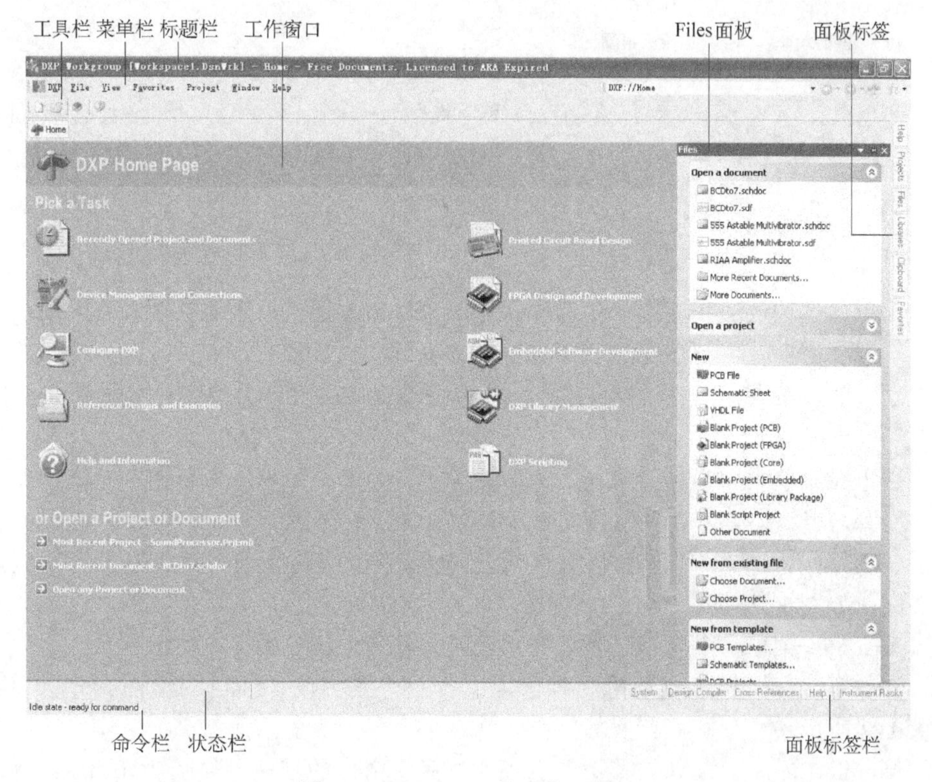

图 1-2　Protel 2004 的主窗口界面

下面简要介绍一下 Protel 2004 的主窗口界面中各部分的作用。

1.2.1　Protel 2004 的菜单栏

Protel 2004 的菜单栏命令是随着工作窗口的改变而改变的，刚启动后的菜单栏有 7 个，如图 1-3 所示。分别单击这 7 个菜单命令，会出现不同的下拉菜单。

DXP　File　View　Favorites　Project　Window　Help

图 1-3　主菜单栏

（1）DXP 菜单　主要用于设置系统参数，使其他菜单及工具栏自动改变以适于编辑的文件。DXP 菜单各选项功能如图 1- 4 所示。

（2）File 菜单　用于文件的新建、打开和保存等。File 菜单各选项功能如图 1-5 所示。

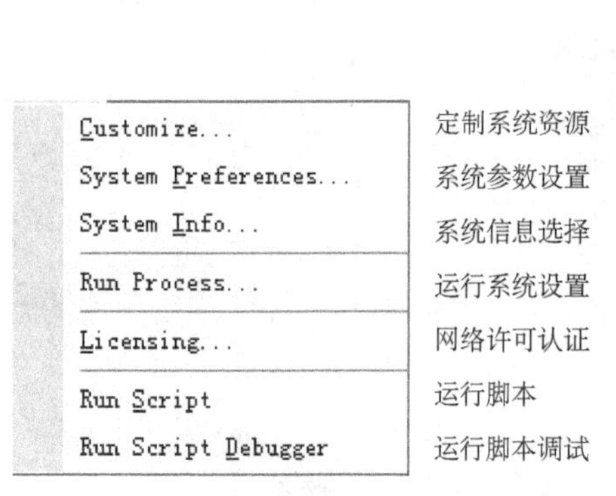

图 1-4　DXP 菜单各选项功能

图 1-5　File 菜单各选项功能

下拉菜单各选项表示相应的命令选项，有的菜单命令还具有主工具栏按钮和快捷键标志等。例如，选项“Open”的左边为工具栏按钮图标，右边的“Ctrl + O”为键盘快捷键标志，带下划线的O 为热键。若想激活同一菜单命令的功能，执行任一种操作都可以达到目的。

下面以下拉菜单中“New”选项为例加以说明：菜单“New”为新建一个文件，该选项右侧有一个▸，表示还有下级菜单，其下级菜单如图 1-6 所示。

（3）View 菜单　主要用于工具栏、状态栏和命令行等的管理，并控制各种面板窗口的打开和关闭，如图 1-7 所示。

（4）Favorites 菜单　主要用于管理常用工具，其子菜单如图 1-8 所示。

（5）Project 菜单　Project 菜单中各选项主要用于整个设计项目的编译、分析和版本控制，如图 1-9 所示。

（6）Window 菜单　Window 菜单各选项主要用于窗口的管理，如图 1-10 所示。

（7）Help 菜单　Help 菜单用于打开帮助文件，如图 1-11 所示。

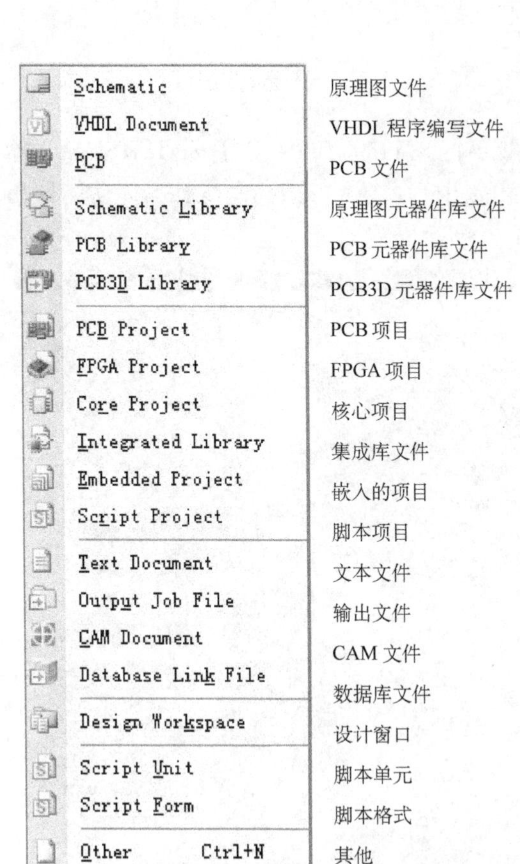

图 1-6 “New” 的子菜单

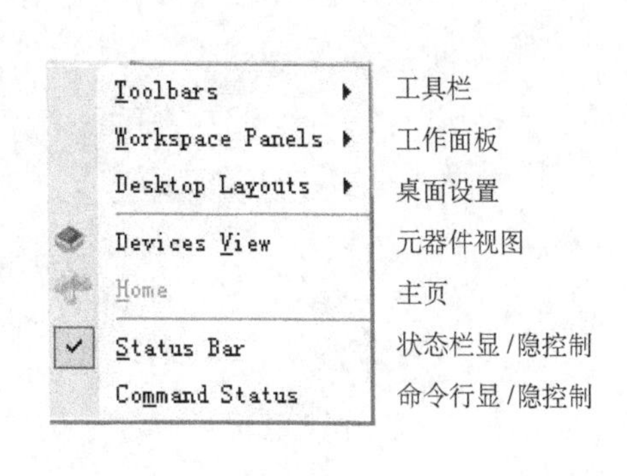

图 1-7 View 菜单

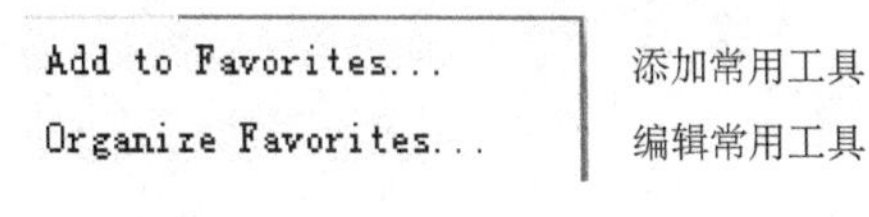

图 1-8 Favorites 菜单的子菜单

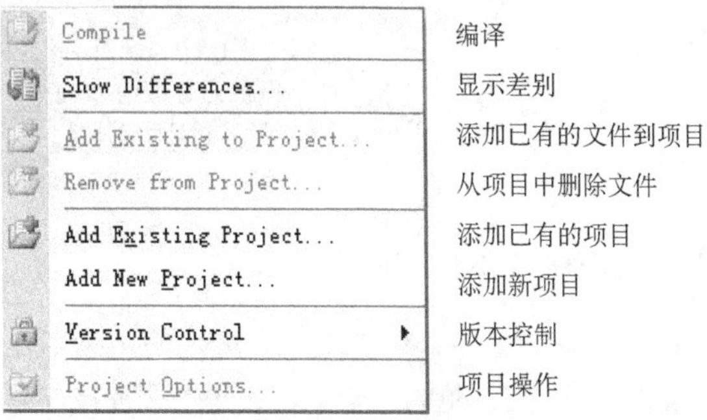

Compile　编译
Show Differences...　显示差别
Add Existing to Project...　添加已有的文件到项目
Remove from Project...　从项目中删除文件
Add Existing Project...　添加已有的项目
Add New Project...　添加新项目
Version Control　版本控制
Project Options...　项目操作

图 1-9 Project 菜单各选项功能

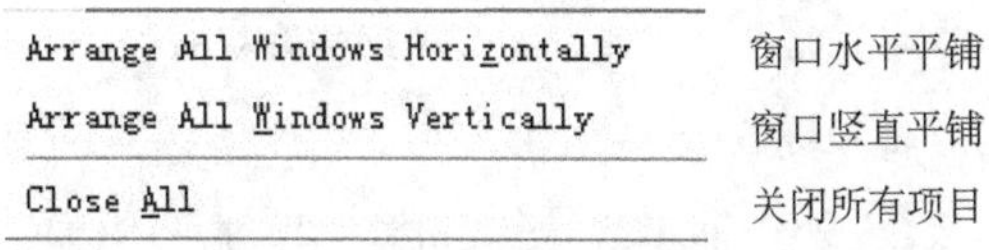

Arrange All Windows Horizontally　窗口水平平铺
Arrange All Windows Vertically　窗口竖直平铺
Close All　关闭所有项目

图 1-10 Window 菜单各选项功能

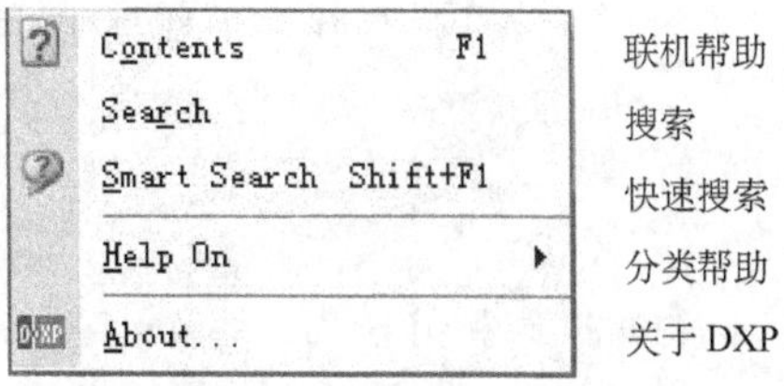

Contents F1　联机帮助
Search　搜索
Smart Search Shift+F1　快速搜索
Help On　分类帮助
About...　关于 DXP

图 1-11 Help 菜单各选项功能

1.2.2　Protel 2004 的主页

在使用 Protel 2004 进行电路设计时，一般要打开 Protel 2004 的主页(DXP Home Page)。主页占据的是工作窗口，主页区域会显示常用的图标命令，各图标命令和具体功能如图 1-12 所示。

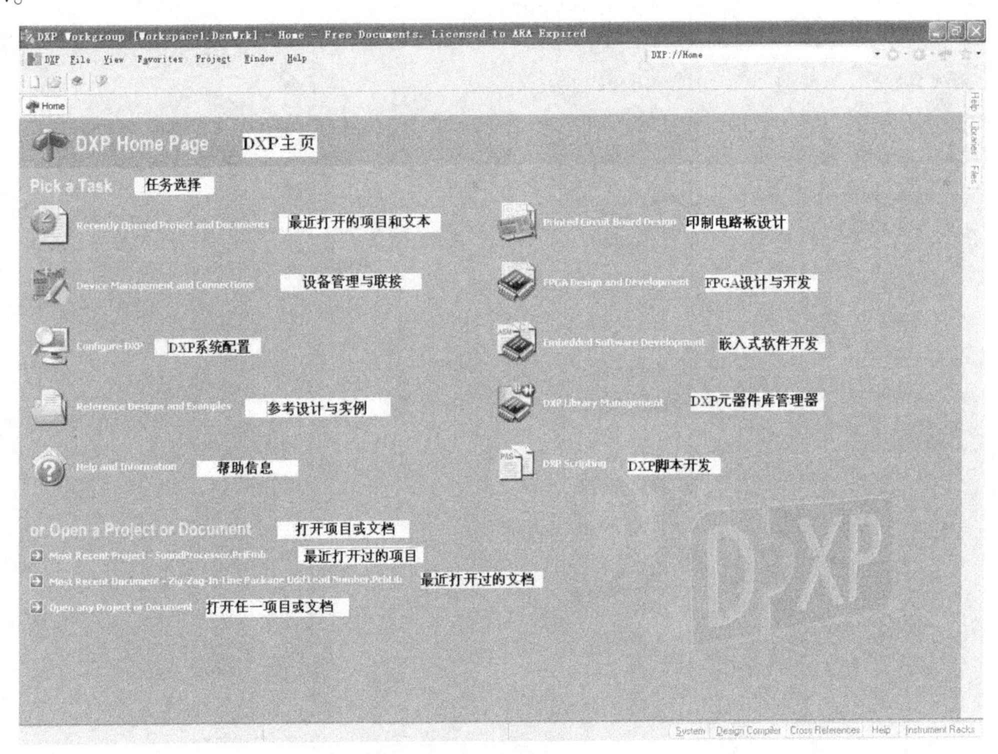

图 1-12　DXP 主页显示的图标命令和具体功能

选择某一图标命令时，系统会弹出一个对话框，用户可以方便地从对话框中选择需要的操作。

1.2.3　Protel 2004 的工作面板

Protel 2004 在各个编辑器中大量地使用了工作面板(Workspace Panel)。所谓工作面板是指集同类操作于一身的弹出式窗口。这些面板按类区分，放置在不同的面板标签中。用户可以通过工作面板方便地实现打开文件、访问库文件、浏览各个设计文件和编辑对象等各种功能。

以原理图编辑器为例，对工作面板加以说明。打开原理图文件进入原理图编辑后，在 Protel 2004 主窗口下边有 6 个工作面板标签，如图 1-13 所示。

图 1-13　工作面板标签

这 6 个面板标签分别为：System（系统面板标签）、Design Compiler（设计编译器面板标签）、Cross References（交叉引用面板标签）、SCH（原理图面板标签）、Help（帮助面板标签）以及 Instrument Racks（仪器架面板标签）。

1. 打开面板的方法

1）从菜单命令“View \ Workspace Panels”下面的二级子菜单中选择要打开的面板。

2）单击 Protel 2004 主窗口右下角的面板标签栏，从弹出的菜单中选择要打开的面板。

2. 工作面板的三种显示状态

用鼠标左键单击面板标签栏中的标签，相应的面板即显示在窗口，该面板即被激活。Protel 2004 可以同时将多个面板激活，激活后的多个面板既可以分开摆放，也可以叠放，还可以用标签的形式隐藏在当前窗口。

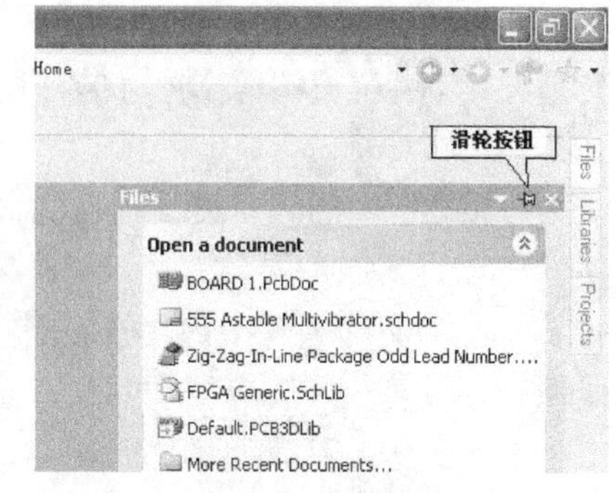

图 1-14　面板的弹出/隐藏状态

（1）弹出/隐藏状态　如图 1-14 所示，该图中的“Files”面板处于弹出/隐藏状态。面板处于隐藏状态时，隐藏在右侧的标签处，用鼠标指向“Files”标签，“Files”面板就会自动弹出，在弹出的面板标题栏上有一个滑轮按钮，这就意味着该面板可以滑出/滑进，即弹出/隐藏。当鼠标移开该面板一定时间或者在工作区中单击鼠标左键，该面板会自动隐藏。单击滑轮按钮，即可将面板变为锁定状态。

（2）锁定状态　如图 1-15 所示，该图中的“Files”面板处于锁定状态。在面板标题栏上有一个图钉按钮，这就意味着该面板被图钉固定，即被锁定。单击图钉按钮，即可将面板变为弹出/隐藏状态。

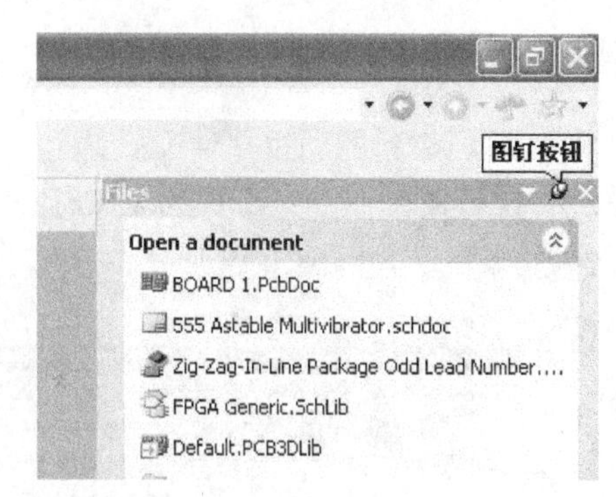

图 1-15　面板的锁定状态

当多个面板叠放处于锁定状态时，在面板的下边将会出现叠放面板的标签，在面板上边框图标上单击鼠标右键，将会弹出图 1-16 右上角所示的激活面板快捷菜单，选中相应的面板，该面板就会出现在工作窗口中。

（3）浮动状态　如图 1-17 所示，其中的 Libraries 面板处于浮动状态。

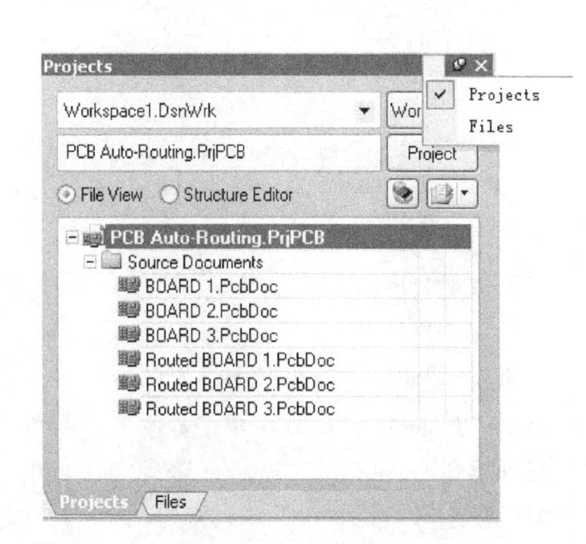

图 1-16　激活面板快捷菜单

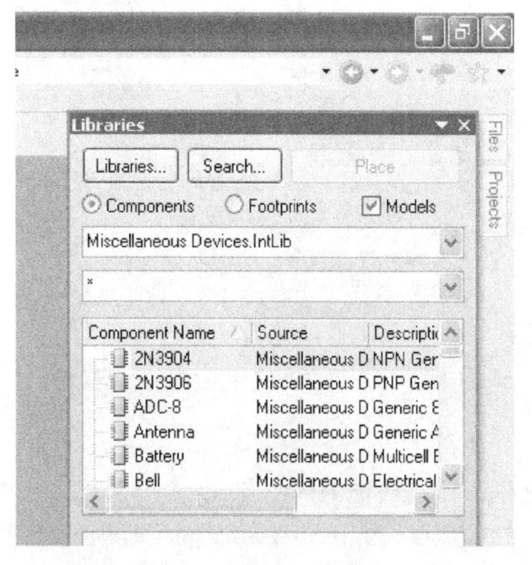

图 1-17　面板的浮动状态

要使面板由弹出/隐藏或者锁定状态转变为浮动状态，只需将鼠标箭头指向面板的标题栏，按下左键将面板拖到工作窗口中所希望放置的地方即可。而要使面板由浮动状态转变为弹出/隐藏或者锁定状态，则要将鼠标箭头指向面板的标题栏，按下左键将面板推入工作窗口左侧或右侧，使其变为隐藏标签，再进行相应的操作即可。

1.3　Protel 2004 项目文件的管理

Protel 2004 引入了设计项目的概念，在印制电路板的设计过程中，一般先建立一个项目文件，项目文件扩展名为“.Prj×××”。该文件只是定义项目中的各个文件之间的关系，并不将各个文件包含于内，在设计过程中，建立的原理图、PCB 等文件都以分立文件的形式保存在计算机中。有了项目文件这个联系的纽带，同一项目中不同文件可以不必保存在同一个文件夹中。在查看文件时，可以通过打开项目文件的方式找到与项目相关的所有文件，也可以将项目中的单个文件以自由文件的形式单独打开。

1.3.1　新项目文件的建立

1. 创建新的项目文件

执行菜单命令“File\New\PCB Project”，即可在 Projects 面板上的工作区建立新项目文件，如图 1-18 和图 1-19 所示。

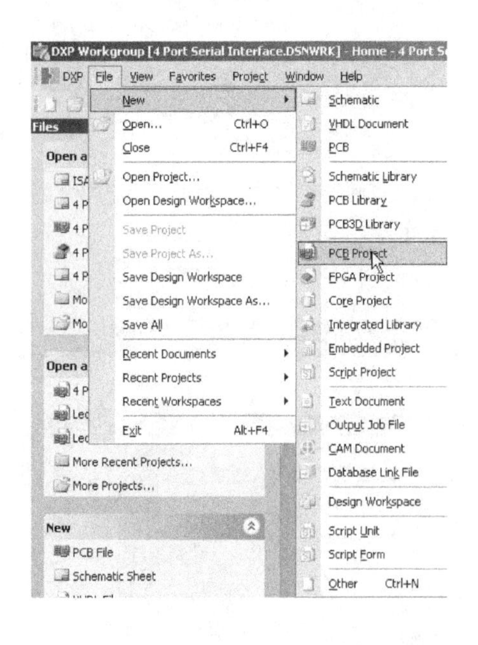

图 1-18　建立新项目文件的菜单操作

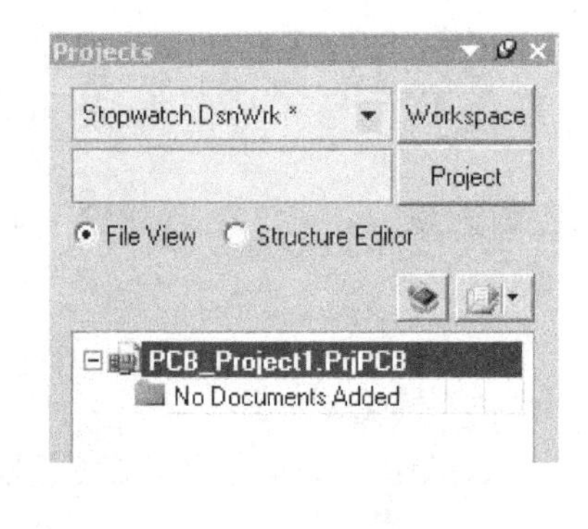

图 1-19　新建立的项目文件

执行菜单命令“File\Save Project”或“File\Save Project As”，即可出现如图 1-20 的对话框。在对话框上部的“保存在(I):”一栏中选择保存的路径和文件夹，在对话框下部的“文件名(N):”一栏中将文件名改为便于用户记忆或与设计相关的名称。例如，要设计一个振荡器电路，可将文件名改为“ZDQ”，单击 保存(S) 按钮，则在“Projects”面板的工作区中新建项目的名称，如图 1-21 所示。

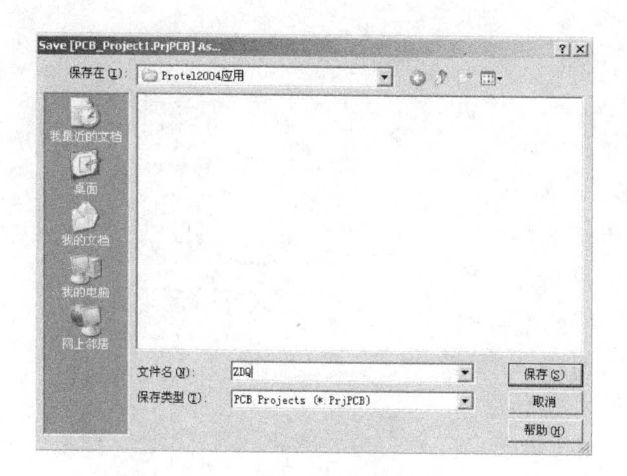

图 1-20　保存新项目对话框

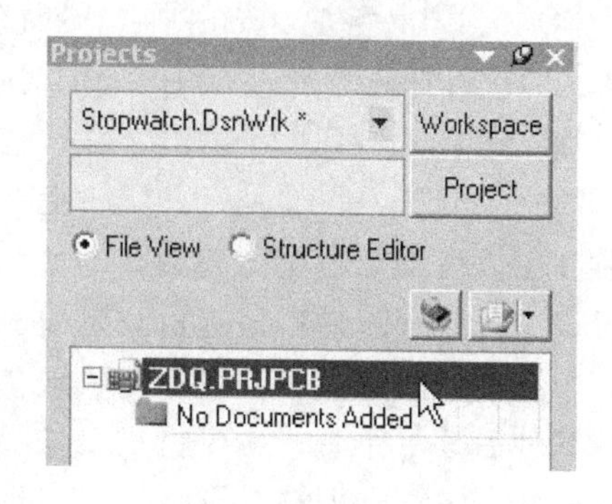

图 1-21　命名后的新项目

2. 创建原理图文件

1）执行菜单命令“File \ New \ Schematic”，即可创建原理图文件，进入原理图编辑状态窗口，如图 1-22 所示。

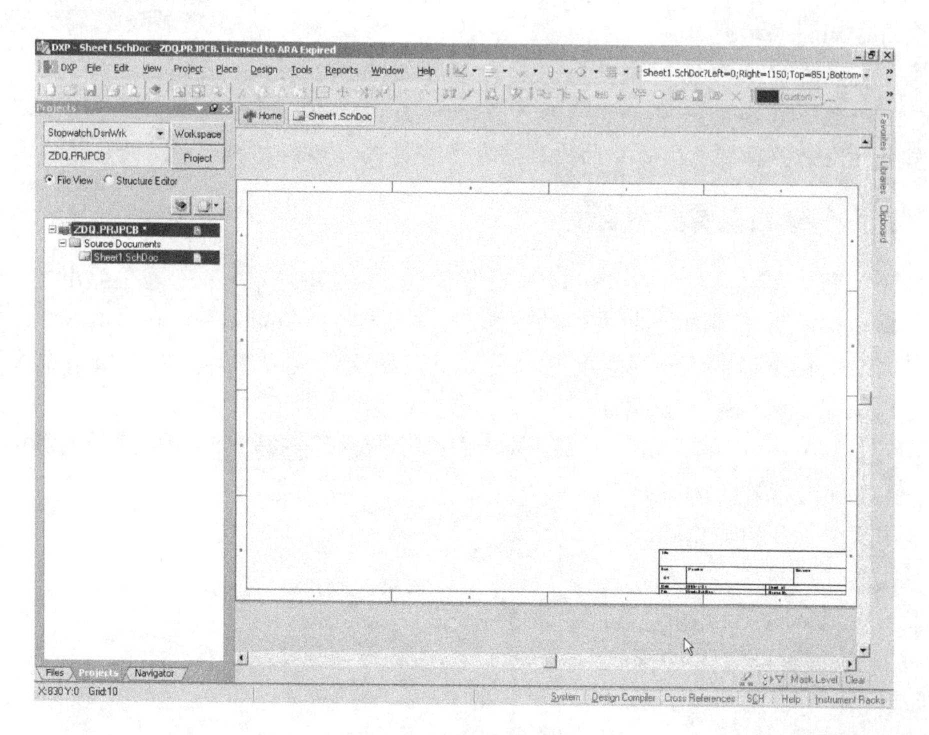

图 1-22　原理图编辑状态窗口

2）进入原理图编辑状态窗口后，界面发生了很大的变化，菜单栏数量增加了，同时在工具栏中出现了很多按钮，如果此前已经创建或打开了一个项目文件，新建的原理图文件会自动加入到当前的项目中，在项目下会自动产生一个名为“Source Documents”的文件夹，新建的原理图文件位于该文件夹下。系统默认的文件名为“Sheet1. SchDoc”。

3）执行菜单命令“File \ Save”，在弹出的对话框中，选择合适的路径并输入具有个性的文件名，例如“ZDQ”，单击 保存(S) 按钮即可。这时在“Projects”面板中，可以看到一个名为“ZDQ. SCHDOC”的原理图文件已加入到项目“ZDQ. PRJPCB”当中，如图 1-23 所示。

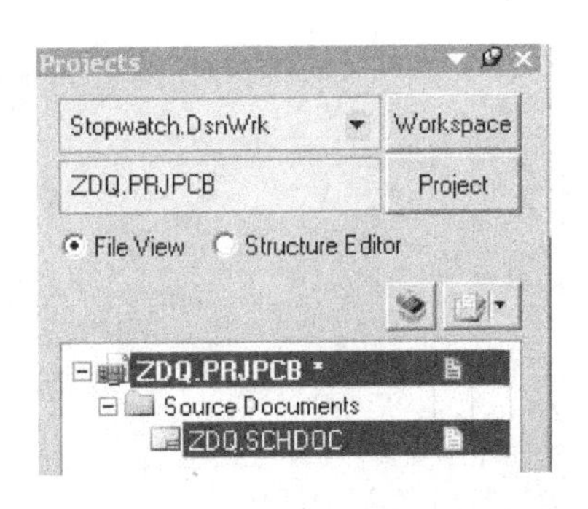

图 1-23　保存后的原理图文件

这里需要说明的是，并不一定要在建立项目文件后才可以启动原理图编辑器，即使没有项目文件，也可以打开原理图编辑器进行自由原理图文件的设计绘制，这一方法在设计者只想画出一张原理图而不做任何其他后续工作时，显得特别方便。但如果设计者后来改变了主意，仍然可以将这个原理图文件添加至设计项目文件中。

建立自由原理图文件的方法如下：在设计者未建立或打开任何设计项目时，执行菜单命令“File \ New \ Schematic”，即启动了原理图编辑器，并自动生成自由原理图文件(Free Schematic Sheets)，保存后它不隶属于任何项目，如图 1-24 所示。

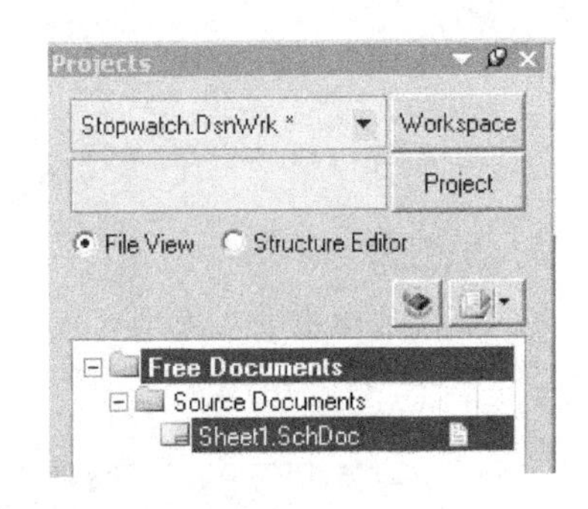

图 1-24　建立的自由原理图文件

注意：在保存自由原理图文件时，自由原理图文件的文件名一定不能与同一文件夹下属于某个项目的相同类型文件同名，否则原项目中的文件将被替换，而且系统不提示设计者。

1.3.2　打开和编辑已有的项目文件

要打开一个已有的项目文件，可以执行菜单命令“File \ Open …”，在弹出的“Choose Document to Open”对话框内，将文件类型指定为“Projects Group file(* . PrjGrp)”，在“查找范围(I):”一栏中指定要打开的项目组文件所在的文件夹。在对话框窗口中单击项目文件“4 Port Serial Interface”，如图 1-25 所示，最后单击“打开”按钮确认。

打开后，“4 Port Serial Interface”项目文件出现在“Projects”面板的工作区中，其相关文件以目录树的形式出现，如图 1-26 所示。

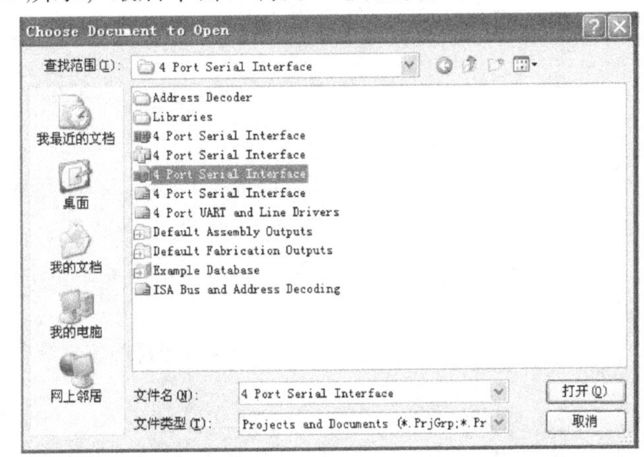

图 1-25　打开项目组文件对话框

为了在“Projects”面板上的工作区中对多个项目文件进行管理，一般要将已打开的项目文件与“Projects”面板在工作区中相链接。操作的方法是在工作区外右击鼠标，出现项目文件的命令操作菜单，如图 1-27 所示。

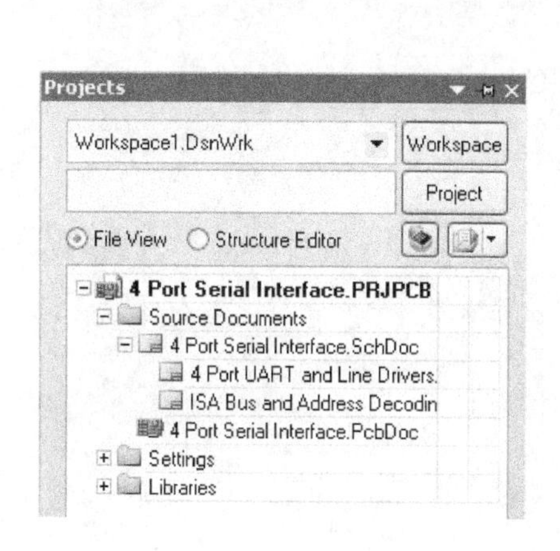

图1-26　项目文件在“Projects”面板上的显示

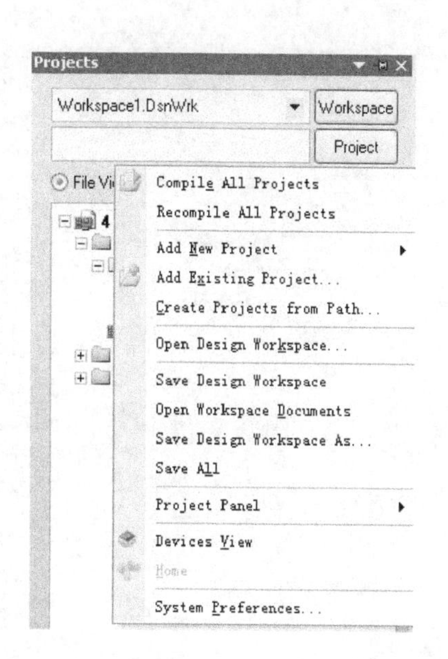

图1-27　工作区项目文件的命令操作菜单

选择“Save Design Workspace”或“Save Design Workspace As...”命令均可实现链接，一般选择后者。操作后屏幕将弹出“Save[×××.DsnWrk]As...”对话框，如图1-28所示。在对话框上部的“保存在(I):”一栏中选择保存的路径和文件夹，在对话框下部的“文件名(N):”一栏中将文件名改为“4 Port Serial Interface”，单击 保存(S) 按钮即可完成链接，工作区名称变为“4 Port Serial Interface”，链接后的“Projects”面板如图1-29所示。

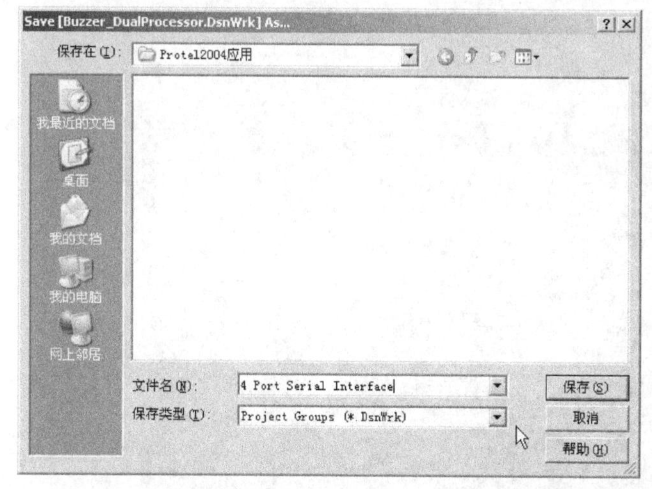

图1-28　“Save[×××.DsnWrk]As...”对话框

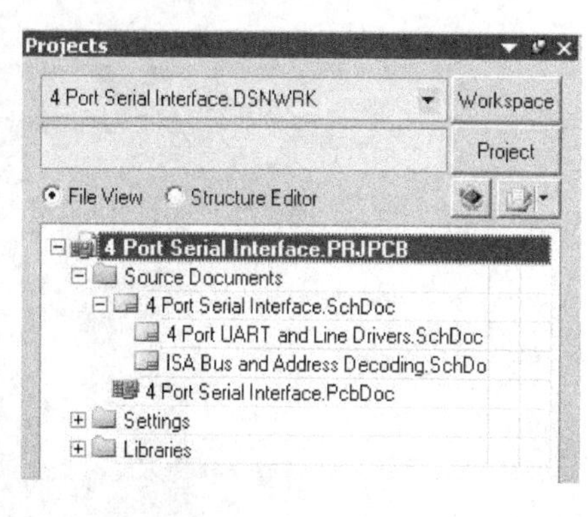

图1-29　链接后的“Projects”面板

在“Projects”面板上的工作区双击相应的文件即可打开该文件及其编辑器。

首先以原理图编辑器为例，在“Projects”面板上的工作区双击文件名称“ISA Bus and Address Decoding. SchDoc”，打开该原理图文件，软件自动启动原理图编辑器。打开后的原理图编辑器界面如图1-30所示。

原理图编辑器启动以后，菜单栏的一些命令发生了变化，并显示出各种常用工具栏，此

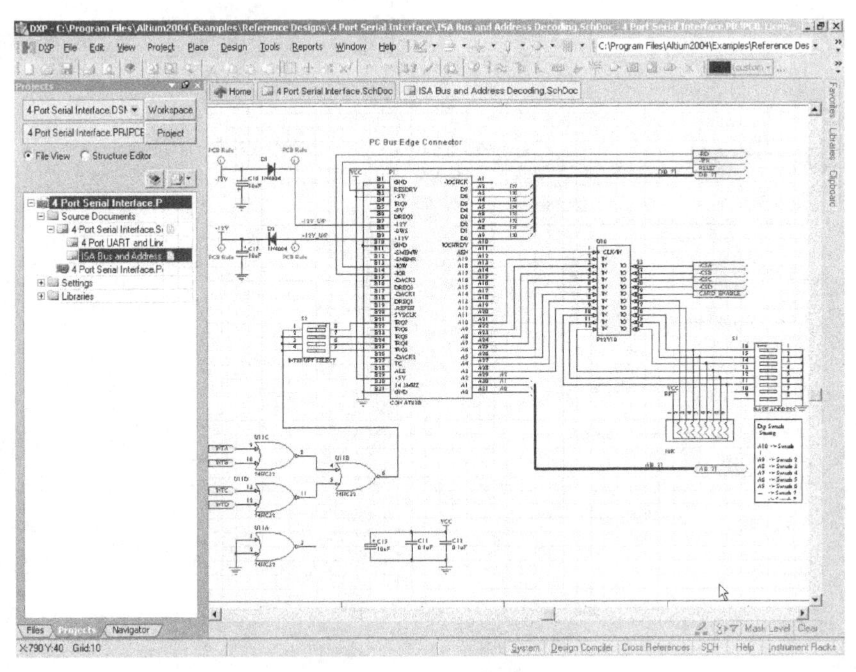

图 1-30　原理图编辑器界面

时可在编辑窗口对该原理图进行编辑。

再以 PCB 编辑器为例，在 Projects 面板上的工作区双击文件名称“4 Port Serial Interface. PcbDoc”，同样可打开该 PCB 文件，且软件自动启动 PCB 编辑器。打开后的 PCB 编辑器界面如图 1-31 所示。

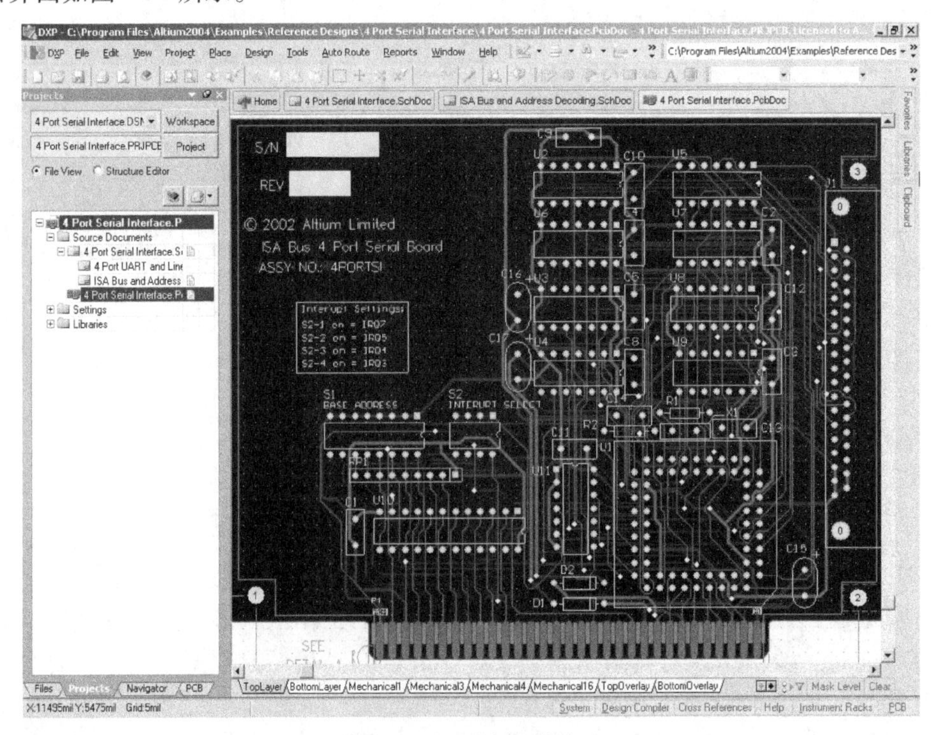

图 1-31　PCB 编辑器界面

同原理图编辑器一样，菜单栏也扩展了一些命令，并显示出各种常用工具栏，此时可在编辑窗口对该 PCB 文件进行编辑。

1.3.3 项目文件的组织

项目文件用来组织与一个设计(如 PCB)有关的所有文件，如原理图文件、PCB 文件、输出报表文件等，并保存有关设置。之所以称为“组织”，是因为在项目文件中只是建立了与设计有关的各种文件的链接关系，而文件的实际内容并没有真正包含到项目中。因此，一个项目下的任意一个文件都可以单独打开、编辑或复制。

1.3.4 关闭文件

前面所讲的有关新建一个文件或打开一个文件的操作，同样适用于其他类型文件。新建或打开不同的文件，软件都会自动启动与该类型文件相对应的编辑器。同样，当某编辑器支持的文件全部关闭时，该编辑器会自动关闭。下面介绍关闭文件的方法。

1. 关闭单个文件

关闭某个已打开的文件，有多种方法，下面简单介绍两种方法。

1）在工作区中用鼠标右键单击要关闭的文件的标签，在弹出的快捷菜单上选择“Close”。

2）在“Projects”面板上，用鼠标右键单击要关闭的文件标签，在弹出的快捷菜单上选择“Close”。

2. 关闭所有文件及编辑器

关闭所有已打开的文件，也有多种方法，下面也简单介绍两种方法。

1）执行菜单命令“Windows \ Close All”或“Close Documents”。

2）可以在工作区的任意一个文件标签上单击鼠标右键，然后在快捷菜单上选择“Close All Documents”命令。

1.4 设置项目选项

设计者建立一个设计项目文件后，为方便编辑，可以对其选项进行设置。设置的项目选项包括错误检查规则、连接矩阵、比较设置、工程变化顺序(ECO)、输出路径和网络表等。

选择执行菜单命令“Project \ Project Options”，系统将弹出图 1-32 所示的“Options for PCB Project × × ×. PRJPCB”对话框。

所有与项目有关的选项均通过这个对话框来设置，下面分别加以介绍。

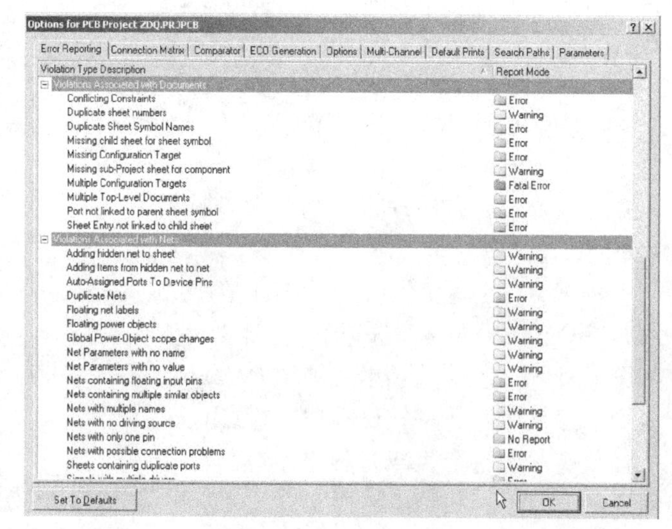

图 1-32 “Options for PCB Project × × ×. PRJPCB”对话框

1. Error Reporting（错误报告）

在 Protel 2004 的原理图编辑过程中，如果有错误发生，Protel 2004 将根据在“Error Reporting”（错误报告）选项卡设置的检查错误规则，进行错误检查，并把结果显示在“Messages”面板上。

“Error Reporting”选项卡一般用于设置设计草图检查。选项卡中的“Violation Type Description”（违反类型描述规则）列出了可能违反规则的类型，“Report Mode”（报告模式）表明违反规则的严格程度。如果要修改“Report Mode”，单击需要修改的与违反规则对应的“Report Mode”，并从下拉列表中选择严格程度。

2. Connection Matrix（连接矩阵）

Protel 2004 还可以设置电气连接检查规则，在设计中运行电气连接检查，就会产生检查错误报告。图 1-33 所示为电气连接检查设置“Connection Matrix”选项卡。

图 1-33　“Connection Matrix”选项卡

“Connection Matrix”选项卡将电路的各种不同连接排列成矩阵形式，这个矩阵表示了不同类型的连接点以及该连接点是否被允许，并可设置其错误类型的严格性。

3. Comparator（比较器）

“Options for PCB Project×××”对话框的“Comparator”（比较器）选项卡如图 1-34 所示。该选项卡用于设置当一个项目修改时给出文件之间的不同或者忽略这些不同。设置比较器的操作过程如下：

1）单击“Comparator”选项卡，并在“Difference Associated with Components”单元或其他单元找到需要设置的对象选项。

2）从这些选项右边的“Mode”列中的下拉列表中，选择“Find Differences”（给出不同点）或者“Ignore Differences”（忽略不同点）。

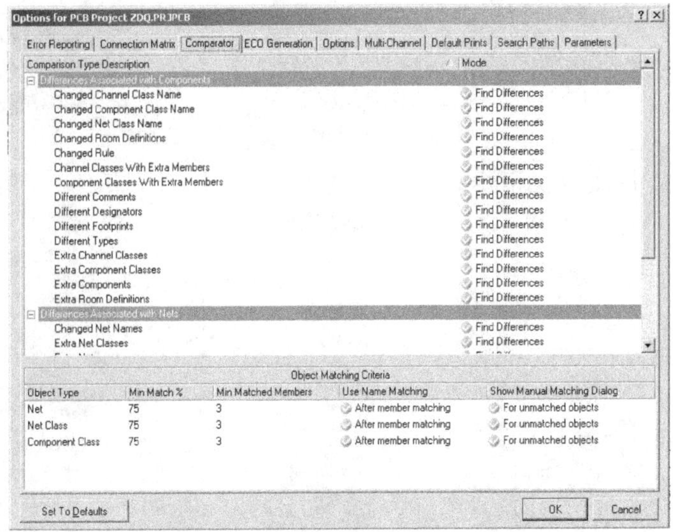

图 1-34　“Comparator”选项卡

4. ECO（工程变化顺序）

“ECO Generation”选项卡，如图 1-35 所示。该选项卡主要是用来指定在生成一个 ECO 时的修改类型，这个生成过程是基于比较器发现的差异而进行的。

该选项卡的设置非常重要，因为由原理图装载元器件和电气信息到 PCB 编辑器时，主要依据这里设置的顺序来操作。

设置该选项卡的操作过程如下：

1）单击“ECO Generation”标签，并在“Modifications-Associated with Components”、“Nets and Parameters”等单元找到需要设置的对象选项。

2）从这些选项右边的“Mode”列的下拉列表中，选择“Generate Change Orders”（生成变化顺序）或“Ignore Differences”（忽略不同点）。

图 1-35　“ECO Generation”选项卡

5. Options（选项）

输出路径和网络表选项设置可以在“Options for PCB Project ×××”对话框的“Options”选项卡中实现，如图 1-36 所示。在此可以分别设置输出和网络表选项以及输出路径。

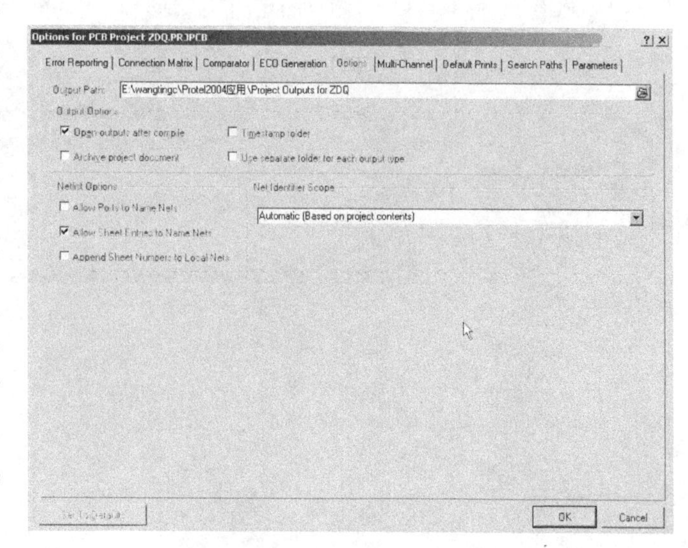

图 1-36　“Options”选项卡

1）“Output Path”编辑框用来设置输出的路径，也可以直接单击编辑框右边的按钮选择输出路径。

2）“Output Options”操作框用来设置输出选项，其中包括“Open outputs after compile”（编译后打开输出）、“Timestamp folder”（时间信息文件夹）、“Archive project document”（项目文件存档）和“Use separate folder for each output type”（每个输出类型均使用独立文件夹）。

3）“Netlist Options”操作框用来设置网络表选项，其中包括“Allow Ports to Name Nets”（允许端口到名称网络）、“Allow Sheet Entries to Name Nets”（允许原理图到名称网络）、“Append Sheet Numbers to Local Nets”（添加原理图号到本地网络）。

6. Multi-Channel（多通道）

Protel 2004 提供了模块化设计的强大功能，设计人员不但可以实现层次式原理图设计，而且可以实现多通道设计，即单个模块多次复用，这就可以由多通道设计来实现。

图 1-37 所示即为“Multi-Channel”选项卡。在该选项卡中，可以设置 Room（方块）的命名格式以及元器件的命名格式。

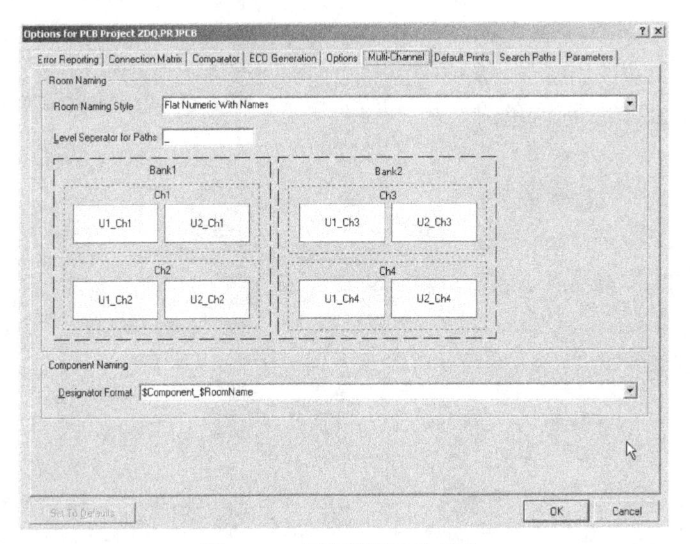

图 1-37　多通道设置选项卡

7. Default Prints(设置项目打印输出)

在项目文件设计中，打印和输出文件是很重要的操作，项目打印输出的设置可以在“Options for PCB Project × × ×”对话框中的“Default Prints”选项卡中进行，如图 1-38 所示。

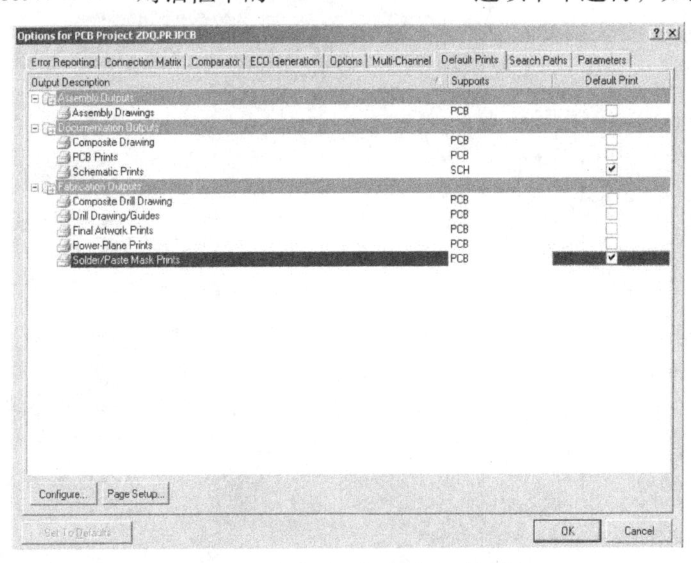

图 1-38　设置项目打印输出对话框

1）选择需要设置的项目选项后，如果 Configure... 按钮是激活的，那么就可以修改该输出的设置，进行项目的输出配置(Configure)、页面设置(Page Setup)。在页面设置中，还可以进行打印设置(Print)和绘图仪或打印机(Printer)设置。

2）如果需要根据输出类型将输出文件发送到单独的文件夹，则选择“Project/Project Options”命令，进入项目选项设置对话框后，单击“Options”选项卡，再选中“Use separate folder for each output type”，最后单击 OK 按钮即可。

8. Search paths(搜索路径)

在设计原理图和 PCB 时，有时候不一定能完全将需要的元器件库都装载到当前的设计状态，此时可以在图1-39所示“Search paths”（搜索路径）选项卡中设置系统默认的搜索路径。如果在当前安装的元器件库中没有需要的元器件，则可以按照搜索路径进行搜索。

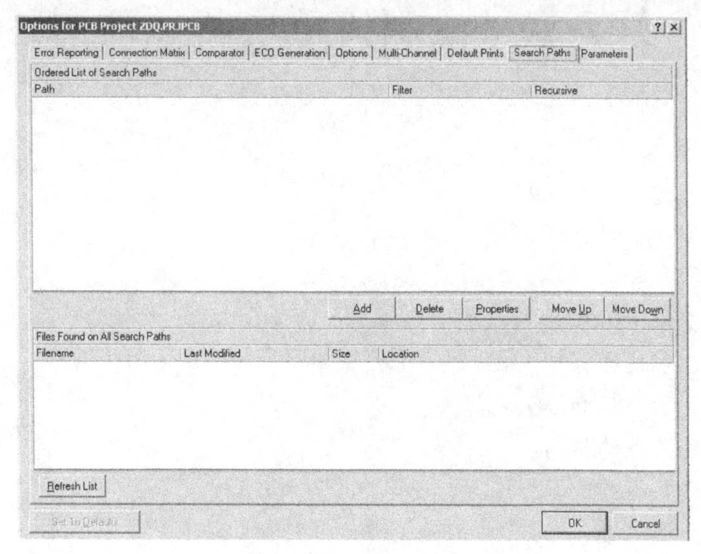

图1-39　搜索路径选项卡

9. 编译项目

编译一个项目就是在一个调试环境中，检查设计的文档草图和电气规则错误。对于电气规则和错误检测等可以在项目选项中设置。编译项目的操作步骤如下：

1）打开需要编译的项目，然后选择“Project \ Compile PCB Project”命令即可启动编译。

2）当项目被编译时，任何已经启动的错误均将显示在设计窗口下部的“Messages”面板中。被编辑的文件与同级的文件、元器件和列出的网络以及一个能浏览的连接模型一起显示在“Compiled”面板中，并且以列表方式显示。

如果电路绘制正确，“Messages”面板应该是空白的。如果报告给出错误，则需要检查电路，并确认是否所有的导线和连接是正确的。

练　习　题

1. Protel 2004 主要由哪几部分组成？各部分的功能是什么？
2. 说明 Protel 2004 的主窗口界面的组成。
3. 工作面板有什么功能。它有哪几种显示形式？
4. 说明 Protel 2004 的文件扩展名所对应的文件对象。
5. Protel 2004 的文件管理具有什么特点？
6. 原理图设计的正确与否可进行电气规则检查，如何在项目选项中进行设置？

上 机 实 践

1. 创建一个名为“MyDesign. PRJPCB”项目文件，并将其导出保存到自己新建的“MyDoc”文件夹中。

2. 在新建的“MyDesign. PRJPCB”项目文件中，创建一个“MySheet. SCHDOC”原理图设计文件，并对窗口界面和菜单命令进行认识性练习。

第 2 章　绘制简单电路原理图

知识目标

1. 掌握电路原理图设计流程。
2. 掌握原理图设计的方法步骤。

技能目标

1. 学会使用 Protel 2004 进入原理图编辑器的方法。
2. 学会设置原理图图样。
3. 学会装载元器件库和放置元器件。
4. 学会图形元器件的排列。
5. 学会进行线路连接。
6. 学会使用绘图工具。

任何电子产品设计，必须先设计电路原理图，才能进一步设计印制电路板图。因此原理图设计是电子产品设计的基础。

本章通过绘制如图 2-1 所示的振荡器与积分器电路原理图，学习原理图设计的基本方法与步骤。

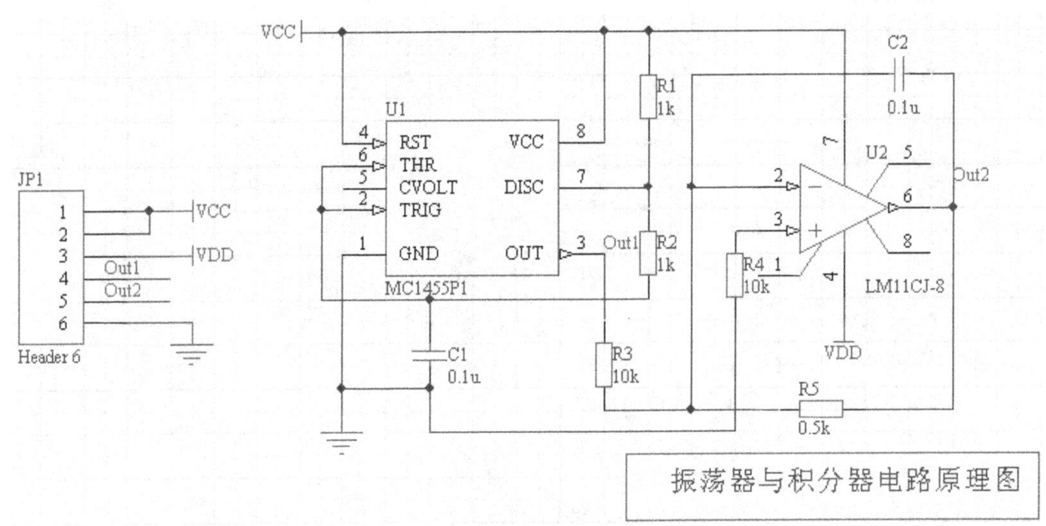

图 2-1　振荡器与积分器电路原理图

2.1　创建设计项目文件和原理图文件

1. 电路原理图的设计流程

电路原理图的设计流程如图 2-2 所示。

（1）创建设计项目文件　Protel 2004 采用项目文件管理方式，即项目文件下的各子文件具有关联性。

（2）启动原理图编辑器　设计者新建一个原理图文件或打开一个原理图文件，都可以 启动原理图编辑器，开始原理图设计。

（3）设置原理图图样大小以及版面　设计原理图前，必须根据实际电路的复杂程度来设置图样的大小、图样的摆放方向、网格大小以及标题栏等。

（4）在图样上放置元器件　设计者根据实际电路的需要，从元器件库里取出所需的元器件放置到工作平面上。然后根据元器件之间的走线等联系，对元器件在工作平面上的位置进行调整、修改，并对元器件的编号、封装进行定义和设置等。

（5）对所放置的元器件进行布局布线　设计者可利用 Protel 2004 提供的各种工具、命令进行布线，将工作平面上的元器件用具有电气意义的导线、符号连接起来，构成一个完整的原理图。

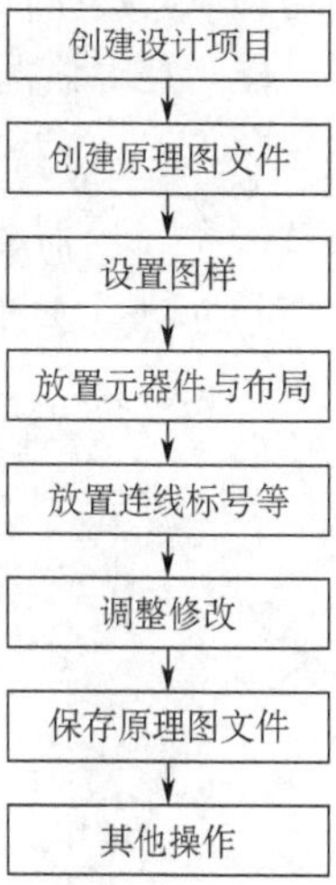

创建设计项目 → 创建原理图文件 → 设置图样 → 放置元器件与布局 → 放置连线标号等 → 调整修改 → 保存原理图文件 → 其他操作

图 2-2　电路原理图设计流程

（6）对布局布线后的元器件进行调整　设计者利用 Protel 2004 所提供的各种功能对所设计的原理图作进一步的调整和修改，以保证原理图的美观和正确。

（7）保存文件并打印输出　这个阶段是对设计完的原理图进行存盘、打印等操作。

2. 创建设计项目文件

在设计振荡器与积分器放大电路原理图之前，应先创建“振荡器与积分器”设计项目文件，以便此后进行振荡器与积分器 PCB 图设计及其他文件编辑工作。创建设计项目文件步骤为

1）执行菜单命令“File \ New \ PCB Project”，如图 2-3 所示。

进行电子电路设计，一般要建立 PCB 项目文件。因此，选择命令“PCB Project”，即可在“Projects”面板上出现新建项目文件，如图 2-4 所示。

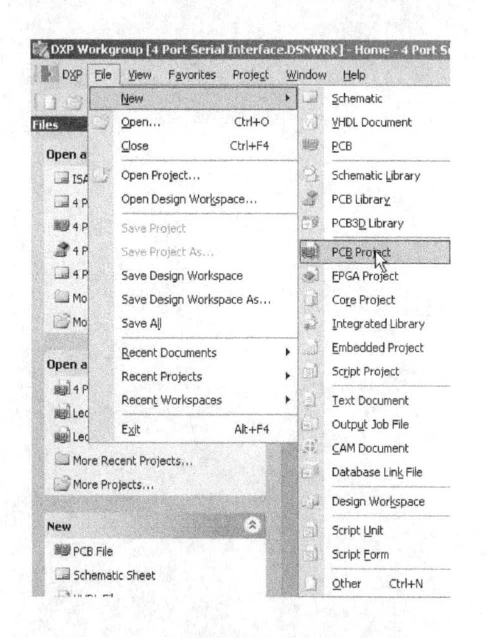

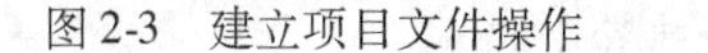

图 2-3　建立项目文件操作

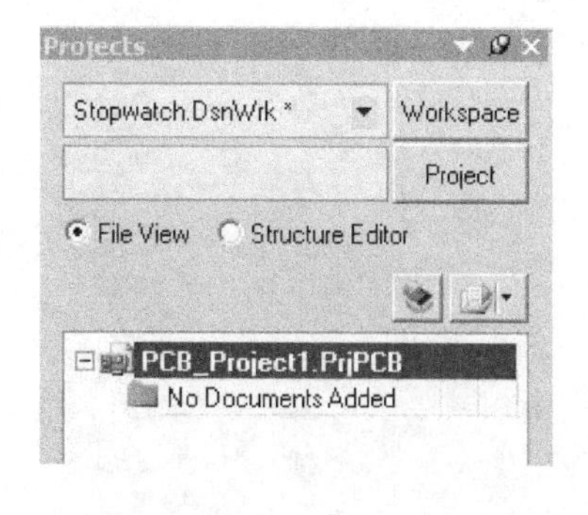

图 2-4　在“Projects”面板上出现新建项目文件

2）执行菜单命令“File\ Save Project”或“File\Save Project As”，即可出现如图 2-5 所示的对话框。在对话框上部的“保存在(I):”一栏中选择保存的路径和文件夹，在对话框下部的“文件名（N）”右边的方框中将文件名改为便于用户记忆或与设计相关的名称，例如，要设计一个振荡器与积分器电路，可将文件名改为“振荡器与积分器”，单击 保存(S) 按钮，则在“Projects”面板的工作区中新建项目的名称如图 2-6 所示。

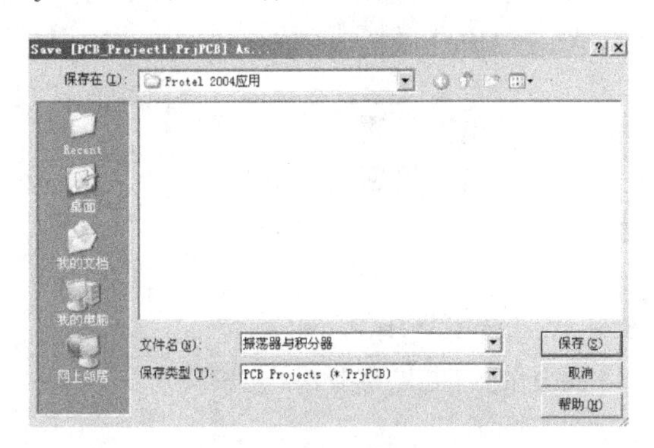

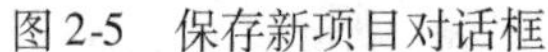
图 2-5　保存新项目对话框

图 2-6　命名后的新项目

3. 创建原理图文件

1）执行菜单命令“File\New\Schematic”，即可创建原理图文件，进入原理图编辑状态窗口。

2）执行菜单命令“File\Save”，在弹出的对话框中，选择合适的路径并输入具有个性的文件名，例如“振荡器与积分器”，单击 保存(S) 按钮即可。这时在“Projects”面板中，可以看到一个名为“振荡器与积分器.SCHDOC”原理图文件已加入到项目“振荡器与积分器.PRJPCB”中，同时工作区上部的标签也变为“振荡器与积分器.SCHDOC”，如图 2-7 所示。

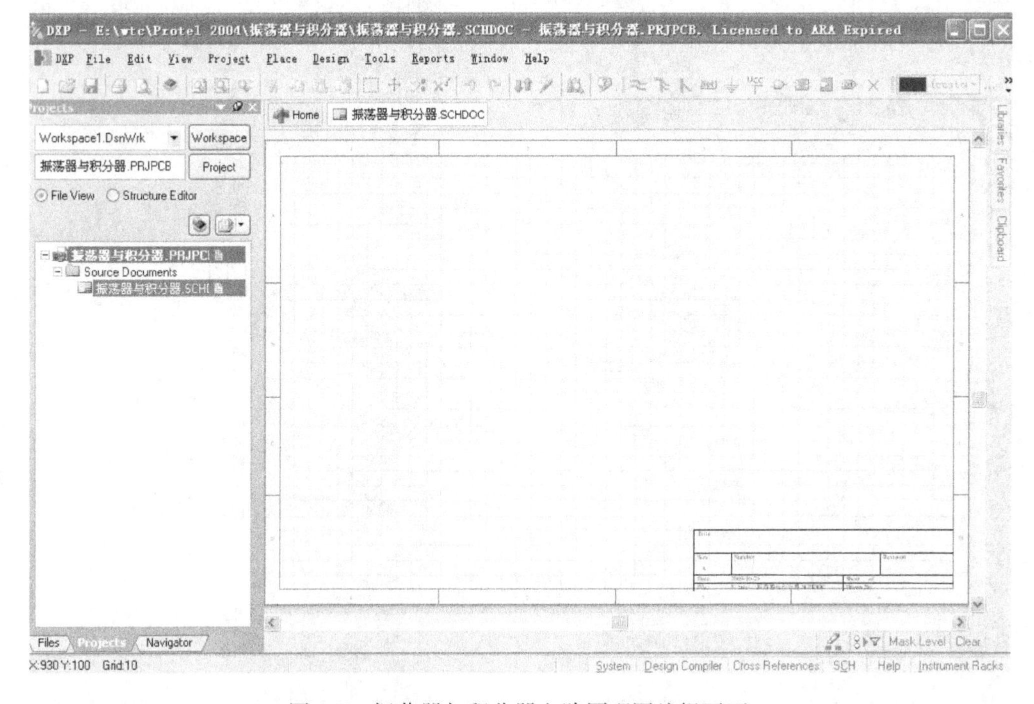

图 2-7　振荡器与积分器电路原理图编辑画面

2.2　原理图图样参数设置

进行原理图编辑，首先要进行图样参数设置。图样参数设置是用来确定与图样有关的参数，如图样尺寸与方向、边框颜色、标题栏、字体等，为正式的电路原理图设计做好准备。

1. “Sheet Options”选项卡

用大小合适的图样来绘制原理图，可以使电路显示清晰，布局美观。

执行菜单命令“Design \ Document Options...”，系统将弹出“Document Options”对话框，如图2-8所示。在其中选择“Sheet Options”选项卡，可以对图幅尺寸、图样摆放方向等参数进行设置。

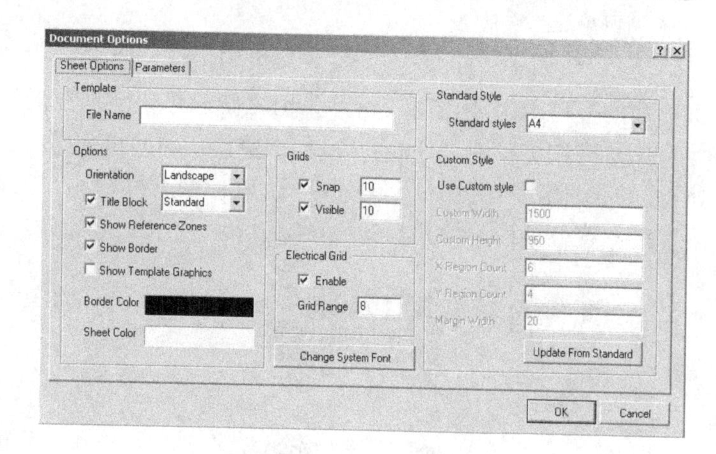

图2-8　“Document Options”对话框

（1）“Template”（样板）栏　可输入设计的原理图文件名，也可不填。

（2）“Standard Style”（标准图样尺寸）栏　设计者通常应用的都是标准图样，此时可以直接应用标准图样尺寸设置版面。

将光标移至“Standard Style”，单击▼按钮将该选项激活，然后设计者可以根据所设计的电路原理图的大小选择适用的标准图样号。例如，选择A4。

为方便设计，Protel 2004提供了多种标准图样尺寸选项。

公制：A0、A1、A2、A3、A4。

英制：A、B、C、D、E。

Orcad图样：orcad A、orcad B、orcad C、orcad D、orcad E。

其他：Letter、Legal、Tabloid。

（3）“Custom Style”（自定义图样尺寸）栏　如果设计者需要根据自己的特殊要求，设定非标准的图样格式，Protel 2004还提供了“Custom Style”选项以供选择。

设计者可以用鼠标左键单击“Use Custom Style”后的复选框，使方框里出现“√”符号，即表示选中“Custom Style”。

在“Custom Style”栏中有5个设置框，其名称和意义见表2-1。

表2-1　“Custom Style”栏中各设置框的名称和意义

设置框名称	设置框意义	设置框名称	设置框意义
Custom Width	自定义图样宽度	Y Region Count	Y轴参考坐标分格
Custom Height	自定义图样高度	Margin Width	边框的宽度
X Region Count	X轴参考坐标分格		

（4）“Options”（选项）栏 图样方向等的设置可以在图2-8所示的“Options”选项栏中设置。在这一选项栏里，设计者可以进行图样方向、标题栏、边框等的设定。

1）Orientation（图样方向）。用鼠标左键单击“Options”选项栏中的“Orientation”的▼按钮，将出现图2-9所示的两个选项。选择“Landscape”则图样水平放置，选择“Portrait”则图样垂直放置。

2）Title Block（标题栏类型）。如果用鼠标左键单击“Title Block”前的复选框，使复选框前面的方框里出现“√”符号，则可使标题栏出现在图样上。

用鼠标左键单击“Options”选项栏中“Title Block”右侧的下三角按钮，将出现图2-10所示的两个选项。其中“Standard”代表标准型标题栏，其形式如图2-11所示；“ANSI”代表美国国家标准协会模式标题栏。

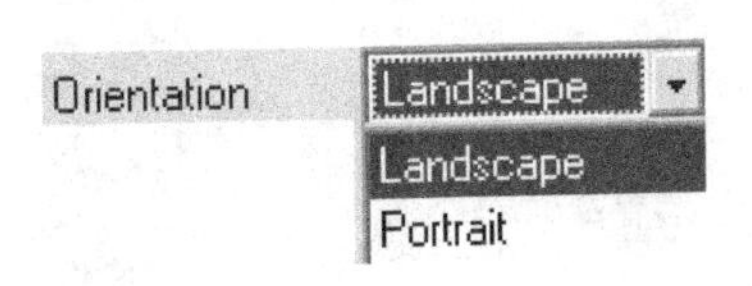

图2-9 “Orientation”图样方向设定

图2-10 “Title Block”标题栏类型

Title			
Size A4	Number		Revision
Date:	2013-10-30	Sheet of	
File:	E:\WTC\振荡器与积分器.SCHDOC	Drawn By:	

图2-11 “Standard”标准型标题栏

3）Show Reference Zones（参考边框显示）。选中此项可以在图样上显示参考边框。设计者可以用鼠标左键单击“Show Reference Zones”前的复选框，使复选框中出现“√”符号，表明选中此项，显示参考边框。如果不选中此项，则图样上不再显示参考边框。

4）Show Border（图样边框显示）。选中此项可以显示图样边框。用鼠标左键单击“Show Border”前的复选框，当复选框中出现“√”时，表明选中此项，显示图样边框。如果不选中此项，则图样上不显示边框。

5）Show Template Graphics（模板图形显示）。当选中“Show Template Graphics”前的复选框，使复选框中出现“√”时，图样设置可以显示模板图形，否则将不显示模板图形。

设计者可以根据自己的需要，将常用的图样和版面设置为模板，以方便使用。

6）Border Color（边框颜色）。Protel 2004默认定义图样边框颜色为黑色。如果设计者想定义其他颜色，则用鼠标左键选中“Border Color”右边的颜色方框，则出现图2-12所示的“Choose Color”窗口，Protel 2004提供了240种基本颜色（Basic）供设计者选择。

如果这些基本颜色不能满足设计者的要求，设计者可以用鼠标左键单击选中此窗口中的“Standard”标签，则会弹出一个标准颜色窗口，如图2-13所示；当然也可以单击选中

"Custom"标签，弹出一个自定义颜色窗口，如图 2-14 所示。设计者可根据需要定义颜色。

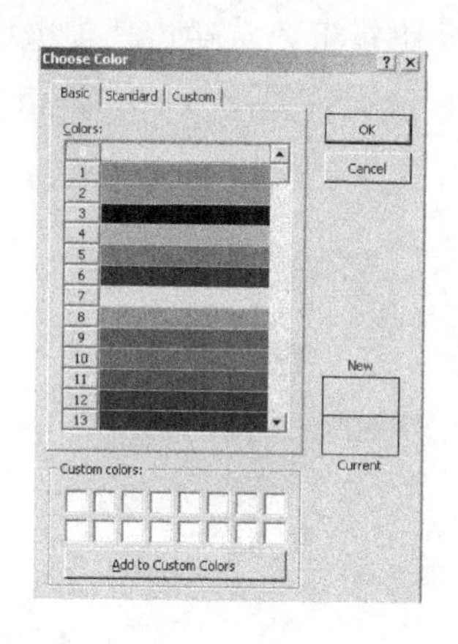

图 2-12　"Choose Color"窗口

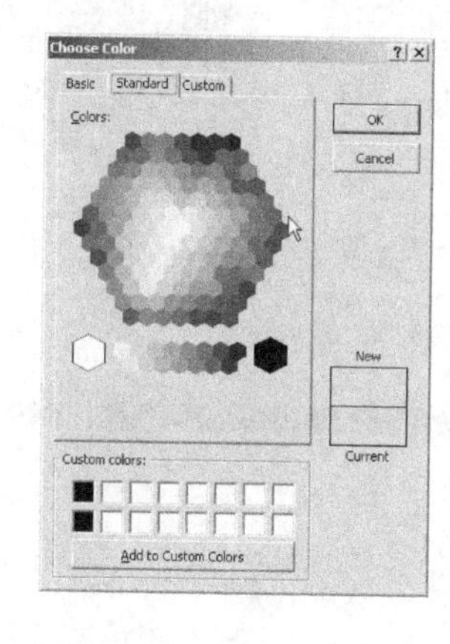

图 2-13　标准颜色窗口

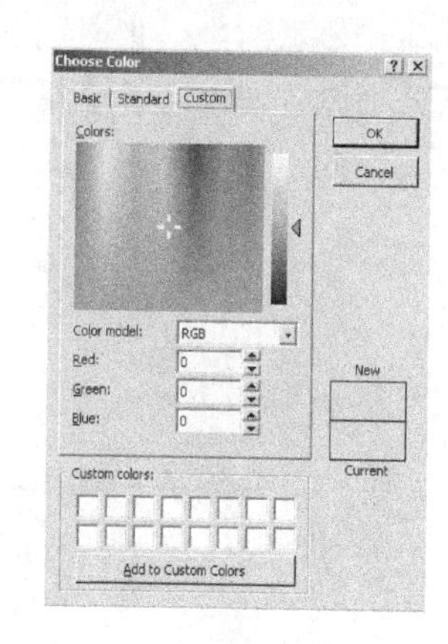

图 2-14　自定义颜色窗口

7）Sheet Color（工作区颜色）。仿照"Border Color"的定义方法，用鼠标左键单击"Sheet Color"右边的颜色方框，可以设置工作区的颜色。Protel 2004 中工作区的颜色默认为淡黄色。

（5）"Grids"（图样栅格）栏　"Grids"设定栏包括两个选项："Snap"和"Visible"。

1）"Snap"（光标移动距离）的设定。"Snap"的设定主要决定光标位移的步长，即光标在移动过程中，以设定的值为基本单位作跳移。如当设定 Snap = 10 时，十字光标在移动时，均以 10 个长度单位为移动基础。此设置的目的是使设计者在画图过程上更加方便地对准目标和引脚。

2）"Visible"（可视栅格）的设定。可视栅格的设定只决定图样上实际显示的栅格的距离，不影响光标的移动。如当设定 Visible = 10 时，图样上实际显示的每个栅格的边长为 10 个长度单位。

（6）"Electrical Grid"（电气网络）栏　如果用鼠标左键单击"Electrical Grid"设置栏中"Enable"左边的复选框，使复选框中出现"√"，表明选中此项。则此时系统在连接导线时，将以箭头光标为圆心，以"Grid Range"栏中的设置值为半径，自动向四周搜索电气节点。当找到最接近的节点时，就会把十字光标自动移到此节点上，并在该节点上显示出一个"×"。

如果设计者没有选中此功能，则系统不会自动寻找电气节点。

（7）"Change System Font"（改变系统字型）栏　用鼠标左键单击图 2-8 所示图中的"Change System Font"按钮，界面上将出现字体设置窗口，如图 2-15 所示。用户可以在此处设置编辑系统的字型、字体和字号大小等。

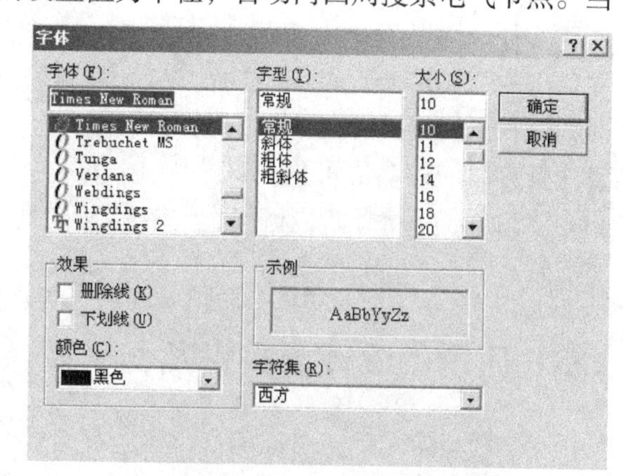

图 2-15　字体设置窗口

2. “Parameters” 选项卡

在图 2-8 中，单击 “Parameters” 标签，即打开 “Parameters” 选项卡，如图 2-16 所示。该选项卡显示的是一张原理图的文件属性，文件属性对电路设计比较重要。在该选项卡中，可以分别设置文件的各个参数属性，例如，设计公司名称、地址，图样的编号以及图样的总数，文件的标题名称、日期等。

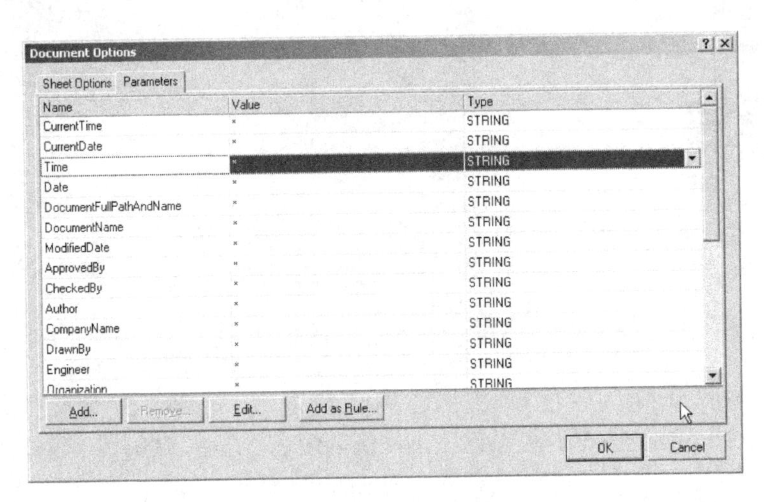

图 2-16　“Parameters” 选项卡

具有这些参数的设计对象可以是一个元器件、元器件的引脚和端口、原理图的符号、PCB 指令或参数集。每个参数均具有可编辑的名称和值。单击 Add... 按钮可以向列表中添加新的参数属性，单击 Remove 按钮可以从列表中移去一个参数属性，单击 Edit... 按钮可以编辑一个已经存在的属性。

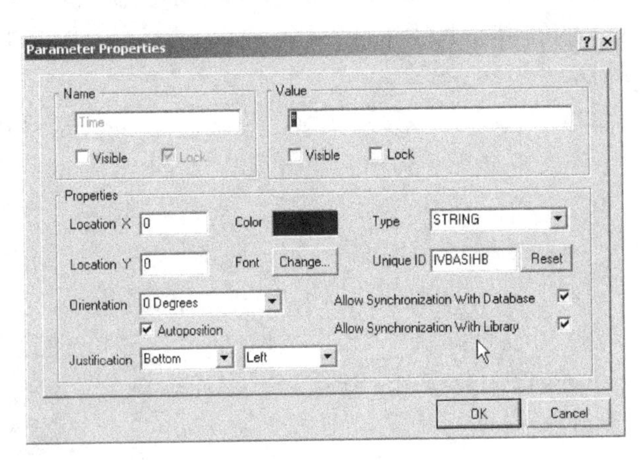

图 2-17　参数属性设置对话框

例如，如果一个参数将被用作 PCB 指令，该 PCB 指令是用于相关的 PCB 文件，则可以单击按钮 Edit... ，在弹出的图 2-17 所示的参数属性设置对话框中进行设置，选中 “Visible” 复选框可以使该参数可见。这些 PCB 指令将附着于一个原理图网络，当设计信息被转换为相对应的 PCB 文件时，该设计规则会被更新。

2.3　原理图设计工具栏及画面调整

Protel 2004 为方便原理图的绘制，提供了多种设计工具栏，使设计者不用操作菜单命令，只要轻松按动工具栏上的相关按钮，就可快速方便地进行原理图设计。下面介绍原理图设计工具栏的功能与使用方法。

2.3.1　原理图设计工具栏

Protel 2004 为用户提供了方便快捷的原理图绘制工具，分类放置在不同的工具栏中。这些工具栏，可通过执行菜单命令“View\Toolbars”的下拉菜单进行打开和关闭，如图 2-18 所示。打开的原理图设计工具栏如图 2-19 所示。

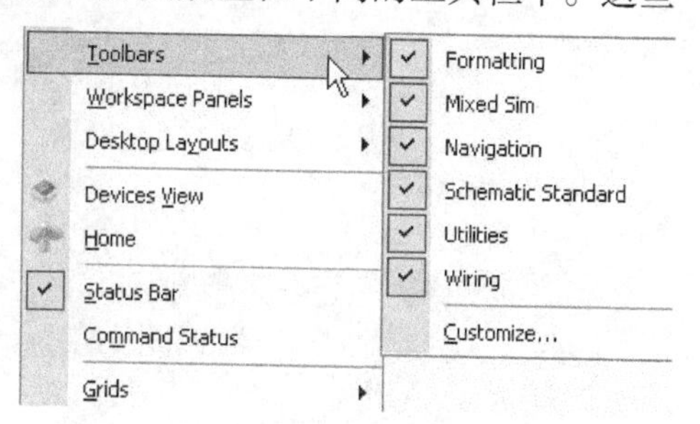

图 2-18　工具栏菜单

原理图设计工具栏主要有：Formatting（格式工具栏）、Mixed Sim（混合信号仿真工具栏）、Navigation（导航工具栏）、Schematic Standard（原理图标准工具栏）、Utilities（实用工具栏）和 Wiring（连线工具栏）。

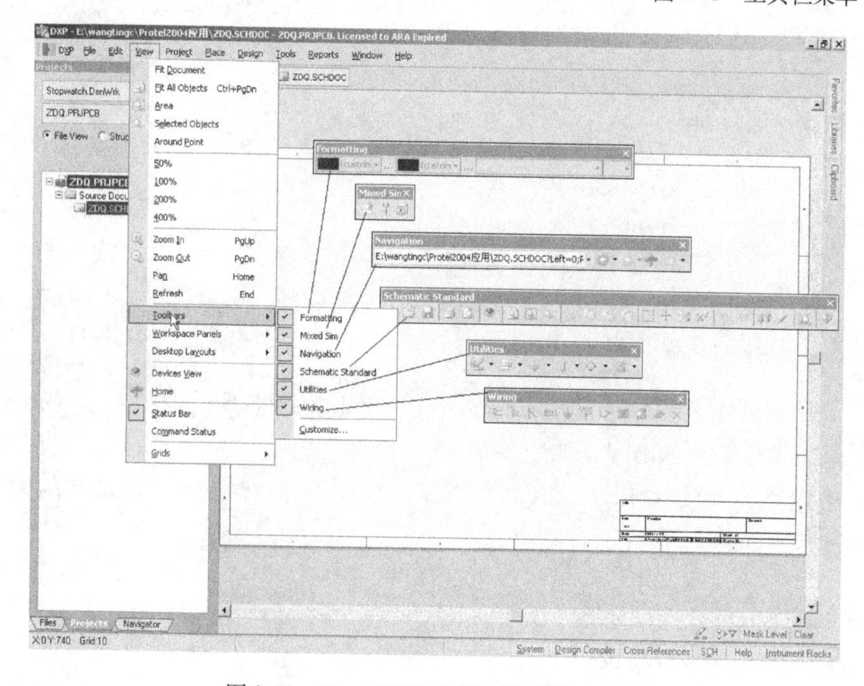

图 2-19　Protel 2004 的原理图设计工具栏

其中 Utilities（实用工具栏）包含多个子工具栏：

（1）绘图工具栏(Drawing Tools)　单击实用工具栏中的按钮，则对应的绘图工具栏会显示出来，如图 2-20 所示。

（2）元器件排列工具栏(Alignment Tools)　单击实用工具栏中的按钮，则对应的元器件排列工具栏会显示出来，如图 2-21 所示。

（3）电源与接地工具栏(Power Sources)　单击实用工具栏中的按钮，则对应的电源与接地工具栏会显示出来，如图 2-22 所示。

（4）常用元器件工具栏(Digital Devices)　单击实用工具栏中的按钮，则对应的常用元器件工具栏会显示出来，如图 2-23 所示。

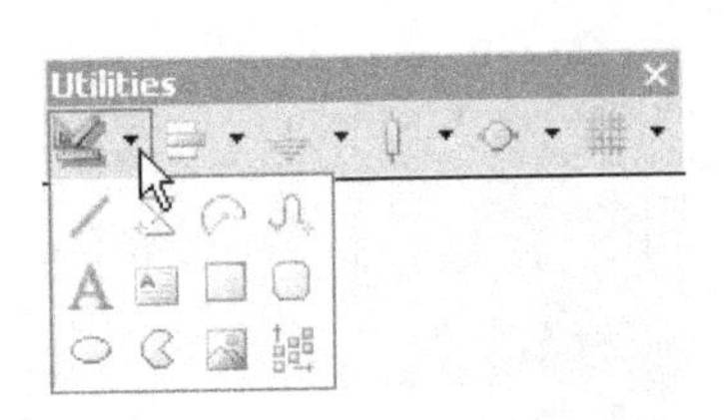

图 2-20　绘图工具栏

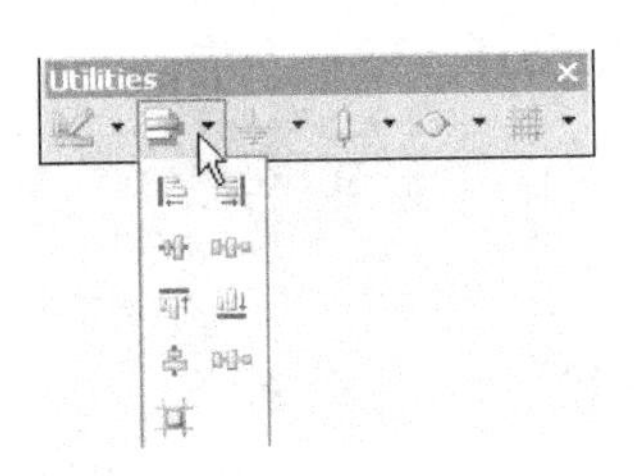

图 2-21　元器件排列工具栏

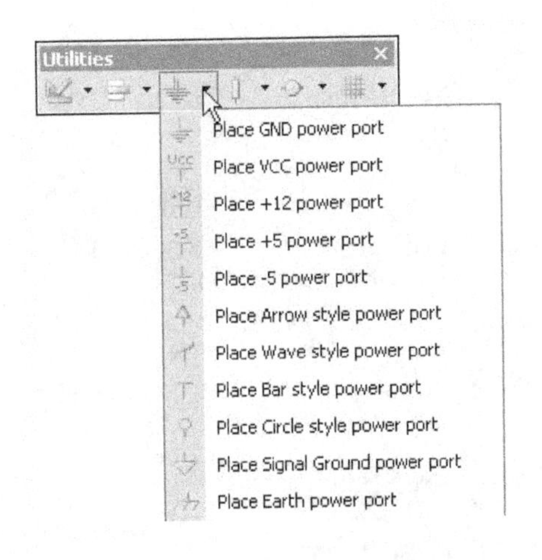

图 2-22　电源与接地工具栏

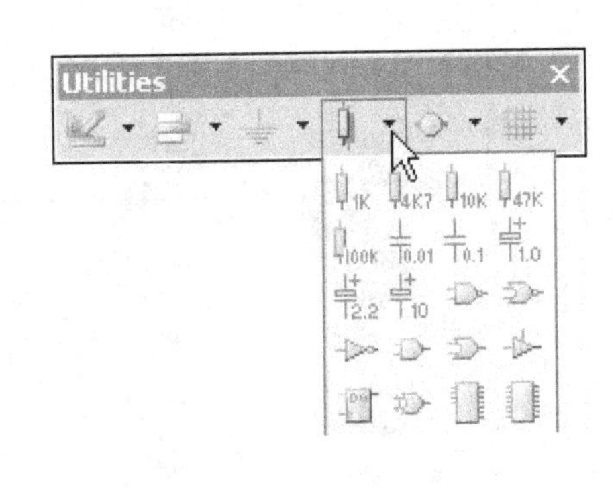

图 2-23　常用元器件工具栏

（5）信号仿真源工具栏（Simulation Sources）　单击实用工具栏中的 按钮，则对应的信号仿真源工具栏会显示出来，如图 2-24 所示。

（6）网格设置工具栏（Grids）　单击实用工具栏中的 按钮，则对应的网格设置工具栏会显示出来，如图 2-25 所示。

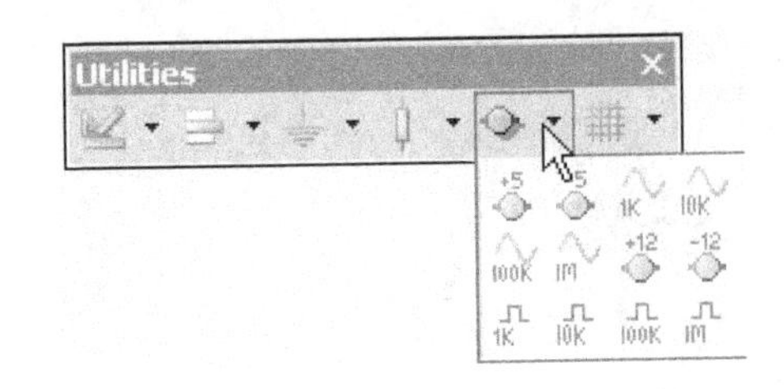

图 2-24　信号仿真源工具栏

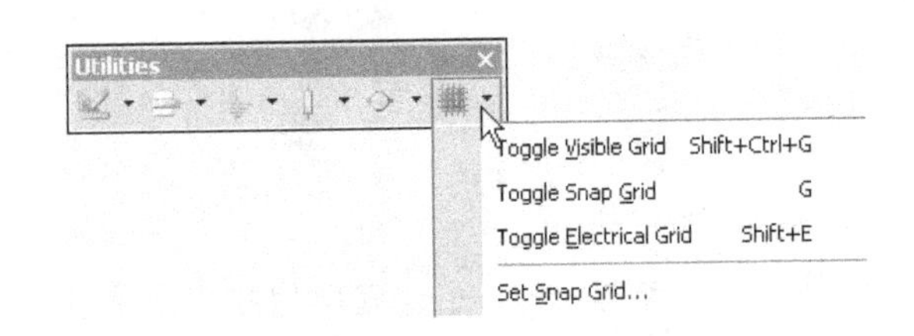

图 2-25　网格设置工具栏

2.3.2　图样的放大与缩小

设计者在绘图的过程中，经常要查看整张原理图或只看某一个局部，所以需要改变显示状态，使图样放大或缩小。

1. 使用菜单放大或缩小图样显示

Protel 2004 提供了“View”菜单来控制图形区域的放大与缩小，“View”菜单如图 2-26

所示。

下面介绍菜单中主要命令的功能。

（1）“Fit Document”命令　该命令显示整个文件，可以用来查看整张原理图。

（2）“Fit All Objects”命令　该命令使绘图区中的图形填满工作区。

（3）“Area”命令　该命令放大显示设定的区域。这种方式是通过确定设计者选定区域中对角线上的两个角的位置，来确定需要进行放大的区域。首先执行此菜单命令；其次移动十字光标到目标的左上角位置并单击鼠标左键，然后拖动鼠标，将光标移动到目标的右下角适当位置，再单击鼠标左键加以确认，即可放大所框选的区域。

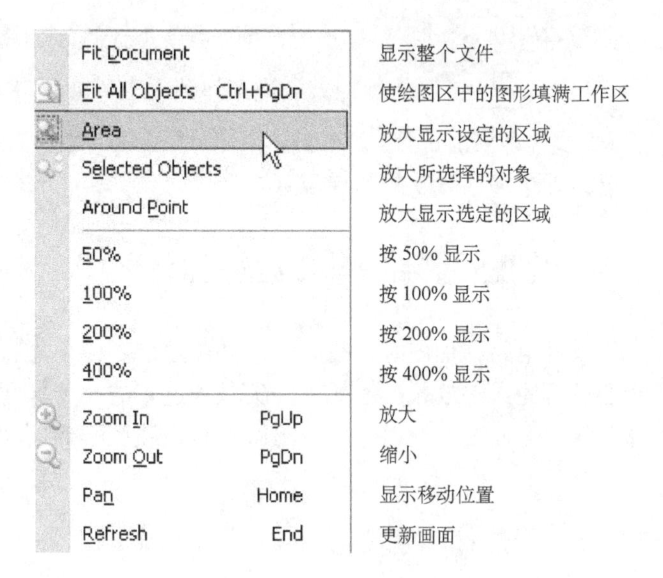

图2-26　“View”菜单

（4）“Selected Objects”命令　该命令可以放大所选择的对象。

（5）“Around Point”命令　该命令是通过确定选定区域的中心位置和选定区域的一个角的位置，来确定需要进行放大的区域。首先执行此菜单命令；其次移动十字光标到目标区的中心，单击鼠标左键，然后移动光标到目标区的右下角，再单击鼠标左键加以确认，即可放大该选定区域。

（6）采用不同的比例显示命令　“View”菜单命令提供了50%、100%、200%和400%共四种显示方式。

（7）“Zoom In”与“Zoom Out”命令　该命令用于放大或缩小显示区域。也可以在主工具栏中单击按钮放大，单击按钮缩小。

（8）“Pan”命令　该命令可以移动显示位置。在设计电路时，经常要查看各处的电路，所以有时需要移动显示位置，这时可执行此命令。在执行本命令之前，要将光标移动到目标点，然后执行“Pan”命令，目标点位置就会移动到屏幕的中心位置显示。也就是以该目标点为屏幕中心，显示整个屏幕。

（9）“Refresh”命令　该命令可以刷新画面。在滚动画面、移动元器件等操作时，有时会造成画面显示含有残留的斑点或图形变形等问题，这虽然不影响电路的正确性，但不美观。这时，可以通过执行此菜单命令来刷新画面。

2. 使用键盘实现图样的放大与缩小

当系统处于其他绘图命令下时，设计者无法用鼠标去执行一般的命令显示状态，此时要放大或缩小必须采用功能键来实现。

1）按Page Up键，可以放大绘图区域。

2）按Page Down键，可以缩小绘图区域。

3）按Home键，可以从原来光标下的图样位置，移位到工作区中心位置显示。

4）按End键，对绘图区的图形进行刷新，恢复正确的显示状态。

5）移动当前位置。将光标指向原理图编辑区，按下鼠标右键不放，光标变为手状，拖动鼠标即可移动查看的图样位置。

2.4　装载元器件库和放置元器件

设计电路原理图时，在放置元器件之前，必须先将该元器件所在的元器件库载入，否则元器件可能无法放置。但如果一次载入过多的元器件库，将会占用较多的系统资源，影响计算机的运行速度。所以，一般的做法是只载入必要而常用的元器件库，其他元器件库需要时再载入。

2.4.1　元器件库管理器

若要浏览元器件库，可以执行“Design \ Browse Library”命令，系统将弹出图2-27所示的元器件库管理器。在元器件库管理器中，从上至下各部分功能说明如下：

1）三个按钮的功能为

①“Libraries...”按钮：用于“装载/卸载元器件库”。

②“Search...”按钮：用于查找元器件。

③“Place...”按钮：用于放置元器件。

2）两个单选项的意义为

①“Components”选项：选中该项表示对原理图元器件进行操作。

②“Footprints”选项：选中该项表示对PCB元器件封装进行操作。

3）用于显示当前打开并选中的元器件库的操作框。

4）用于设置元器件显示的匹配项的操作框。“×”表示匹配任何字符。

5）该框显示当前选中元器件库中符合匹配项条件的元器件，并可选择其中某个元器件。

6）该框显示选中元器件的原理图符号形状。

7）该框显示选中元器件的封装和仿真等信息。

8）该框显示选中元器件的封装图形。

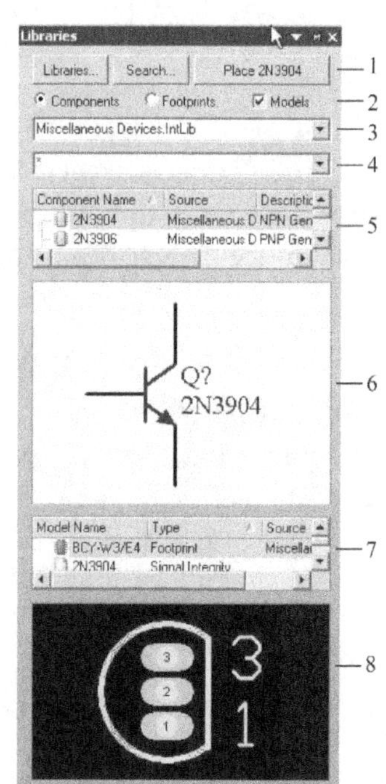

图2-27　元器件库管理器

2.4.2　查找元器件

元器件库管理器为设计者提供了查找元器件的工具。即在元器件库管理器中，单击Search...按钮，系统将弹出图2-28所示的查找元器件库对话框，执行“Tools \ Find Component”命令也可弹出该对话框。在该对话框中，可以设定查找对象，以及查找范围，可以查

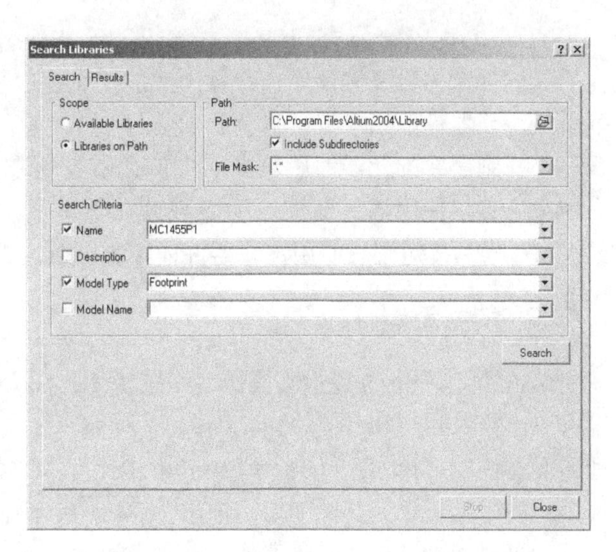

图 2-28　查找元器件库对话框

找的对象为包含在“. IntLib”文件中的元器件。该对话框的操作、使用方法如下：

1）“Scope”选项组。该选项组用来设置查找的范围。当选中“Available Libraries”时，则在已经装载的元器件库中查找；当选中“Libraries on Path”时，则在指定的目录中进行查找。

2）“Path”选项组。该选项组用来设定查找的对象的路径，且只有在选中“Libraries on Path”时有效。“Path”编辑框设置查找的目录，选中“Include Subdirectories”复选框，则对包含在指定目录中的子目录也进行搜索。如果单击“Path”编辑框右侧的按钮，则系统会弹出图 2-29 所示的浏览文件夹，可以设置搜索路径。“File Mask”编辑框可以设定查找对象的文件匹配域，“.”表示匹配任何字符串。

3）“Search Criteria”选项组。该选项组可以设定需要查找的对象名称。“Name”编辑框中输入需要查找的对象名称；“Description”编辑框中可输入日期、时间或元器件大小等描述对象，系统将会搜索所有符合描述对象的元器件；“Model Type”编辑框可以选择查找对象的模型类别；“Model Name”编辑框，当选择了“Model Type”后，就可以在“Model Name”的编辑框中输入模型名。各编辑框的内容输入后，按下 Search 按钮，即开始查找元器件。在查找过程中，如果需要停止查找，则可以按 Stop 按钮。查找结束后，会在查找元器件库对话框的“Results”选项卡显示出结果，如图 2-30 所示。

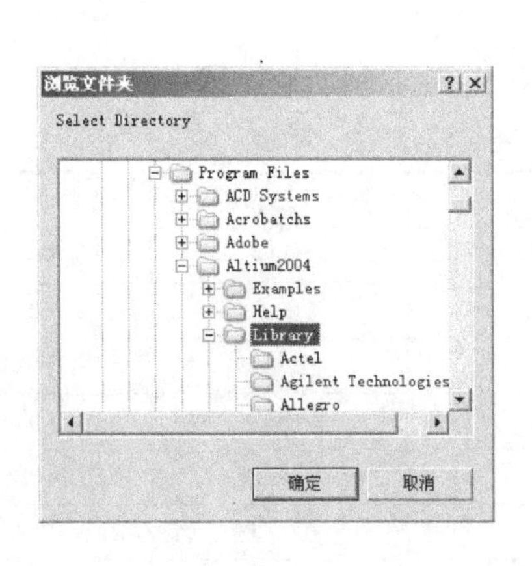

图 2-29　浏览文件夹

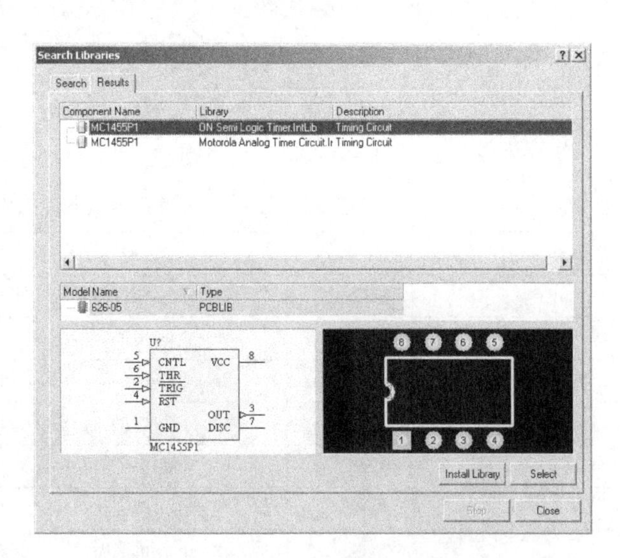

图 2-30　“Results”选项卡显示出查找结果

图 2-30 中上面的信息框显示查找出的元器件名，如本例的“MC1455P1”，并显示其所在的元器件库名以及属性描述；在中间的信息框中显示该元器件的引脚类型；最下面的信息框中显示元器件的图形符号形状和引脚封装形状。

查找到需要的元器件后，可以将该元器件所在的元器件库直接装载到元器件库管理器中，也可直接使用该元器件而不装载其元器件库。单击 Install Library 按钮即可装载该元器件库，单击 Select 按钮则只使用该元器件而不装载其元器件库。

2.4.3　装载元器件库

单击图 2-27 中的 Libraries... 按钮，系统将弹出图 2-31 所示的“Available Libraries”对话框；也可以直接执行“Design \ Add/Remove Library”命令。在该对话框中，显示已经安装的原理图元器件库，单击 Move Up 和 Move Down 按钮，可以将列表中选中的元器件库上移或下移。选中列表中某一个元器件库后，单击 Remove 按钮则可将该元器件库删除。

如果要添加一个新的元器件库，则可单击 Install... 按钮，将弹出图 2-32 所示的打开元器件库对话框。设计者可以选取需要装载的元器件库，然后单击下面的 打开(O) 按钮即可。

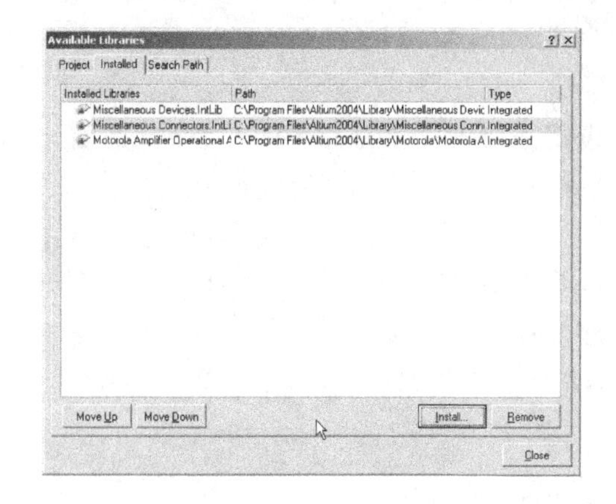

图 2-31　“Available Libraries”对话框

图 2-32　打开元器件库对话框

为了装载合适的元器件库，现将振荡器与积分器原理图中的元器件属性列于表 2-2。

表 2-2　振荡器与积分器电路原理图中的元器件属性

元器件在图中标号	元器件图形样本名	所在元器件库	元器件类型或标示值	元器件封装
R1	RES2	Miscellaneous Devices. Intlib	1kΩ	AXIAL -0. 4
R2	RES2	Miscellaneous Devices. Intlib	1kΩ	AXIAL -0. 4
R3	RES2	Miscellaneous Devices. Intlib	10kΩ	AXIAL -0. 4
R4	RES2	Miscellaneous Devices. Intlib	10kΩ	AXIAL -0. 4
R5	RES2	Miscellaneous Devices. Intlib	0. 5kΩ	AXIAL -0. 4
C1	CAP	Miscellaneous Devices. Intlib	0. 1μF	RAD -0. 3
C2	CAP	Miscellaneous Devices. Intlib	0. 1μF	RAD -0. 3
U1	MC1455P1	Motorola Analog Timing Circuit. Intlib		626 -05

（续）

元器件在图中标号	元器件图形样本名	所在元器件库	元器件类型或标示值	元器件封装
U2	LM11CJ8	Motorola Amplifier Oprational Amplifier. Intlib		693 -02
JP1	Header6	Miscellaneous Connectors. Intlib		HDR1X6
VCC		电源和接地工具栏	12V	
VDD		电源和接地工具栏	-12V	
GND		电源和接地工具栏		

由表2-2可知，振荡器与积分器原理图中的元器件存放在Miscellaneous Devices. Intlib、Miscellaneous Connectors. Intlib、Motorola Analog Timing Circuit. Intlib和Motorola Amplifier Oprational Amplifier. Intlib四个元器件库文件中。根据该元器件库所在路径“C:\Program Files\Altium2004\Library”，选中元器件库，然后用鼠标左键单击 打开(O) 按钮，即可将该库文件装载。

如果在“Installed Libraries”窗口中存在不再需要的库文件，可以在选中该元器件库后单击 Remove 按钮关闭此库文件。确认所选元器件库正确后，单击 Close 按钮就可以将上述库文件装入元器件库管理器。

如果不知道原理图中的元器件存放在哪个元器件库中，可以在元器件库管理器中单击 Search 按钮查找所需的库文件。

2.4.4 放置元器件

完成元器件库的装载后，就可将所需要的元器件放置到原理图的编辑平面上。放置元器件的方法主要有以下几种：

1. 通过输入元器件名放置元器件

如果确切知道元器件的名称，最方便的做法是在“Place Part”对话框中输入元器件名后放置元器件。具体操作步骤如下：

1）执行菜单命令“Place \ Part”或直接单击连线工具栏上的按钮，即可打开如图2-33所示的“Place Part”对话框。

2）在对话框中选择元器件所在的库 单击对话框中的浏览按钮 ...，系统将弹出如图2-34所示的浏览元器件库对话框。

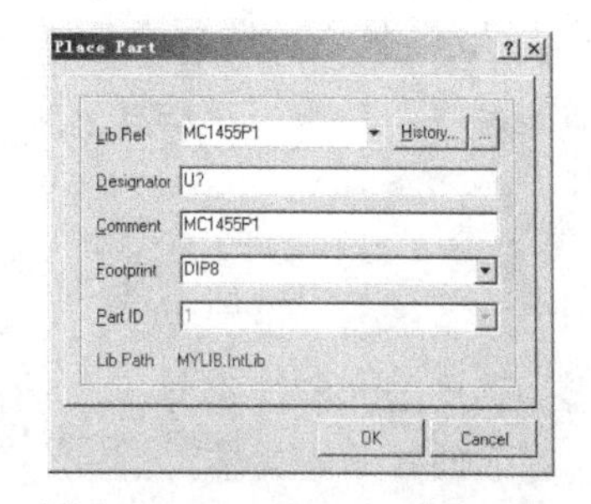

图2-33 “Place Part”对话框

在该对话框中，设计者可以选择需要放置的元器件所在的元器件库，也可以单击图2-34对话框中的 ··· 按钮，在弹出的如图2-31所示“Available Libraries”对话框中加载元器件库。

单击图2-34中的 Find... 按钮，可以打开如图2-28所示查找元器件库对话框，找出要放置元器件的元器件库。

3）选择元器件 在图2-34中选择了元器件库后，可以在“Component Name”列表中选择自己需要的元器件，例如，选择元器件MC1455P1，在预览框中可以看到元器件的图形。

4）在图2-33所示的对话框中“Designator”编辑框输入当前元器件的序号（如U1）。

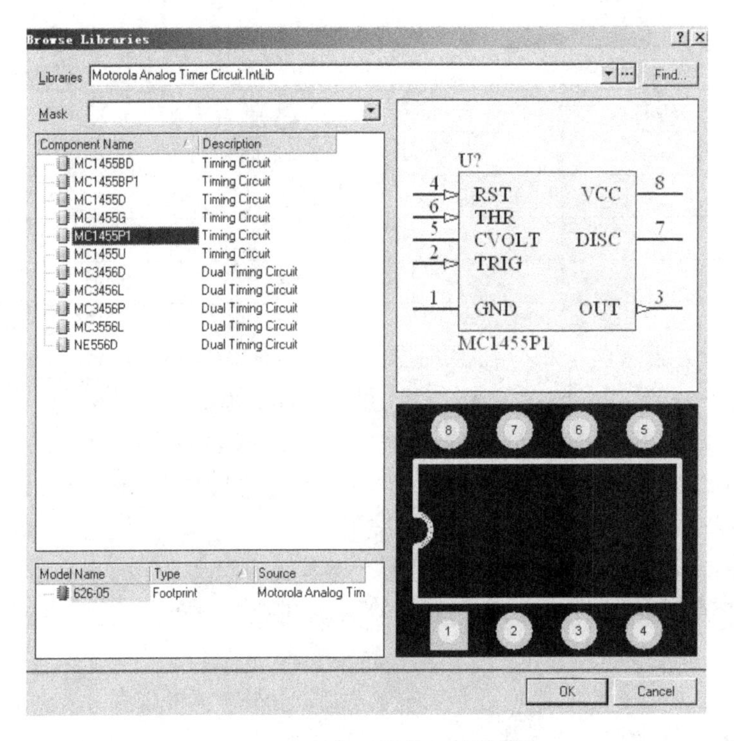

图 2-34　浏览元器件库对话框

当然也可以不输入序号，即直接使用系统的默认值“U?”，等到绘制完电路全图之后，通过执行菜单命令“Tools \ Annotate”，就可以轻易地将原理图中所有元器件的序号重新编号。

假如，现在为这个元器件指定序号（如 U1），则在以后放置相同形式的元器件时，其序号将会自动增加（如 U2、U3、U4 等）。

5）元器件注释。在 Comment 编辑框中可以输入该元器件的注释，如本实例元器件注释为 MC1455P1，它将会显示在图样上，如图 2-35 所示。

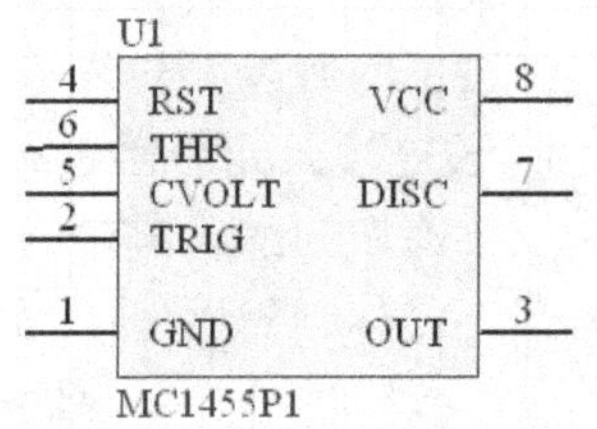

图 2-35　放置的 MC1455P1 元器件

6）输入封装类型。在图 2-33 中的 Footprint 框中输入元器件的封装类型。设置完毕后，单击对话框中的 OK 按钮，屏幕上将会出现一个可随鼠标指针移动的元器件符号，拖动鼠标将它移到适当的位置，然后单击鼠标左键使其定位即可。完成放置一个元器件的动作之后，系统会再次弹出“Place Part”对话框，等待输入新的元器件编号。假如现在还要继续放置相同形式的元器件，就直接单击“OK”按钮，新出现的元器件符号会依照元器件封装自动地增加流水序号。如果不再放置新的元器件，可直接单击 Cancel 按钮关闭对话框。

2. 从元器件管理器的元器件列表中选取放置

下面以放置一个连接器 JP 为例，说明从元器件库管理面板中选取一个元器件并进行放置的过程。首先在原理图编辑器平面上找到“Libraries”标签并单击，就会弹出如图 2-27 所示的元器件库管理器，单击元器件库管理器上方的 Libraries... 按钮，系统弹出如图 2-31 所示的“Available

Libraries”对话框，接着添加“Miscellaneous Connectors. Intlib”，然后在元器件列表框中找到“Header6”，并选定它。然后单击 Place Header 6 按钮，此时屏幕上会出现一个随鼠标指针移动的元器件图形，将它移动到适当的位置后单击鼠标左键使其定位即可，如图 2-36 所示。

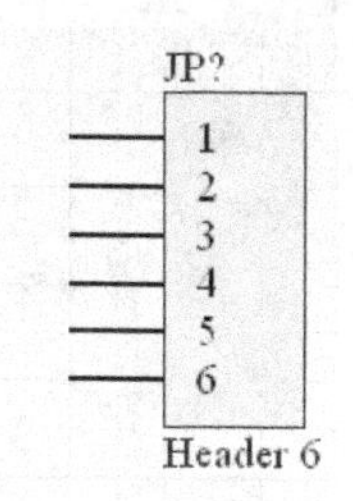

图 2-36　放置 Header6 元器件

3. 使用常用元器件工具命令放置元器件

Protel 2004 系统还提供了常用元器件工具命令，如图 2-23 所示。这些工具命令为设计者提供了常用规格的电阻、电容、与非门、寄存器等元器件，使设计者可以方便地放置电阻和电容元件，放置这些元器件的操作与前面所讲的元器件放置操作类似。

4. 放置电源和接地元器件

电源和接地元器件可以使用电源和地工具栏上对应的命令来选取，如图 2-22 所示。

根据需要可按下该工具栏中的某一选项，这时光标变为十字状，并拖着相应的图形符号，移动鼠标到图样上合适的位置单击左键，即可放置这一元器件。在放置过程中和放置后设计者都可以对其进行编辑。

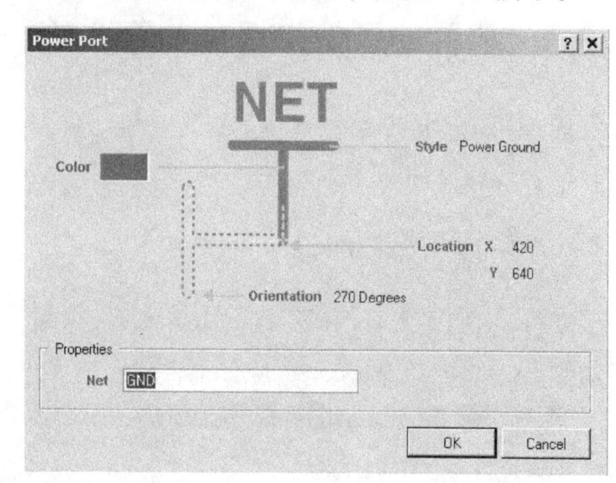

图 2-37　“Power Port”对话框

电源和地元器件还可以通过菜单命令“Place \ Power Port”来放置。在放置的过程中，按 Tab 键，将会出现如图 2-37 所示的“Power Port”对话框。对于已放置了的电源或地元器件，在该元器件上双击，或在该元器件上单击右键弹出快捷菜单，使用快捷菜单的“Properties”命令，也可以调出“Power Port”对话框。

在对话框中可以编辑电源属性，在“Net”编辑框可修改电源符号的网络名称；单击 Color 的颜色框，可以选择显示元器件的颜色；单击“Orientation”选项后面的蓝色字符，会弹出一个选择旋转角度下拉列表，如图 2-38 所示，设计者可以选择旋转角度；单击 Style 选项后面的蓝色字符，会弹出一个选择符号样式下拉列表，如图 2-39 所示，设计者可以选择符号样式；确定放置元器件的位置可以修改“Location”的“X”、“Y”的坐标数值。

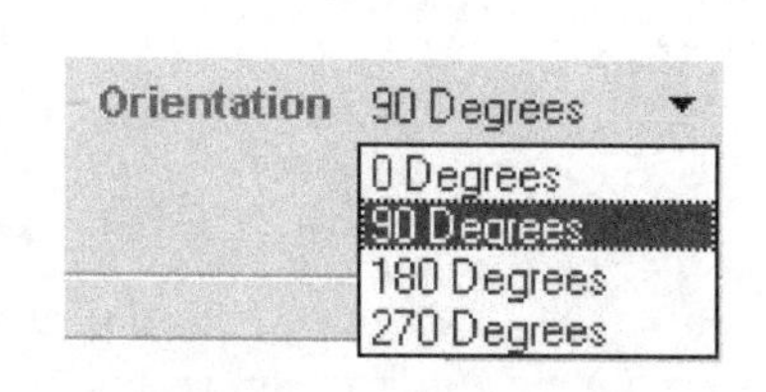

图 2-38　选择旋转角度

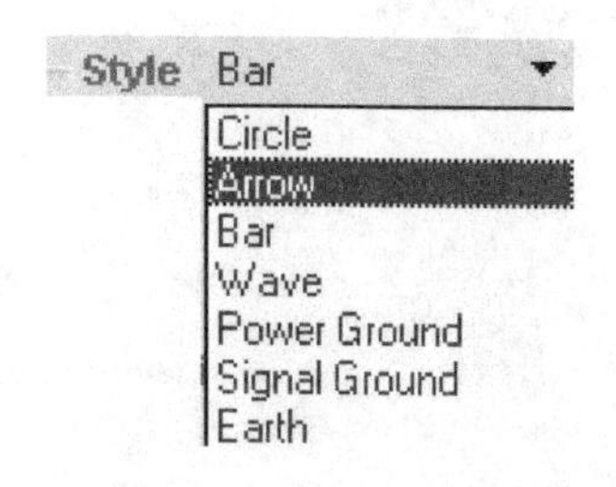

图 2-39　选择符号样式

依据上述放置电源和接地元器件的方法，可放置 VCC、VDD 和 GND 等电源端子。

图 2-40 所示为放置在编辑平面上的振荡器与积分器原理图中的元器件。

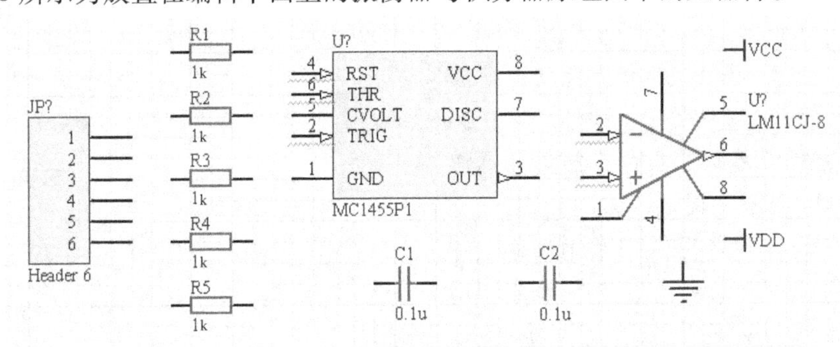

图 2-40　放置在编辑平面上的振荡器与积分器原理图中的元器件

2.5　元器件的属性编辑和位置调整

原理图元器件库中所有的元器件对象都具有自身的特定属性，在设计原理图时常常需要编辑元器件的属性。

2.5.1　编辑元器件属性

在将元器件放置在图样之前，元器件符号可随鼠标移动，如果按下Tab键就可以打开图 2-41 所示的“Component Properties”（元器件属性）对话框，可在此对话框中编辑元器件的属性。

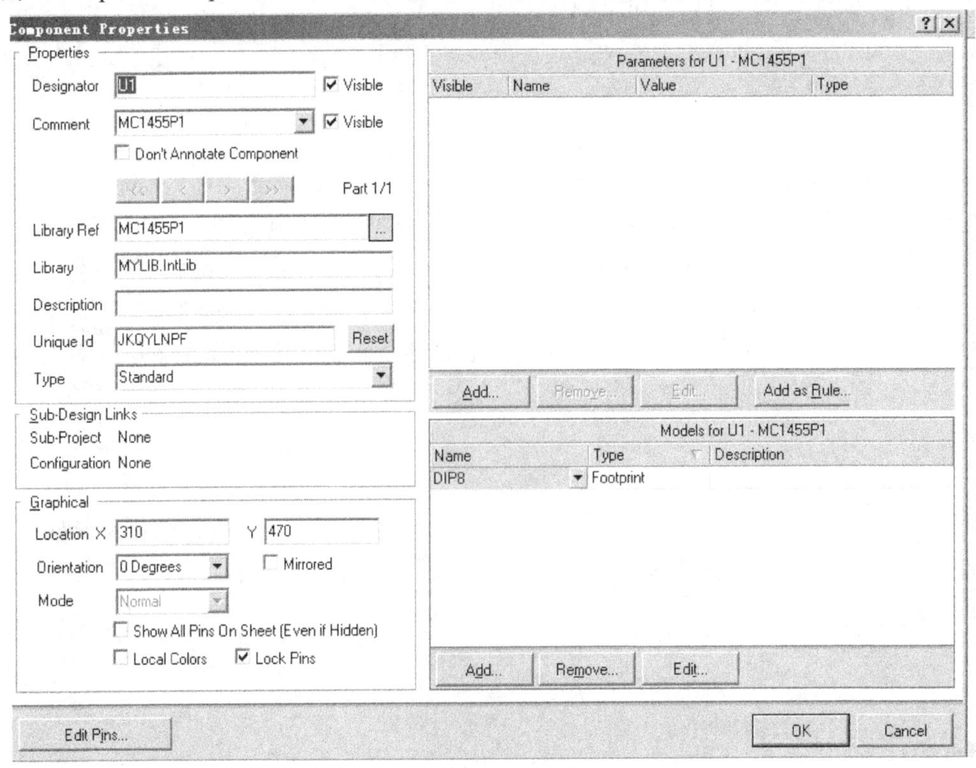

图 2-41　“Component Properties”对话框

如果已经将元器件放置在图样上，若要更改元器件的属性，可以执行命令“Edit \ Change”来实现。该命令可将编辑状态切换到对象属性编辑模式，此时只需将鼠标指针指向该对象，然后单击鼠标左键，即可打开“Component Properties”对话框。另外，还可以直接在元器件的中心位置双击元器件，也可以弹出“Component Properties”对话框。然后设计者就可以进行元器件的属性编辑操作。

（1）“Properties”（属性）选项组　该选项组中的内容如下：

1）“Designator”编辑框，用来编辑元器件在原理图中的序号，选中其后面的“Visible”复选框，则可以显示该序号，否则不显示。

2）“Comment”编辑框，该编辑框可以设置元器件的注释，如前面放置的元器件注释为“MC1455P1”，可以选择或者直接输入元器件的注释，选中其后面的“Visible”复选框，则可以显示该注释，否则不显示。

3）“Don't Annotate Component”复选框，选中该复选框，可以使元器件的序号不会重复。

4）对于有多个相同的子元器件组成的元器件，由于组成部分一般相同，如74LS04具有6个相同的子元器件，一般以A、B、C、D、E和F来表示，此时可以单击 << < > >> 按钮来设定。

5）“Library Ref”编辑框，显示在元器件库中所定义的元器件名称。

6）“Library”编辑框，显示元器件所在的元器件库。

7）“Description”编辑框，该编辑框为元器件属性的描述。

8）“Unique Id”编辑框，设定该元器件在本设计文件中的ID，是唯一的。

9）“Sub-Design Links”编辑框，在该编辑框，可以输入一个连接到当前原理图元器件的子设计项目文件。子设计项目可以是一个可编程的逻辑元器件，或者是一张子原理图。

（2）“Graphical”属性选项组　该选项组显示了当前元器件的图形信息，包括图形位置、旋转角度、填充颜色、线条颜色、引脚颜色以及是否镜像处理等编辑框。

1）设计者可以修改X、Y位置坐标，移动元器件位置。“Orientation”下拉列表框可以设定元器件的旋转角度，以旋转当前编辑的元器件。设计者还可以选中“Mirrored”复选框，将元器件镜像处理。

2）“Show All Pins On Sheet (Even if Hidden)”复选框，设定是否显示元器件的隐藏引脚，若选择该选项则显示元器件的隐藏引脚。

3）“Local Colors”复选框，选中该选项，可以显示颜色操作，即可进行填充颜色、线条颜色、引脚颜色的设置。

4）“Lock Pins”复选框，选中该选项，可以锁定元器件的引脚，此时引脚无法单独移动。

（3）元器件的参数列表(Parameters list)　在图2-41所示对话框的右上侧为元器件参数列表，其中包括一些与元器件特性相关的参数，设计者也可以添加新的参数和规则。如果选中了某个参数左侧的复选框，则会在图形上显示该参数的值。

（4）元器件的模型列表(Models list)　在图2-41所示对话框的右下侧为元器件的模型列表，其中包括一些与元器件相关的引脚类别和仿真模型，设计者也可以添加新的模型。

2.5.2　向元器件添加新的模型

在原理图设计时，每个元器件都应该具有封装模型，如果要进行电路信号仿真的话，那么还需要具有仿真模型，当生成 PCB 图时，如果要进行信号完整性分析，则还应该具有信号完整性模型的定义。

当设计原理图时，对于不具有这些模型属性的元器件，可以直接向元器件添加这些属性。下面以封装模型和仿真模型属性为例来讲述如何向元器件添加这些模型属性。

1. 添加封装属性

1）在元器件的模型列表中，单击 Add... 按钮，系统会弹出图 2-42 所示的对话框，在该对话框的下拉列表中，选择“Footprint”模式。

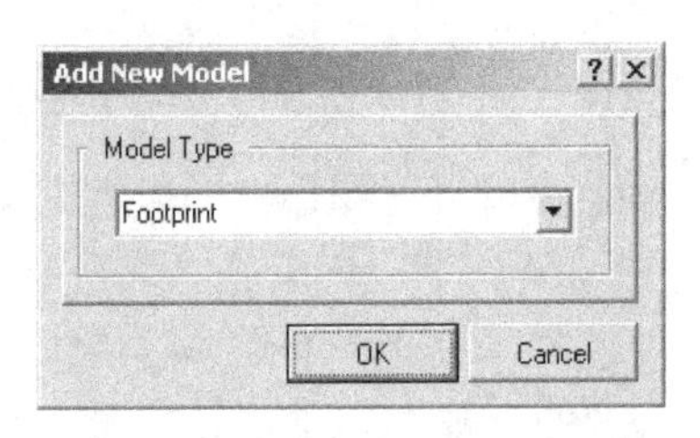

图 2-42 “Add New Model”对话框

2）然后单击图 2-42 所示的 OK 按钮，系统将弹出图 2-43 所示的“PCB Model”对话框，在该对话框中可以设置 PCB 封装的属性。在“Name”编辑框中可以输入封装名；“Description”编辑框可以输入封装的描述。单击“Browse”按钮可以选择封装类型，系统将弹出图 2-44 所示的“Browse Libraries”对话框，此时可以选择封装类型，然后单击 OK 按钮即可完成选择，如果当前没有装载需要的元器件封装库，则可以单击图 2-44 中的 ... 按钮装载一个元器件封装库，或按“Find”按钮进行查找要装载的元器件封装库。

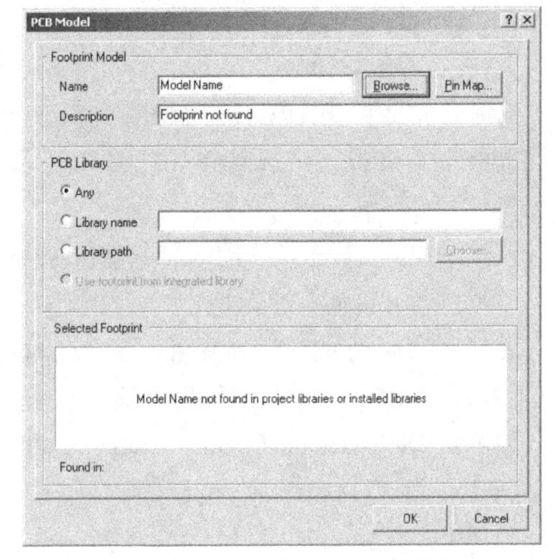

图 2-43 “PCB Model”对话框

2. 添加仿真属性

1）在元器件的模型列表中，单击 Add... 按钮，系统会弹出图 2-45 所示的对话框，在该对话框的下拉列表中，选择“Simulation”模式。

2）然后单击图 2-45 中 OK 的按钮，系统将弹出图 2-46 所示的“Sim Model”对话框，在该对话框中可以设置仿真模型的属性。

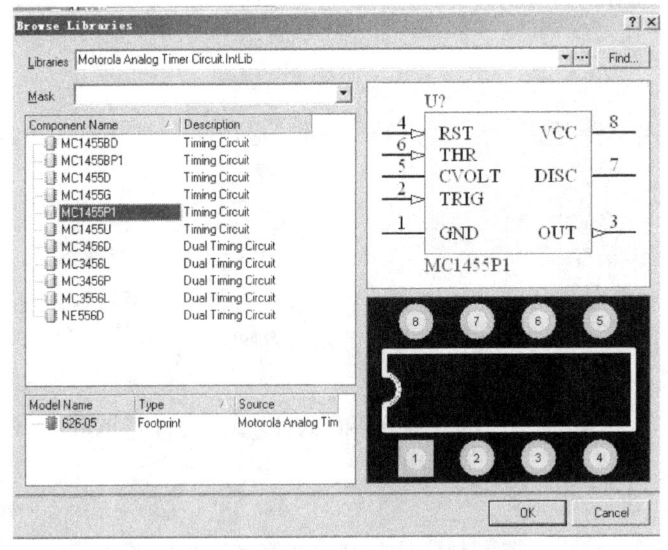

图 2-44 “Browse Libraries”对话框

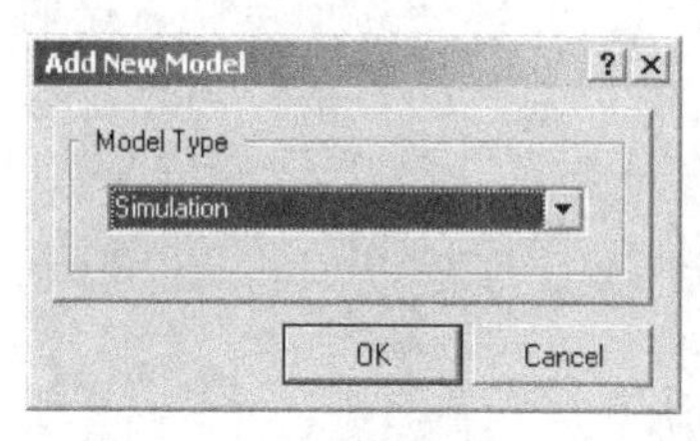

图2-45　选择“Simulation”模式

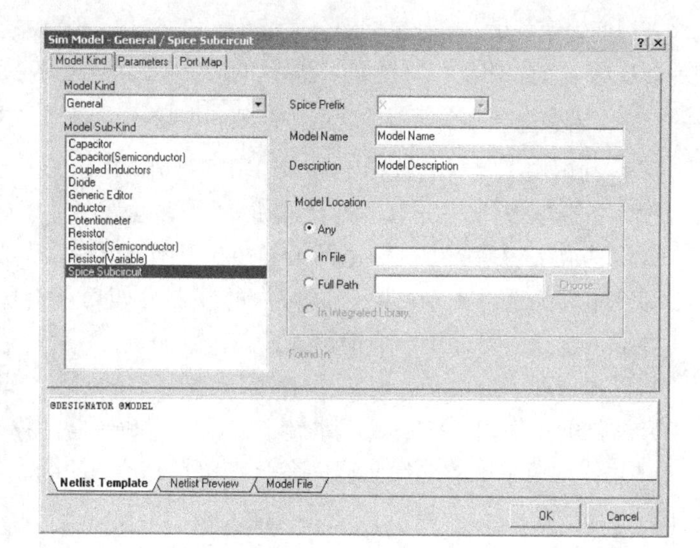

图2-46　“Sim Model”对话框

3. 编辑元器件参数的属性

如果在元器件的某一参数上双击鼠标左键，则会打开一个针对该参数属性的对话框。譬如在显示文字“U?”上双击，由于它是“Designator”流水序号属性，所以出现对应的“Parameter Properties”（参数属性）对话框，如图2-47所示。

可以通过此对话框设置其序号名称(Name)，参数值、参数值的可见性以及锁定，X轴和Y轴的坐标(Location X和Location Y)，旋转角度(Orientation)，组件的颜色(Color)，组件的字体(Font)等更为细致的控制特性。

如果单击“Change...”按钮，则系统会弹出一个字体设置对话框，可以对对象的字体进行设置。

依据上述“Component Properties”对话框中各项的含义，可以对振荡器与积分器中的各个元器件进行属性设置。

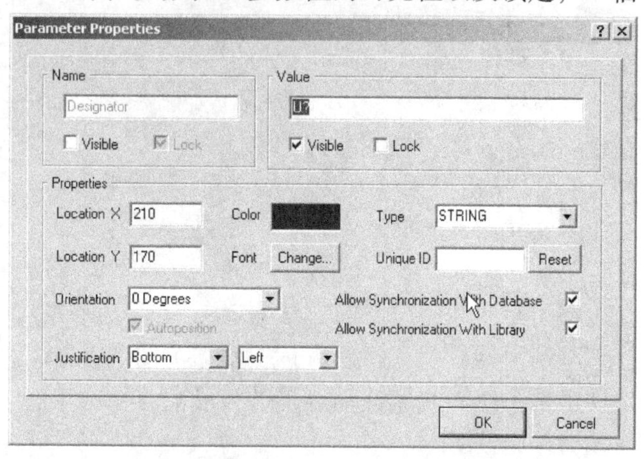

图2-47　“Parameter Properties”（参数属性）对话框

2.5.3　元器件位置的调整

设计者都希望自己设计的原理图美观且便于阅读，元器件的布局是关键的操作。元器件位置的调整就是利用Protel 2004系统提供的各种命令将元器件移动到合适的位置，并旋转为合适的方向，使整个编辑平面上的元器件布局均匀，连线短捷。

1. 选择元器件

在进行元器件位置调整前，应先选择元器件，下面介绍最常用的几种选择元器件方法。

(1) 直接选择元器件　直接选择元器件最常用的方法是，在编辑平面的合适位置按住鼠标左键，光标变为十字状，拖动鼠标到合适位置，松开鼠标即在图样上形成一个矩形框，框内的元器件全部被选中，选中的元器件四周有绿色的矩形框。此外，直接单击元器件，也可实现单个元器件的选中。若想选择多个元器件，可按住Shift键不放，依次单击欲选择的元器件即可。

（2）利用主工具栏的选择工具　在主工具栏中有三个与选择元器件相关的工具按钮，分别为区域选取按钮、取消选择按钮和移动元器件按钮。

区域选取按钮是选中区域里的元器件，操作时单击按钮，光标变为十字状，这时就可以移动鼠标去选择一个区域，区域内的元器件四周就会出现带颜色的方框，表示已被选中。要取消选择，可以单击取消选择按钮。

当元器件处于选中状态时，单击移动元器件按钮，光标变为十字状，将光标移动到选中元器件的方框内，按下鼠标左键，就可以拖动元器件移动。

（3）使用菜单中的选择元器件命令　菜单命令“Edit \ Select”的下拉选项，是几个选择元器件的命令。

1）“Inside Area”：区域内选取命令，用于选取区域内的元器件。

2）“Outside Area”：区域外选取命令，用于选取区域外的元器件。

3）“All”：选取所有元器件，用于选取图样内所有元器件。

4）“Connection”：选取连线命令，用于选取指定连接导线。

5）“Toggle Selection”：切换式选取。执行该命令后，光标变为十字状，在某一元器件上单击鼠标，则可选中该元器件，再单击下一个元器件，又可以选中下一元器件，这样可连续选中多个元器件。如果元器件以前已经处于选中状态，单击该元器件则可以取消选中。

2. 元器件的移动

在原理图编辑状态，元器件的移动大致可以分成两种情况：一种情况是元器件在平面里移动，简称“平移”；另外一种情况是当一个元器件将另外一个元器件遮盖住的时候，也需要移动元器件来调整元器件间的上下关系，将这种元器件间的上下移动称为“层移”。元器件移动的命令在菜单“Edit \ Move”的下拉菜单中，下拉菜单如图2-48所示。

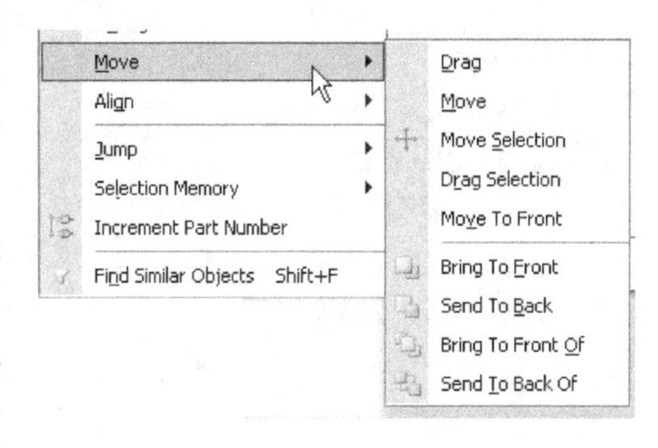

图 2-48　元器件移动的命令

移动元器件最简单的方法是直接移动：将光标移动到元器件上，按住鼠标左键，元器件周围出现虚框，拖动元器件到合适的位置，即可实现该元器件的移动。

执行菜单“Edit \ Move”下拉菜单中各个移动命令，可对元器件进行多种移动，分述如下。

（1）“Drag”命令　当元器件连接有线路时，执行该命令后，光标变成十字状。在需要拖动的元器件上单击，元器件就会跟着光标一起移动，元器件上的所有连线也会跟着移动，不会断线，如图 2-49 所示。执行该命令前，不需要选取元器件。

（2）“Move”命令　用于移动元器件。但该命令只移动元器件，不移动连接导线。

（3）“Move Selection”命令　与“Move”命令相似，只是它们移动的是已选定的元器件。另外，这个命令适用于多个元器件一起同时移动的情况。

（4）“Drag Selection”命令　与“Drag”命令相似，只是它们移动的是已选定的元器件。另外，这个命令适用于多个元器件同时移动的情况。

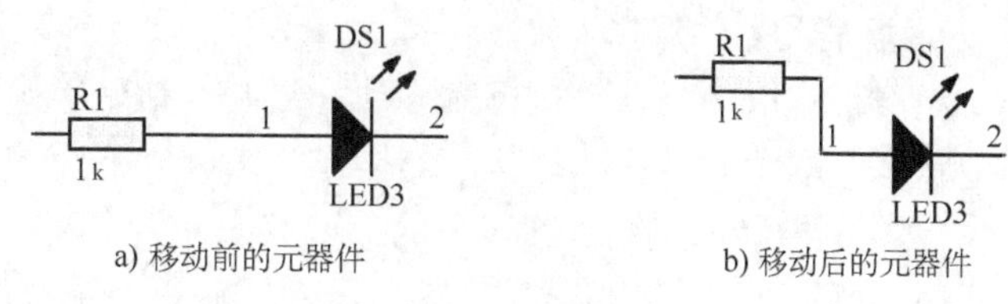

图2-49　“Drag”命令移动元器件操作

（5）“Move To Front”命令　这个命令是平移和层移的混合命令。它的功能是移动元器件，并且将它放在重叠元器件的最上层，操作方法同“Drag”命令。

（6）“Bring To Front”命令　将元器件移动到重叠元器件的最上层。执行该命令后，光标变成十字状，单击需要层移的元器件，该元器件立即被移到重叠元器件的最上层。单击鼠标右键，结束层移状态。

（7）“Send To Back”命令　将元器件移动到重叠元器件的最下层。执行该命令后，光标变成十字状，单击要层移的元器件，该元器件立即被移到重叠元器件的最下层。单击鼠标右键，结束该命令。

（8）“Bring To Front Of”命令　将元器件移动到某元器件的上层。执行该命令后，光标变成十字状。单击要层移的元器件，该元器件暂时消失，光标还是十字状，选择参考元器件，单击鼠标，原先暂时消失的元器件重新出现，并且被置于参考元器件的上面。

（9）“Send to Back Of”命令　将元器件移动到某元器件的下层，操作方法同“Bring To Front Of”命令。

3. 元器件的旋转

元器件的旋转实际上就是改变元器件的放置方向。Protel 2004 提供了很方便的旋转操作，操作方法如下：

1）首先在元器件所在位置单击鼠标左键选中元器件，并按住鼠标左键不放。

2）按Space键，就可以让元器件以90°旋转，这样就可以实现图形元器件的旋转。

设计者还可以使用快捷菜单命令“Properties”来实现。让光标指向需要旋转的元器件，按鼠标右键，从弹出的快捷菜单中选择“Properties”命令，然后系统弹出“Component Properties”对话框，如图2-50所示。此时可以操作“Orientation”选择框设定旋转角度，如设定稳压管D3旋转90°，其他元器件的位置不变，得到元器件图如图2-51所示。

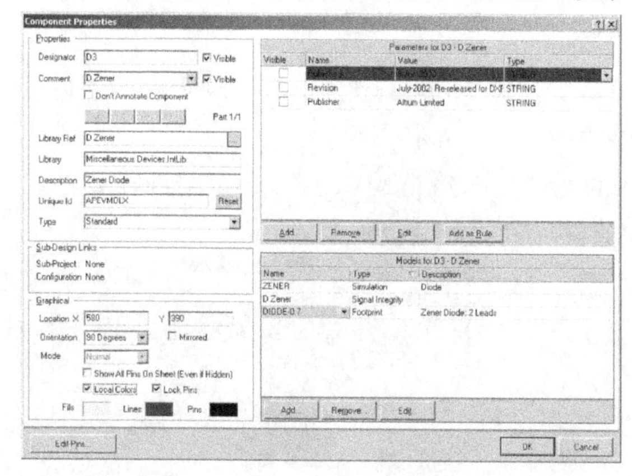

图2-50　“Component Properties”对话框

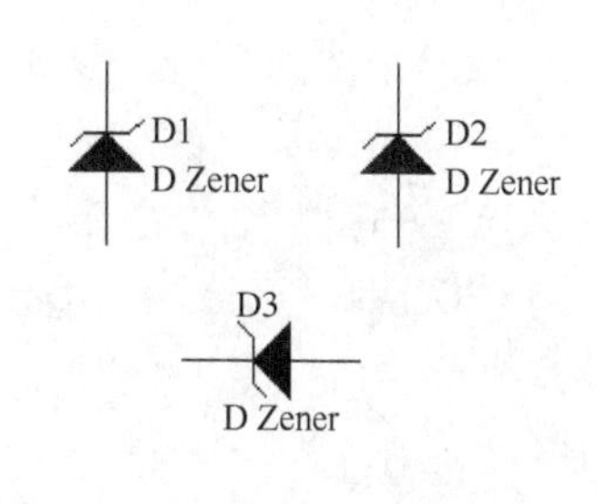

图2-51　D3 旋转90°

4. 取消元器件选择

当对被选取的元器件执行完移动、复制、粘贴等操作后，要使用取消命令解除元器件的选中状态。取消元器件选择状态的操作方法有以下几种：

（1）单击鼠标左键解除对象的选取状态

1）解除单个对象的选取状态。如果只有一个元器件处于选中状态，这时只需在图样上非选中区域的任意位置单击鼠标左键即可解除选取状态。当有多个对象被选中时，如果想解除个别对象的选取状态，这时只需将光标移动到相应的对象上，然后单击鼠标左键即可解除该对象的选取状态。此时其他先前被选取的对象仍处于选取状态。如果还有需要解除的对象，可以继续解除下一个对象的选取状态。

2）解除多个对象的选取状态。当有多个对象被选中时，如果想一次解除所有对象的选取状态，这时只需在图样上非选中区域的任意位置单击鼠标左键即可。

（2）使用标准工具栏上的解除命令　在标准工具栏上有一个解除选取图标，单击该图标后，图样上所有带有高亮标记的被选对象全部取消被选状态，高亮标记消失。

（3）通过解除选中菜单命令　执行菜单命令“Edit \ DeSelect”可实现解除选中的元器件。“DeSelect”有 5 个下拉菜单命令，如图 2-52 所示。

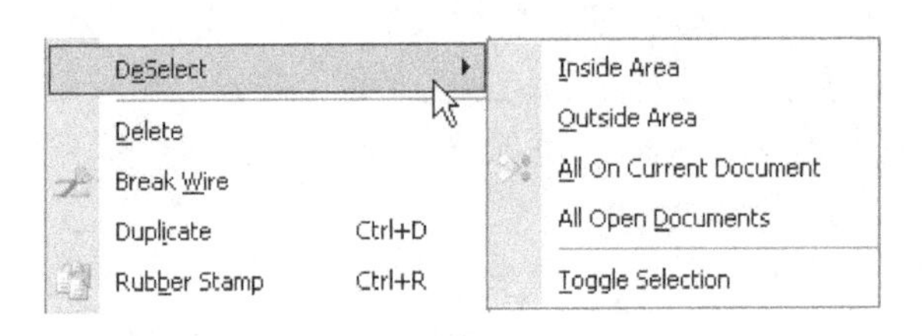

图 2-52 “DeSelect”的下拉菜单命令

1）“Inside Area”命令。将选择框中所包含的元器件的选中状态取消。

2）“Outside Area”命令。将选择框外所包含的元器件的选中状态取消。

3）“All On Current Document”命令。取消当前文件中所有元器件的选中状态。

4）“All Open Documents”命令。取消所有已打开文件中元器件的选中状态。

5）“Toggle Selection”命令。切换式取消元器件的选中状态。在某一选中元器件上单击鼠标，则元器件的选中状态被取消。

5. 删除元器件

当电路图中某个元器件不需要时，可以对该元器件进行删除操作。删除元器件可以使用“Edit”菜单中的两个命令，即“Clear”和“Delete”命令。

1）“Clear”命令的功能是删除已选取的元器件。执行“Clear”命令之前需要选取元器件，执行“Clear”命令之后，已选取的元器件立刻被删除。

2）“Delete”命令的功能也是删除元器件。只是执行“Delete”命令之前不需要选取元器件，执行“Delete”命令之后，光标变成十字状，将光标移到所要删除的元器件上单击，即可删除元器件。

另外一种删除元器件的方法是：使用鼠标左键单击元器件，选中元器件后，元器件周围会出现虚框，按 Del 键即可实现删除。

6. 剪切、复制、粘贴元器件

与其他软件相似，Protel 2004 同样有“剪贴”操作，包括对元器件的复制、剪切和粘贴。

（1）一般剪贴

1）复制。执行“Edit \ Copy”命令，将选取的元器件作为副本，放入剪贴板中。

2）剪切。执行“Edit \ Cut”命令，将选取的元器件直接移入剪贴板中，同时原理图上的被选元器件被删除。

3）粘贴。执行“Edit \ Paste”命令，将剪贴板里的内容作为副本，复制到原理图中。

复制、剪切和粘贴操作也可以通过主工具栏中的相关按钮进行。另外系统还提供了功能热键来实现剪贴复制：复制，Ctrl + C键；剪切，Ctrl + X键；粘贴，Ctrl + V键。

在粘贴元器件过程中，若按下Tab键，则系统会弹出粘贴位置设置对话框，如图 2-53 所示。设计者可以在该对话框中精确设置目标点。

（2）阵列式粘贴　阵列式粘贴是一种特殊的粘贴方式，一次可以按指定间距将同一个元器件重复地粘贴到图样上。启动阵列式粘贴可以用菜单命令“Edit \ Paste Array”，也可以用画图工具栏里的阵列式粘贴按钮，如图 2-54 所示。

按下画图工具栏里的阵列式粘贴按钮，将弹出图 2-55 所示的阵列式粘贴设置对话框。对话框中的各操作选项功能如下：

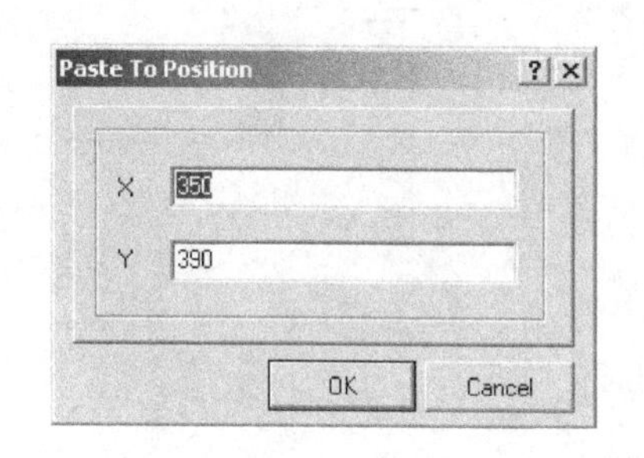

图 2-53　粘贴位置设置对话框

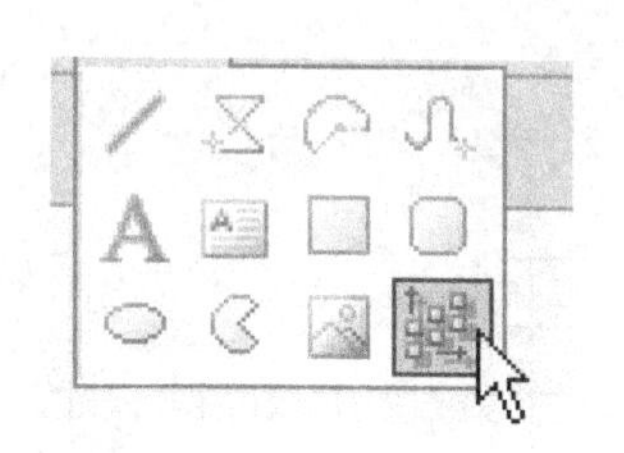

图 2-54　画图工具栏里的阵列式粘贴按钮

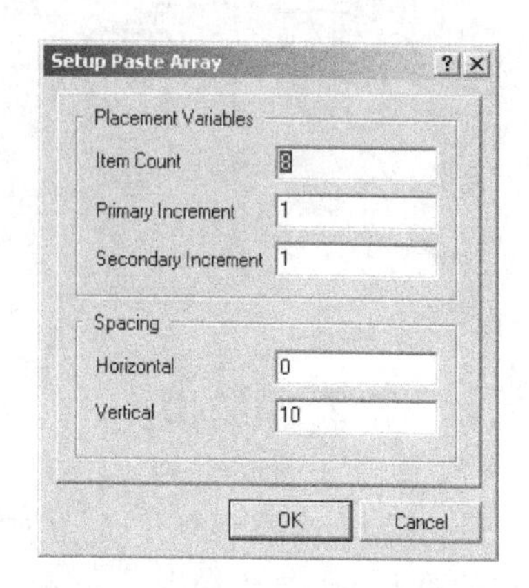

图 2-55　阵列式粘贴设置对话框

1）“Item Count”编辑框，用于设置所要粘贴的元器件个数。

2）“Primary Increment”编辑框，用于设置所要粘贴元器件序号的初始值，例如 R1。

3）“Secondary Increment”编辑框，用于设置所要粘贴元器件序号的增量值。如果将该值设定为 1，且元器件序号初始值为 R1，则重复放置的元器件中，序号分别为 R2、R3、R4。

4）“Horizontal”编辑框，用于设置所要粘贴的元器件间的水平间距。

5）“Vertical”编辑框，用于设置所要粘贴的元器件间的垂直间距。

（3）橡皮图章（Rubber Stamp）　Protel 2004 还有一新增功能，就是橡皮图章，使用该功能复制对象时，不需要对被选对象进行剪切或复制操作，就可以直接复制，操作方法如下：

1）首先选中需要复制的对象。

2）在系统参数对话框“Preferences”内，勾选“Graphical Editing”标签内的“Clipboard Reference”复选项。

3）执行菜单命令“Edit \ Rubber Stamp”，或者直接单击标准工具栏上的图标，或者使用快捷键Ctrl + R。

4）执行命令后，光标变为十字形，将光标指向已选对象，单击鼠标左键。此时被选对象的拷贝将粘附在光标上，移动光标到合适位置单击鼠标左键，立即在光标位置放置一个拷贝。如果需要，还可以继续在其他位置放置拷贝，否则直接按鼠标右键退出当前状态。

一旦使用该命令，系统会自动将拷贝放到剪贴板上，使用橡皮图章所放置的拷贝处于非选中状态。

图 2-56 所示为进行元器件属性编辑后的振荡器与积分器电路原理图。

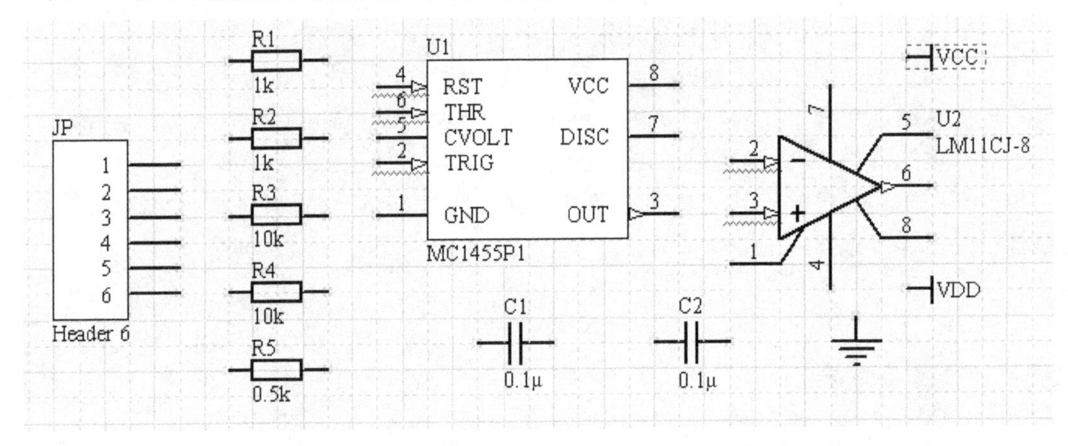

图 2-56　进行元器件属性编辑后的振荡器与积分器电路原理图

2.6　元器件的排列

由 2.5.3 小节可知，通过对元器件进行移动和旋转等操作，可使元器件布局达到整齐美观的效果。但这些操作毕竟比较烦琐，Protel 2004 提供了一系列元器件排列命令，它极大地方便了设计者的操作，提高了工作效率。

与对元器件进行移动和旋转的操作一样，元器件的排列也需要事先选中这些元器件。图 2-57 所示为 5 个随意放置的元器件，利用图 2-58 所示的 Protel 2004 提供的元器件排列命令可以实现各种对齐操作。

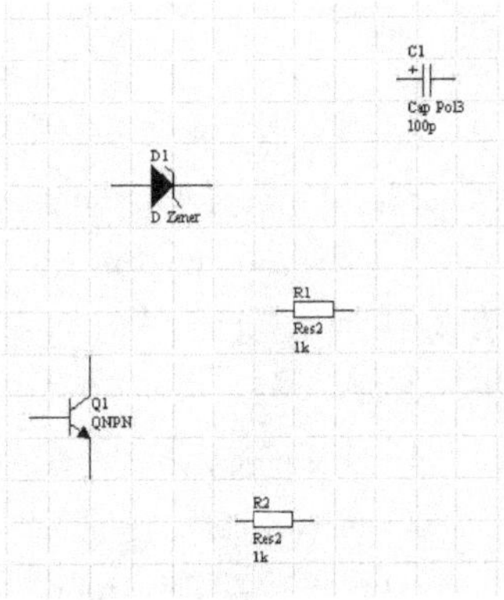

1. 左对齐

1）执行“Edit \ Select \ Inside Area”命令，此时光标变为十字形状，移动光标到所要排列对齐的元器件的某个角，单击鼠标左键，然后移动鼠标拉开虚框直至包含 5 个元器件，再单击鼠标左键即可选中元器件。

图 2-57　5 个随意放置的元器件

2）执行“Edit \ Align \ Align Left”命令，该命令使所选

取的元器件左边对齐，如图2-59所示。可以看到，随机分布的5个元器件的最左边处于同一条直线上。

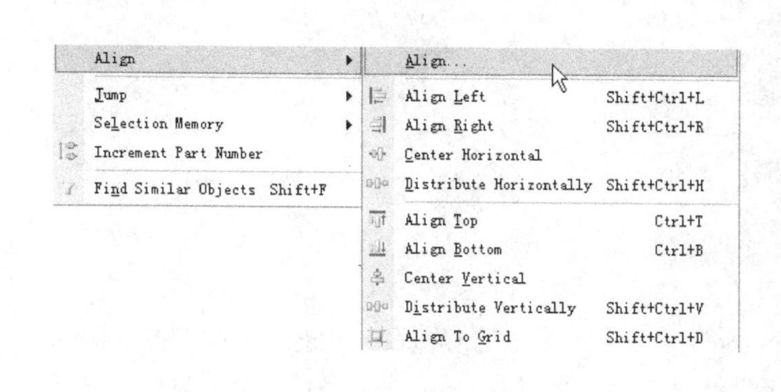

图2-58　元器件排列命令

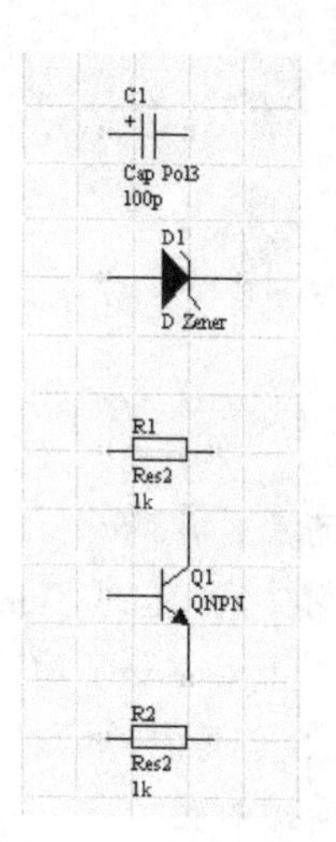

图2-59　元器件左边对齐

2. 右对齐

1）执行“Edit \ Select \ Inside Area”命令，选中元器件。

2）执行“Edit \ Align \ Align Right”命令，使所选取的元器件右边对齐，如图2-60所示。

3. 按水平中心线对齐

1）执行“Edit \ Select \ Inside Area”命令，选中元器件。

2）执行“Edit \ Align \ Center Horizontal”命令，使所选取的元器件按水平中心线对齐，如图2-61所示。对齐后5个元器件的中心处于同一条直线上。

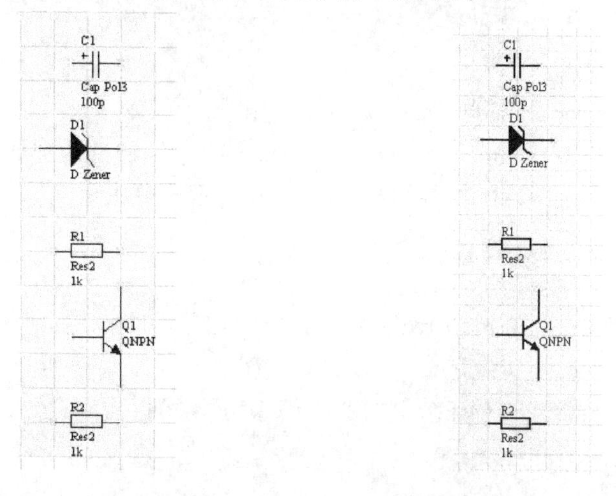

图2-60　元器件右边对齐　　　图2-61　元器件按水平中心线对齐

4. 水平均布

为方便操作，下面以图2-62中的5个随意放置的元器件来说明下面各命令的操作。

1）执行“Edit \ Select \ Inside Area”命令，选中元器件。

2）执行“Edit \ Align \ Distribute Horizontally”命令，使所选取的元器件水平均布，如

图 2-63 所示。5 个元器件沿水平方向平铺，即水平方向间距相等。

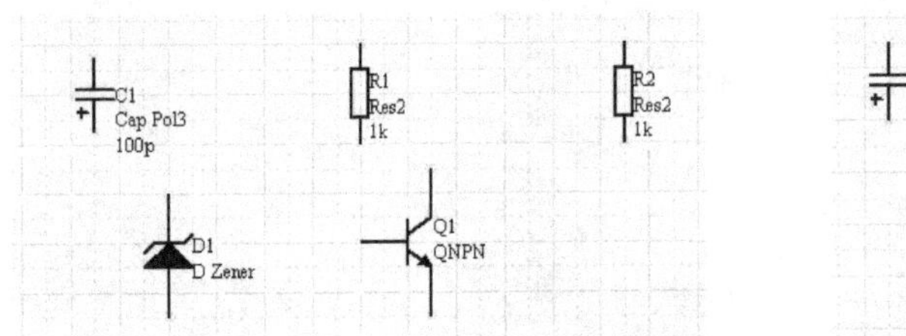

图 2-62　5 个随意放置的元器件

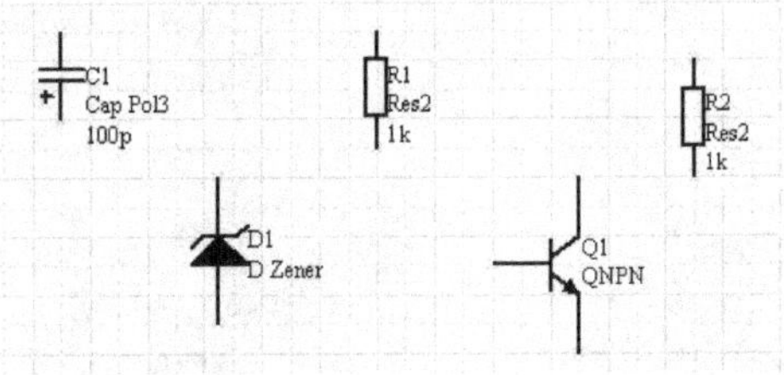

图 2-63　5 个元器件沿水平方向平铺

5. 顶端对齐

1）执行“Edit \ Select \ Inside Area”命令，选中元器件。

2）执行“Edit \ Align \ Align Top”命令。该命令使所选取的元器件顶端对齐，执行了命令后，5 个元器件的对齐结果如图 2-64 所示。可以看到，5 个元器件已经顶端对齐。

6. 底端对齐

1）执行“Edit \ Select \ Inside Area”命令，选中元器件。

2）执行“Edit \ Align \ Align Bottom”命令。该命令使所选取的元器件底端对齐，执行命令后，5 个元器件的对齐结果如图 2-65 所示。可以看到，5 个元器件底端已经对齐。

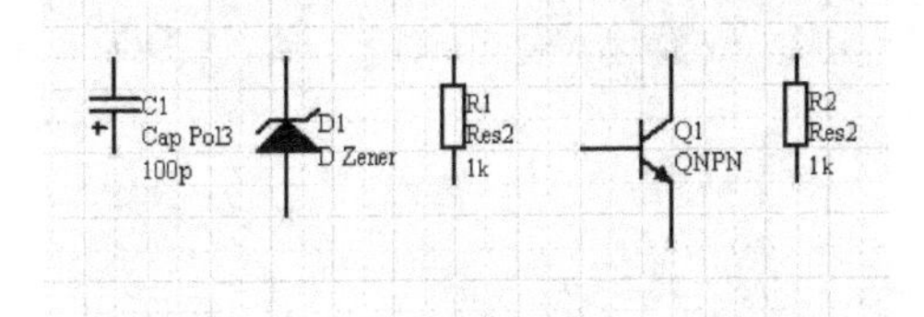

图 2-64　5 个元器件顶端对齐

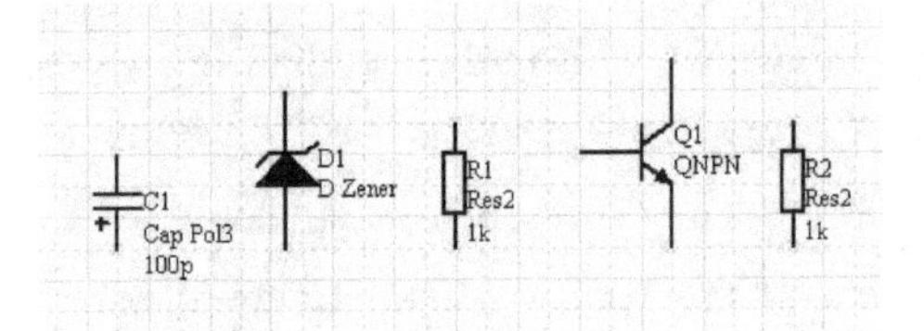

图 2-65　5 个元器件底端对齐

7. 按垂直中心线对齐

1）执行“Edit \ Select \ Inside Area”命令，选中元器件。

2）执行“Edit \ Align \ Center Vertical”命令。该命令使所选取的元器件按垂直中心线对齐。执行命令后，5 个元器件的对齐结果如图 2-66 所示，可以看到，对齐后 5 个元器件的中心处于同一条直线上。

8. 垂直均布

1）执行“Edit \ Select \ Inside Area”命令，选中元器件。

2）执行“Edit \ Align \ Distribute Vertically”命令。该命令使所选取的元器件垂直均布。执行命令后，5 个元器件的对齐结果如图 2-67 所示。可以看到，5 个元器件垂直均布。

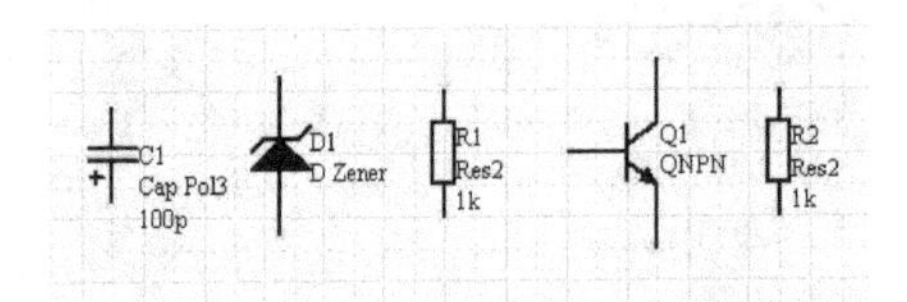

图 2-66　5 个元器件按垂直中心线对齐

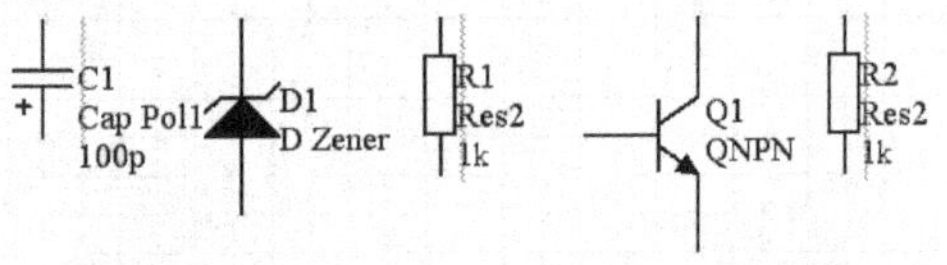

图 2-67　5 个元器件垂直均布

9. 同时进行综合排列或对齐

上面介绍的几种方法，一次只能做一种排列操作，如果要连续进行两种不同的排列操作，可以使用“Align Objects”对话框来进行。

1）执行“Edit \ Select \ Inside Area”命令，选中元器件。

2）执行“Edit \ Align \ Align”命令，系统将弹出“Align Objects”对话框，如图2-68所示。该对话框可以进行综合排列或对齐的设置。此对话框分为两部分，分别为水平排列选项(Horizontal Alignment)和垂直排列选项(Vertical Alignment)。

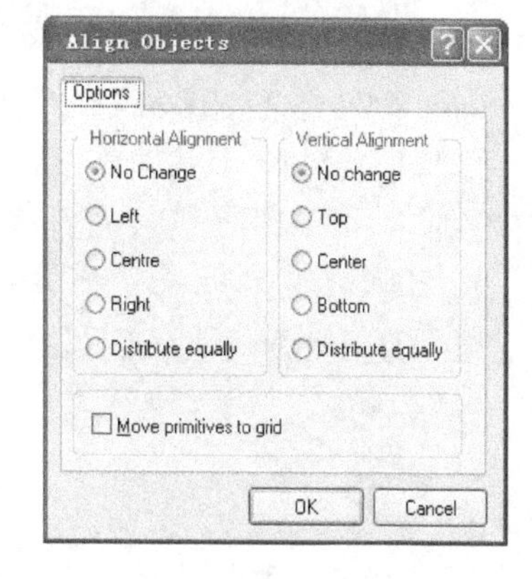

图2-68　“Align Objects”对话框

① 水平排列(Horizontal Alignment)选项为

No Change：不改变位置。

Left：全部靠左边对齐。

Centre：全部靠中间对齐。

Right：全部靠右边对齐。

Distribute equally：平均分布。

② 垂直排列(Vertical Alignment)选项为

No Change：不改变位置。

Top：全部靠顶端对齐。

Center：全部靠中间对齐。

Bottom：全部靠底端对齐。

Distribute equally：平均分布。

其操作方法与执行菜单命令时基本一样，这里不再重复。

图2-69所示为进行元器件位置调整后的振荡器与积分器电路。

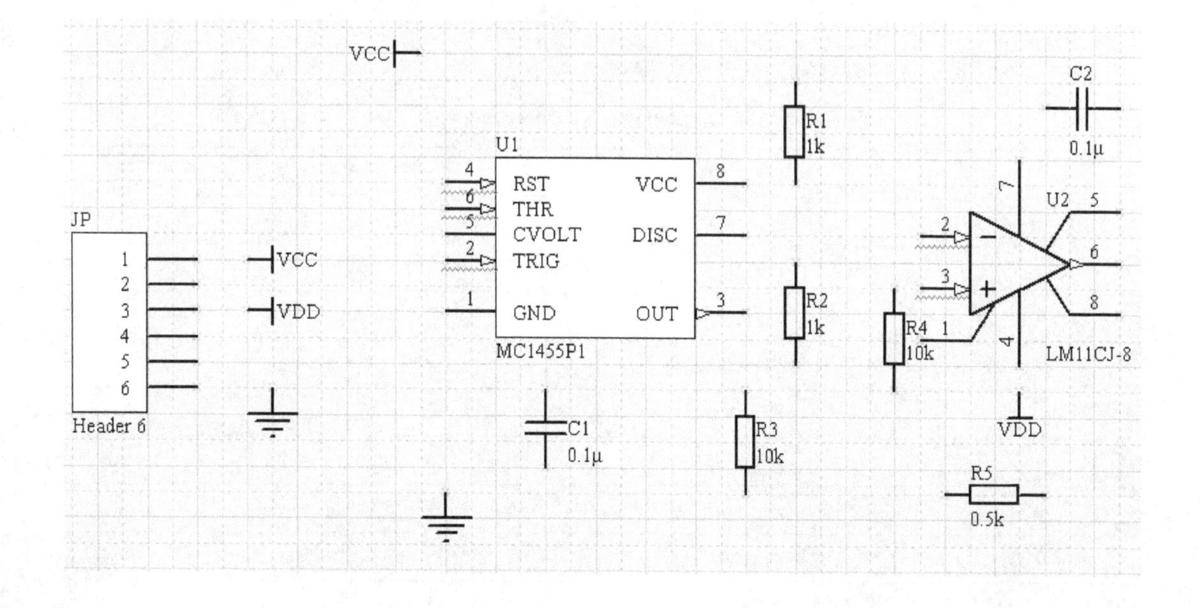

图2-69　进行元器件位置调整后的振荡器与积分器电路

2.7　放置连线和节点

当所有电路元器件、电源和其他对象放置完毕后，就可以进行原理图中各对象间的连线了。连线的主要目的是按照电路设计的要求建立网络的实际连通性。

2.7.1　“Wiring tools” 工具栏

Protel 2004 原理图编辑器为设计者提供了多种快捷工具栏，其中最常用的是连线工具栏。原理图的绘制工具主要集中在连线工具栏和 “Place” 菜单中，连线工具栏中的每个工具按钮都与 “Place” 菜单中的命令一一对应。

图 2-70 所示为 “Place” 菜单中的连线工具命令。执行菜单命令 “View \ Toolbars \ Wiring”，即可打开 “Wiring” 工具栏，如图 2-71 所示。连线工具栏中各个按钮的功能参见表 2-3。

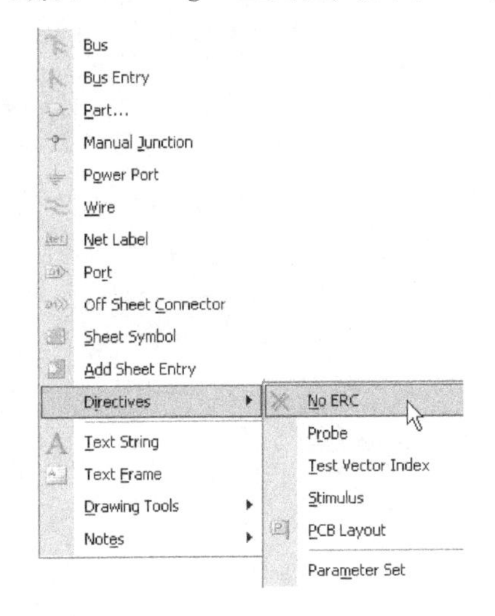

图 2-70　“Place” 菜单中的连线工具命令

2-71　“Wiring” 工具栏

表 2-3　连线工具栏中各个按钮的功能

按　钮	功　能	对应 “Place” 菜单中的命令
	画导线	Wire
	画总线	Bus
	画总线分支	Bus Entry
	设置网络标号	Net Label
	电源及接地符号	Power Port
	放置元器件	Part
	放置方块电路	Sheet Symbol
	放置方块电路的输入/输出端口	Add Sheet Entry
	添加电路的输入/输出端口	Port
	放置 No ERC 标记	Directives \ No ERC

2.7.2 连接导线

电路中一个元器件引脚要与另一个元器件引脚用导线连接起来，如将图2-76中电容C1的引脚和电阻R1的引脚连接起来，可以按下面的操作步骤进行。

1）执行菜单命令“Place \ Wire”，进入画导线状态。此操作也可用下面方法代替：

① 按下P键，松开后按下W键。

② 用鼠标左键单击“Wiring”工具栏中的 按钮。

2）此时光标变成了十字状，系统进入连线状态，将光标移到电容C1的引脚上，会自动出现一个红色“×”，单击鼠标左键，确定导线的起点，如图2-72a所示。然后开始画导线。

3）移动鼠标拖动导线线头，在转折点处单击鼠标左键确定，每次转折都需要单击鼠标左键，如图2-72b所示。

4）当到达导线的末端时，再次单击鼠标的左键确定导线的终点，如图2-72c所示。

5）单击鼠标右键，或按Esc键，从这条导线的绘制过程中退出，如图2-72d所示。当一条导线的绘制完成后，整条导线的颜色变为蓝色。

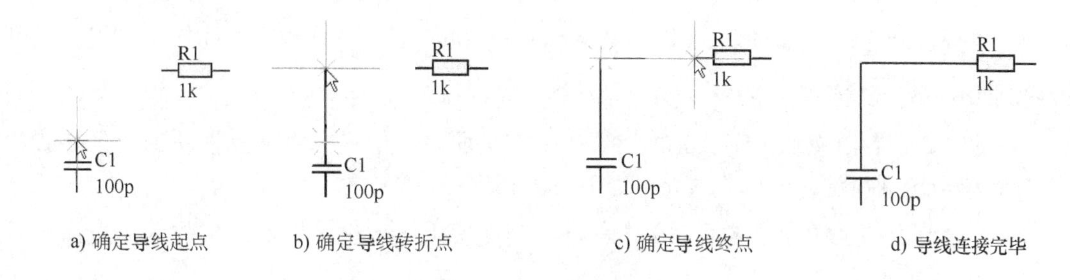

图2-72 导线连接过程

6）画完一条导线后，系统仍然处于画导线命令状态。将光标移动到新的位置后，重复上面1）~5）步操作，可以继续绘制其他导线。

Protel 2004为设计者提供了四种导线模式：90°走线、45°走线、任意角度走线和自动布线。在画导线过程中，按下Shift + Space键可以在各种模式间循环切换。

当切换到90°走线模式（或45°走线模式）时，按Space键可以进一步确定是以90°（或45°）线段开始，还是以90°（或45°）线段结束。

使用自动布线模式可以绕过障碍（避免横切其他导线），直接进行点对点的连接。在使用自动模式时，按Tab键将弹出点对点布线器选项对话框（“Point to Point Router Options”），如图2-73所示。

当使用Shift + Space键切换导线到任意角度走线模式（或自动布线模式）时，再按Space键可以在任意角度走线模式与自动布线模式间切换。

7）如果对某条导线的样式不满意，如导线宽度、颜色等，设计者可以用鼠标单击该条导线，此时将出现“Wire”对话框，如图2-74所示。设计者可以在此对话框中重新设置导

线的线宽和颜色等。

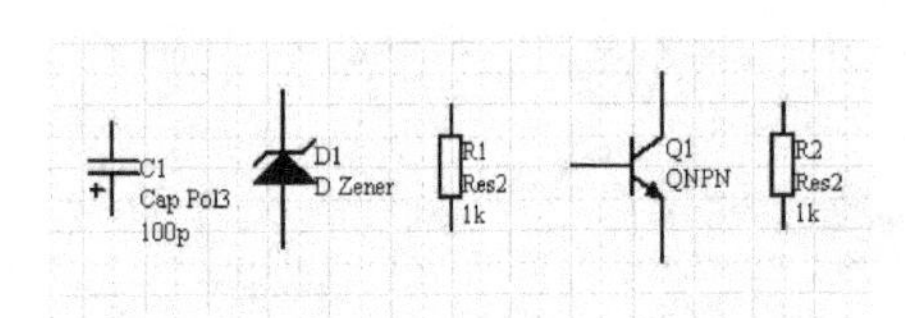

图 2-73　点对点布线器选项对话框

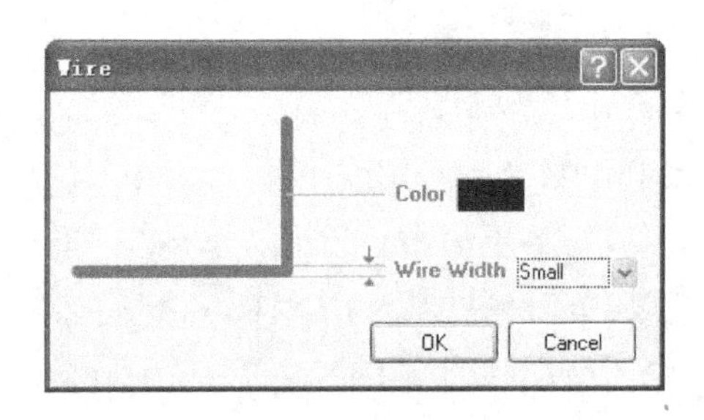

图 2-74　“Wire”对话框

2.7.3　放置线路节点

所谓线路节点，是指当两条导线交叉时相连接的状况。

对电路原理图的两条相交的导线，如果没有节点存在，则认为这两条导线在电气上是不相通的；如果存在节点，则表明二者在电气上是相通的。

放置电路节点的操作步骤如下：

1）执行绘制线路节点的命令(Place\Manual Junction)。此操作也可用先按下P键，松开后再按下J键的方法实现。

2）此时，带着节点的十字状光标出现在工作平面内。用鼠标将节点移动到两条导线的交叉处，单击鼠标左键，即可将线路节点放置到指定的位置。

3）放置节点的工作完成之后，单击鼠标右键或按下Esc键，可以退出放置节点命令状态，回到闲置状态。

Protel 2004 在绘制导线时，将在“T”字连接处自动产生节点，而在“十”字连接处则不会自动产生节点，如图 2-75 所示。此时，若设计者需要节点则必须进行手工放置。如果设计者对节点的大小等属性不满意，可以在放置节点前按下Tab键，打开图 2-76 所示的“Junction”对话框。

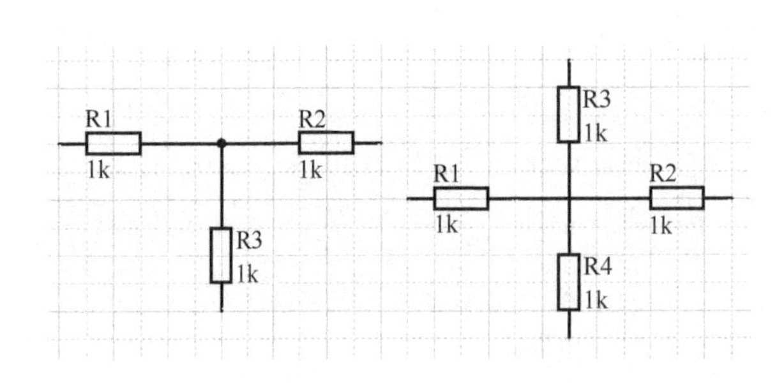

图 2-75　画两条连线不同操作的结果

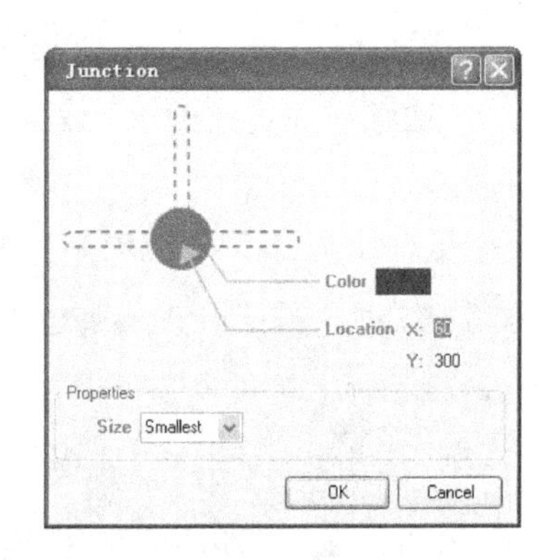

图 2-76　“Junction”对话框

“Junction”对话框包括以下选项：

（1）“Location X、Y”项　节点中心点的X轴、Y轴坐标。

（2）“Size”项　选择节点的显示尺寸，设计者可以分别选择节点的尺寸为Large(大)、Medium(中)、Small(小)和Smallest(最小)。

（3）“Color”项　选择节点的显示颜色。

图2-77所示为连线后的振荡器与积分器电路原理图。

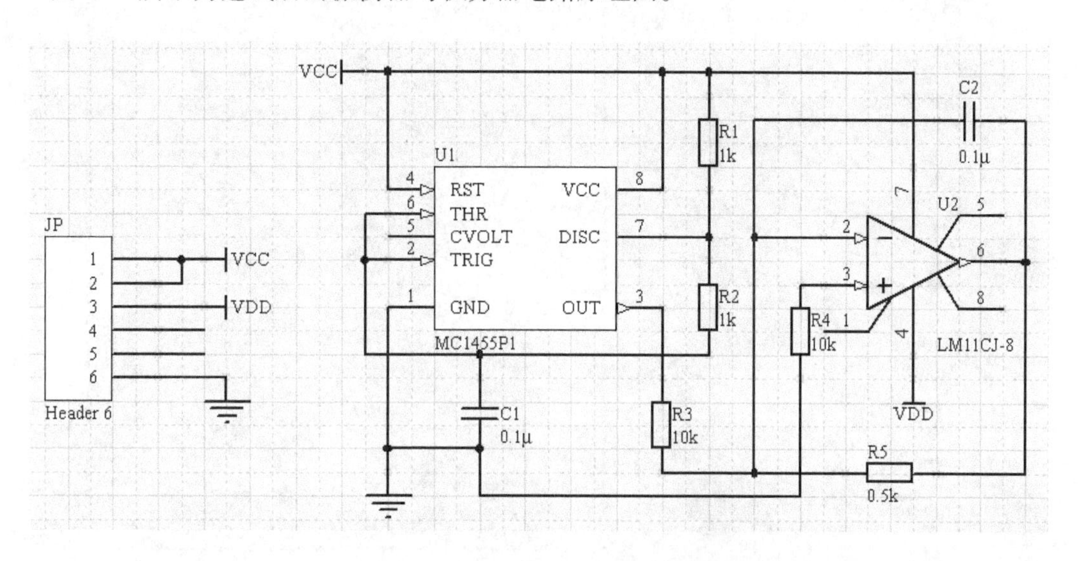

图2-77　连线后的振荡器与积分器电路原理图

2.8　对象整体编辑

Protel 2004具有整体编辑的功能，不仅支持单个对象属性编辑，而且可以对当前文档或所有打开的原理图文档中的多个对象同时实施属性编辑。

2.8.1　“Find Similar Objects”对话框

进行整体编辑，要使用“Find Similar Objects”对话框，下面以振荡器与积分器电路为例，说明打开“Find Similar Objects”对话框的操作步骤。

打开进行整体编辑的原理图，并将光标指向某一对象（比如R1），单击鼠标右键，将弹出如图2-78所示快捷菜单。然后从菜单中选择执行“Find Similar Objects”命令，即可打开“Find Similar Objects”对话框，如图2-79所示。

在对话框中可设置查找相似对象的条件，一旦确定，所有符合条件的对象将以放大的选中模式显现在原理图编辑窗口内。然后可以对所查到的多个对象执行全局编辑。

下面简单介绍对话框中各项的含义。

1. Graphical区域

在该区域内可设定对象的图形参数，如位置“X1”、“Y1”，是否镜像“Mirrored”，角度“Orientation”，显示模式“Display Mode”，是否显示被隐含的引脚“Show Hidden Pins”，是否显示元器件标识“Show Designator”等。这些选项都可以当作搜索的条件，可以设定按图形参数相同“Same”、不同“Different”，或是任意“Any”方式来查找对象。

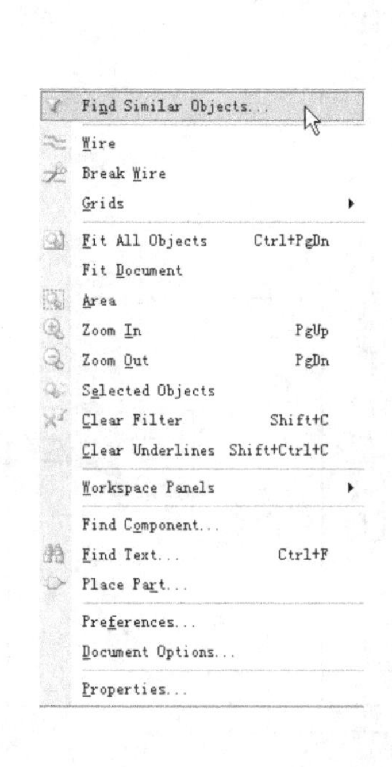

图 2-78　右键快捷菜单

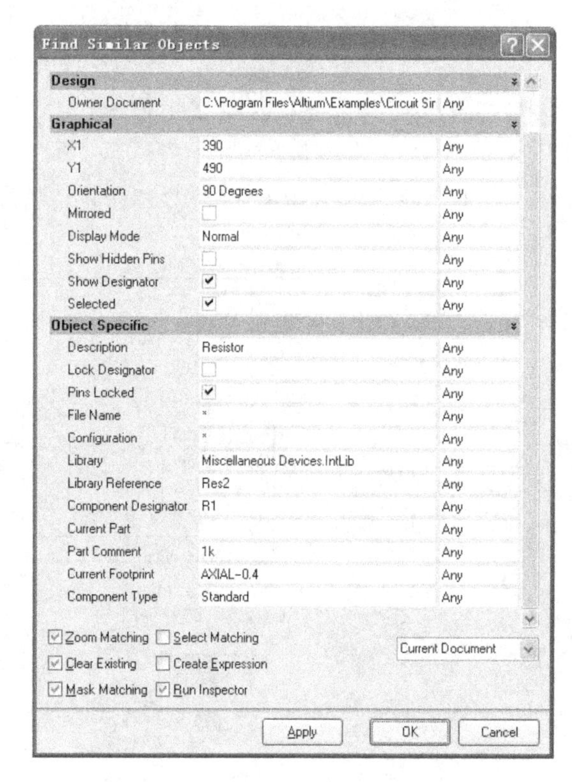

图 2-79　“Find Similar Objects”对话框

2. Object Specific 区域

在该区域内可设定对象的详细参数，如对象描述“Description”、是否锁定元器件标识“Lock Designator”、是否锁定引脚“Pins Locked”、文件名“File Name”、元器件所在库文件“Library”、库文件内的元器件名“Library Reference”、元器件标识“Component Designator”、当前组件“Current Part”、组件注释“Part Comment”、当前封装形式“Current Footprint”及元器件类型“Component Type”等。这些参数也可以当作搜索的条件，可以设定查找详细参数是相同“Same”、不同“Different”，或是任意“Any”的对象。

3. Zoom Matching 复选项

设定是否将条件相匹配的对象，以最大显示模式，居中显示在原理图编辑窗口内。

4. Clear Existing 复选项

设定是否清除已存在的过滤条件。系统默认为自动清除。

5. Mask Matching 复选项

设定是否在显示条件相匹配的对象的同时，屏蔽掉其他对象。

6. Run Inspector 复选项

设定是否自动打开“Inspector”（检查器）对话框。

7. Create Expression 复选项

设定是否自动创建一个表达式，以便以后再用。系统默认为不创建。

8. Select Matching 复选项

设定是否将符合匹配条件的对象选中。

2.8.2　执行整体编辑

仍以振荡器和积分器电路为例，按下面的操作步骤完成整体编辑：

1）以任意一个电阻作为参考，执行右键菜单命令“Find Similar Objects”，打开“Find Similar Objects”对话框。

2）在本例中将“Current Footprint”（当前封装）作为搜索的条件，并设定为“Same”，以搜索相同封装的元器件。勾选“Zoom Matching”、“Clear Existing”、“Select Matching”、“Mask Matching”、“Run Inspector”复选项，其他选项采用系统默认值。单击 OK 按钮，原理图编辑窗口内将以最大模式显示出所有符合条件的对象，如图2-80所示。同时，系统打开如图2-81所示的“Inspector”对话框。

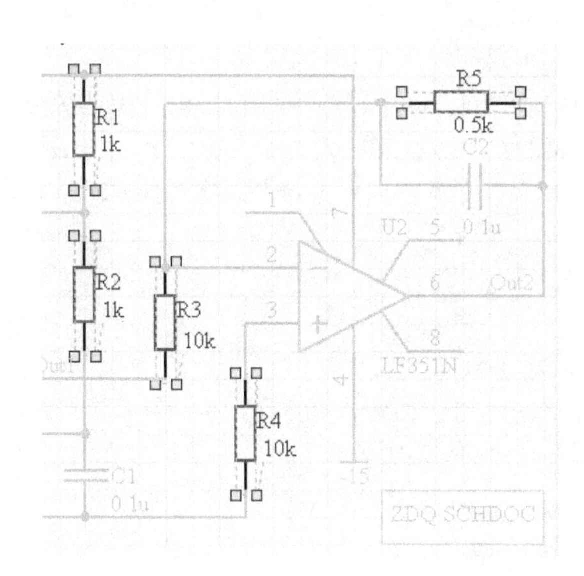

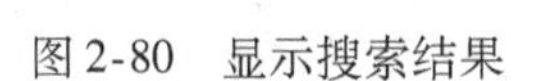
图2-80　显示搜索结果

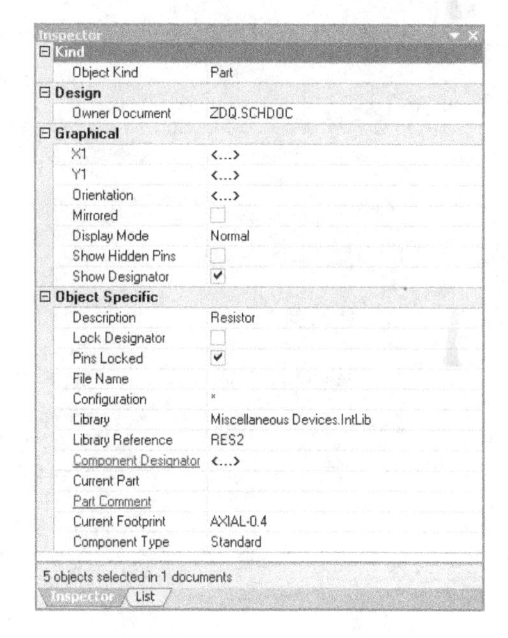

图2-81　“Inspector”对话框

提示：如果未勾选“Run Inspector”复选项，当单击 OK 按钮关闭“Find Similar Objects”对话框以后，可以按 F11 键打开如图2-81所示的“Inspector”对话框。

当然，也可以直接在原理图上选中多个对象，然后按 F11 键打开“Inspector”对话框。

3）在“Inspector”对话框内改变所需要的Value值。例如，将封装选项“Current Footprint”内容改为“AXIAL-0.3”、将显示元器件标识“Show Designator”勾选，其他参数保持默认值，最后按 Enter 键即可将搜索到的电阻统一修改为：封装形式为“AXIAL-0.3”、不显示元器件标识(R1，R2，…)，最终结果如图2-82所示。

4）关闭“Inspector”对话框，单击屏幕右下角的 Clear 按钮，清除所有元器件的选中状态。

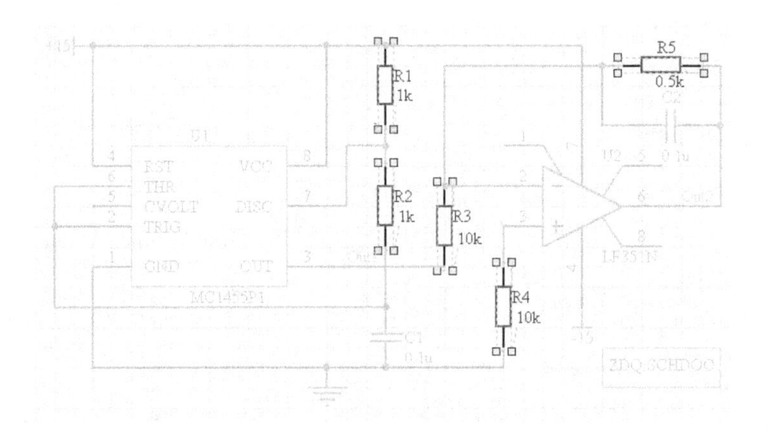

图 2-82　修改后的电路

2.9　原理图绘图工具

在绘制电路原理图的过程中，为方便对电路的阅读，往往需要在电路原理图上某些位置标注出该线路点的波形、参数等不具有电气含义的图形符号，Protel 2004 提供了这一绘图工具命令。由于图形对象并不具备电气特性，所以在作电气法则检查(ERC)和转换成网络表时，它们并不产生任何影响。

2.9.1　绘图工具命令

在原理图设计中，利用实用工具栏中的绘图工具命令进行绘图是十分方便的，执行“View \ Tool Bars \ Utilities”，实用工具栏就会出现在工作窗口，单击按钮，就会弹出图 2-20所示的绘图工具栏，工具栏中各绘图工具命令的功能见表 2-4。

表 2-4　绘图工具命令的功能

绘图工具命令	功　能	绘图工具命令	功　能
	绘制直线		绘制矩形
	绘制多边形		绘制圆饼
	绘制椭圆弧线		绘制椭圆
	绘制贝塞尔曲线		绘制扇形
	放置文字		粘贴图片
	设置文本框		粘贴文本阵列

2.9.2　绘制直线

这里所绘制的直线(Line)在功能上完全不同于元器件间的导线(Wire)。导线具有电气意义，通常用来表现元器件间的物理连通性，而直线并不具备任何电气意义。

直线的绘制十分简单，基本的步骤如下：

1）用鼠标左键单击实用工具栏中绘图工具命令按钮，也可执行菜单命令“Place \ Drawing Tools \ Line”，光标变为十字形。移动光标到合适的位置，单击鼠标左键对直线的起始点加以确认。

2）移动鼠标拖拽直线的线头，若绘制多段折线，则在每个转折点单击鼠标左键加以确认。

3）重复上述操作，直到折线的终点，单击鼠标左键确认折线的终点，之后单击鼠标右键完成此折线的绘制。

此时系统仍处于“绘制直线”的命令状态，光标呈十字状，可以接着绘制下一条直线，也可单击鼠标右键或按Esc键退出。

如果在绘制直线的过程中按下Tab键，或在已绘制好的直线上双击鼠标左键，即可打开图2-83所示的“PolyLine”对话框，从中可以设置关于该直线的一些属性，包括Line Width（线宽，有Smallest、Small、Medium、Large四种）、Line Sty1e（线型，有实线Solid、虚线Dashed和点线Dotted等几种）和Color（直线的颜色）。

单击已绘制好的直线，可使其进入选中状态，此时直线的两端会各自出现一个正方形的小方块，即所谓的控制点，如图2-84所示。设计者可以通过拖动控制点来调整这条直线的起点与终点位置。另外，还可以直接拖动直线本身来改变其位置。

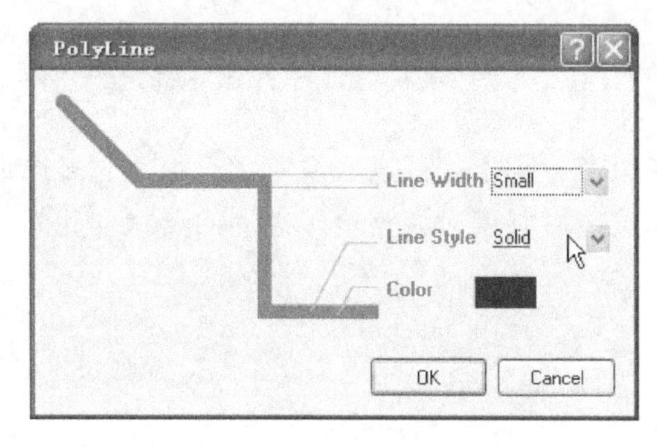

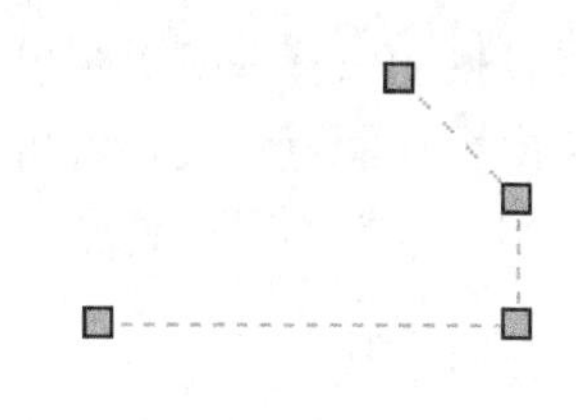

图2-83　“PolyLine”对话框

图2-84　直线调整控制点

Protel 2004为设计者提供了三种直线模式：90°走线、45°走线和任意角度走线。在画直线过程中，按下Shift + Space键可以在各种模式间循环切换。

2.9.3　绘制多边形

所谓多边形（Polygon）是指利用鼠标指针依次定义出图形的各个角所形成的封闭区域。绘制步骤如下：

1）用鼠标左键单击实用工具栏中绘图工具命令按钮，也可执行菜单命令“Place \ Drawing Tools \ Polygon”。

2）执行此命令后，鼠标指针变为十字形，首先在待绘制图形的一个角单击鼠标左键，然后移动鼠标到第二个角单击鼠标左键形成一条直线，然后再移动鼠标，这时会出现一个随鼠标指针移动的预拉封闭区域。现在依次移动鼠标到待绘制图形的其他角单击左键。如果单击鼠标右键就会结束当前多边形的绘制，开始进入下一个绘制多边形的过程。如果要将编辑模式切换回待命模式，可再单击鼠标右键或按下Esc键。绘制的多边形如图 2-85 所示。

3）编辑多边形属性。如果在绘制多边形的过程中按下Tab键，或是在已绘制好的多边形上双击鼠标左键，就会打开图 2-86 所示的“Polygon”对话框，可从中设置该多边形的一些属性，如 Border Width（边框宽度）、Border Color（边框颜色）、Fill Color（填充颜色）和 Draw Solid（设置为实心多边形）。

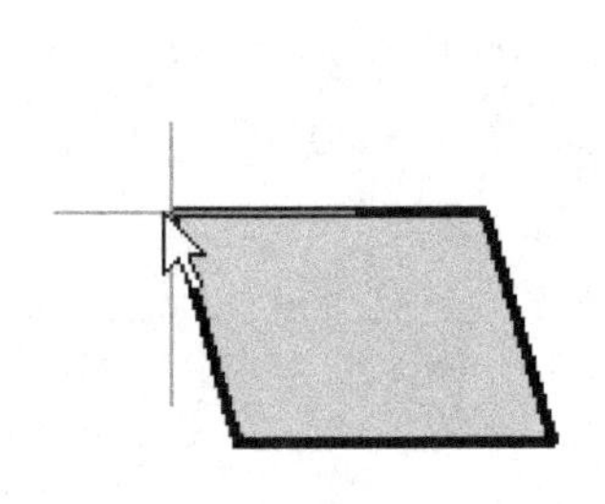

图 2-85　绘制好的多边形

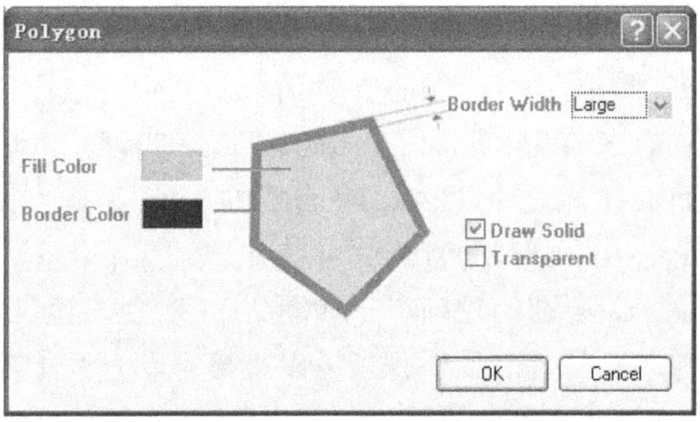

图 2-86　“Polygon”对话框

如果直接用鼠标左键单击已绘制好的多边形，则可使其进入选取状态，此时多边形的各个角都会出现控制点，设计者可以通过拖动这些控制点来调整该多边形的形状。此外，也可以直接拖动多边形本身来调整其位置。

2.9.4　绘制圆弧

绘制圆弧操作步骤如下：

1）执行菜单命令“Place \ Drawing Tools \ Arc”，这时光标变为十字形，并拖带一个虚线弧，如图 2-87 所示。

2）在待绘的圆弧中心处单击鼠标左键，然后移动鼠标就会出现圆弧预拉线。接着调整好圆弧半径，然后单击鼠标左键，指针会自动移动到圆弧缺口的一端，调整好其位置后单击鼠标左键，指针会自动移动到圆弧缺口的另一端，调整好其位置后单击鼠标左键，就完成了该圆弧线的绘制，绘制好的圆弧如图 2-88 所示。这时软件会自动进入下一个圆弧的绘制过程，下一次圆弧的默认半径为刚才绘制的圆弧半径，开口也一致。

3）结束绘制圆弧操作后，单击鼠标右键或按下Esc键，即可将编辑模式切换回等待命令模式。

4）编辑图形属性。如果在绘制圆弧线或椭圆弧线的过程中按下Tab键，或双击已绘制好的圆弧线，则可打开其属性对话框。图 2-89 所示为“圆弧属性”对话框，在该对话框中可更改相应参数来改变圆弧属性。

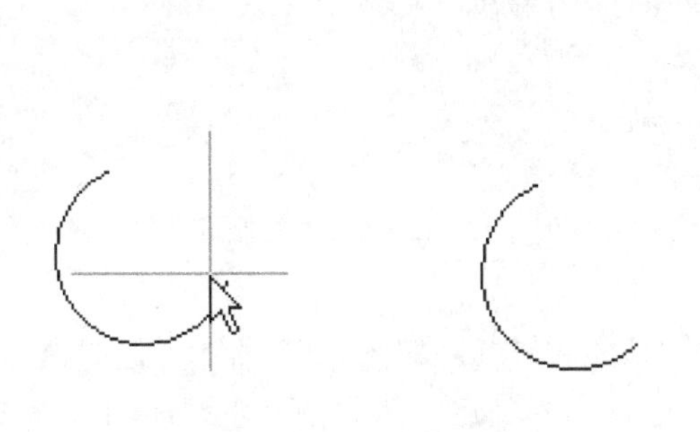

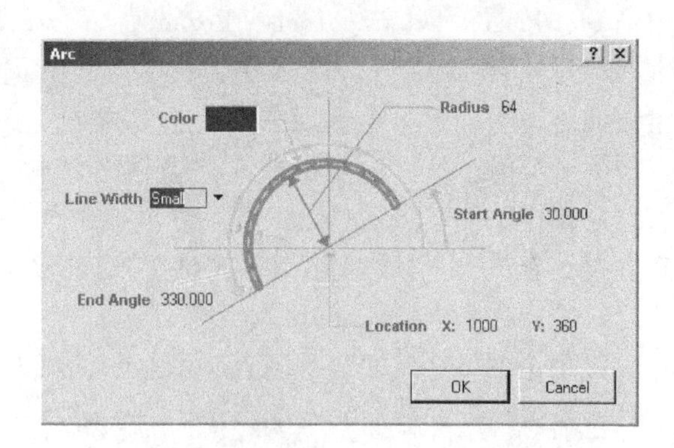

图 2-87　开始绘制圆弧　　图 2-88　绘制好的圆弧　　图 2-89　“圆弧属性”对话框

2.9.5　绘制椭圆弧

1）绘制椭圆弧时可用鼠标左键单击实用工具栏中绘图工具命令按钮，也可执行菜单命令“Place \ Drawing Tools \ Elliptical Arc”。绘制椭圆弧与绘制圆弧的方法基本相同，这里不再赘述。绘制好的椭圆弧如图 2-90 所示。

2）编辑图形属性。如果在绘制椭圆弧线的过程中按下 Tab 键，或双击已绘制好的椭圆弧线，则可打开其属性对话框。图 2-91 所示为椭圆弧属性对话框。对话框内容和圆弧的差不多，只不过“Arc”对话框中控制半径的参数只有 Radius 一项，而“Elliptical Arc”对话框则有 X-Radius、Y-Radius（X 轴、Y 轴半径）两种。其他的属性有 X-Location、Y-Location（中心点的 X 轴、Y 轴坐标）、Line Width（线宽）、Start Angle（缺口起始角度）、End Angle（缺口结束角度）、Color（线条颜色）和 Selection（切换选取状态）。

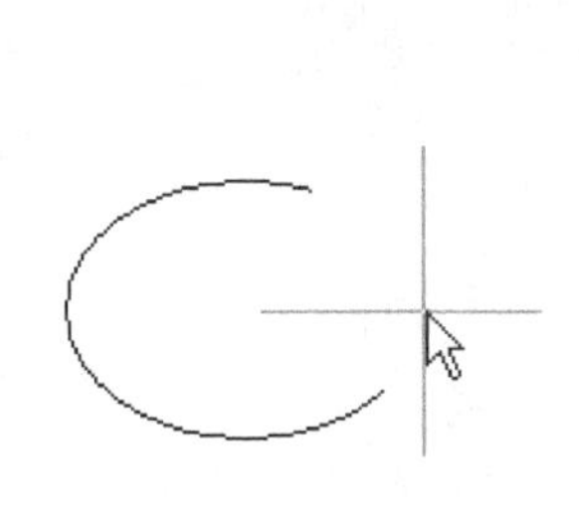

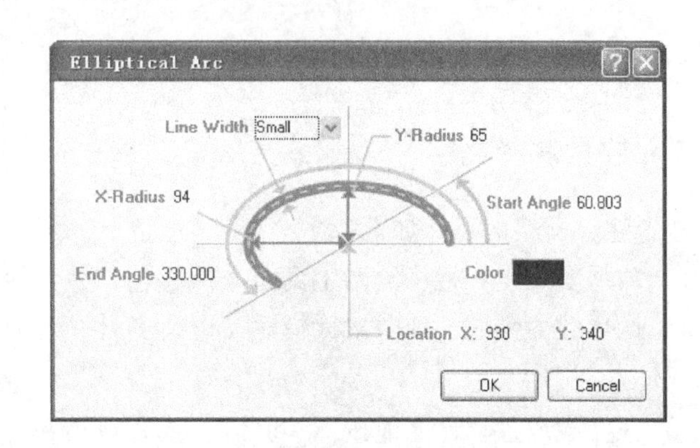

图 2-90　绘制椭圆弧　　图 2-91　椭圆弧属性对话框

如果用鼠标左键单击已绘制好的圆弧线或椭圆弧线，可使其进入选取状态，此时其半径及缺口端点会出现控制点，设计者可以拖动这些控制点来调整圆弧线或椭圆弧线的形状。此外，也可以直接拖动圆弧线或椭圆弧线本身来调整其位置。

2.9.6　绘制贝塞尔曲线

1）绘制贝塞尔曲线可用鼠标左键单击实用工具栏中绘图工具命令按钮，也可执行菜单命令“Place \ Drawing Tools \ Bezier”。

2）执行该命令后，光标变为十字形，此时可以在图样上绘制曲线，当确定第 1 点后，系统会要求确定第 2 点，确定的点数大于 2 时，就可以生成曲线，当只有 2 点时，就生成了一直线。确定了第 2 点后，可以继续确定第 3 点，一直延续下去，直到设计者单击鼠标右键结束。绘制好的贝塞尔曲线如图 2-92 所示。

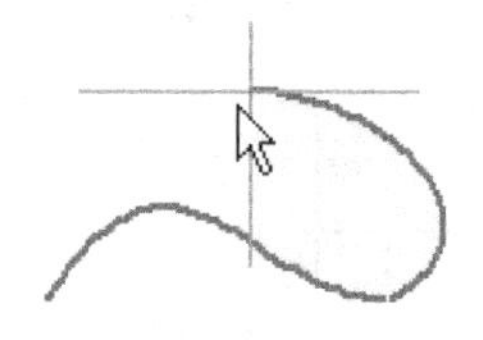

图 2-92　绘制好的贝塞尔曲线

如果选中贝塞尔曲线，则会显示绘制曲线时生成的控制点，如图 2-93 所示，这些控制点其实就是绘制曲线时确定的点。当然也可以将光标移到控制点，然后按下左键拖动鼠标改变曲线的形状。

3）如果想编辑曲线的属性，则可以双击曲线，或选中曲线后单击鼠标右键，从弹出的快捷菜单中选取“Properties”命令，进入属性对话框，如图 2-94 所示。其中“Curve Width”下拉列表用来选择曲线的宽度，“Color”编辑框用来设置曲线的颜色。

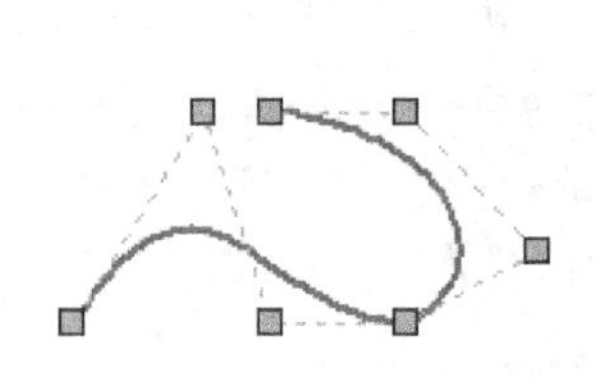

图 2-93　贝塞尔曲线的控制点

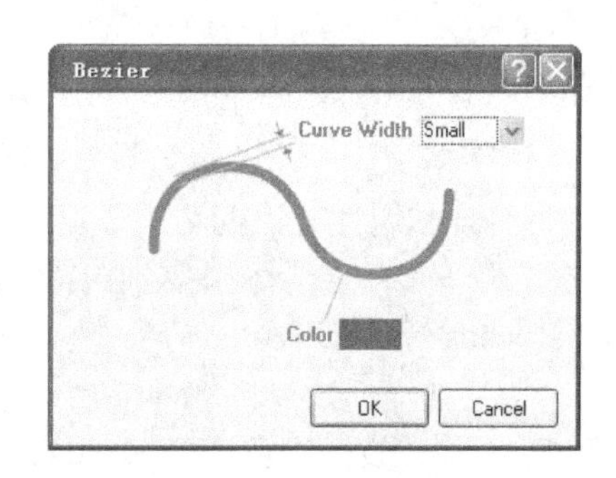

图 2-94　贝塞尔曲线属性对话框

2.9.7　放置注释文字

放置注释文字的操作如下：

1）单击实用工具栏中绘图工具命令 A 按钮，也可执行菜单命令“Place \ Text String”。

2）执行此命令后，此时鼠标指针旁边会多出一个十字和一个字符串虚线框，如图 2-95 所示。

3）在完成放置动作之前按下 Tab 键，或者直接在“Text”字符串上双击鼠标左键，即可打开“Annotation”对话框，如图 2-96 所示。

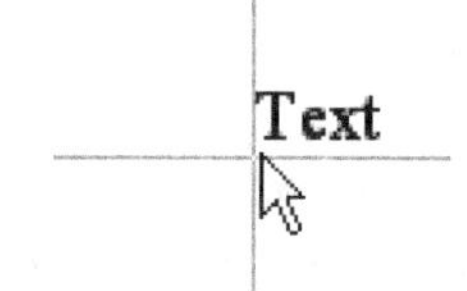

图 2-95　放置注释文字

在图 2-96 对话框中最重要的属性是“Text”栏，它是显示在绘图页中的注释文字串（只能是一行），可以根据需要修改。此外还有其他几项属性：Location X、Location Y（注释文字的坐标），Orientation（文字串的放置角度），Color（文字串的颜色），Font（字体）。如果想修改注释文字的字体，则可以单击 Change... 按钮，系统将弹出一个字体设置对话框，此时可以设置字体的属性。

如果要将编辑模式切换回等待命令模式，可在此时单击鼠标右键或按下 Esc 键。

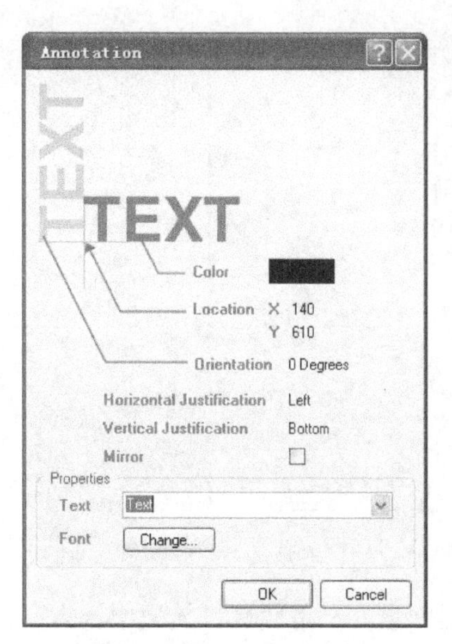

图2-96　“Annotation”对话框

2.9.8　放置文本框

放置注释文字仅限于一行的范围，如果需要放置多行的注释文字，就必须使用文本框（Text Frame）。放置文本框的操作步骤如下：

1）单击实用工具栏中绘图工具命令按钮，也可执行菜单命令“Place \ Text Frame”。

2）执行放置文本框命令后，此时鼠标指针旁边会多出一个十字符号，在需要放置文本框的一个边角处单击鼠标左键，然后移动鼠标就可以在屏幕上看到一个虚线的预拉框，用鼠标左键单击该预拉框的对角位置，就结束了当前文本框的放置过程，并自动进入下一个文本框放置过程。

放置了文本框后当前屏幕上应该有一个白底的矩形框，如图2-97所示。如果要将编辑状态切换回等待命令模式，可以单击鼠标右键或按下Esc键。

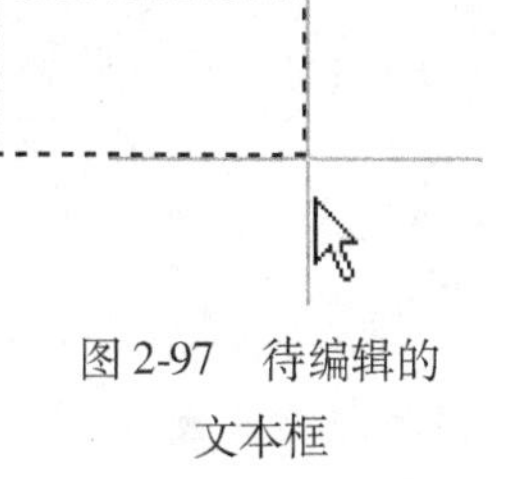

图2-97　待编辑的文本框

3）在完成放置文本框的动作之前按下Tab键，或者直接双击文本框，就会打开“Text Frame”对话框，如图2-98所示。

在这个对话框中最重要的选项是“Text”栏，它是显示在绘图页中的注释文字串，但在此处并不局限于一行。单击“Text”栏右边的“Change”按钮可打开图2-99所示的“Text-Frame Text”窗口，这是一个文字编辑窗口，设计者可以在此编辑显示字符串。

在“Text Frame”对话框中还有其他一些选项，如：Location X1、Location Y1（文本框左下角坐标），Location X2、Location Y2（文本框右上角坐标），Border Width（边框宽度），Border Color（边框颜色），Fill Color（填充颜色），Text Color（文本颜色），Font（字体），Draw Solid（设置为实心多边形），Show Border（设置是否显示文本框边框），Alignment（文本框内文字对齐的方向），Word Wrap（设置字回绕），Clip To Area（当文字长度超出文本框宽度时，自动截去超出部分）。

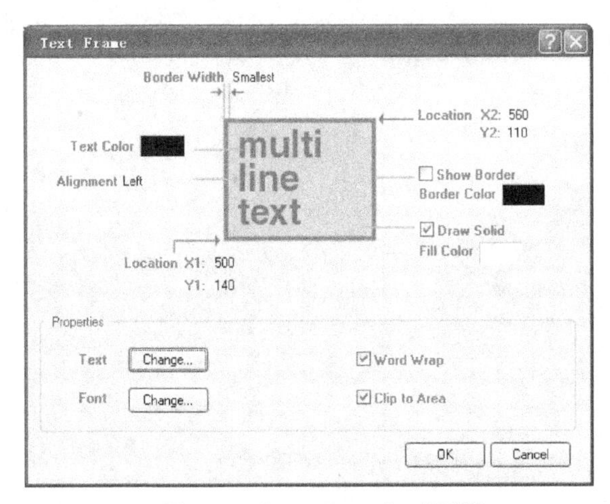

图 2-98　"Text Frame" 对话框

图 2-99　"TextFrame Text" 窗口

如果直接用鼠标左键单击文本框，可使其进入选中状态，同时出现一个环绕整个文本框的虚线边框，此时可直接拖动文本框本身来改变其放置的位置。

2.9.9　绘制矩形与圆角矩形

矩形与圆角矩形的绘制方法基本相同，属性编辑也很类似。下面以绘制矩形为例加以说明。

1）绘制矩形可单击实用工具栏中绘图工具命令□按钮，也可执行菜单命令 "Place \ Drawing Tools \ Rectangle"。

若绘制圆角矩形可单击实用工具栏中绘图工具命令▢按钮，也可执行菜单命令 "Place \ \ Drawing Tools \ Round Rectangle"。

2）执行绘制矩形命令后，鼠标指针变为十字形，并拖带一个矩形虚框，将鼠标移到要放置矩形的一个角上单击左键，然后接着移动鼠标到矩形的对角，再单击鼠标左键，即完成当前矩形的绘制过程，同时进入下一个矩形的绘制。

若将编辑模式切换回等待命令模式，可在此时单击鼠标右键或按下 Esc 键。绘制的矩形和圆角矩形如图 2-100 所示。

3）在绘制矩形的过程中按下 Tab 键，或者直接单击已绘制好的矩形，就会打开 "Rectangle" 对话框，如图 2-101 所示。若绘制的是圆角矩形，就会打开 "Round Rectangle" 对话框，如图 2-102 所示。

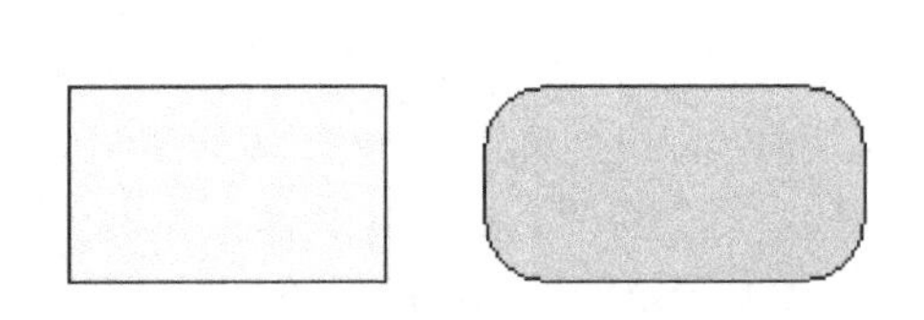

图 2-100　绘制的矩形和圆角矩形

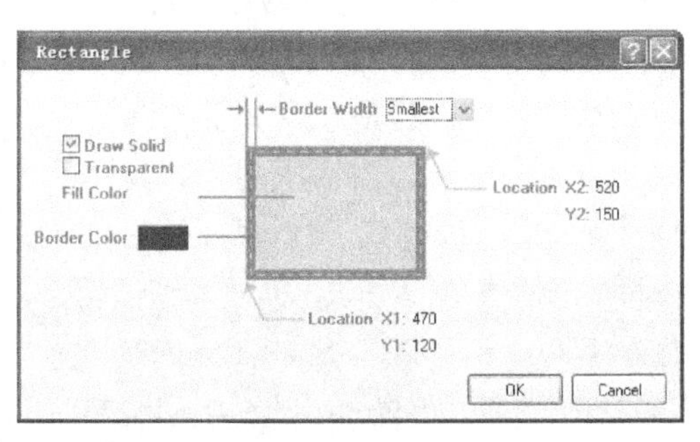

图 2-101　"Rectangle" 对话框

矩形与圆角矩形共有的属性包括：Location X1、Location Y1(矩形左下角坐标)，Location X2、Location Y2(矩形右上角坐标)，Border Width(边框宽度)，Border Color(边框颜色)，Fill Color(填充颜色)和 Draw Solid(设置为实心多边形)。除此之外，圆角矩形比矩形多两个属性：X-Radius 和 Y-Radius，它们是圆角矩形四个椭圆角的 X 轴与 Y 轴半径。

图 2-102　“Round Rectangle”对话框

如果直接用鼠标左键单击已绘制好的矩形，可使其进入选中状态，在此状态下可以通过移动矩形本身来调整其放置的位置。在选中状态下，矩形的四个角和各边的中点都会出现控制点，可以通过拖动这些控制点来调整该矩形的形状。对于圆角矩形来说，除了上述控制点之外，在它的四个角内侧还会分别出现一个控制点，用来调整椭圆角的半径，如图 2-103 所示。

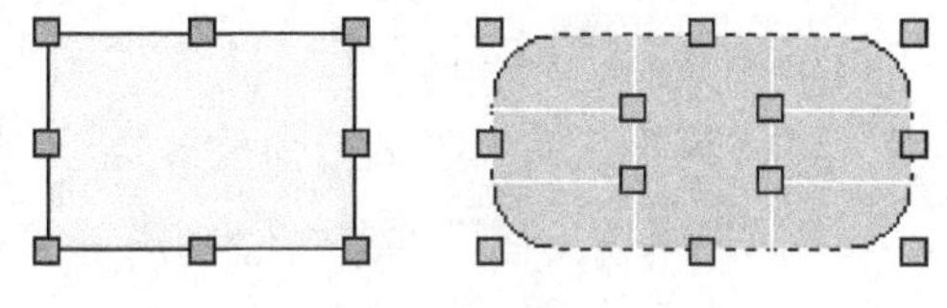

图 2-103　矩形和圆角矩形的控制点

2.9.10　绘制圆与椭圆

1）绘制椭圆或圆可单击实用工具栏中绘图工具命令按钮，也可执行菜单命令“Place \ Drawing Tools \ Ellipse”。由于圆就是 X 轴与 Y 轴半径相等的椭圆，所以利用绘制椭圆的工具即可以绘制出标准的圆。

2）执行绘制椭圆命令后，此时鼠标指针变为十字形，并拖带一个虚线椭圆。首先在待绘制图形的中心点处单击鼠标左键，然后移动鼠标会出现预拉椭圆形线，分别在适当的 X 轴半径处与 Y 轴半径处单击鼠标左键，即完成该椭圆形的绘制，同时进入下一次绘制过程。如果设置的 X 轴与 Y 轴的半径相等，则可以绘制圆。绘制的椭圆和圆如图 2-104 所示。

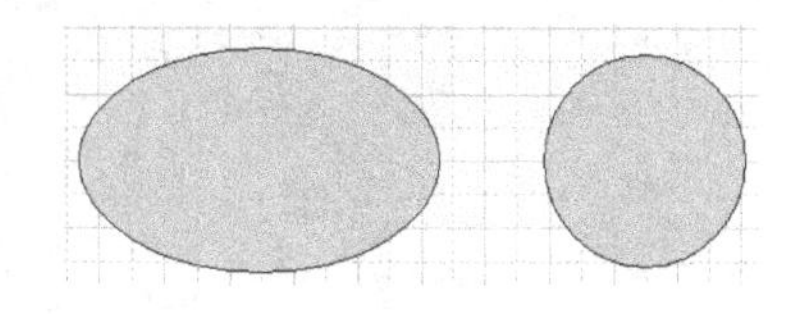

图 2-104　绘制的椭圆和圆

此时如果希望将编辑模式切换回等待命令模式，可单击鼠标右键或按下键盘上的Esc键。

3）编辑图形属性。如果在绘制椭圆的过程中按下Tab键，或是直接用鼠标左键双击已绘制好的椭圆，即可打开图 2-105 所示的“Ellipse”对话框，设计者可以在此对话框中设置该椭圆形的一些属性，如 Location X、Location Y(椭圆形的中心点坐标)，X-Radius 和 Y-Radius(椭圆的 X 轴与 Y 轴半径)，Border Width(边框宽度)，Border Color(边框颜色)，Fill Color(填充颜

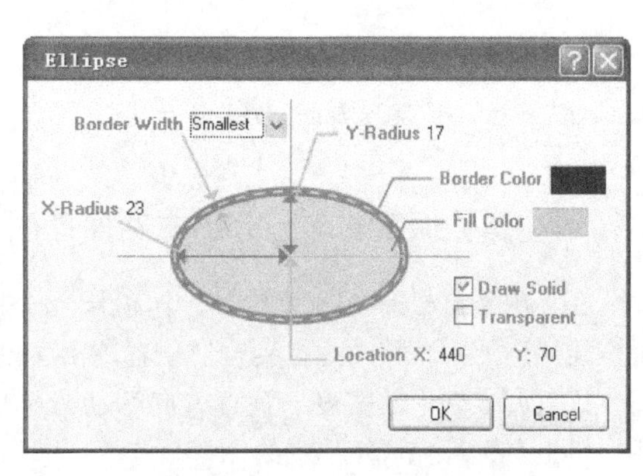

图 2-105　“Ellipse”对话框

色)，Draw Solid(设置为实心)。如果想将一个椭圆改变为标准圆，可以修改 X-Radius 和 Y-Radius 编辑框中的数值，使之相等即可。

2.9.11 绘制扇形图

所谓扇形图(Pie Charts)就是有缺口的圆形。绘制扇形图的操作步骤如下：

1）单击实用工具栏中绘图工具命令按钮，也可执行菜单命令“Place \ Drawing Tools \ Pie Chart”。

2）执行绘制扇形图命令后，此时鼠标指针变为十字形，并拖带一个虚线扇形，首先，在待绘制图形的中心处单击鼠标左键，然后移动鼠标会出现扇形图预拉线。调整好扇形图半径后单击鼠标左键，鼠标指针会自动移到扇形图缺口的一端，调整好其位置后单击鼠标左键，鼠标指针接着自动移到扇形图缺口的另一端，调整好其位置后再单击鼠标左键，即可结束该扇形图的绘制，同时进入下一个扇形图的绘制过程。此时如果单击鼠标右键或按下Esc键，可将编辑模式切换回待命模式。绘制扇形图的过程如图 2-106 所示。

3）编辑扇形图。如果在绘制扇形图过程中按下Tab键，或者直接用鼠标左键双击已绘制好的扇形图，可打开图 2-107 所示的“Pie Chart”对话框。在该对话框中可设置如下属性：Loc ation X、Location Y(中心点的 X 轴、Y 轴坐标)，Radius(半径)，Border Width(边框宽度)，Start Angle(缺口起始角度)，End Angle(缺口结束角度)，Border Color(边框颜色)，Color(填充颜色)，Draw Solid(设置为实心扇形图)。

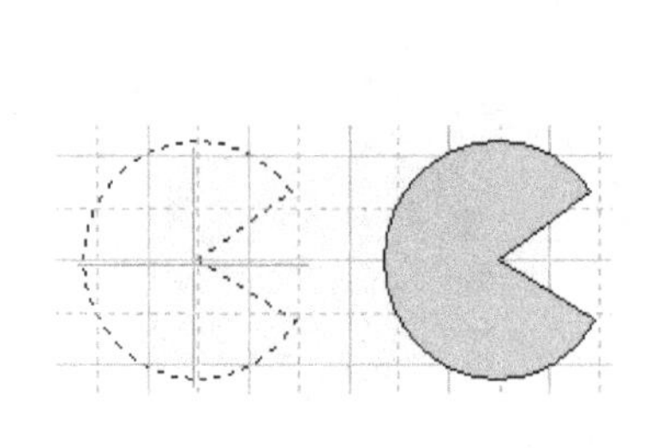

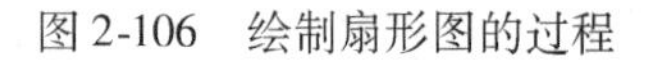
图 2-106 绘制扇形图的过程

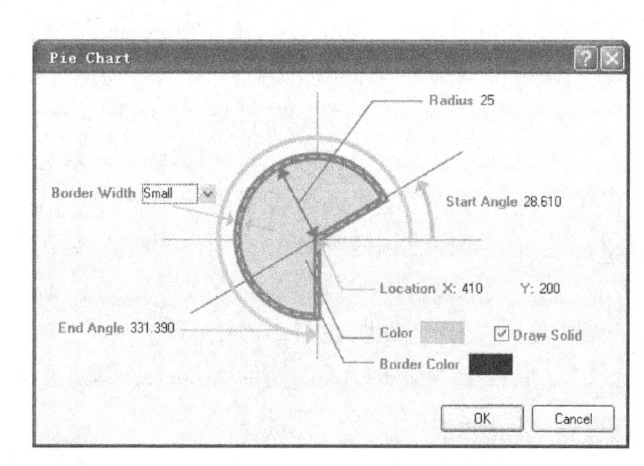

图 2-107 “Pie Chart”对话框

2.9.12 美化振荡器与积分器电路原理图

在实用工具栏的绘图工具命令中单击绘制矩形按钮，这时光标变为十字形并挂着一个虚线矩形图形，移动光标到合适位置单击左键，即可将矩形左上角固定，接着水平方向移动光标可调节矩形的宽度，垂直方向移动光标可改变矩形的高度，直到调整到合适的尺寸时，单击左键即完成矩形的绘制。

接着单击实用工具栏的绘图工具命令中的图标 A，光标变成十字形，并在其右上角有一个虚框，这时再按下 Tab 键，屏幕出现文字编辑对话框，可在对话框“Text”栏中填入文字“振荡器与积分器电路原理图”，通过单击文字编辑对话框“Font”栏中“Change…”按钮可以改变编辑文字的字体和大小。将光标移到合适的位置单击左键，即可完成文字放置。若要填写标题栏，可用以上放置文字的方法进行填写。

绘制完毕的振荡器与积分器电路原理图，如图 2-108 所示。

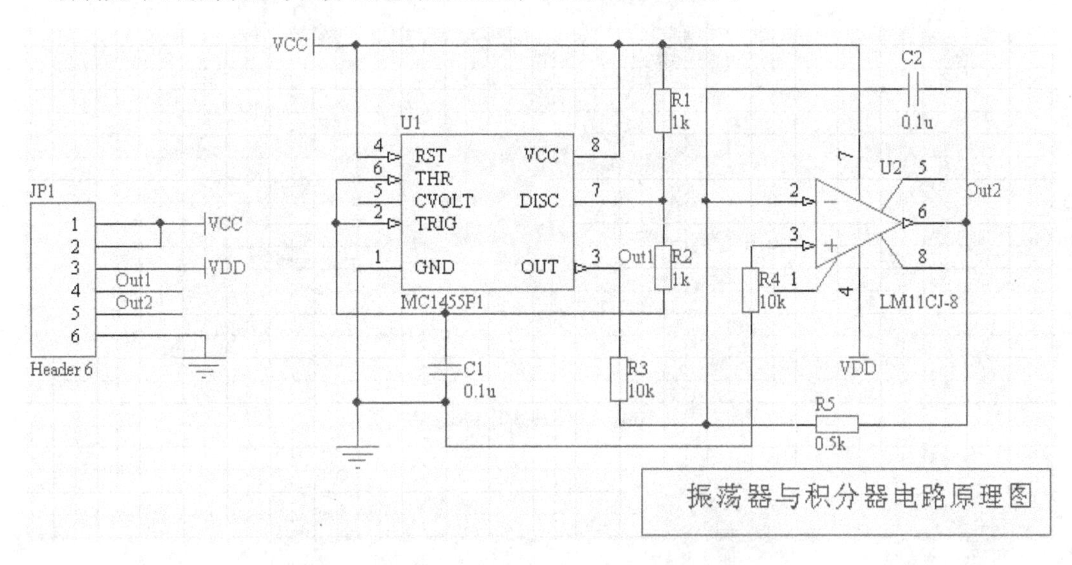

图 2-108　绘制完毕的振荡器与积分器电路原理图

练　习　题

1. 电路原理图的设计流程包含哪几个主要步骤？
2. 说明创建原理图设计文件的方法步骤。
3. 说明图样参数设置的步骤。
4. 原理图编辑工作区窗口显示状态调整有几种操作方法？具体操作时有什么区别？
5. 说明原理图设计工具栏有哪几个？如何打开/关闭工具栏？
6. 为什么放置元器件前应先装载原理图元器件库？如何装载原理图元器件库？
7. 在原理图编辑平面上放置元器件的方法有几种？
8. 如何对放置的元器件进行属性编辑？
9. 如何对元器件位置进行移动和旋转调整？
10. Protel 2004 原理图编辑中对元器件进行排列设置了哪些操作方法？
11. 执行哪个命令可以调出“Align Objects”对元器件进行综合排列或对齐设置对话框？要使多个元器件顶部对齐且平均分布，应如何设置选项？
12. 说明放置导线、节点的操作方法。
13. 说明放置连线时，如何选择连线拐角的走线方式？
14. 对象整体编辑在原理图设计中有什么意义？如何对原理图中的对象进行整体编辑？
15. “Wiring”工具栏与实用工具栏的绘图工具命令都有画直线命令，二者在性质上有何区别？
16. 如何在编辑平面上绘制图形？

上机实践

创建一个“单管放大电路.PRJPCB”项目文件，在其中创建一个“单管放大电路.SCHDOC”原理图设计文件，绘制如图 2-109 所示的单管放大电路原理图。

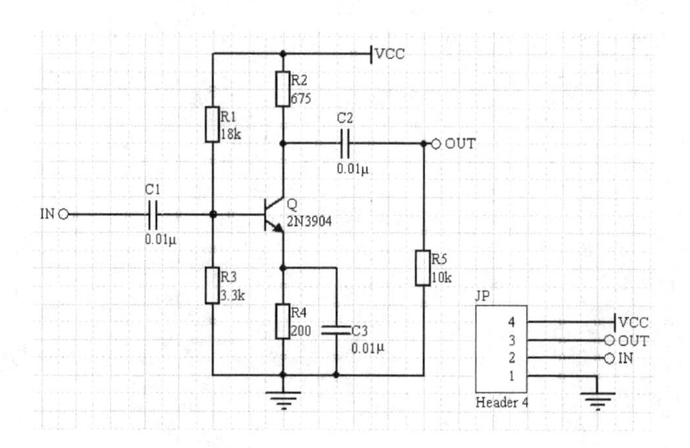

图 2-109　单管放大电路原理图

第3章　绘制复杂电路原理图

知识目标

1. 掌握较复杂电路原理图设计的方法步骤。
2. 理解层次原理图和多通道设计概念。

技能目标

1. 学会复杂电路原理图设计的方法。
2. 基本学会层次式原理图设计的方法。
3. 基本学会多通道设计的方法。

本章采用层次式原理图和多通道设计的方法，绘制图3-1所示的单片机最小系统电路原理图，学习较复杂电路原理图的设计方法。

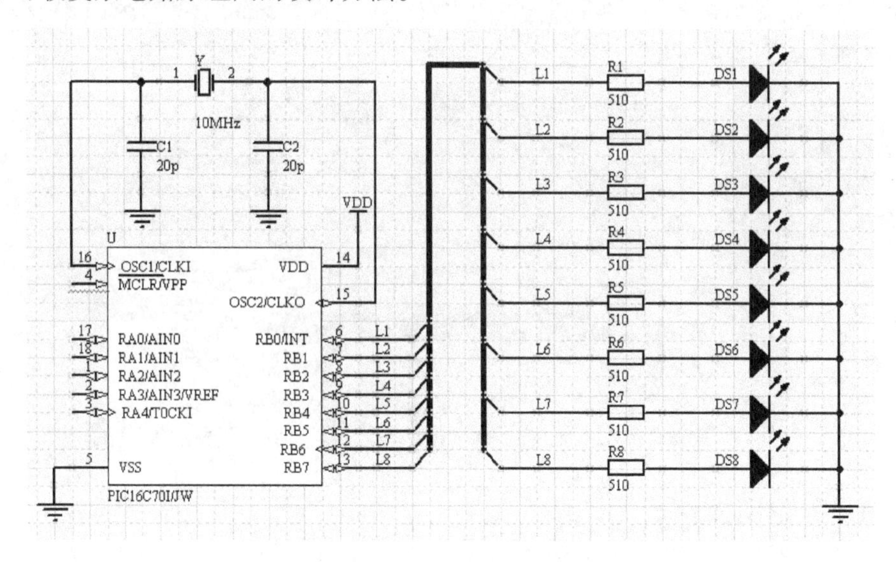

图3-1　单片机最小系统电路原理图

3.1　绘制单片机最小系统单张原理图

3.1.1　创建PCB设计项目文件

1）执行菜单命令“File \ New \ PCB Project”，即可在“Projects”面板上出现新建项目文件，如图3-2所示。

2）执行菜单命令“File \ New \ Save Project”或“File \ New \ Save Project As”，即可出现图3-3所示的对话框。

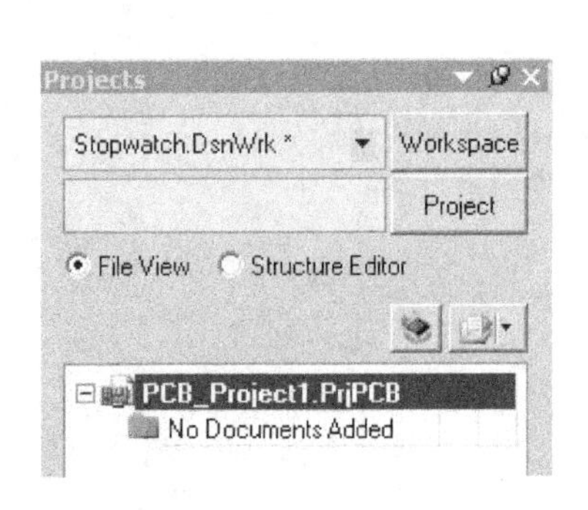

图 3-2　在“Projects”面板上出现新建项目文件

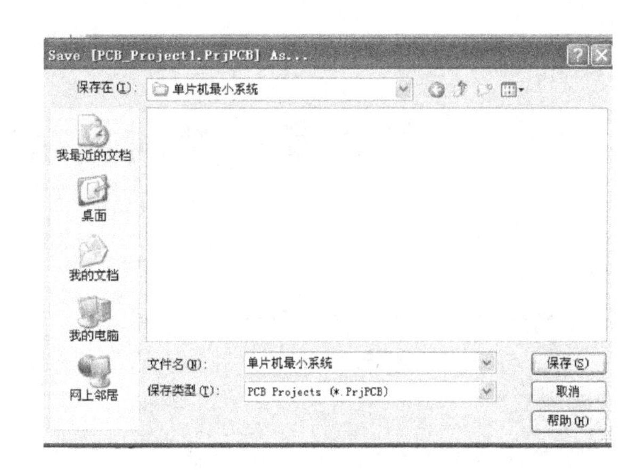

图 3-3　保存新项目对话框

在图 3-3 所示对话框上部的“保存在(I)”一栏中选择保存的路径和文件夹，在对话框下部的“文件名(N)”一栏中将文件名改为便于用户记忆或与设计相关的名称，这里将文件名改为“单片机最小系统”，单击 保存(S) 按钮，则在“Projects”面板的工作区中显示新建项目的名称，如图 3-4 所示。

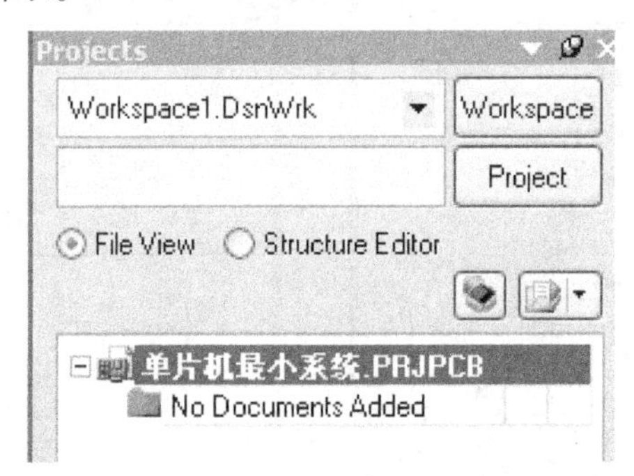

图 3-4　命名后的新项目

3.1.2　创建原理图文件

1）执行菜单命令“File \ New \ Schematic”，进入原理图编辑状态窗口。

2）执行菜单命令“File \ Save”，在弹出的对话框中，选择合适的路径并输入文件名“单片机最小系统”，单击“保存”按钮即可。这时在“Projects”面板中，可以看到一个名为“单片机最小系统 . SCHDOC”原理图文件已加入到项目“单片机最小系统 . PRJPCB”当中了，如图 3-5 所示。

3.1.3　设置图样大小

在原理图设计窗口单击右键，屏幕上将出现图 3-6 所示的快捷菜单，单击“Document Options…”项，将会出现图 3-7 所示的“Document Options”对话框。在“Standard Styles”栏选择右边的▼选项，将默认的图样幅面设为“A4”，其他设置项采用默认值，然后单击对话框下部的 OK 按钮，图样参数设置完毕。

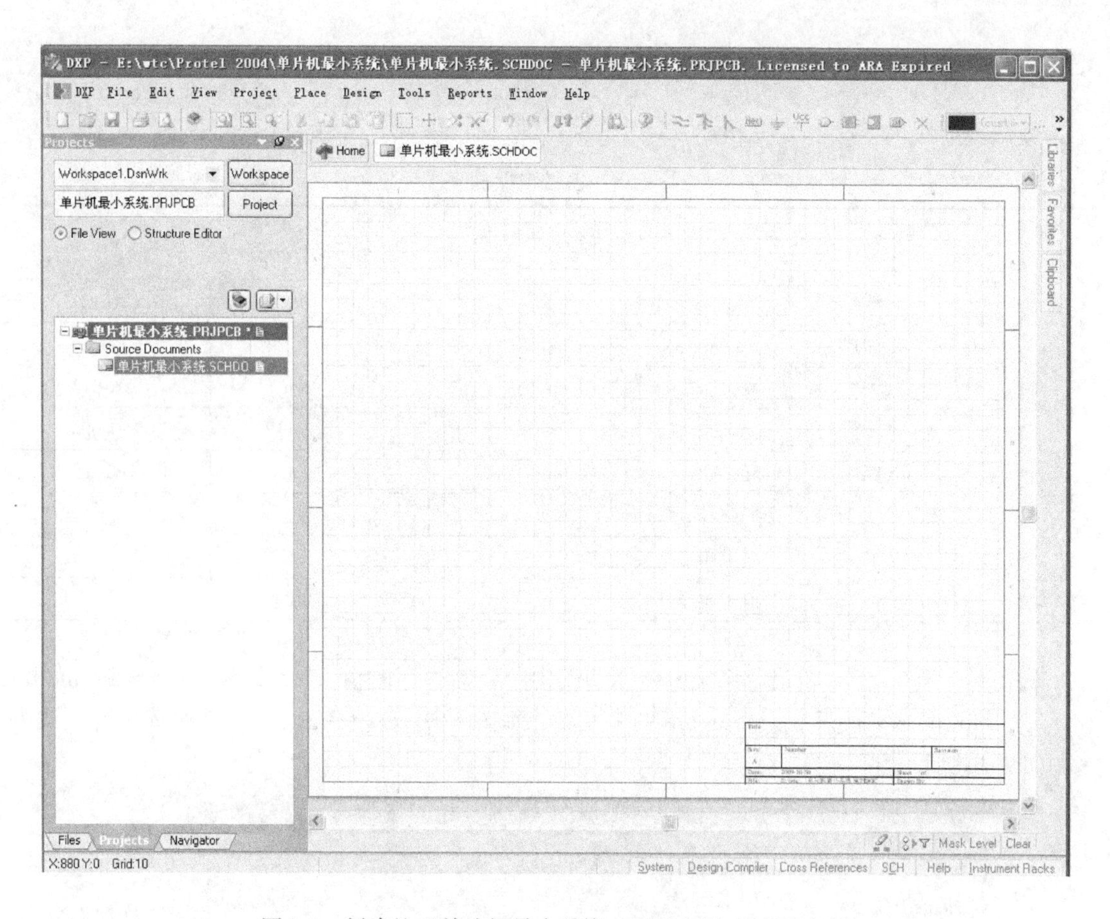

图3-5　创建的“单片机最小系统.SCHDOC”原理图文件

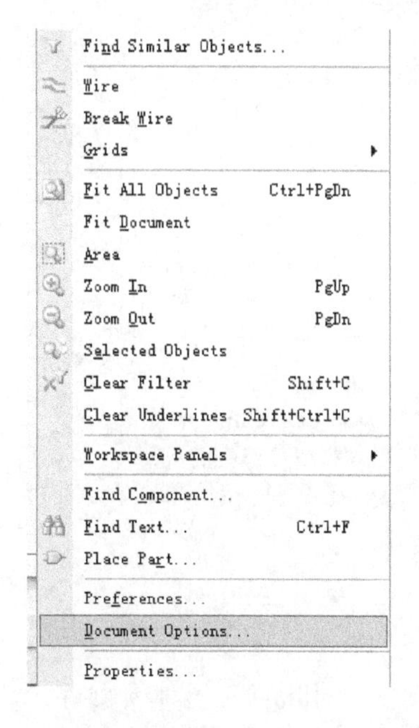

图3-6　原理图右键快捷菜单图

图3-7　“Document Options”对话框

3.1.4 装载元器件库

这里将单片机最小系统电路原理图中的元器件进行整理，见表3-1。

表3-1 单片机最小系统电路原理图元器件表

元器件在图中标号	元器件图形样本名	所在元器件库	元器件类型或标示值	元器件封装
R1～R8	RES2	Miscellaneous Devices. Intlib	510Ω	AXIAL-0.3
LED1～LED8	LED1	Miscellaneous Devices. Intlib		LED-1
C1	CAP	Miscellaneous Devices. Intlib	20pF	RAD-0.3
C2	CAP	Miscellaneous Devices. Intlib	20pF	RAD-0.3
Y1	XTAL	Miscellaneous Devices. Intlib	10MHz	BCY-W2/D3.1
U	PIC16C71I/JW	Microchip Microcontroller 8-bit. Intlib		JW18A
VDD		电源和接地工具栏	5V	
GND		电源和接地工具栏	地线	

从表3-1可知，单片机最小系统电路原理图中的元器件存放在"Miscellaneous Devices. Intlib"和"Microchip Microcontroller 8-bit. Intlib"两个元器件库文件中。选择以上两个元器件库，并装载进来，如图3-8所示。

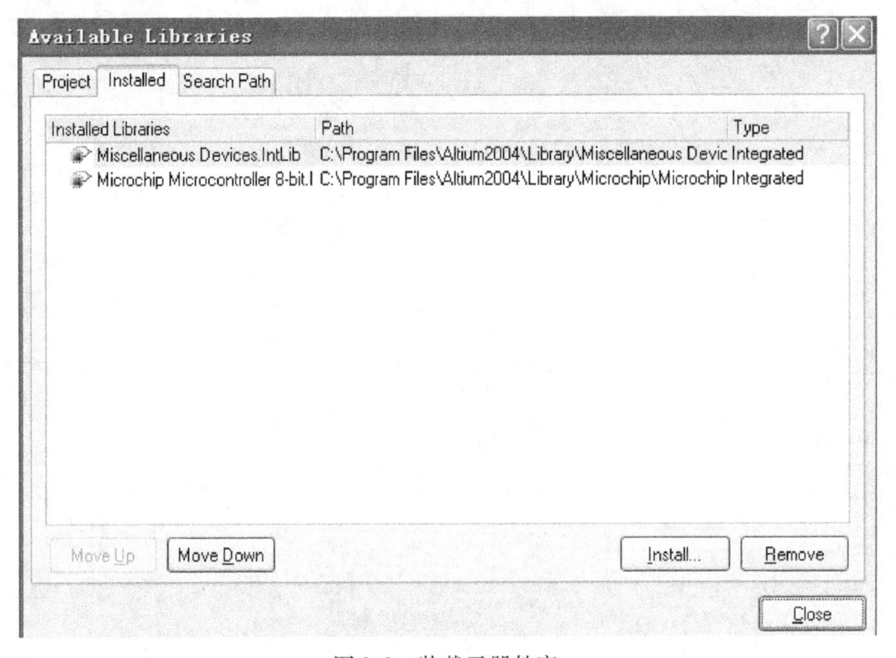

图3-8 装载元器件库

3.1.5 放置元器件并进行布局调整

打开元器件库管理器，调出"Microchip Microcontroller 8-bit. Intlib"元器件库文件，从中找到PIC16C71I/JW型元器件，将光标指向该元器件并双击，PIC16C71I/JW型元器件符号即可粘到光标上，移动光标到原理图合适位置，再单击左键即可放置元器件。接着调出“Miscellaneous Devices. Intlib”元器件库文件，依同样方法可以放置图中其他元器件。然后，使用电源和接地工具栏中的工具放置电源 VDD、地线 GND。

对放置的元器件进行属性编辑和位置调整，得到单片机最小系统电路元器件图如图 3-9 所示。

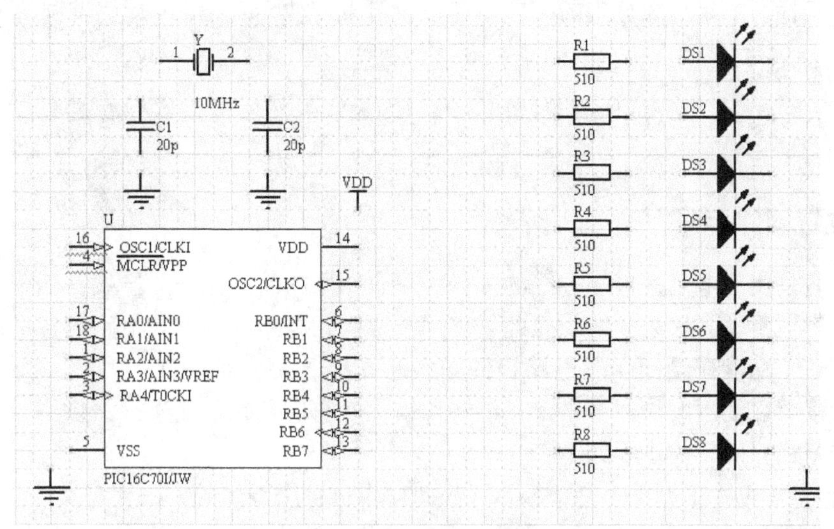

图 3-9　单片机最小系统电路元器件图

3.1.6　连接线路

1. 绘制总线

单片机最小系统电路图中使用了总线连接，下面讲述一下如何绘制总线。

所谓总线就是用一条线来代表数条并行的导线。设计电路原理图的过程中，合理地设置总线可以缩短设计原理图的过程，简化原理图的画面，使图样简洁明了。绘制总线的步骤如下：

1）执行绘制总线的命令(Place\Bus)。此操作也可用下面的方法代替：

① 先按下 P 键，松开后再按下 B 键。

② 单击“Wiring”工具栏中的按钮。

2）此时，光标将变成十字形，系统进入“画总线”命令状态。与画导线的方法类似，将光标移到合适位置，单击鼠标左键，确定总线的起点，然后开始画总线。

3）移动光标拖动总线线头，在转折的位置单击鼠标左键，确定总线转折点的位置，每转折一次都需要单击一次。当总线的末端到达目标点，再次单击鼠标的左键确定总线的终点。

4）单击鼠标右键，或按 Esc 键，结束这条总线的绘制过程。

5）画完一条总线后，系统仍然处于“画总线”命令状态。此时单击鼠标右键或按动 Esc 键光标从十字形还原为箭头形。

2. 绘制总线出入端口

在总线绘制完成后，需要用总线出入端口将总线与导线连接起来。下面介绍绘制总线出入端口的方法。

1）执行绘制总线出入端口命令(Place\Bus Entry)。此操作也可用下面的方法代替：

① 先按下P键，松开后再按下U键。

② 单击“Wiring”工具栏中的按钮。

2）执行绘制总线出入端口命令后，工作面上出现带着“/”或“\”等形状的总线分支的十字形光标。如果总线分支的方向不合适，可以按动Space键进行旋转调整。

3）移动十字形光标，将分支线拖到总线位置后，单击鼠标左键即可将它们粘贴上去。

4）重复上面操作，完成所有总线出入端口的绘制。然后单击鼠标右键或按动Esc键回到闲置状态。

3.1.7　放置网络标号

网络标号是实际电气连接的导线的序号。具有相同的网络标号的导线，不管图上是否连接在一起，都被看作同一条导线。因此它多用于层次式电路或多重式电路的各个模块电路之间的连接，这个功能在绘制印制电路板的布线时十分重要。对单页式、层次式或多重式电路，设计者都可以使用网络标号来定义某些网络，使它们具有电气连接关系。

设置网络标号的具体步骤如下：

1）执行菜单命令“Place \ Net Label”。此操作也可用下面的方法代替。

① 先按下P键，松开后再按下N键。

② 单击“Wiring”工具栏中的Net1按钮。

2）此时，光标将变成十字状，并且将随着虚线框在工作区内移动，如图3-10所示，此框的长度是按最近一次使用的字符串的长度确定的。接着按下Tab键，工作区内将出现图3-11所示的“Net Label”对话框。

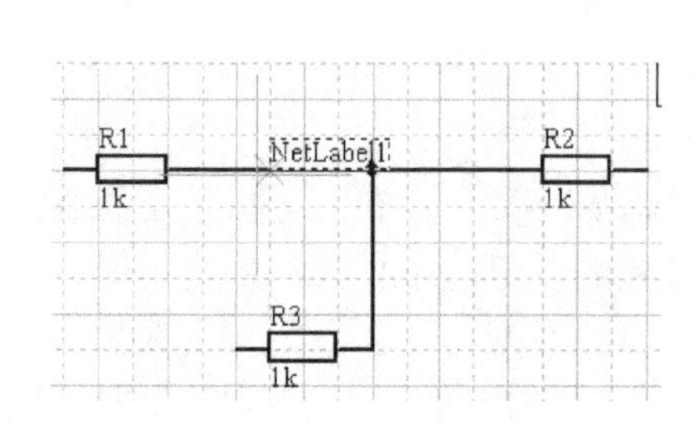

图3-10　放置网络标号

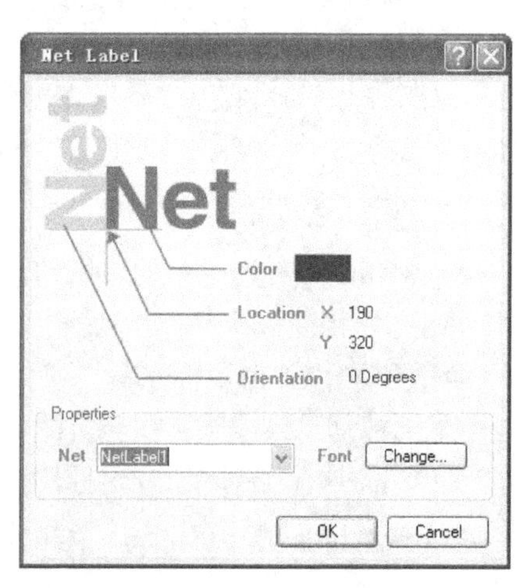

图3-11　“Net Label”对话框

① 对话框上部图形区选项功能。

“Color”操作项：用来设置网络名称的颜色。

“Location X 和 Y”设置项：用来设置网络名称所放位置的X坐标值和Y坐标值。

"Orientation"设置项：用来设置网络名称放置的方向。将鼠标放置在角度的位置，则会显示一个下拉按钮，单击下拉按钮即可打开下拉列表，其中包括四个选项"0 Degrees"、"90 Degrees"、"180 Degrees"和"270 Degrees"。

②"Properties"栏定义网络符号的属性。

"Net"编辑框：用来设置网络名称，也可以单击其右边下拉按钮选择一个网络名称。

"Font"设置项：用来设置所要放置文字的字体，单击 Change... 按钮，会出现"设置字体"对话框。

3）设定结束后，单击 OK 按钮加以确认。将虚线框移到所需标注的引脚或连线的上方，单击鼠标左键，即可将设置的网络标号粘贴上去。

4）设置完成后，单击鼠标右键或按 Esc 键，即可退出"设置网络标号"命令状态，回到闲置状态。

3.1.8　放置I/O端口

利用实际的导线，或通过设置相同的网络标号，都可实现两个电路具有连接的电气关系。此外，设计者还可以通过制作I/O端口，并且使某些I/O端口具有相同的名称，从而使它们被视为在同一网络，且存在连接的电气关系。

放置I/O端口的步骤如下：

1）执行放置电路I/O端口命令(Place\Port)。此操作也可用下面的方法代替。

① 先按下 P 键，松开后再按下 R 键。

② 单击"Wiring"工具栏中的按钮。

2）此时光标将变成十字状，并且十字光标将带着一个I/O端口在工作区内移动，如图3-12所示。按下 Tab 键，工作区内将出现图3-13所示的"Port Properties"对话框。对话框内共有10个设置项，其主要设置项说明如下：

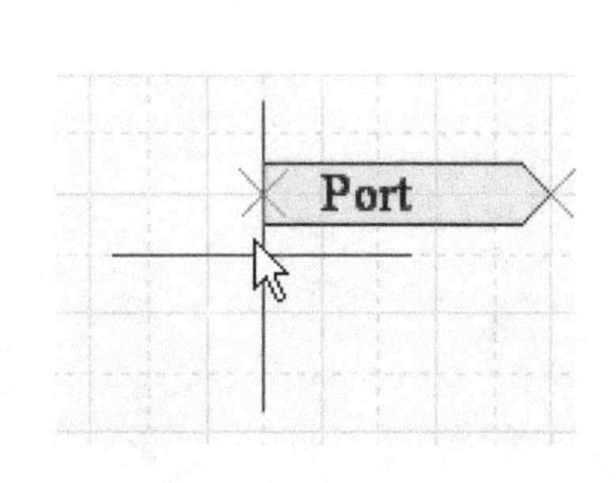

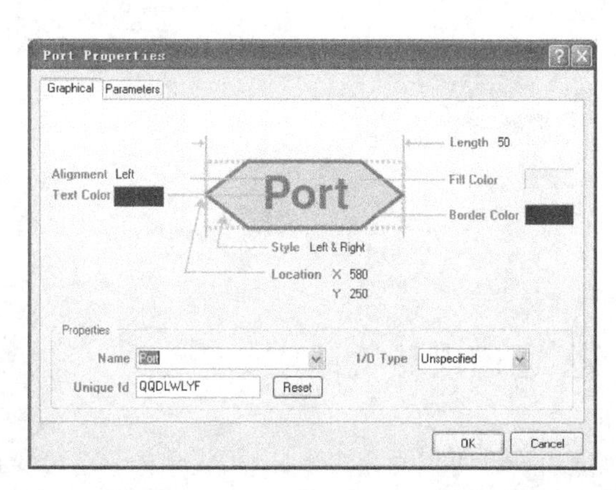

图3-12　放置I/O端口

图3-13　"Port Properties"对话框

①"Name"编辑框定义I/O端口的名称。

②"I/O Type"选项框设置端口的电气特性，也就是对端口的I/O类型进行设置，它为

电气法则测试（ERC）提供依据。例如，当两个同属输入（Input）类型的端口连接在一起的时候，电气法则检测时，会产生错误报告。端口的类型设置有以下四种：Unspecified（未指明或不确定）、Output（输出端口型）、Input（输入端口型）和 Bidirectional（双向型）。

③“Style”选项框用于端口外形的设定，I/O 端口的外形种类一共有 8 种，如图 3-14 所示。

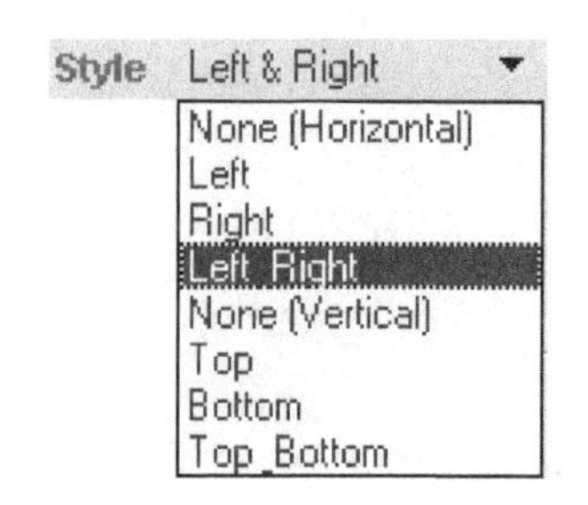

图 3-14　I/O 端口的外形种类

④“Alignment”选项框设置端口的形式，端口的形式用来确定 I/O 端口的名称在端口符号中的位置，而不具有电气特性。端口的形式共有三种：Center、Left 和 Right。

其他项目的设置包括 I/O 端口的宽度、位置、边框的颜色、填充颜色及文字标注的颜色等，设计者可以根据自己的要求来设置。

放置所有导线和网络标号后，即得到单片机最小系统完整的电路原理图，如图 3-15 所示。

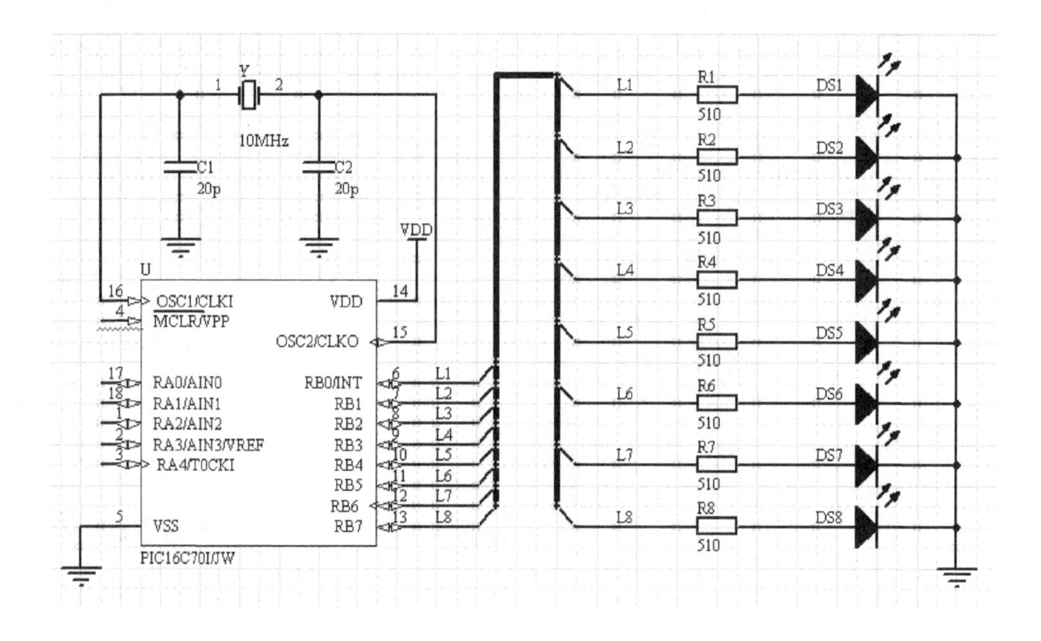

图 3-15　单片机最小系统电路原理图

3.2　多通道电路设计

多通道设计可以简化多个完全相同的子模块的重复输入设计。Protel 99 SE 及其以前各种版本的电路设计系统，在遇到类似情况时，常常是将这些完全相同的子模块反复进行复制和粘贴，然后再重新分配元器件标识，给设计者带来了诸多不便。但是，还是有很多人称之为多重设计，或多通道设计。现在的 Protel 2004 才真正实现了多通道设计。

Protel 2004 对多个完全相同的模块，不必执行复制、粘贴操作，直接设置重复引用次数，项目编译时就会自动创建正确的网络列表。同样，在PCB设计时，也可以采用多通道设计技术。

3.2.1　设计多通道电路

图3-1所示为单片机最小系统，在该电路中包含8个完全相同的发光二极管显示电路，下面就以该电路为例介绍多通道电路的设计方法。

1. 创建PCB设计项目文件

1）执行菜单命令“File \ New \ PCB Project”，即可在“Projects”面板上出现新建PCB设计项目文件，如图3-16所示。

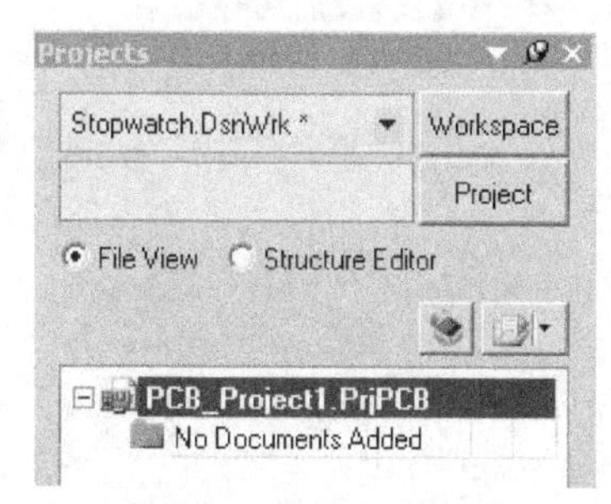

图3-16　在“Projects”面板上出现新建PCB设计项目文件

2）执行菜单命令“File \New \Save Project”或“File \New\Save Project As”，即可出现图3-17的对话框。

3）在对话框上部的“保存在(I):”一栏中选择保存的路径和文件夹，在对话框下部的“文件名(N):”一栏中将文件名改为便于用户记忆或与设计相关的名称，这里，将文件名改为“单片机最小系统”，单击 保存(S) 按钮，则在“Projects”面板的工作区中新建项目的名称如图3-18所示。

图3-17　保存新项目对话框

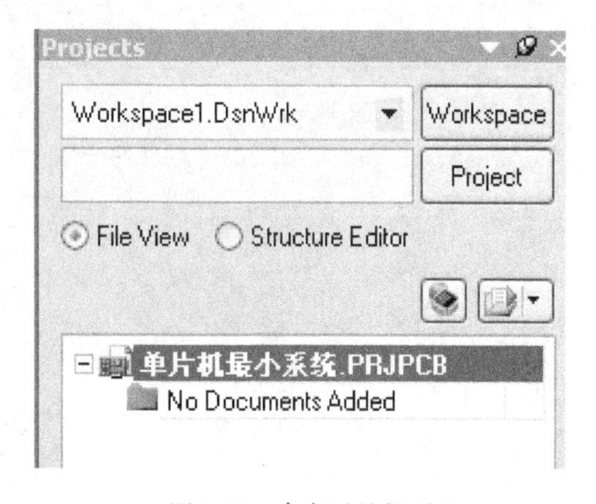

图3-18　命名后的新项目

2. 创建原理图文件

1）执行菜单命令“File \ New \ Schematic”，即可创建原理图文件，进入原理图编辑状态窗口。

2）执行菜单命令“File \ Save”，在弹出的对话框中，选择合适的路径并输入文件名“单片机最小系统”，单击“保存”按钮即可。这时在“Projects”面板中，可以看到一个名为“单片机最小系统.SCHDOC”原理图文件已加入到项目“单片机最小系统.PRJPCB”中，如图3-19所示。

3. 设置图样大小

在原理图设计窗口单击右键，屏幕上将出现图3-20所示的快捷菜单，单击“Document Options...”项，将会出现图3-21所示的“Document Options”对话框。

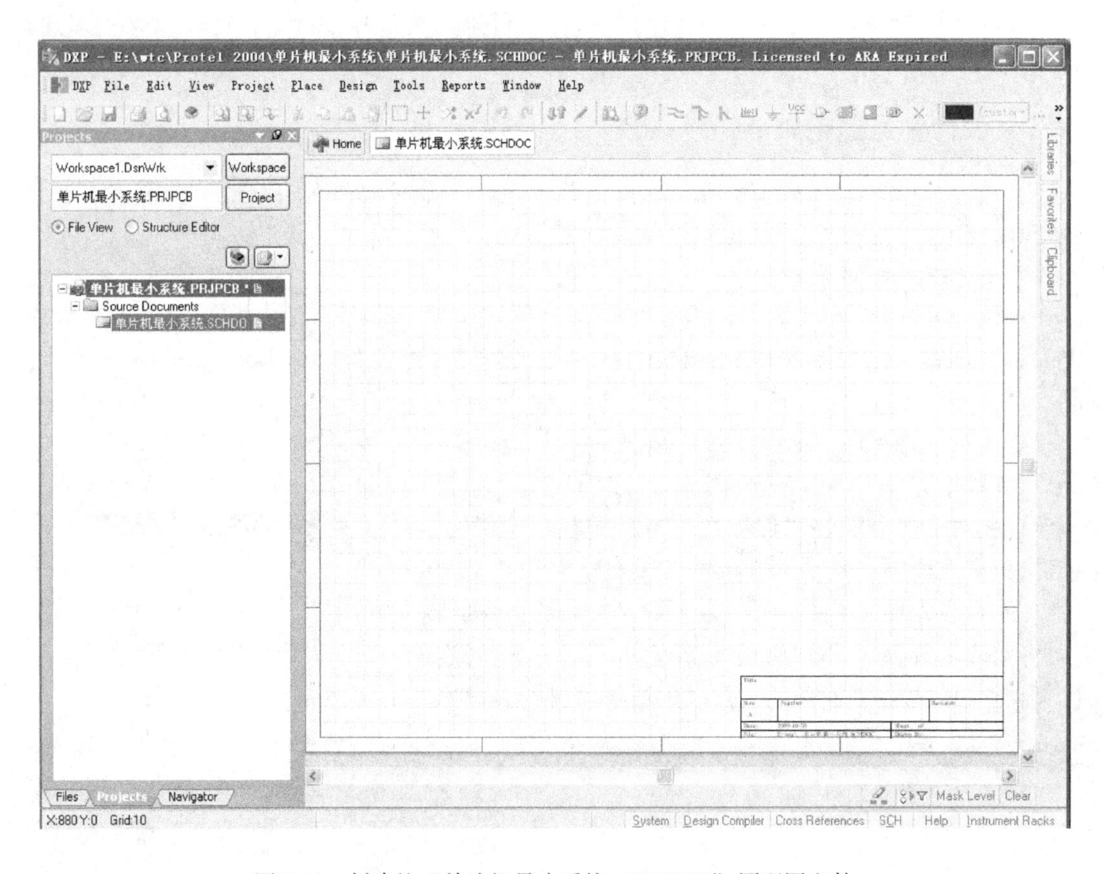

图 3-19　创建的“单片机最小系统.SCHDOC”原理图文件

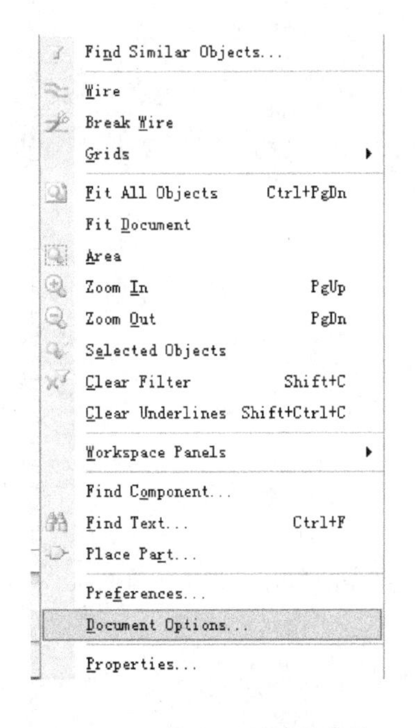

图 3-20　原理图右键快捷菜单

图 3-21　“Document Options”对话框

在“Standard Styles”栏中单击右边的▼选项，将默认的图样幅面设为“A4”，其他设置项采用默认值，然后单击对话框下部的 OK 按钮，图样参数设置完毕。

4. 绘制上层图

按照前面介绍的层次式原理图设计方法，把图3-1分成两部分，在上层图中用两个方块符号表示，通过方块电路图端口和边线表示出两个方块相互之间的关系。

在“单片机最小系统 . SCHDOC”图样上放置子图的方块电路图符号和方块电路图端口，并正确连接导线，如图3-22所示。图3-22中两个子图符号的属性设置如下：左边的子图方块符号名(Designator)为“MCU”，对应子图名为“MCU. SCHDOC”；右边的子图方块符号名(Designator)为“REPEAT(LED,1,8)”，对应子图名为“LED. SCHDOC”。

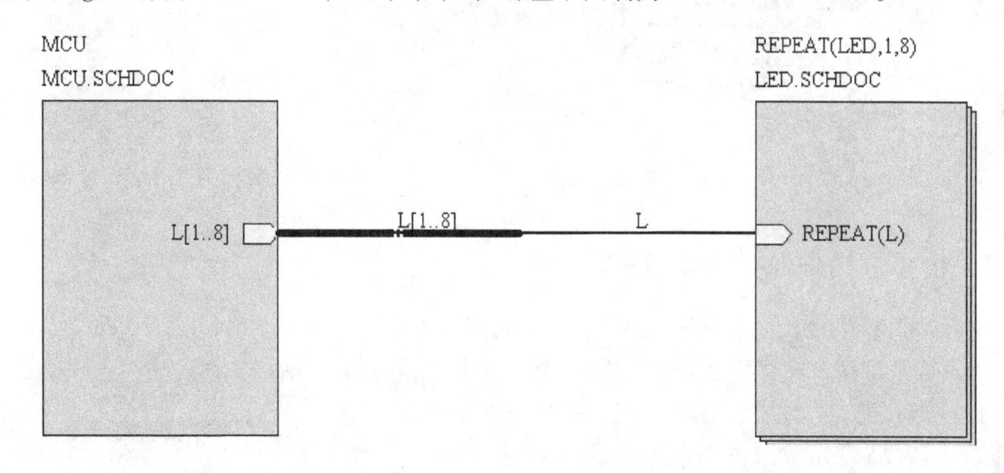

图3-22　“单片机最小系统 . SCHDOC”的上层图

设计多通道电路的关键是设置相同子图重复引用的次数，如右边子图符号名为“REPEAT(LED,1,8)”，该项的含义为：“REPEAT”是重复引用命令关键字，“LED”是实际的子图符号名，数字“1，8”用来设置引用的次数。

重复引用命令的格式为“REPEAT(子图符号名,第一次引用的通道号,最后一次引用的通道号)”。如“REPEAT(LED,1,8)”表示引用子图“LED”，从第1通道到第8通道共引用8次，与此相对应，电路通道号分别用LED1，LED2，……，LED8表示。

设计多通道电路的另一关键步骤是合理设置子图端口，如“REPEAT(L)”表示该子图端口在重复引用子图时，该子图端口也会重复连接，分别对应于网络标签“L[1..8]”所定义的L1，L2，……，L8。

执行菜单命令“File \ Save”，保存编辑完成的“单片机最小系统 . SCHDOC”原理图文档。

5. 绘制下层原理图

在图3-22所示“单片机最小系统 . SCHDOC”的上层图编辑界面，执行“Design \ Create Sheet From Symbol”命令，即可生成子图端口，再绘制子图电路，如图3-23和图3-24所示。

注意：在设计由子图方块符号“LED”所创建的子图原理图时，应将输入/输出端口“REPEAT(L)”的端口名改为“L”。

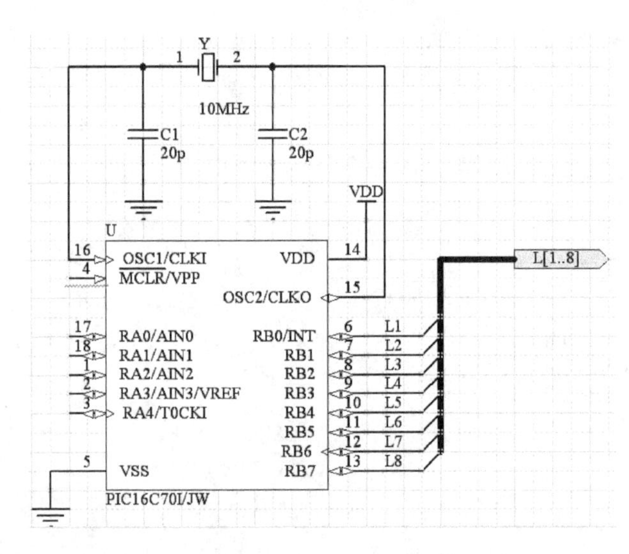

图 3-23　“MCU. SCHDOC”子图原理图

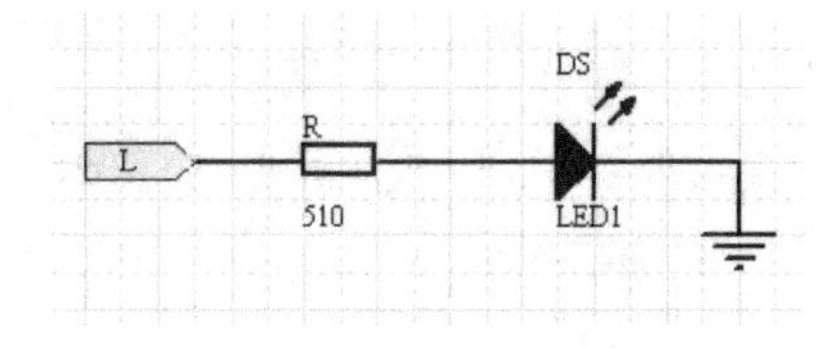

图 3-24　“LED. SCHDOC”子图原理图

3. 2. 2　由多通道电路产生网络表

和其他原理图一样，多通道电路图设计完成后，执行菜单命令“Design \ Netlist For Project \ Protel”，即可产生多通道电路的网络表。单击“Projects”面板标签，在“Projects”面板上可以看到名为“单片机最小系统 . NET”的网络表文件，如图 3-25 所示。单击“单片机最小系统 . NET”，即可打开网络表文件，网络表文件部分内容如图 3-26 所示。

图 3-25　“单片机最小系统 . NET”网络表文件

由网络表可以看出，子图“LED. SCHDOC”内的元器件在网络表内都加上了不同的扩展名。如电阻在网络表内分别以“R_LED1”，“R_LED2”，……，“R_LED8”的形式出现；发光二极管 DS 在网络表内分别以“DS_LED1”，“DS_LED2”，……，“DS_LED8”的形式出现。

同时可以看到“R_LED1”的 1 脚与“IC1”的 6 脚为同一个网络(在同一个圆括号内)、“R_LED2”的 1 脚与“IC1”的 7 脚为同一个网络等。从这里可以看到多通道电路原理图与图 3-26 所表示的网络表完全一致。

3. 2. 3　查看多通道原理图

1）执行“Project \ Compile PCB Project 单片机最小系统 . PRJPCB”，可以从导航器中看到多通道电路原理图的情况，如图 3-27 所示。

2）查看多通道原理图。执行“Project \ View Channels”命令，系统将弹出图 3-28 所示的项目元器件对话框，在该对话框中，可以看出原理图有多少通道，每个元器件被调用了多少次。

```
[
C1
RAD-0.3
CAP

]
[
C2
RAD-0.3
CAP

]
[
DS_LED1
LED-1
LED1

]
[
DS_LED2
LED-1
LED1

]
[
DS_LED3
LED-1
LED1

]
[
DS_LED4
LED-1
LED1

]
[
DS_LED5
LED-1
LED1

]
[
DS_LED6
LED-1
LED1

]
[
DS_LED7
LED-1
LED1

]
[
DS_LED8
LED-1
LED1

]
[
R_LED1
AXIAL-0.4

]
[
R_LED2
AXIAL-0.4

]
[
R_LED3
AXIAL-0.4

]
[
R_LED4
AXIAL-0.4

]
[
R_LED5
AXIAL-0.4

]
[
R_LED6
AXIAL-0.4

]
[
R_LED7
AXIAL-0.4

]
[
R_LED8
AXIAL-0.4

]
[
U
JW18A
PIC16C71I/JW

]
[
Y
BCY-W2/D3.1
XTAL

]
(
NetC1_2
C1-2
U-16
Y-1
)
(
NetC2_2
C2-2
U-15
Y-2
)
(
NetDS_LED8_1
DS_LED8-1
R_LED8-2
)
(
NetDS_LED7_1
DS_LED7-1
R_LED7-2
)
(
NetDS_LED6_1
DS_LED6-1
R_LED6-2
)
(
NetDS_LED5_1
DS_LED5-1
R_LED5-2
)
(
NetDS_LED4_1
DS_LED4-1
R_LED4-2
)
(
NetDS_LED3_1
DS_LED3-1
R_LED3-2
)
(
NetDS_LED2_1
DS_LED2-1
R_LED2-2
)
(
NetDS_LED1_1
DS_LED1-1
R_LED1-2
)
(
GND
C1-1
C2-1
DS_LED1-2
DS_LED2-2
DS_LED3-2
DS_LED4-2
DS_LED5-2
DS_LED6-2
DS_LED7-2

DS_LED8-2
U-5
)
```

图 3-26　网络表文件部分内容

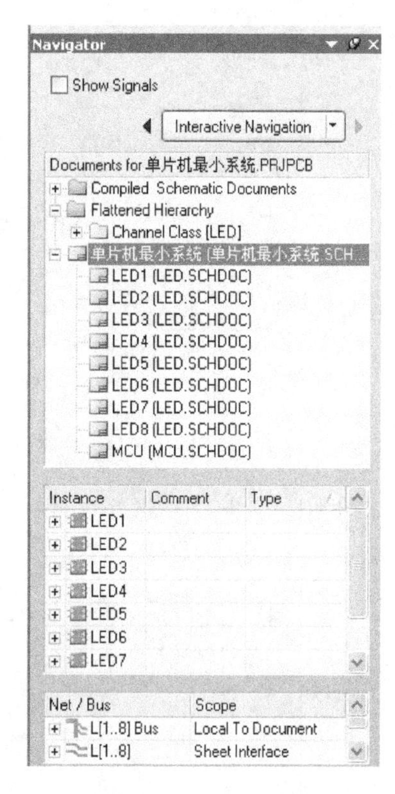

图 3-27　导航器中多通道电路原理图列表

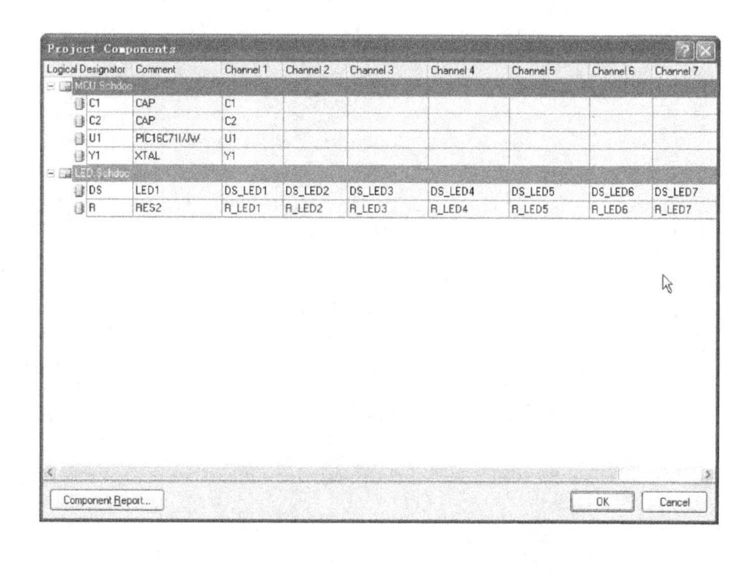

Logical Designator	Comment	Channel 1	Channel 2	Channel 3	Channel 4	Channel 5	Channel 6	Channel 7
MCU.Schdoc								
C1	CAP	C1						
C2	CAP	C2						
U1	PIC16C71I/JW	U1						
Y1	XTAL	Y1						
LED.Schdoc								
DS	LED1	DS_LED1	DS_LED2	DS_LED3	DS_LED4	DS_LED5	DS_LED6	DS_LED7
R	RES2	R_LED1	R_LED2	R_LED3	R_LED4	R_LED5	R_LED6	R_LED7

图 3-28　项目元器件对话框

如果单击 Component Report... 按钮，则可以生成元器件报表，从元器件报表的情况也可以看出通道调用的情况，如图 3-29 所示，并可以打印出来。

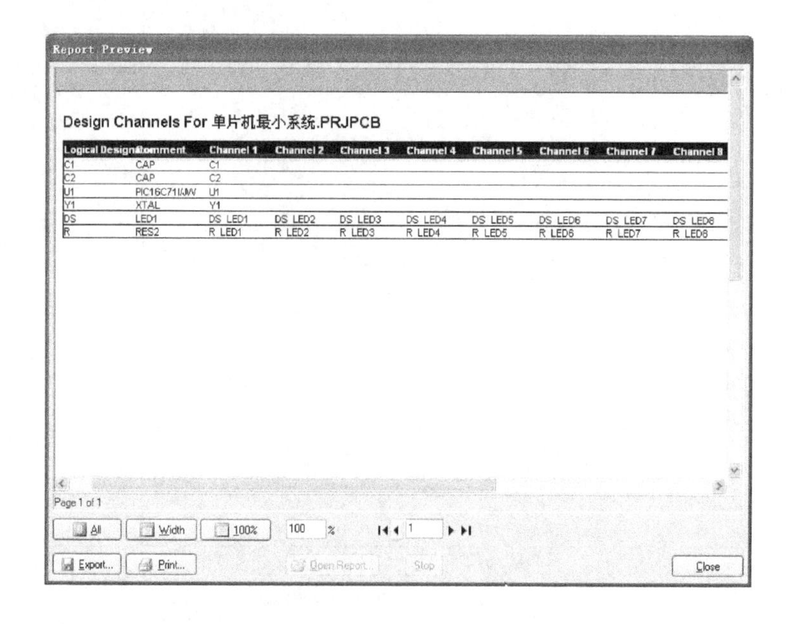

Design Channels For 单片机最小系统.PRJPCB

Logical Designator	Comment	Channel 1	Channel 2	Channel 3	Channel 4	Channel 5	Channel 6	Channel 7	Channel 8
C1	CAP	C1							
C2	CAP	C2							
U1	PIC16C71I/JW	U1							
Y1	XTAL	Y1							
DS	LED1	DS LED1	DS LED2	DS LED3	DS LED4	DS LED5	DS LED6	DS LED7	DS LED8
R	RES2	R LED1	R LED2	R LED3	R LED4	R LED5	R LED6	R LED7	R LED8

图 3-29　生成的元器件报表

3.2.4　通道的切换

Protel 2004 提供了方便的切换工具，设计者可方便地查看所设计的多通道电路引用子电路图的情况，操作步骤如下：

1）执行菜单命令“Tools \ Up/Down Hierarchy”，或直接单击主工具栏上的层次切换按钮，此时光标将变为十字形。将光标指向父图上重复引用的子图符号（以 LED 为例），单击鼠标左键，系统立即切换到子图“LED. SCHDOC”，如图 3-30 所示。

2）单击图 3-30 中下方的通道标签 LED1 LED2 LED3 LED4 LED5 LED6 LED7 LED8，可以在各通道之间方便地进行切换。

3）单击主工具栏上的层次切换按钮，光标将变为十字形，将光标移动到子电路图中的某一端口，单击左键，则立即切换至父图，并以高亮的最大显示模式显示被单击的输入/输出端口所对应的子图方块中的端口，如图 3-31 所示。

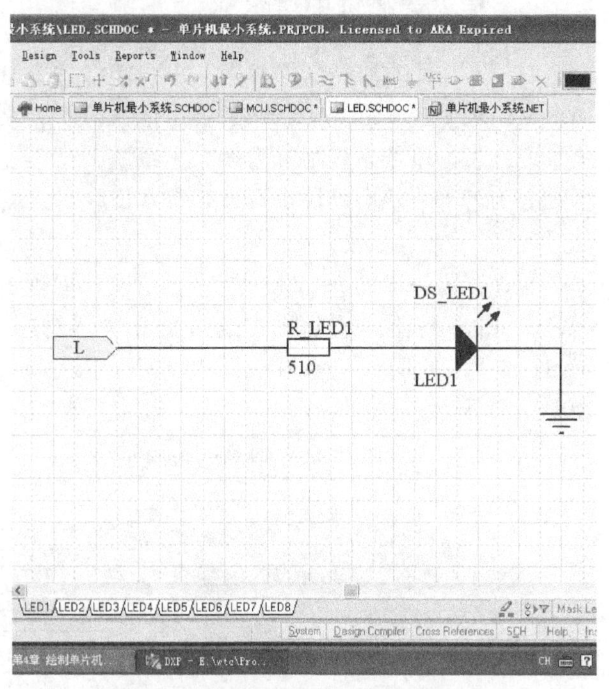

图 3-30　切换到子图“LED. SCHDOC”

图 3-31　由子图切换到父图

3.3　层次式原理图的设计

3.3.1　层次式原理图概述

对于一个非常复杂的原理图，不可能将这个原理图画在一张图纸上，有时甚至不可能由一个人单独完成。Protel 2004 提供了层次式原理图的设计方法，它是一种模块化的设计方法。设计者可以将系统划分为多个子系统，子系统下面又可划分为若干功能模块，功能模块再细分为若干个基本模块。设计好基本模块，定义好模块之间的连接关系，即可完成整个设计过程。

首先介绍一个 Protel 2004 所带的层次式原理图例子，图 3-32 所示为“4 Port Serial Interface. SchDoc”上层电路，图中的两个方块图对应下层的两张原理图。下层原理图“4 Port UART and Line Drivers. SchDoc”和“ISA Bus and Address Decoding. SchDoc”分别如图 3-33 和图 3-34 所示。

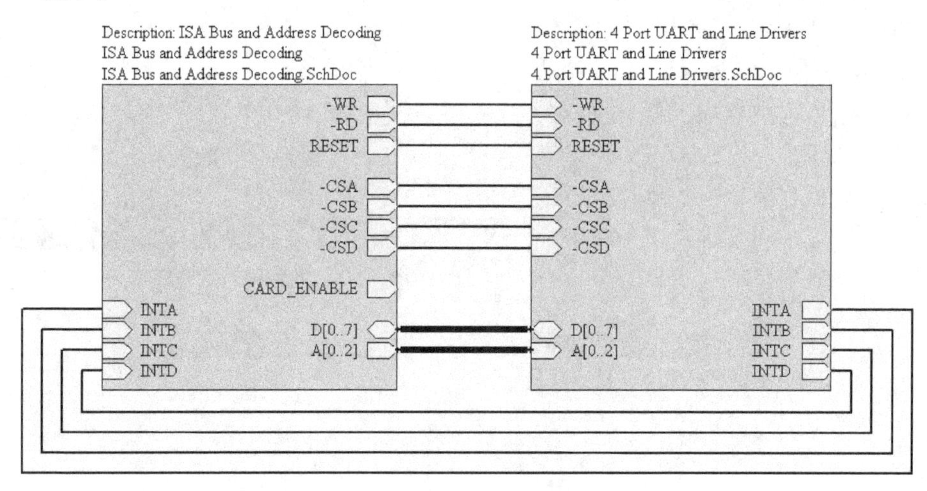

图 3-32　“4 Port Serial Interface. SchDoc”上层电路

图 3-32 ~ 图 3-34 表示了一个完整的电路。

下面就以上述层次式原理图作为设计实例，重点讲述如何绘制层次式原理图的各个模块。

3.3.2　层次式原理图的设计方法

层次式原理图设计时，可以采用自上而下的设计方法，即由方块电路图产生原理图，因此首先要设计方块电路图。当然也可以采用自下而上的设计方法，即由原理图产生方块电路图，因此首先要设计原理图。

1. 采用自上而下的设计方法

（1）设计上层方块电路图

1）启动原理图设计管理器，建立一个层次原理图文件，名为“4 Port Serial Interface. SchDoc”的原理图文件。

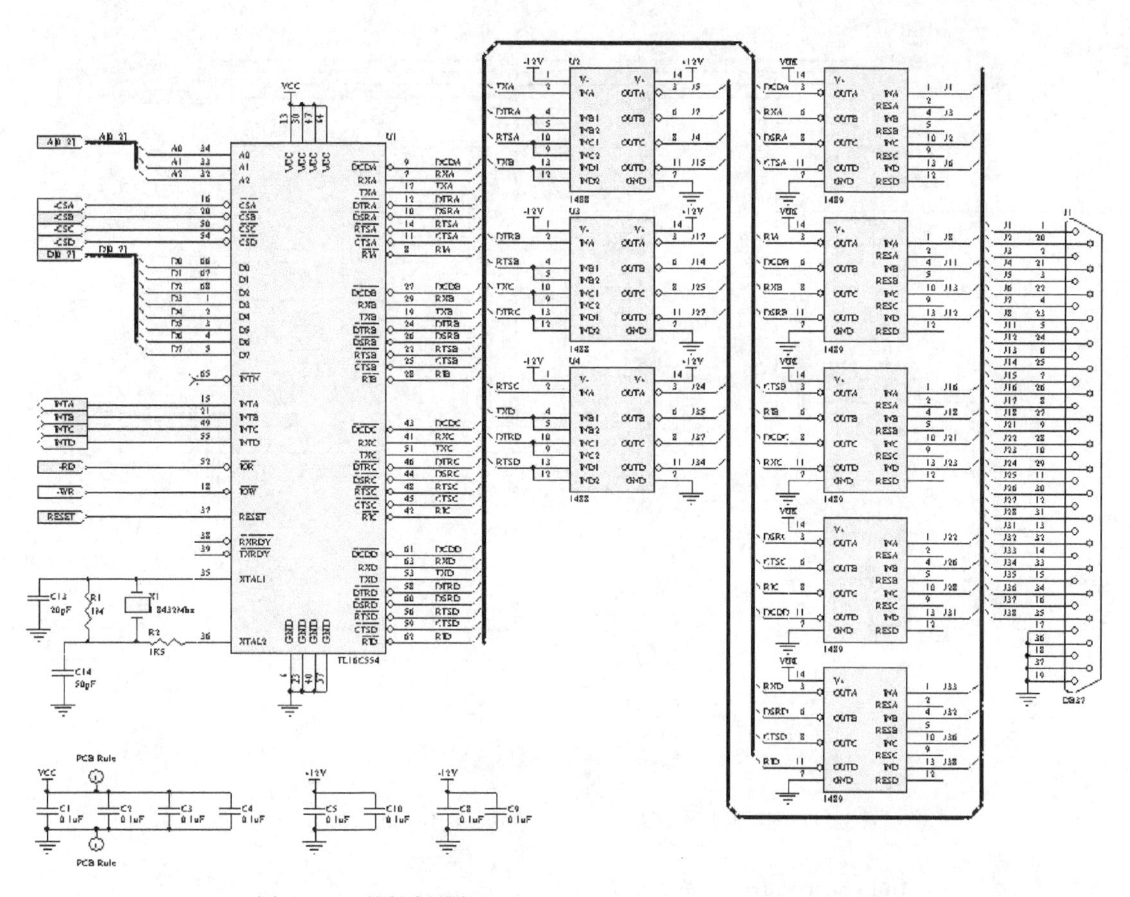

图 3-33　下层原理图“4 Port UART and Line Drivers. SchDoc”

2）在工作界面上打开连线工具栏（Wiring），执行绘制方块电路命令，方法如下：单击“Wiring”工具栏中的 按钮或者执行放置方块电路图命令（Place\Sheet Symbol）。

3）执行该命令后，光标变为十字形，并带着方块电路，这时按 Tab 键，会出现方块电路属性设置对话框，如图 3-35 所示。

4）在对话框的“Filename”编辑框中设置文件名为“ISA Bus and Address Decoding. SchDoc”，这表明该电路代表了 ISA Bus and Address Decoding（ISA 总线和地址译码）模块；在“Designator”编辑框中将方块电路图的名称设置为“ISA Bus and Address Decoding”。

5）设置完属性后，确定方块电路的大小和位置。将光标移动到适当的位置后，单击鼠标左键，确定方块电路的左上角位置。然后拖动鼠标，移动到适当的位置后，单击鼠标左键，确定方块电路的右下角位置。这样就定义了方块电路的大小和位置，绘制出了一个名为“ISA Bus and Address Decoding”的模块，如图 3-36 所示。

如果设计者要更改方块电路名或其代表的文件名，只需用鼠标单击文字标注，就会弹出图 3-37 所示的方块电路文字属性设置对话框，在对话框中即可修改。

6）绘制完一个方块电路后，系统仍处于放置方块电路的命令状态下，设计者可用同样的方法放置另一个方块电路，并设置相应的方块电路图文字。

7）接着放置方块电路端口，方法是用鼠标左键单击连线工具栏（Wiring）中 按钮，或

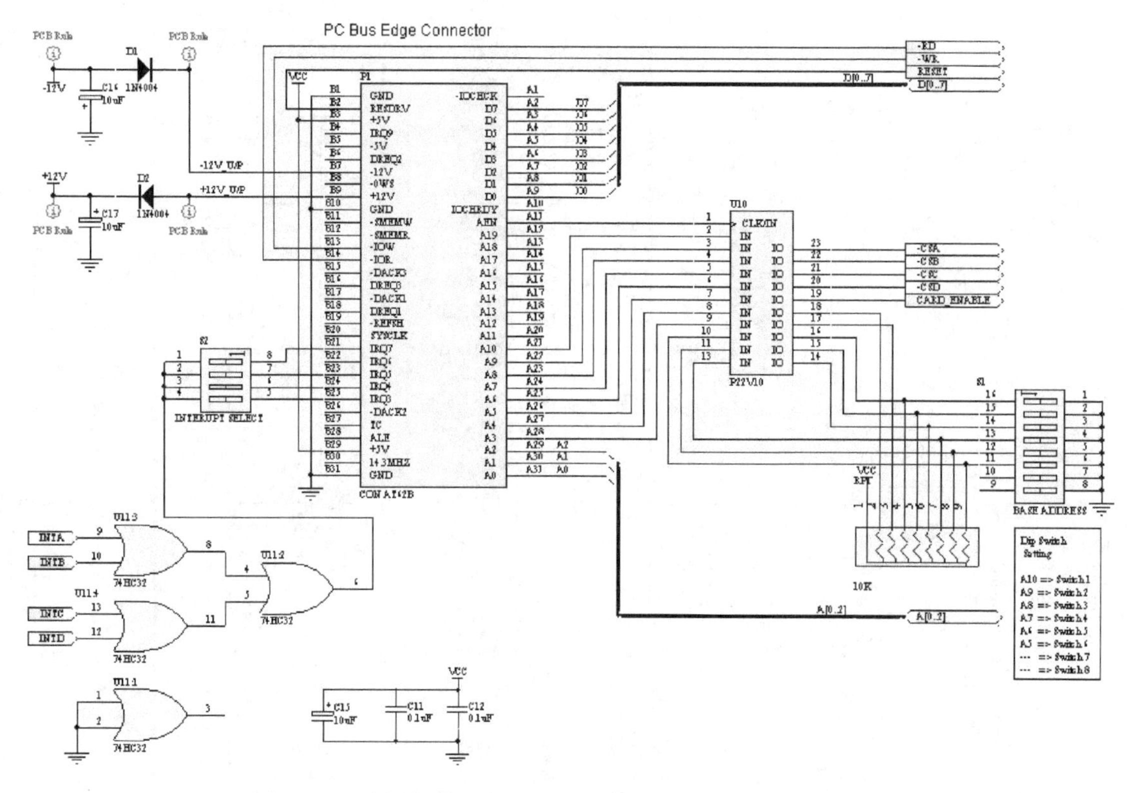

图 3-34 下层原理图“ISA Bus and Address Decoding . SchDoc”

者执行“Place \ Add sheet Entry”命令。

8）执行该命令后，光标变为十字形，然后在需要放置端口的方块电路图上单击鼠标左键，此时光标处就会带着方块电路的端口符号，如图 3-38 所示。

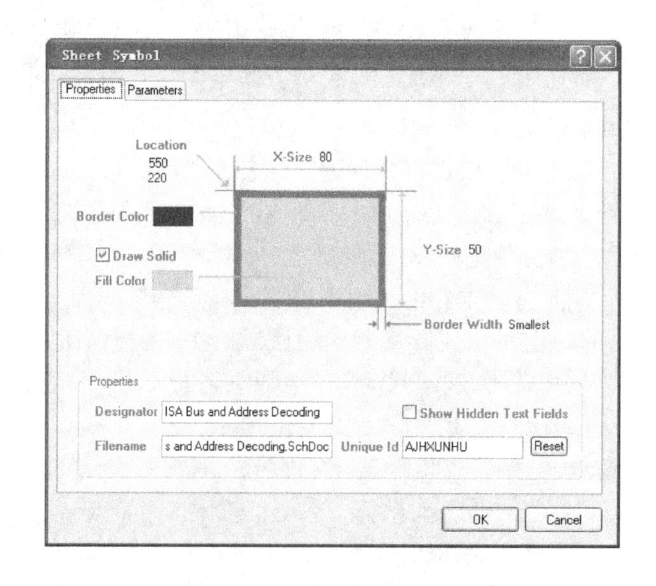

图 3-35 方块电路属性设置对话框

图 3-36　“ISA Bus and Address Decoding”模块

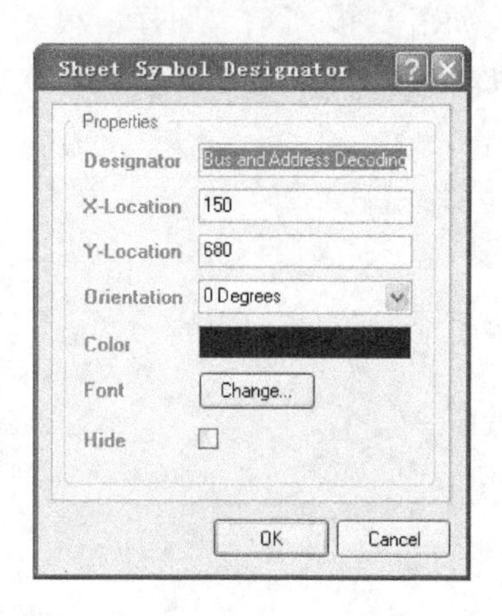

图 3-37　方块电路文字属性设置对话框

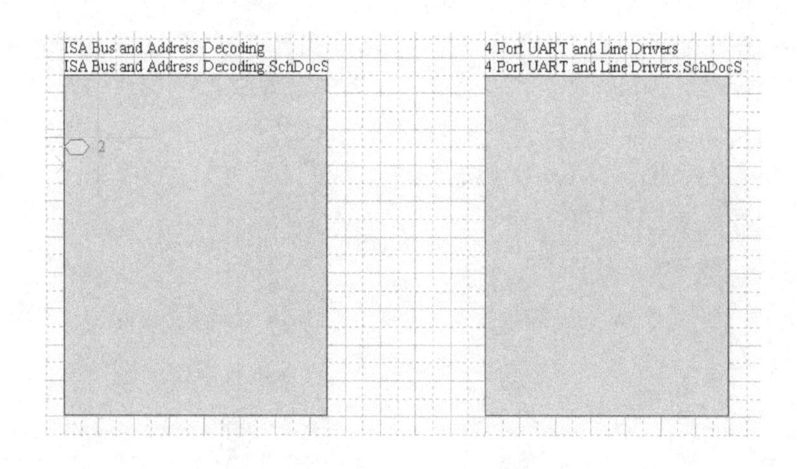

图 3-38　放置方块电路的端口符号

在此命令状态下，按Tab键，系统会弹出方块电路端口属性设置对话框，如图 3-39 所示。在对话框中，将端口名“Name”编辑框设置为“INTA”，即将端口名设为读选通信号；“I/O Type”选项有不指定(Unspecified)、输出(Output)、输入(Input)和双向(Bidirectional)四种，在此设置为“Input”，即将端口设置为输入；放置位置(Side)设置为“Left”；端口样式(Style)设置为“Right”；其他选项设计者自己来设置。

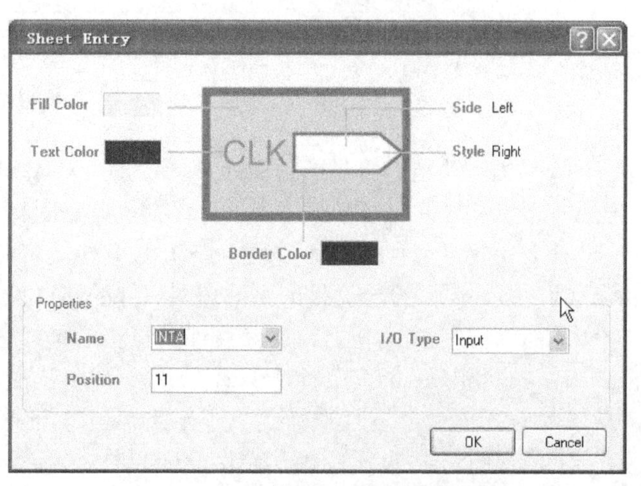

图 3-39　方块电路端口属性设置对话框

9）设置完属性后，将光标移动到适当的位置后，单击鼠标左键将其定位，如图 3-40 所示。同样，根据实际电路的安排，可以在“ISA Bus and Address Decoding”模块和“4 Port UART and Line Drivers”模块上放置其他端口，如图 3-41 所示。

图 3-40　放置了一个端口

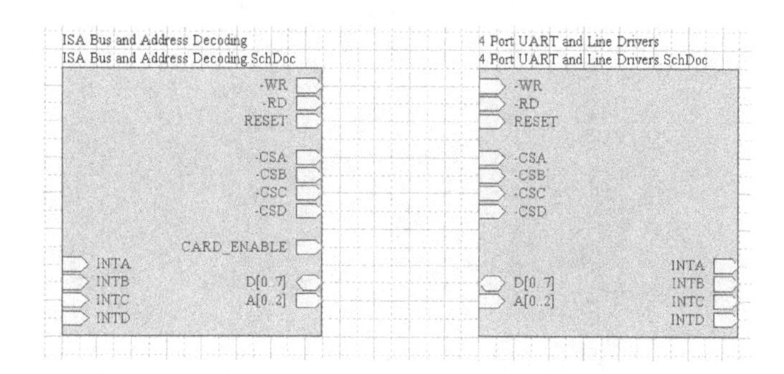

图 3-41　放置完的方块电路图的所有端口

注意：因为只有具有相同名称的端口才能相互连接，所以在不同的方块电路图上往往放置有多个具有相同名称的端口，但端口的属性可能不同，例如“-RD”端口在一个方块电路图中的“I/O Type”为“Output”，而在另外一个方块电路图上的“I/O Type”为“Input”。

10）将电气关系上具有相连关系的端口用导线或总线连接在一起，即完成一个层次式原理图的上层方块电路图，如图 3-42 所示。

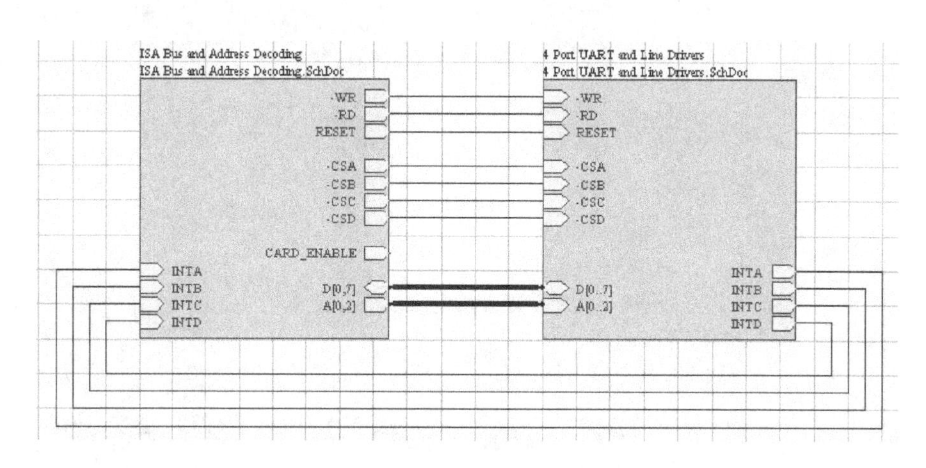

图 3-42　绘制完的方块电路图

（2）由方块电路符号产生新原理图中的 I/O 端口符号　在采用自上而下设计层次式原理图时，先建立方块电路图，再设计该方块电路图相对应的原理图文件。而设计下层原理图时，其 I/O 端口符号必须和方块电路上的 I/O 端口符号相对应。Protel 2004 提供了一条捷径，即由方块电路符号直接产生原理图文件的端口符号。

下面以图 3-42 为例，讲述其设计步骤。

1）执行“Design \ Create Sheet From Symbol”命令。

2）执行该命令后，光标变成了十字形，移动光标到某一方块电路图上，单击鼠标左键，会出现图 3-43 所示的确认端口 I/O 方向对话框。

单击对话框中的 Yes 按钮所产生的 I/O 端口的电气特性与原来的方块电路中的相

反，即输出变为输入；单击对话框中的 No 按钮所产生的 I/O 端口的电气特性与原来的方块电路中的相同，即输出仍为输出。

3）此处单击 No 按钮，则 Protel 2004 自动生成一个文件名为“ISA Bus and Address Decoding. SchDoc”的原理图文件，并布置好 I/O 端口，如图 3-44 所示。

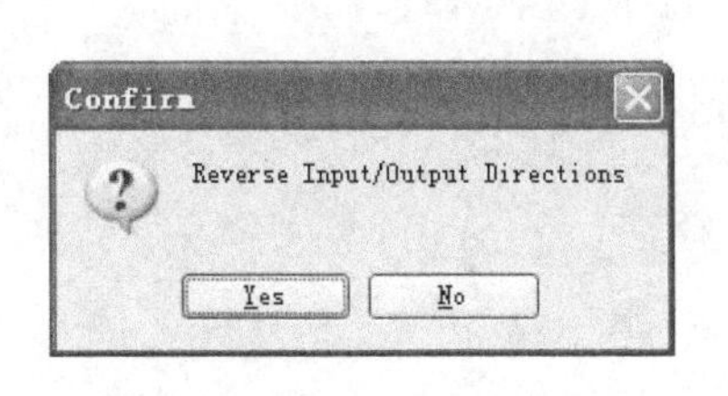

图 3-43　确认端口 I/O 方向对话框

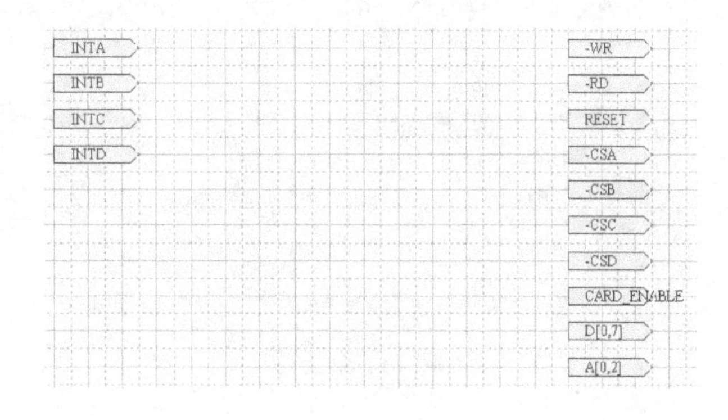

图 3-44　由方块电路图产生的新原理图端口

（3）模块具体化　生成的电路原理图，已经有了现成的 I/O 端口，在确认了新的电路原理图上的 I/O 端口符号与对应的方块电路上的 I/O 端口符号完全一致后，设计者就可以按照该模块组成，放置元器件和连线，绘制出具体的电路原理图，绘制电路原理图的过程在这里不再赘述。

2. 采用自下而上的设计方法

如果在设计中采用自下而上的设计方法，则先设计原理图，再设计方块电路图。Protel 2004 则又提供了一条捷径，即由一张已经设置好端口的原理图直接产生方块电路符号。

假如这里已经绘制好了下层的两张电路原理图，“4 Port UART and Line Drivers. SchDoc”如图 3-33 所示，“ISA Bus and Address Decoding. SchDoc”如图 3-34 所示。

1）在两张设计好的电路原理图文件同一目录下，创建一个新的原理图文件。

2）在新的原理图文件编辑窗口状态，选择执行“Design \ Create Symbol From Sheet”命令。

3）执行该命令后，会出现图 3-45 所示的对话框。选择要产生的方块电路的文件，然后单击 OK 按钮确认。

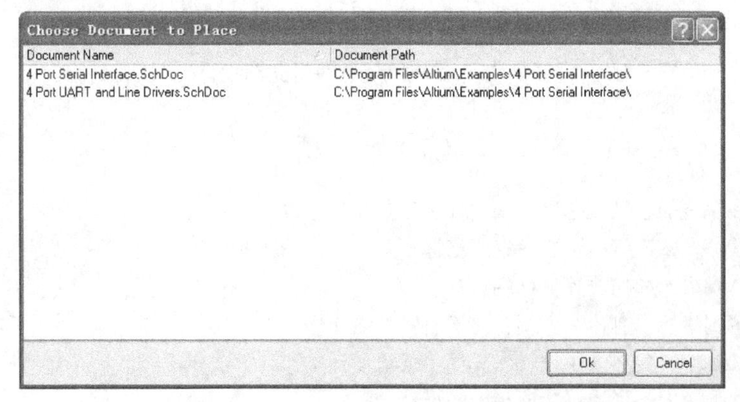

图 3-45　选择产生方块电路文件对话框

此后，同样会出现图 3-43 所示的确认端口 I/O 方向对话框。单击 No 按钮，方块电路会出现在光标上，如图 3-46 所示。

4）移动光标至适当位置，按照前面放置方块电路的方法，将其定位。此时自动生成名为“ISA Bus and Address Decoding”的方块电路，如图 3-47 所示。然后再根据层次式原理图设计的需要，对方块电路上的端口进行适当调整。

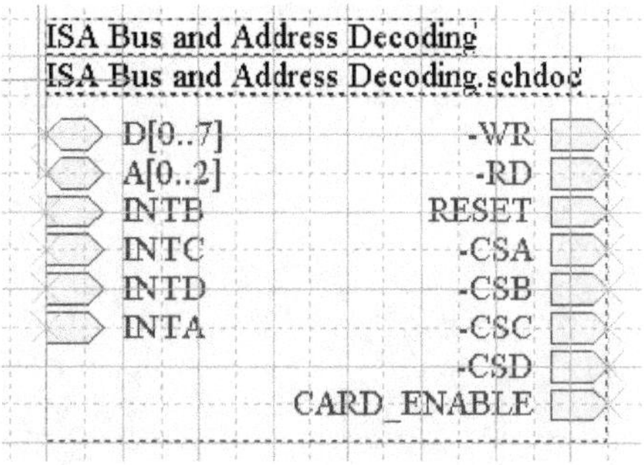

图 3-46　由原理图产生方块电路的状态

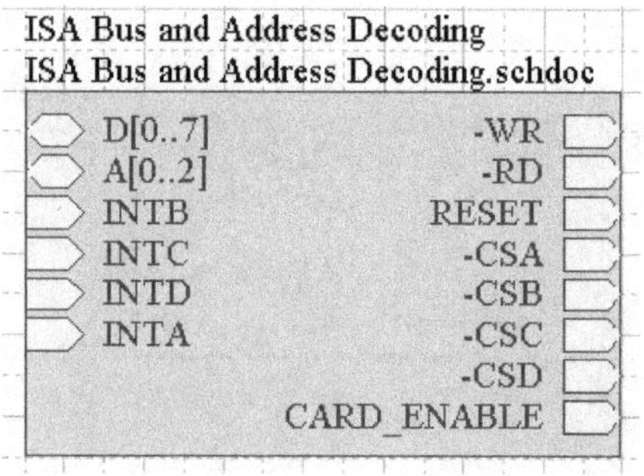

图 3-47　产生的方块电路

5）以同样的方法生成名为“4 Port UART and Line Drivers”的方块电路，并对方块电路上的端口进行适当调整。

6）将两方块电路中电气关系上具有相连关系的端口用导线或总线连接在一起，即完成了上层方块图的设计，结果如图 3-48 所示。

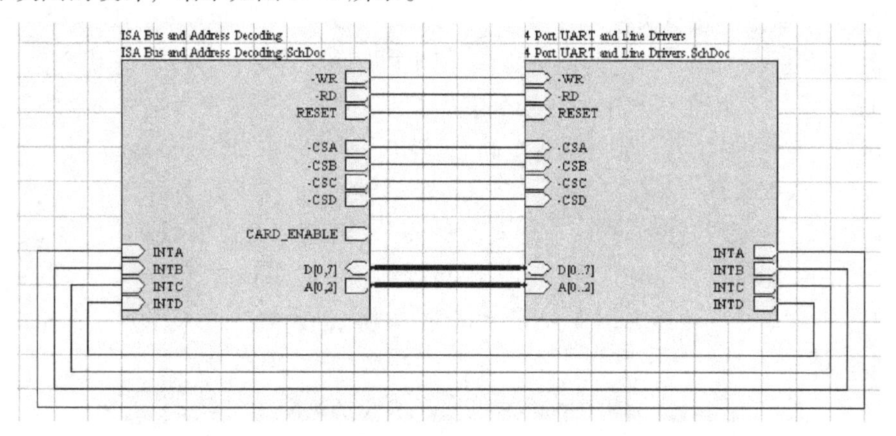

图 3-48　完成上层方块电路图设计

练　习　题

1. 一般连线和总线的区别在哪里？采用什么工具绘制总线？
2. 为什么总线分支的连线一定要设置网络标号？
3. 什么是 I/O 端口？如何放置 I/O 端口？
4. 电路中放置网络标号有什么作用？怎样放置网络标号？
5. 什么是 Protel 2004 的多通道设计？说明多通道设计操作的方法步骤。
6. 什么是层次原理图？说明层次原理图的设计步骤。

第4章　原理图电气检查及报表

知识目标

1. 掌握原理图电气连接检查的方法步骤。
2. 理解原理图生成报表的方法。

技能目标

1. 学会原理图电气连接检查的方法。
2. 学会原理图生成报表的方法。
3. 学会用打印机打印原理图。

绘制完原理图后，为了保证原理图的正确，还需要对原理图的连接进行检查，以发现原理图中的一些电气连接上的错误。在确认电路的电气连接正确后，就可以生成网络表等报表文件，以便于后面的印制电路板的制作和其他应用。

4.1　电气连接检查

电气连接检查可检查出原理图中是否有电气特性不一致的情况。例如，某个输出引脚连接到另一个输出引脚就会造成信号冲突；未连接完整的网络标签会造成信号断线；重复的流水号会使系统无法区分出不同的元器件等。以上这些都是不合理的电气冲突现象，Protel 2004 会按照设计者的设置以及问题的严重性分别以错误(Error)或警告(Warning)等信息来提醒设计者注意。

4.1.1　设置电气连接检查规则

设置电气连接检查规则，首先要打开设计的原理图文档，然后执行“Project\Project Options”命令，在弹出的图4-1所示的项目选项对话框中进行设置。该对话框中有“Error Reporting”（错误报告)和“Connection Matrix”（连接矩阵)选项卡可以设置检查规则。

1. “Error Reporting”选项卡

“Error Reporting”选项卡主要用于设置设计草图检查规则。

1)“Violation Type Description”（违反类型描述规则)表示检查设计者的设计是否违反类型设置的规则。

2)“Report Mode”（报告模式)表明违反规则的严格程度。如果要修改“Report Mode”，则单击对应的“Report Mode”，并从下拉列表中选择严格程度：Fatal Error(重大错误)、Error(错误)、Warning(警告)和No Report(不报告)。

2. “Connection Matrix”选项卡

“Connection Matrix”选项卡，如图4-2所示。该图显示的是错误类型的严格性，这将在运行电气连接检查错误报告时产生，如引脚间的连接、元器件和图样输入。这个矩阵给出了一个在原理图中不同类型的连接点以及是否被允许的图表描述。

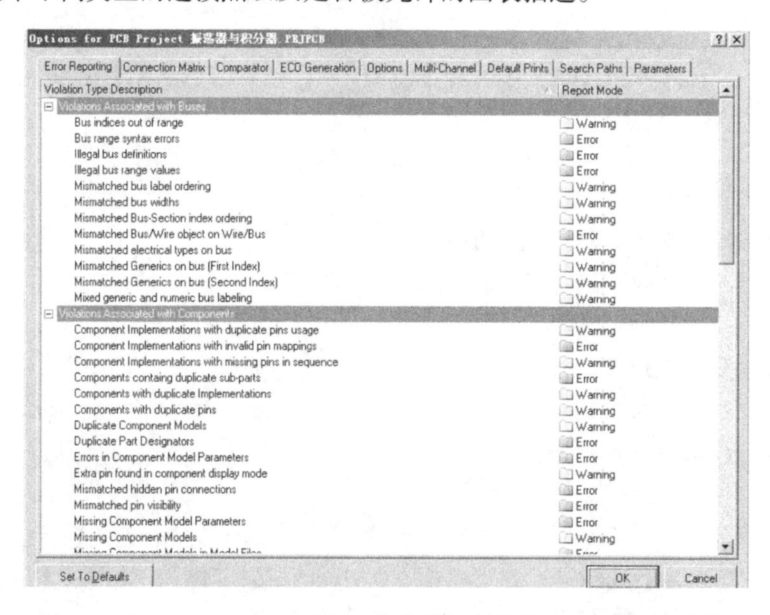

图 4-1　“Options for PCB Project 振荡器与积分器. PRJPCB”对话框

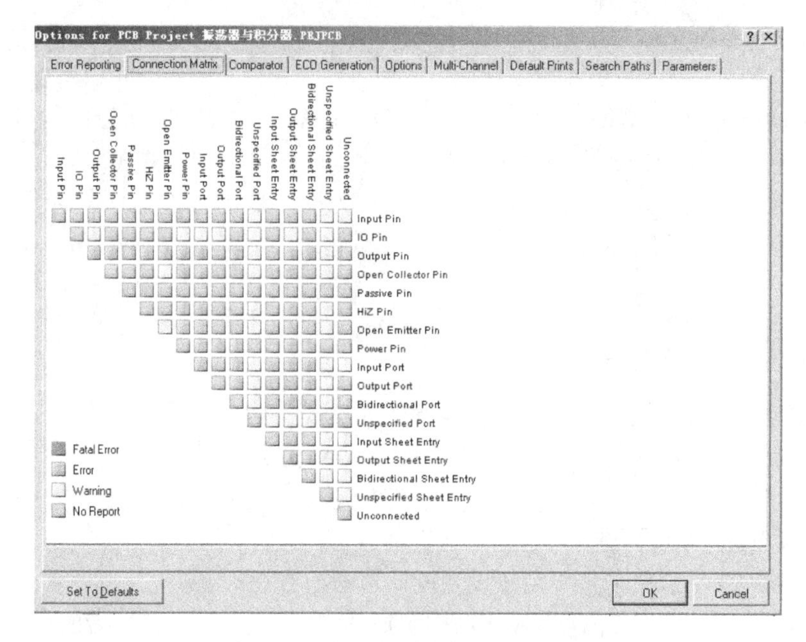

图 4-2　“Connection Matrix”选项卡

例如，在矩阵图的右边找到“Output Pin”行，在上方找到“Open Collector Pin”列。在它们的相交处是一个橙色的方块，这表示在原理图中从一个“Output Pin”连接到一个“Open Collector Pin”，在项目被编辑时将启动一个错误的提示。

可以用不同的错误程度来设置每一个错误类型，例如对某些非致命的错误不予报告，修改连接错误提示的操作方式如下：

1）单击“Options for Project ZDQ. PRJPCB”对话框的“Connection Matrix”选项卡，如图4-2所示。

2）单击两种类型连接相交处的方块，例如“Output Sheet Entry”和“Open Collector Pin”。

3）在方块变为图例中的“Error”表示的颜色为橙色时，就表示以后在运行检查时如果发现这样的连接将给出错误的提示。

4.1.2　检查结果报告

当设置了需要检查的电气连接以及检查规则后，就可以对原理图进行检查。Protel 2004检查原理图是通过编译项目来实现的，编译的过程中会对原理图进行电气连接和规则检查。

编译项目的操作步骤如下：

1）打开需要编译的项目，然后执行“Project\Compile PCB Project”命令。

2）当项目被编译时，任何已经启动的错误均将显示在设计窗口的“Messages”面板中。被编辑的文件与同级的文件、元器件和列出的网络以及一个能浏览的连接模型一起显示在“Compiled”面板中，并且以列表方式显示。

如果电路绘制正确，“Messages”面板应该是空白的。如果报告给出错误，则需要检查电路并确认所有的导线连接是否正确，并加以修正。图4-3所示即为一个项目的电气规则检查报告。

Messages

Class	Document	Source	Message	Time	Date	No.
[Warning]	振荡器与积...	Comp...	Floating Net Label OUT1	04:11:35...	2014-1-1	1
[Warning]	振荡器与积...	Comp...	Floating Net Label OUT2	04:11:35...	2014-1-1	2
[Warning]	振荡器与积...	Comp...	Net NetC1_1 has no driving source (Pin C1-1,Pin R2-1,Pin U1-2,Pin U...	04:11:35...	2014-1-1	3
[Warning]	振荡器与积...	Comp...	Net NetC2_1 has no driving source (Pin C2-1,Pin R3-1,Pin R5-1,Pin U...	04:11:35...	2014-1-1	4
[Warning]	振荡器与积...	Comp...	Net NetR4_2 has no driving source (Pin R4-2,Pin U2-3)	04:11:35...	2014-1-1	5

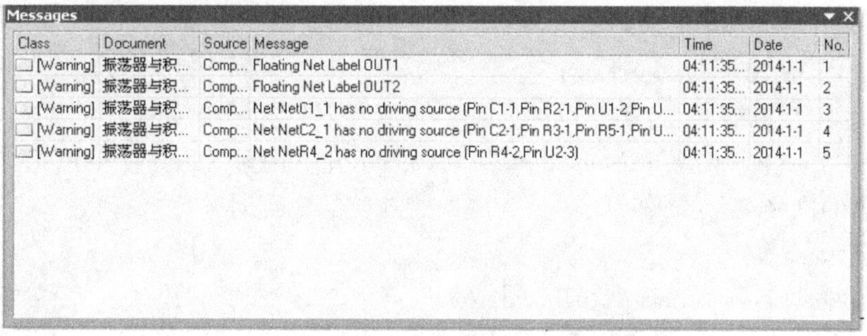

图4-3　一个项目的电气规则检查报告

4.2　创建网络表

原理图绘制完成后，可将原理图的图形文件转换为文本格式的报表文件，以便于检查、保存和为绘制印制电路板图做好准备。本节介绍网络表的作用和生成方法。

电路其实就是一个由元器件、节点及导线组成的网络，因此可以用网络表来完整地描述一个电路。网络表是电路板自动布线的灵魂。网络表可以通过电路原理图来创建，也可以利用文本编辑器直接编辑。当然，也可以在PCB编辑器中，由已创建的PCB文档产生。

Protel 2004为设计者提供了快速、方便的工具，可以生成多种格式网络表。本章主要介绍Protel格式的网络表。

4.2.1　设置网络表选项

Protel 2004的网络表工具要比Protel 99 SE及之前的任意一个版本都要方便、快捷，操作前只需要进行简单的选项设置，具体操作步骤如下：

1. 打开项目选项对话框

执行菜单命令“Project\Project Options”，打开项目选项对话框，如图4-1所示。

2. 设置网络表选项

单击顶部的 Options 标签，显示“Options”选项卡内容，如图4-4所示。在该选项卡可进行网络表的有关选项设置，下面介绍各选项的含义。

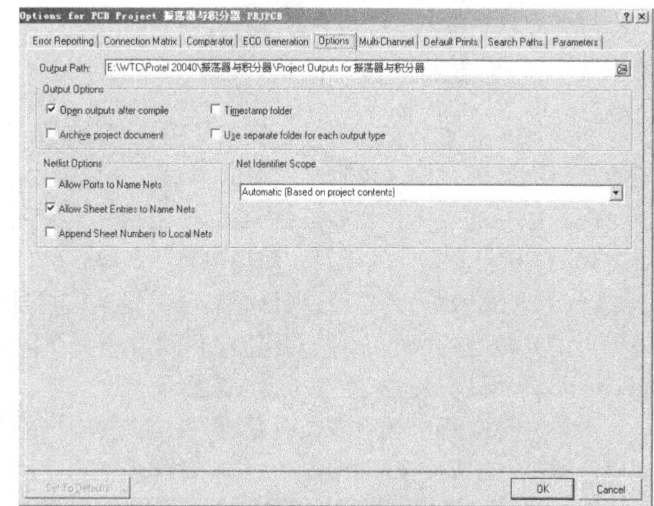

图4-4　“Options”选项卡

（1）输出路径设置　在“Output Path”栏内可指定各种报表的输出路径。默认路径由系统在当前项目文档所在文件夹内创建，所创建的文件夹为“Project Outputs for 当前项目文档名”。

（2）“Netlist Options”区域　在该区域可选择创建网络表的条件有以下几个。

1）“Allow Ports to Name Nets”项：表示允许用系统所产生的网络名来代替与输入/输出端口相关联的网络名。如果所设计的项目只是简单的原理图文档，不包含层次关系，可选择该项。

2）“Allow Sheet Entries to Name Nets”项：表示允许用系统所产生的网络名来代替与子图入口相关联的网络名。当设计的项目为层次式结构的电路时，可选择该选项。该项为系统默认选项。

3）“Append Sheet Numbers to Local Nets”项：表示产生网络表，系统自动将图样号(Sheet Number)添加到各网络名字上，以识别该网络的位置。当一个项目包含多个原理图文档时，选择该选项可方便查找错误。

（3）“Net Identifier Scope”选项　该选项的功能是指定网络标识的认定范围，单击按钮可从下拉列表中选取一个选项，如图4-5所示。

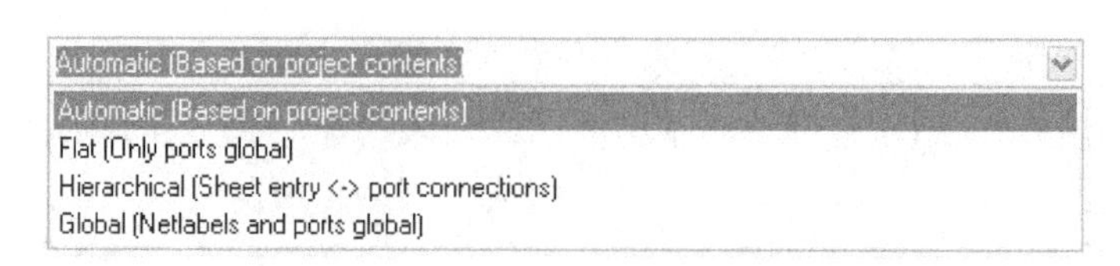

图4-5　选择网络标识的认定范围

1）“Automatic（Based on project contents）”项：选择该选项，系统自动在当前项目内认定网络标识。一般情况下采用此默认选项。

2）“Flat（Only ports global）”项：如果项目内各个图样之间直接使用整体输入/输出端来建立连接关系，此时应选择该项。

3）“Hierarchical(Sheet entry < - > Port connections)”项：如果在层次式结构的电路

中，通过子图符号内的子图入口与子图中的输入/输出端口来建立连接关系，此时应选择该项。

4）“Global (Netlabels and Ports global)”项：如果项目内的各文档之间使用整体网络标签及整体输入/输出端口来建立连接关系，此时应选择该项。

设置完毕，单击 OK 按钮关闭对话框。

4.2.2　产生网络表

1. 产生基于单个文档的网络表

对于自由文档，不需要进行网络表设置，就可为单个原理图文档创建网络表，操作方法如下：

1）打开要创建网络表的原理图文档。

2）执行菜单命令“Design \ Netlist From Document \ Protel”，就会立即产生网络表。网络表(*. net)与源文档同名，单击“Projects”面板标签，可以看到所创建的网络表文档图标。

3）双击文档图标，可在文本编辑窗口内打开网络表文档。

2. 产生基于项目的网络表

以振荡器与积分器电路为例，如图4-6所示，讲述生成网络表的一般步骤。

1）打开项目文档“振荡器与积分器.PRJPCB”及相应的原理图文档“振荡器与积分器.SCHDOC”。

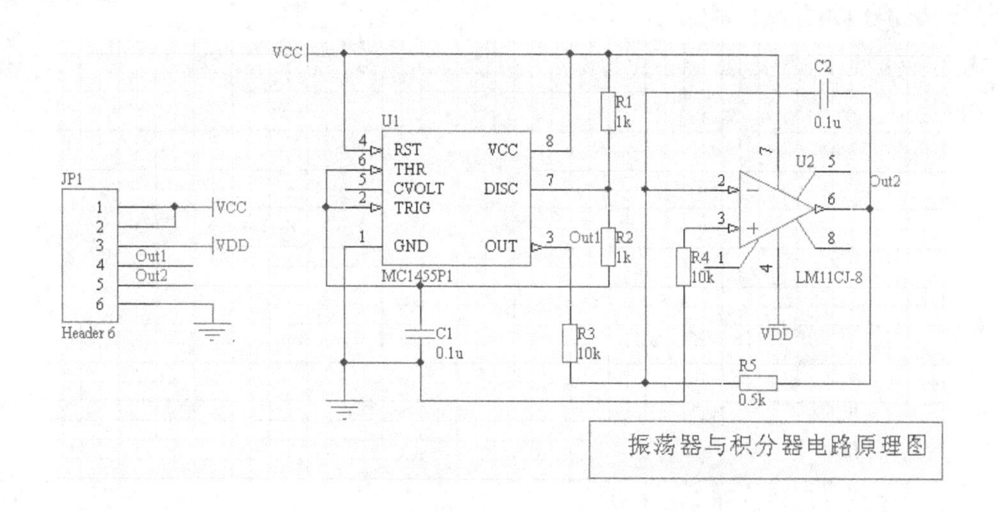

图4-6　振荡器与积分器电路

2）设置网络列表选项。在图4-5中选择“Automatic (Based on project contents)”选项，其他采用默认值。

3）执行菜单命令 Design \ Netlist From Project \ Protel，立即在本项目路径下产生网络表文件，双击该网络表文件，即可查看网络表内容，如图4-7所示。

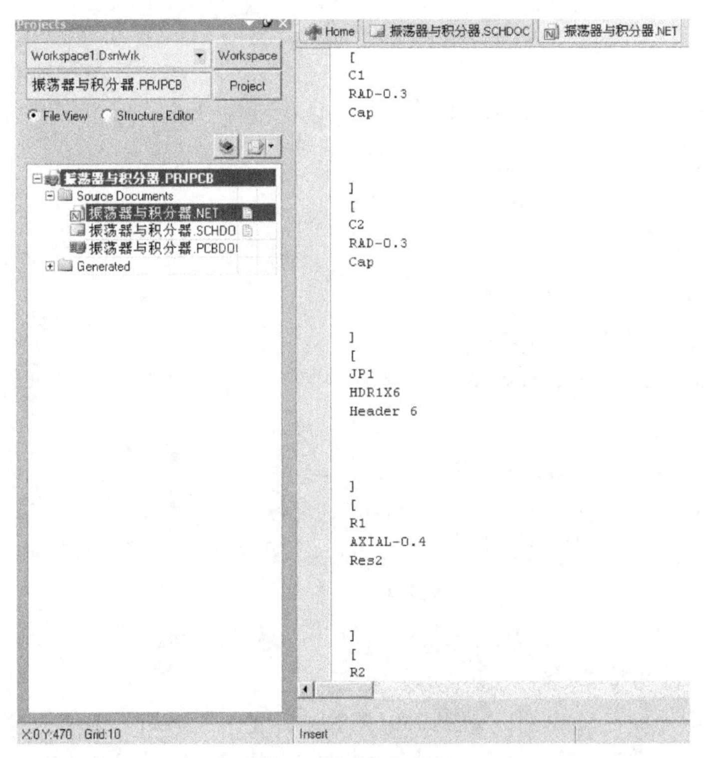

图 4-7　网络表内容

4.2.3　Protel 网络表格式

ASCII 码文本文件的网络表格式是标准的 Protel 网络表格式，在结构上大致分为元器件描述和网络连接描述两部分。

1）元器件的描述格式如下：

[	元器件声明开始
R1	元器件序号
AXIAL-0.4	元器件封装
Res 2	原理图元器件名称
]	元器件声明结束

元器件的声明以“[”开始，以“]”结束，将其内容包含在内。网络经过的每一个元器件都必须有声明。

2）网络连接描述格式如下：

(	网络定义开始
NetU1_5	网络名称
U1-5	元器件序号为 1，元器件引脚号为 5
C2-1	元器件序号为 2，元器件引脚号为 1
)	网络定义结束

网络定义以“(”开始，以“)”结束，将其内容包含在内。网络定义首先要定义该网络的各端口。网络定义中必须列出连接网络的各个端口。

4.3　产生元器件列表

元器件的列表主要是用于整理一个电路或一个项目文件中的所有元器件。它主要包括元器件的名称、标注、封装等内容。仍以图4-6为例，讲述产生元器件列表的基本方法。

4.3.1　元器件清单报表

1）打开原理图文件，执行“Reports\Bill of Material”命令。

2）执行该命令后，系统会弹出图4-8所示项目的元器件列表对话框，在此窗口可以看到原理图的元器件列表。

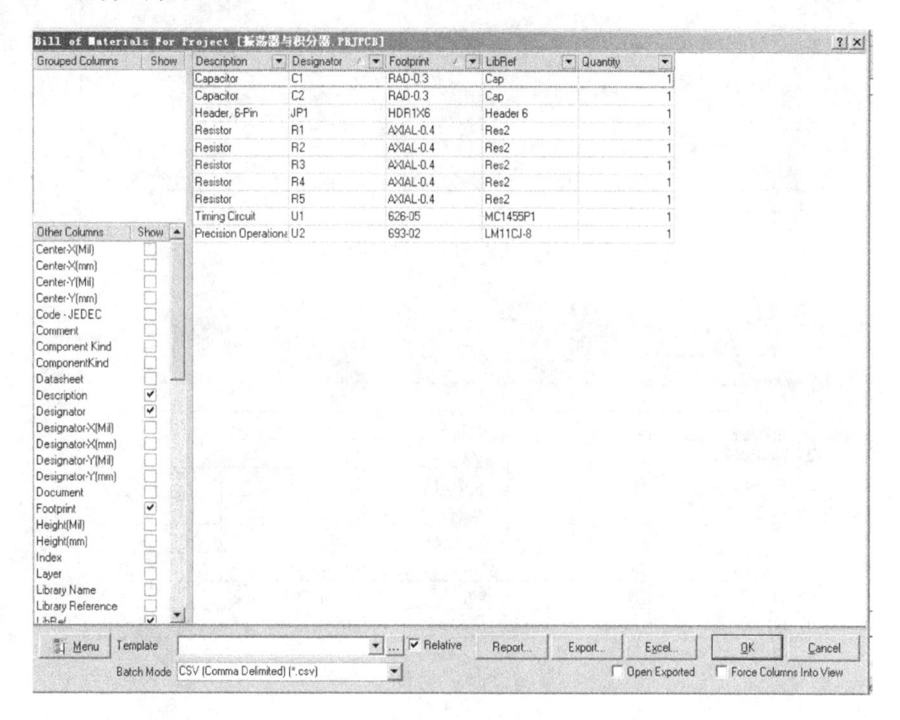

图4-8　项目的元器件列表对话框

3）如果单击 Report... 按钮，则可以产生元器件报告预览窗口，如图4-9所示。

4）如果单击 Export... 按钮，则可以将元器件报表导出，此时系统会弹出导出项目的元器件报表对话框，选择设计者需要导出的一个类型即可。

5）如果单击 Excel... 按钮，系统会生成“.xls”为扩展名的元器件报表文件，并自动保存在当前的项目文件下，打开“振荡器与积分器.xls”文件，如图4-10所示。

6）单击元器件列表对话框左下角的 Menu 按钮，或在图4-8的窗口中，单击右键，将弹出快捷菜单，如图4-11所示。可从快捷菜单中选择命令来操作，其中：“Export Grid Contents”为导出表格内容；“Create Repot”为建立元器件报告文件；“Expand All”为全部展开；“Contract All”为全部收缩；“Excel Template Filename”为Excel选择模板文件名；“Export Using Template”为用模板导出；“Column Best Fit”为列出最佳组合。

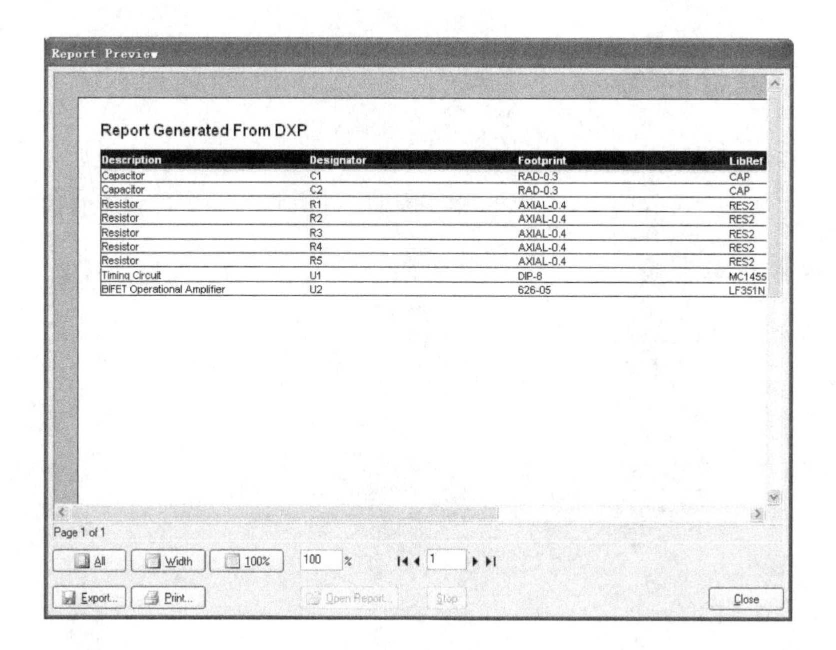
Report Preview

Report Generated From DXP

Description	Designator	Footprint	LibRef
Capacitor	C1	RAD-0.3	CAP
Capacitor	C2	RAD-0.3	CAP
Resistor	R1	AXIAL-0.4	RES2
Resistor	R2	AXIAL-0.4	RES2
Resistor	R3	AXIAL-0.4	RES2
Resistor	R4	AXIAL-0.4	RES2
Resistor	R5	AXIAL-0.4	RES2
Timing Circuit	U1	DIP-8	MC1455
BIFET Operational Amplifier	U2	626-05	LF351N

Page 1 of 1

All Width 100% 100 % 1

Export... Print... Open Report... Stop Close

图 4-9 元器件报告预览窗口

A1 fx Description

	A	B	C	D	E
1	Description	Designator	Footprint	LibRef	Quantity
2	Capacitor	C1	RAD-0.3	CAP	1
3	Capacitor	C2	RAD-0.3	CAP	1
4	Resistor	R1	AXIAL-0.4	RES2	1
5	Resistor	R2	AXIAL-0.4	RES2	1
6	Resistor	R3	AXIAL-0.4	RES2	1
7	Resistor	R4	AXIAL-0.4	RES2	1
8	Resistor	R5	AXIAL-0.4	RES2	1
9	Timing Circuit	U1	DIP-8	MC1455P1	1
10	BIFET Operational A	U2	626-05	LF351N	1

图 4-10 Excel 元器件报表文件

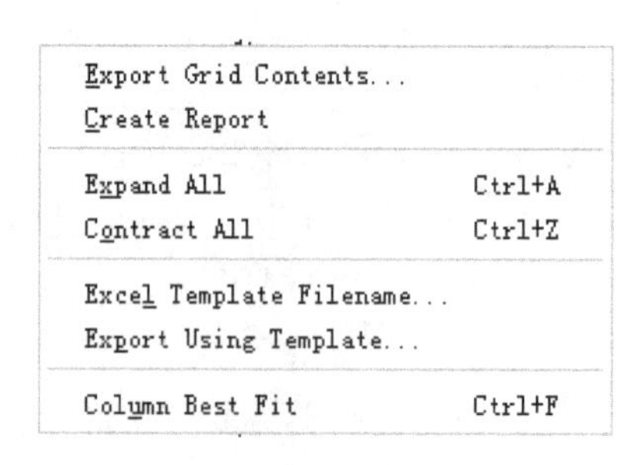

图 4-11 元器件列表的快捷菜单

7）元器件报告预览窗口的下部有三个按钮 All Width 100% ，分别为适当窗口按钮、适当宽度按钮、实际大小按钮，用来调整显示比例，另外显示比例设置框 55 % 可直接设置显示比例。

4.3.2　元器件交叉参考表

元器件交叉参考表(Component Cross Reference)可为多张原理图中的每个元器件列出其元器件类型、流水号和隶属的绘图页文件名称。这是一个 ASCII 码文件，扩展名为“. Xrf”。

建立交叉参考表的步骤如下：

1）执行“Reports\Component Cross Reference”命令。

2）执行该命令后，系统会弹出图 4-12 所示的元器件交叉参考表窗口，在此窗口可以看到原理图的元器件列表。

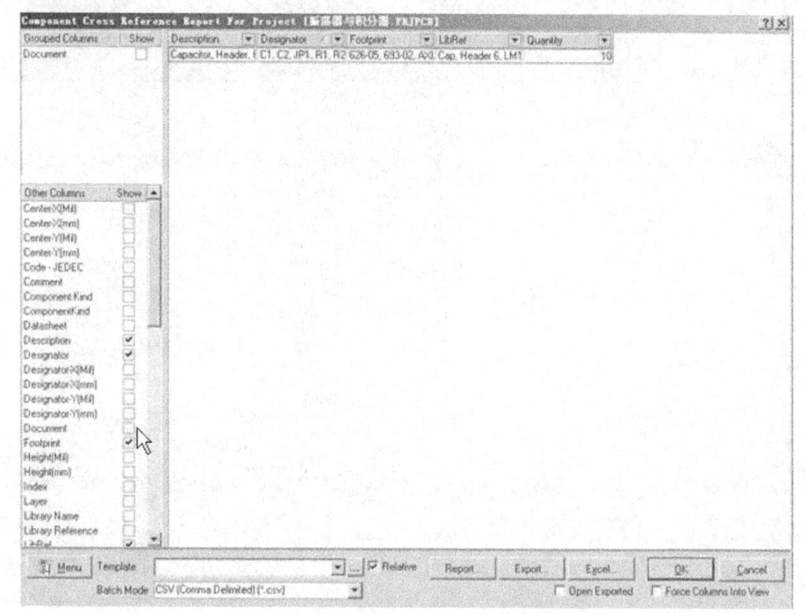

图 4-12　元器件交叉参考表窗口

3）如果单击 Report... 按钮，则可以生成元器件交叉参考表报告预览。

4）如果单击 Export... 按钮，则可以将元器件报表导出，此时系统会弹出导出项目的元器件交叉参考表对话框，选择一个设计者需要导出的类型即可。

5）如果单击 Excel... 按钮，系统会打开 Excel 应用程序，并生成“. xls”为扩展名的元器件交叉参考表文件。

同样，也可以在图 4-12 窗口中单击右键，在弹出的快捷菜单中，选择快捷命令来进行相应的操作。

4.4　批量输出工作文件

除了可以采用前几节介绍的各种命令来输出报表以外，Protel 2004 还具有批量输出工作文件功能，只需一次设置，即可完成所有任务(如网络表、元器件交叉参考表、材料清单、原理图文档打印输出、PCB 文档的打印输出等)的输出。

要使用输出任务配置文件来批量输出或单项输出数据文件，必须先打开需要输出数据文件的原理图自由文档或 PCB 项目文档，然后按以下步骤操作。

4.4.1　创建输出任务配置文件

执行菜单命令“File\New\Output Job File”，即可创建图 4-13 所示的输出任务配置文件。

DXP - Job1.OutJob - 多通道电路.PRJPCB. Licensed to ARA Expired

DXP File Edit View Project Tools Window Help　Job1.OutJob

父图.SCHDOC　MCU.Schdoc　LED.Schdoc　Job1.OutJob

Output Description	Name	Supports	Data Source	Variant	Batch
Assembly Outputs					
Assembly Drawings	Assembly Drawings	PCB	Use Default - No PCB Documents	[No Variations]	✔
Generates pick and place files	Generates pick and place files	PCB	Use Default - No PCB Documents	[No Variations]	✔
[Add New Assembly Output]					
Documentation Outputs					
Composite Drawing	Composite Drawing	PCB	Use Default - No PCB Documents		✔
PCB Prints	PCB Prints	PCB	Use Default - No PCB Documents		✔
Schematic Prints	Schematic Prints	SCH	Use Default - All SCH Documents		✔
[Add New Documentation Output]					
Fabrication Outputs					
Composite Drill Drawing	Composite Drill Drawing	PCB	Use Default - No PCB Documents		✔
Drill Drawing/Guides	Drill Drawing/Guides	PCB	Use Default - No PCB Documents		✔
Final Artwork Prints	Final Artwork Prints	PCB	Use Default - No PCB Documents		✔
Gerber Files	Gerber Files	PCB	Use Default - No PCB Documents		✔
NC Drill Files	NC Drill Files	PCB	Use Default - No PCB Documents		✔
ODB++ Files	ODB++ Files	PCB	Use Default - No PCB Documents		✔
Power-Plane Prints	Power-Plane Prints	PCB	Use Default - No PCB Documents		✔
Solder/Paste Mask Prints	Solder/Paste Mask Prints	PCB	Use Default - No PCB Documents		✔
Test Point Report	Test Point Report	PCB	Use Default - No PCB Documents		✔
[Add New Fabrication Output]					
Netlist Outputs					
CUPL Netlist	CUPL Netlist	Project	Use Default - Project		✔
EDIF for PCB	EDIF for PCB	Project	Use Default - Project		✔
MultiWire	MultiWire	Project	Use Default - Project		✔
Protel	Protel	Project	Use Default - Project		✔
VHDL File	VHDL File	Project	Use Default - Project		✔
XSpice Netlist	XSpice Netlist	Project	Use Default - Project		✔
[Add New Netlist Output]					
Report Outputs					
Bill of Materials	Bill of Materials	Project	Use Default - Project	[No Variations]	✔
Component Cross Reference Report	Component Cross Reference Repc	Project	Use Default - Project	[No Variations]	✔
Report Project Hierarchy	Report Project Hierarchy	Project	Use Default - Project	[No Variations]	✔
Report Single Pin Nets	Report Single Pin Nets	Project	Use Default - Project	[No Variations]	✔

X:280 Y:550　Grid:10　System　Design Compiler　Cross References　Help　Instrument Racks

图 4-13　输出任务配置文件

在配置文件内，按输出数据类别将输出文件分为以下几类。

1） Assembly Outputs：PCB 汇编数据输出。

2） Documentation Outputs：原理图文档及 PCB 文档打印输出。

3） Fabrication Outputs：PCB 加工数据输出。

4） Netlist Outputs：各种格式的网络表输出。

5） Report Outputs：各种报表输出。

根据需要在输出配置文件右边的“Batch”一列勾选对应数据项。

4.4.2　输出配置

在配置文件内任意一个文件名称上单击鼠标右键，系统将弹出图 4-14 所示的快捷菜单。该菜单上的大部分命令都可以在“Edit”菜单下找到，各命令的功能如下。

1）“Cut”命令：用来剪切输出任务，以便将该任务粘贴在其他输出类别下。

2）“Copy”命令：用来复制输出任务。

3）“Paste”命令：用来粘贴输出任务。

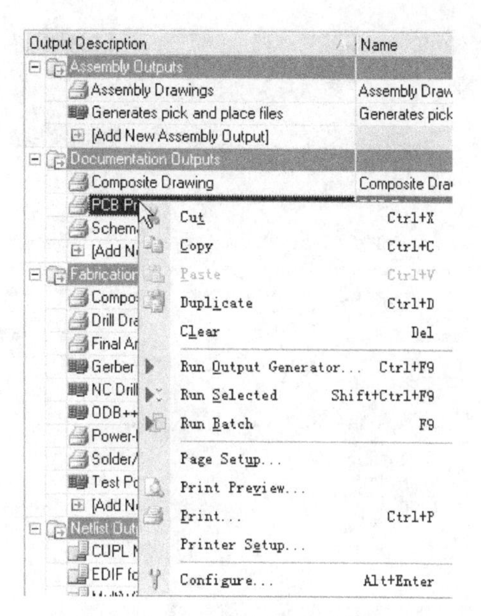

图4-14　右键快捷菜单

4）“Duplicate”命令：用来添加一个任务的拷贝。该命令与“Copy”和“Paste”命令的区别是：使用该命令时不需要先剪切对象，直接在当前位置复制一个拷贝。

5）“Clear”命令：删除当前任务。该命令与“Cut”命令的区别是：一旦使用该命令，当前任务将彻底从任务配置文件中删除。使用“Cut”命令剪切掉一个任务后，还可以用“Paste”命令恢复或复制多个任务。

6）“Page Setup”命令：用来进行页面设置。该命令只对需要打印的任务(如原理图文档输出)才有效。

7）“Print Preview”命令：可预览打印效果。

8）“Print”命令：执行打印操作。

9）“Printer Setup”命令：用来配置打印机。该命令只对需要打印的任务才有效。

10）“Configure”命令：用来配置输出报表的格式，可自定义输出任务。

4.4.3　数据输出

1. 单项输出

在输出任务配置文件内，用鼠标右键单击一个需要输出的任务，然后从弹出的快捷菜单中选择“Run Selected”，即可按配置要求输出。

当然也可以在选择一个任务后，执行菜单命令“Tools\Run Selected”，或直接单击任务管理工具栏上的按钮，或使用快捷键Ctrl + Shift + F9来输出单项任务。

选择一个任务后，然后单击任务管理工具栏上的按钮，通过运行输出发生器也可以输出一个任务。

2. 批量输出

必须先在输出配置文件内设定要批量输出的任务项，然后才能按规则输出，具体操作步骤如下：

1）在输出任务配置文件的“Batch”列勾选需要批量输出的任务项。仍以“多通道电路 . PRJPCB”的层次原理图为例，按图 4-15 勾选任务项。

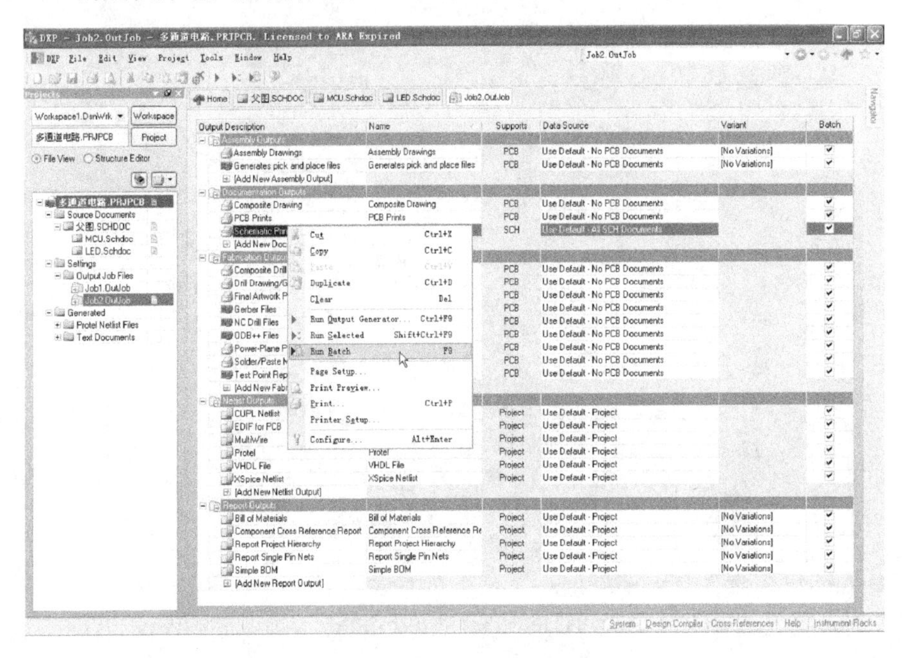

图 4-15　勾选批量输出任务项

2）在任意一个任务项上单击鼠标右键，然后从菜单中选择“Run Batch”命令或直接按 F9 键，系统将弹出图 4-16 所示的任务确认对话框，单击 Yes 按钮，系统立即按顺序自动输出各项任务。

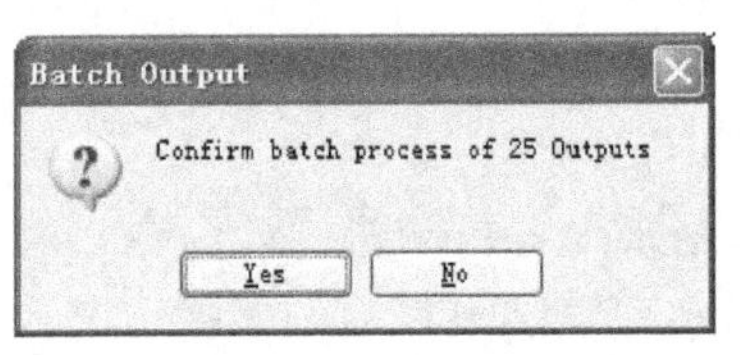

图 4-16　任务确认对话框

4.5　原理图输出

原理图绘制结束后，往往要通过打印机或绘图仪输出，以供设计人员参考、备档。用打印机打印输出，首先要对页面进行设置，然后设置打印机，包括打印机的类型设置、纸张大小的设定、原理图样的设定等内容。

4.5.1　页面设置

1）打开要输出的原理图，执行菜单命令“File \ Page Setup”，系统将弹出图 4-17 所示的原理图打印属性对话框。

2）设置各项参数。在这个对话框中可设置打印机类型、选择目标图形文件类型、设置颜色等。

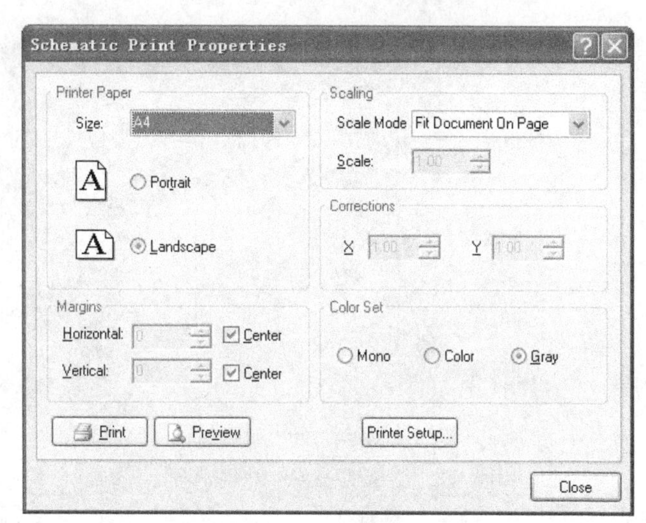

图4-17　打印属性对话框

① Size：选择打印纸的大小，并设置打印纸的方向，包括“Portrait”(纵向)和“Landscape”(横向)。

②“Scale Mode”：设置缩放比例模式，可以选择“Fit Document On Page”(文档适应整个页面)和“Scaled Print”(按比例打印)。当选择了“Scaled Print”时，“Scale”和“Corrections”编辑框将有效，设计人员可以在此输入打印比例。

③ Margins：设置页边距，分别可以设置水平和垂直方向的页边距，如果选中“Center”复选框，则不能设置页边距，默认中心模式。

④ Color Set：输出颜色的设置，可以分别选择“Mono”(单色)、“Color”(彩色)和“Gray”(灰色)。

4.5.2　打印机设置

单击图4-17所示对话框中的“Printer Setup”按钮或者直接执行“File\Print”命令，系统将弹出图4-18所示的打印机配置对话框。

此时可以设置打印机的配置，包括打印的页码、份数等，设置完毕后单击 OK 按钮即可实现图样的打印。

如果用鼠标左键单击图4-18中的 Properties 按钮，会出现图4-19所示的打印机属性对话框，可以设置打印纸张的大小和方向。

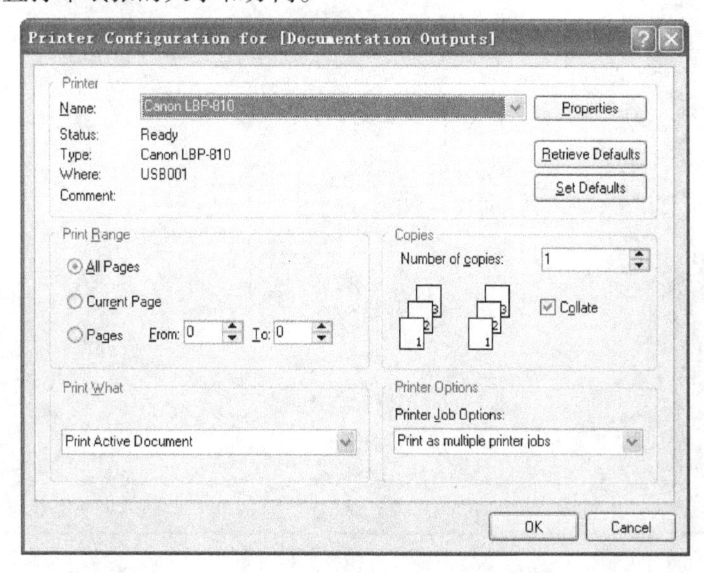

图4-18　打印机配置对话框

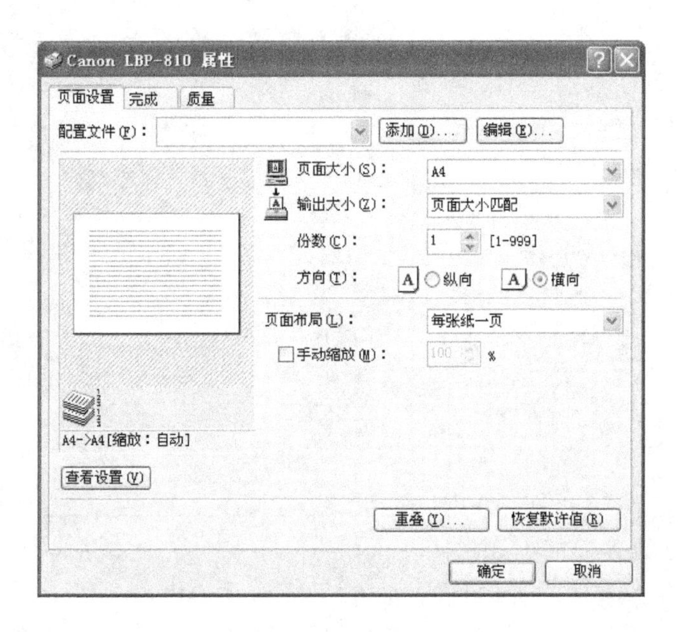

图 4-19　打印机属性对话框

4.5.3　打印预览

单击图 4-17 所示对话框中的 Preview 按钮，则可以对打印的图形进行预览，如图 4-20 所示。

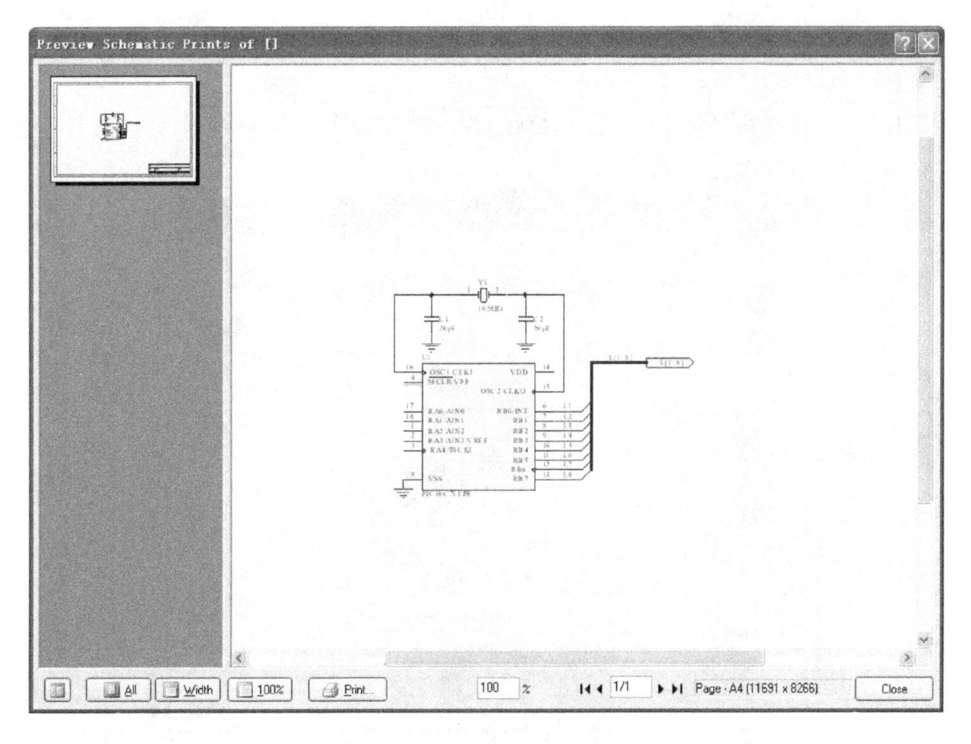

图 4-20　打印图形预览

4.5.4　打印

要执行打印操作，可选用以下三种方法之一：

1）执行菜单命令“File\Print”，进入打印机设置对话框。当设置完毕后单击 OK 按钮即可执行打印操作。

2）对打印的图形预览之后，在预览的界面中单击 Preview 按钮即可执行打印操作。

3）任何时候都可以单击标准工具栏上的按钮执行打印操作。

练 习 题

1. 为什么原理图设计完后，还必须进行电气连接检查？
2. 如何设置电气连接检查规则？说明对“Connection Matrix”选项卡进行设置的方法。
3. 电气连接检查后，错误将显示在设计窗口的 Messages 面板中，如何对这些错误进行修改？
4. 网络表有什么作用？在 Protel 2004 原理图编辑中，执行什么命令可生成网络表？
5. 产生单个原理图文档的网络表与项目文档的网络表，在操作方法上有何区别？
6. 元器件列表有什么实际意义？它与元器件交叉参考表有什么区别？
7. 如何使用 Protel 2004 的输出任务配置文件？
8. 说明使用打印机打印原理图文件的操作方法。

上 机 实 践

设计单片机最小系统电路原理图，并用打印机打印出来。

第 5 章　电 路 仿 真

知识目标

1. 掌握原理图仿真的概念。
2. 了解原理图仿真的实现条件。

技能目标

1. 学会原理图仿真的设置方法。
2. 初步学会分析和排除原理图仿真过程中出现的问题。

Protel 2004 提供了一个真正的混合信号仿真器，可以同时观察复杂的模拟信号和数字信号波形，也可以进行多种性能参数分析。本章介绍 Protel 2004 的仿真工具的设置和使用，以及电路仿真的基本方法。

5.1　仿真元器件库

Protel 2004 为设计者提供了大部分仿真元器件，常用的仿真元器件库是“Miscellaneous Devices. IntLib”，仿真信号源的元器件库为“Simulation Sources. IntLib”，仿真专用函数元器件库为“Simulation Special Function. IntLib”，仿真数学函数元器件库为“Simulation Math Function. IntLib”，信号仿真传输线元器件库为“Simulation Transmission Line. IntLib”。

5.1.1　常用仿真元器件库

Protel 2004 为设计者提供了一个常用仿真元器件库，即“Miscellaneous Devices. IntLib”。该元器件库包括电阻、电容、电感、振荡器、晶体管、二极管、电池、熔断器等多种常用元器件，所有元器件均定义了仿真特性，仿真时选择默认属性或者修改为自己需要的仿真属性即可。

5.1.2　仿真信号源元器件库

1. 直流源

在“Simulation Sources. IntLib”库中，包含了如下的直流源元器件。

1）VSRC：直流电压源。

2）ISRC：直流电流源。

仿真元器件库中的直流电压源和直流电流源符号如图 5-1 所示。这些直流源提供用来激励电路的电压或电流。

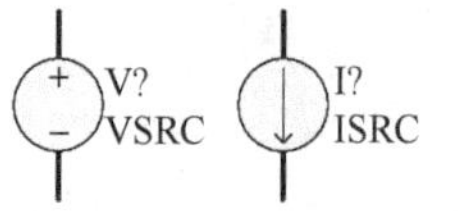

图 5-1　直流电压源和直流电流源符号

2. 正弦仿真源

在“Simulation Sources. IntLib”库中，包含了如下的正弦源元器件。

1）VSIN：正弦电压源。

2）ISIN：正弦电流源。

仿真元器件库中的正弦电压源和正弦电流源符号如图5-2所示，通过这些仿真源可创建正弦电压源和正弦电流源。

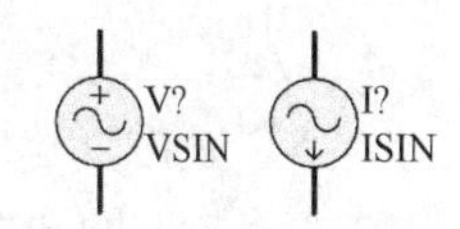

图5-2 正弦电压源和正弦电流源符号

3. 周期脉冲源

在“Simulation Sources. IntLib”库中，包含了如下的周期脉冲源元器件。

1）VPULSE：电压周期脉冲源。

2）IPULSE：电流周期脉冲源。

利用这些源可以创建周期性的连续的脉冲。周期脉冲源的符号如图5-3所示。

4. 分段线性源

在“Simulation Sources. IntLib”库中，包含了如下的分段线性源元器件。

1）VPWL：分段线性电压源。

2）IPWL：分段线性电流源。

图5-4是仿真元器件库中的分段线性源符号，使用该分段线性源可以创建任意形状的波形。

图5-3 周期脉冲源符号

图5-4 分段线性源符号

5. 指数激励源

在“Simulation Sources. IntLib”库中，包含了如下的指数激励源元器件。

1）VEXP：指数激励电压源。

2）IEXP：指数激励电流源。

通过这些指数激励源可创建带有指数上升沿或下降沿的脉冲波形。图5-5所示是仿真元器件库中的指数激励源符号。

6. 单频调频源

在“Simulation Sources. IntLib”库中，包含了如下的单频调频源元器件。

1）VSFFM：单频调频电压源。

2）ISFFM：单频调频电流源。

图5-6所示是仿真元器件库中的单频调频源符号。

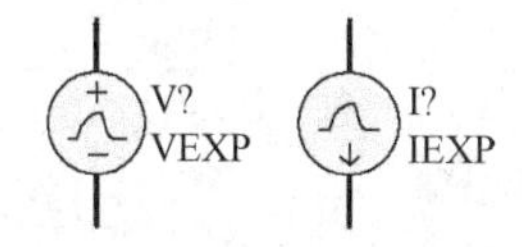

图5-5 指数激励源符号

图5-6 单频调频源符号

7. 线性受控源

在“Simulation Sources. IntLib”库中，包含了如下的线性受控源元器件。

1）HSRC：线性电流控制电压源。

2）GSRC：线性电压控制电流源。

3）FSRC：线性电流控制电流源。

4）ESRC：线性电压控制电压源。

图 5-7 是仿真器中的线性受控源符号。

以上是标准的 SPICE 线性受控源，每个线性受控源都有两个输入节点和两个输出节点。输出节点间的电压或电流是输入节点间的电压或电流的线性函数，一般由源的增益、跨导等决定。

8. 非线性受控源

在“Simulation Sources. IntLib”库中，包含了如下的非线性受控源元器件。

1）BVSRC：非线性受控电压源。

2）BISRC：非线性受控电流源。

图 5-8 是仿真器中包括的非线性受控源符号。

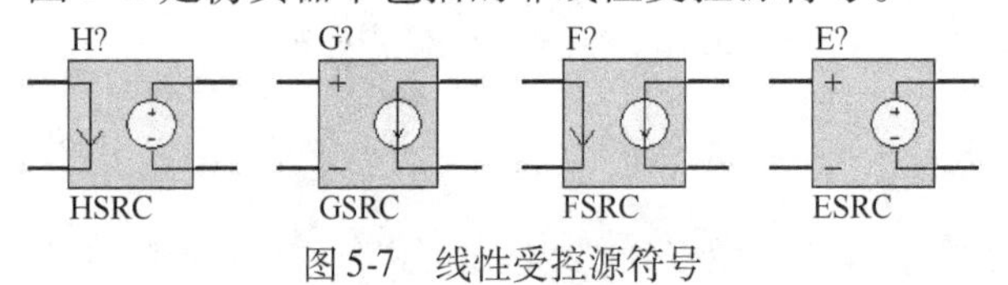

图 5-7　线性受控源符号

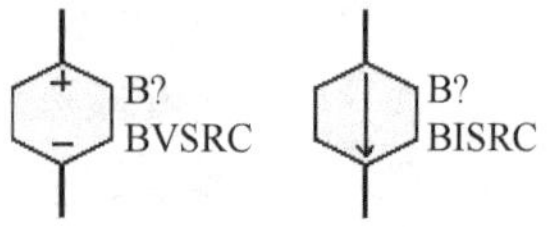

B?
BVSRC
B?
BISRC

图 5-8　非线性受控源符号

5.1.3　仿真专用函数元器件库

“Simulation Special Function. IntLib”元器件库中的元器件是一些专门为信号仿真而设计的函数元器件，该元器件库提供了常用的运算函数元器件，比如增益、加、减、乘、除、求和、压控振荡源等专用的元器件。

5.1.4　仿真数学函数元器件库

“Simulation Math Function. IntLib”元器件库中主要是一些仿真数学函数元器件，比如求正弦、余弦、绝对值、反正弦、反余弦、开方等数学计算的函数，使用这些函数可以对仿真电路中的信号进行数学计算，从而获得自己需要的仿真信号。

5.1.5　信号仿真传输线元器件库

“Simulation Transmission Line. IntLib”元器件库中主要包括三个信号仿真传输线元器件，即 LLTRA(无损耗传输线)、LTRA(有损耗传输线)、URC(均匀分布传输线)，如图 5-9 所示。

（1）LLTRA(无损耗传输线)　该传输线是一个双向的理想的延迟线，有两个端口。节点定义了端口的正电压的极性。

（2）LTRA(有损耗传输线)　单一的损耗传输线将使用两端口响应模型，这个模型属性包含了电阻值、电感值、电容值和长度，这些参数不能直接在原理图文件中设置，但设计者可以创建和引用自己的模型文件。

（3）URC(均匀分布传输线)　URC 模型是由 L. Gertzberrg 在 1974 年所提出的模型上导出的。URC 模型由 URC 传输线的子电路类型扩展成内部产生节点的集总 RC 分段网络而获得。RC 各段在几何上是连续的。URC 线必须严格地由电阻和电容段构成。

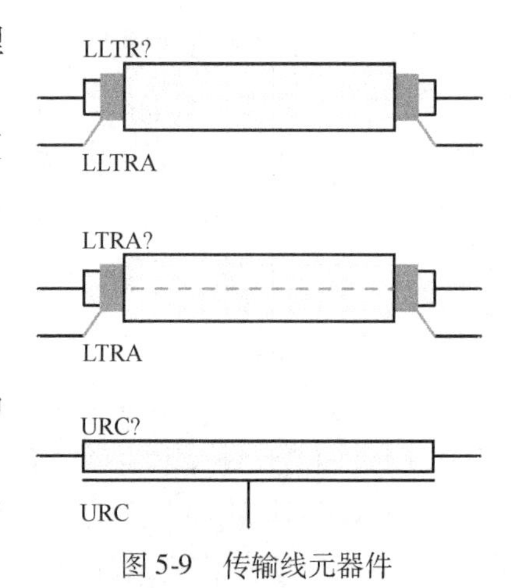

图 5-9　传输线元器件

5.1.6　元器件仿真属性编辑

在电路仿真时，所有元器件必须具有仿真属性，如果没有，那么在电路仿真操作时会提出警告或错误信息。下面讲述如何为元器件添加仿真属性。

假设当前元器件没有定义仿真属性，则使用鼠标双击该元器件，打开元器件属性对话框后，在元器件的模式列表框中不会显示“Simulation”属性，如图5-10所示。

1）为了使元器件具有仿真特性，可以单击“Models for U1”列表框下的 Add... 按钮，系统将弹出图5-11所示的添加新模式对话框。

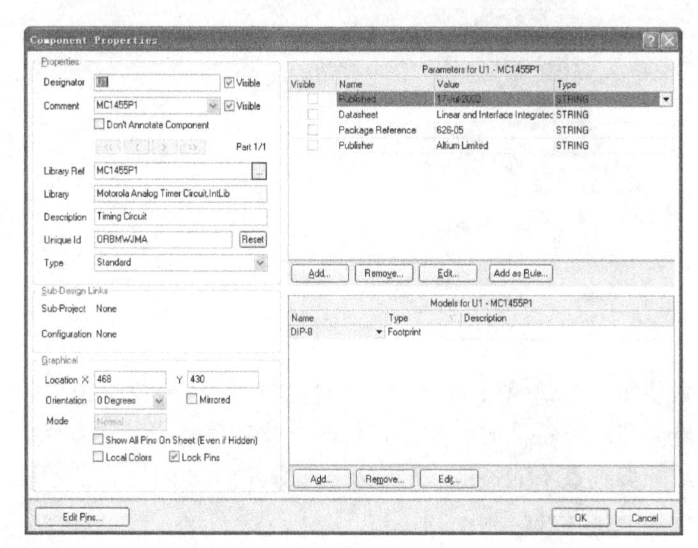

图5-10　元器件属性对话框

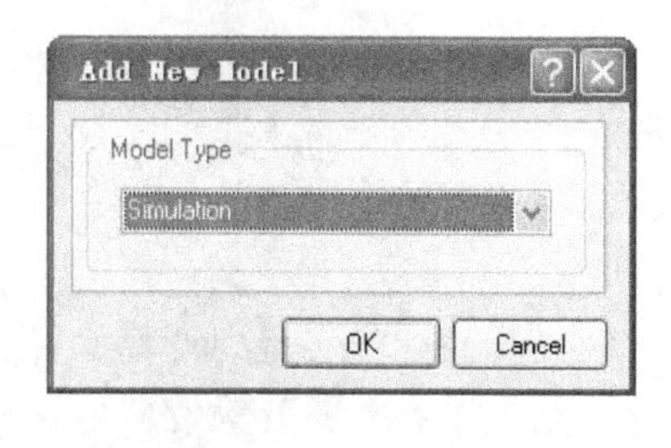

图5-11　添加新模式对话框

2）在图5-11所示对话框中选择“Simulation”（仿真）类型，单击 OK 按钮，系统会打开图5-12所示的仿真模式参数设置对话框。其中，“Model Kind”选项卡显示的是一般信

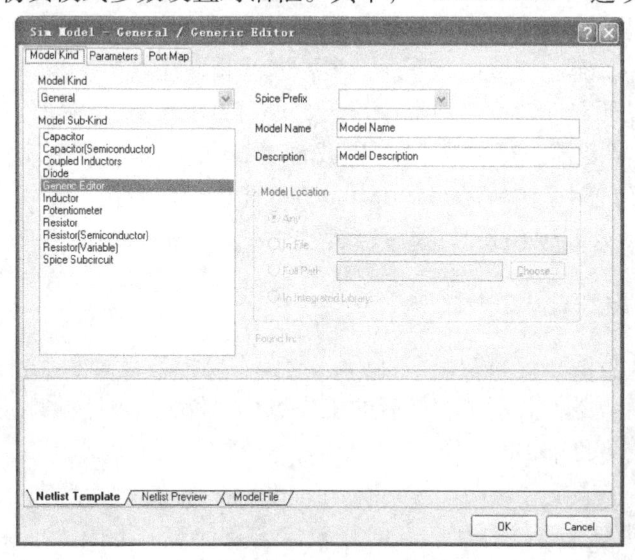

图5-12　仿真模式参数设置对话框

息，设计者可以根据自己的仿真要求进行设置；“Parameters”选项卡用来设置仿真参数；“Port Map”选项卡用来设置元器件引脚的连接属性。

5.1.7　仿真源工具

Protel 2004 还为仿真设计提供了一个仿真源工具，方便设计者进行仿真设计操作，执行菜单命令“View\Toolbars\Utilities”，就可以显示实用工具栏，单击实用工具栏中的按钮，即可显示图 5-13 所示的仿真源工具命令。在仿真设计时，可以直接从该工具命令中选取元器件添加到原理图中。

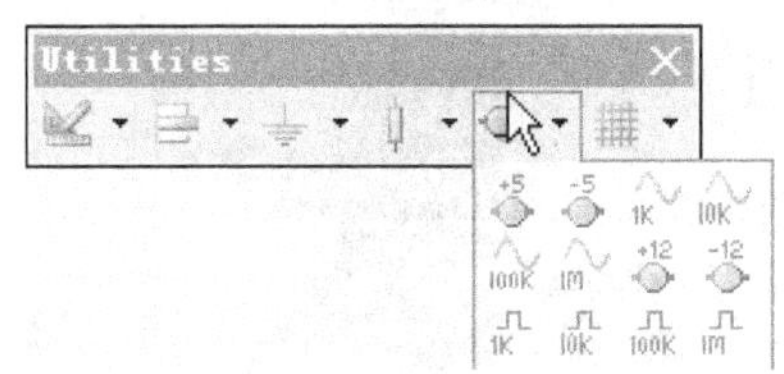

图 5-13　仿真源工具命令

5.2　仿真设置

设置初始状态是为计算偏置点而设定一个或多个电压值(或电流值)。在分析模拟非线性电路、振荡电路及触发器电路的直流或瞬态特性时，常出现解的不收敛现象，当然实际电路是有解的，其原因是点发散或收敛的偏置点不能适应多种情况。设置初始值最通常的原因就是在两个或更多的稳定工作点中选择一个，使仿真顺利进行。

5.2.1　节点电压设置

该设置使指定的节点固定在所给定的电压下，仿真器按这些节点电压(NS)求得直流或瞬态的初始解。

该设置对于双稳态或非稳态电路收敛性的计算是必需的，它可使电路摆脱“停顿”状态，而进入所希望的状态。一般情况下，不需要进行此设置。

节点电压可以在元器件属性对话框中设置，即打开图 5-10 所示的对话框后，对元器件仿真属性进行编辑。接着进行仿真模式参数设置，系统打开图 5-12 所示的对话框，在“Model Kind”下拉列表中选中“Initial Condition”选项，然后在“Model Sub-Kind”列表框中选择“Initial Node Voltage Guess”选项，然后进入“Parameters”选项卡设置其初始值。

5.2.2　初始条件设置

该设置是用来设置瞬态分析初始条件(IC)的，不要把该设置和上述的设置相混淆。NS 只是用来帮助直流解收敛，并不影响最后的工作点(对多稳态电路除外)。IC 仅用于设置偏置点的初始条件，它不影响 DC 扫描。

瞬态分析中，一旦设置了参数 Use Initial Conditions 和 IC 时，瞬态分析就先不进行直流工作点的分析(初始瞬态值)，因而应在 IC 中设定各点的直流电压。如果瞬态分析中没有设置参数 Use Initial Conditions，那么在瞬态分析前计算直流偏置(初始瞬态)解，这时，IC 设置中指定的节点电压仅当作求解直流工作点时相应的节点的初始值。

仿真元器件的初始条件设置与节点电压的设置类似，具体操作如下：

首先打开图5-10所示的对话框，对元器件仿真属性进行编辑，接着系统打开图5-12所示的对话框，在“Model Kind”下拉列表中选中“Initial Condition”选项，然后在“Model Sub-Kind”列表框中选择“Set Initial Condition”选项，然后进入“Parameters”选项卡设置其初始值。

Protel 2004在“Simulation Sources. IntLib”库中提供了两个特别的初始状态定义符，如图5-14所示。

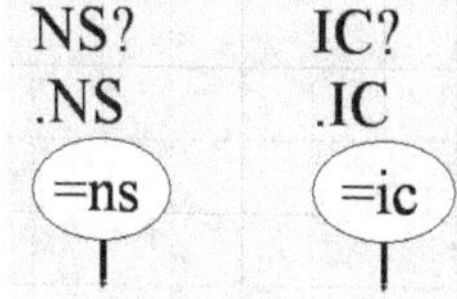

图5-14　节点电压和初始条件状态定义符

1）“. NS”即NODE SET（节点电压）。

2）“. IC”即Initial Condition(初始条件)。

这两个特别的符号可以用来设置电路仿真的节点电压和初始条件。只要向当前的仿真原理图添加这两个符号，然后进行设置，即可实现整个仿真电路的节点电压和初始条件的设置。

综上所述，初始状态的设置共有三种途径：“. IC”设置、“. NS”设置和定义元器件属性。在电路仿真中，如有这三种或两种共存时，在分析中优先考虑的次序是：定义元器件属性、“. IC”设置、“. NS”设置。如果“. NS”和“. IC”共存时，则“. IC”设置将取代“. NS”设置。

5.2.3　仿真器的设置

在进行仿真前，设计者必须选择对电路进行哪种分析，需要收集哪个变量数据，以及仿真完成后自动显示哪个变量的波形等。

1. 进入分析(Analysis)主菜单

当完成了对电路的编辑后，设计者此时可对电路进行仿真，分析对象的选择和设置。

1）执行菜单命令“Design\Simulate\Mixed Sim”，进入电路仿真分析设置对话框，如图5-15所示。

2）选择“General Setup”选项，那么在对话框中显示的是仿真分析的一般设置，如图5-15所示。设计者可以选择分析对象，在“Available Signals”列表中显示的是可以进行仿真分析的信号；在“Active Signals”列表框中显示的是激活的信号，即要进行仿真分析的信号；单击[>]和[<]按钮可设置激活的信号。

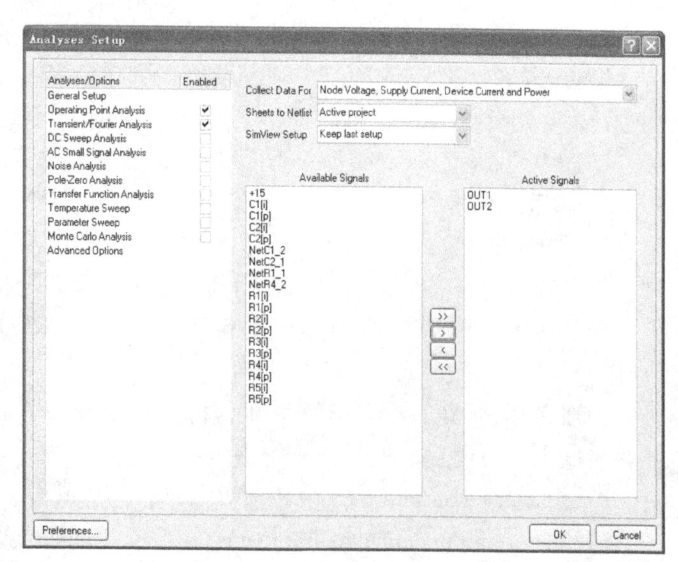

图5-15　仿真分析设置对话框

2. 瞬态特性分析

瞬态特性分析(Transient Analysis)是从时间零开始，到设计者规定的时间范围内进行的。设计者可规定输出的开始到终止的时间长短和分析的步长，初始值可由直流分析部分自动确定，所有与时间无关的源，用它们的直流值，也可以用设计者规定的各元器件的电平值作为初始条件进行瞬态分析。

在 Protel 2004 中设置瞬态分析的参数，可以通过激活“Transient/Fourier Analysis”选项，在图5-16所示的瞬态分析/傅里叶分析参数设置对话框进行设置。

瞬态分析的输出是在一个类似示波器的窗口中，在设计者定义的时间间隔内计算变量瞬态输出电流或电压值。如果不使用初始条件，则静态工作点分析将在瞬态分析前自动执行，以测得电路的直流偏置。

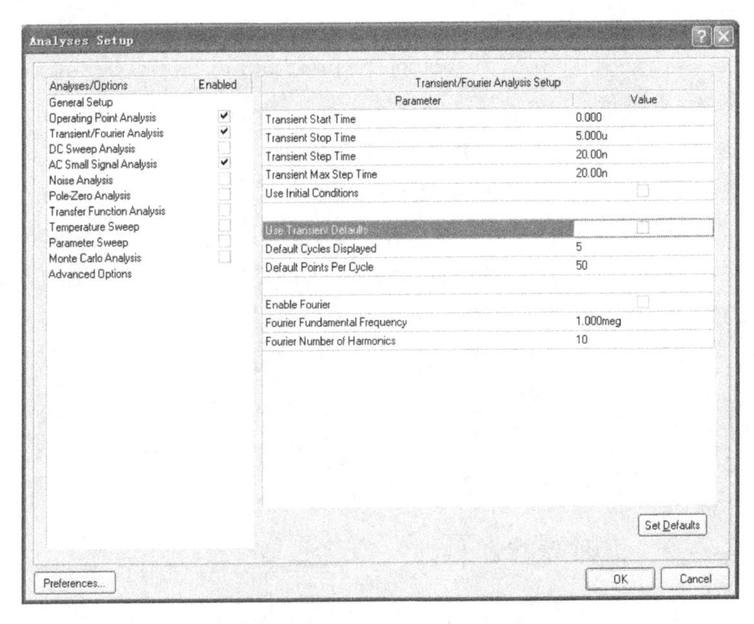

图5-16　瞬态分析/傅里叶分析参数设置对话框

瞬态分析通常从时间零开始。在时间零和开始时间(Start Time)之间，瞬态分析照样进行，但并不保存结果。在开始时间(Start Time)和终止时间(Stop Time)的间隔内将保存结果，用于显示。

步长(Step Time)通常是瞬态分析中的时间增量。实际上，步长的设置不是固定不变的。采用可变步长，是为了自动完成收敛。最大步长(Max Step Time)限制了分析瞬态数据时的时间片的变化量。

瞬态分析中，如果选择了“Use Initial Conditions”选项，则瞬态分析就先不进行直流工作点的分析(初始瞬态值)，因而应在IC中设定各点的直流电压。

仿真时，如果设计者并不确定所需输入的值，可选择默认值，从而自动获得瞬态分析用的参数。开始时间(Start Time)一般设置为零。Stop Time、Step Time 和 Max Step Time 与显示周期(Cycles Displayed)、每周期中的点数(Points Per Cycle)以及电路激励源的最低频率有关。如选中“Use Transient Defaults”选项，则每次仿真时将使用系统默认的设置。

3. 傅里叶分析

傅里叶分析(Fourier Analysis)是计算瞬态分析结果的一部分，得到基频、DC分量和谐波。不是所有的瞬态分析结果都要用到，只用到瞬态分析终止时间之前的基频的一个周期。

若 PERIOD 是基频的周期，则 PERIOD ＝1/FREQ，就是说，瞬态分析至少要持续1/FREQ(s)。

如图5-16所示，要进行傅里叶分析，必须选中“Transient/Fourier Analysis”选项。在此对话框中，可设置傅里叶分析的参数：

1）“Enable Fourier”，选中该项可以进行傅里叶分析。

2）“Fourier Fundamental Frequency”：设置傅里叶分析的基频。

3）“Fourier Number of Harmonics”：设置所需要的谐波数。

傅里叶分析中的每次谐波的幅值和相位信息将保存在“Filename. sim”文件中。

4. 直流扫描分析

直流分析(DC Sweep Analysis)产生直流转移曲线。直流分析将执行一系列的静态工作点的分析，从而改变前述定义的所选源的电压。设置中，可定义可选辅助源。

在 Protel 2004 仿真时，通过激活“DC Sweep Analysis”选项，可得图 5-17 所示的直流分析参数设置对话框。

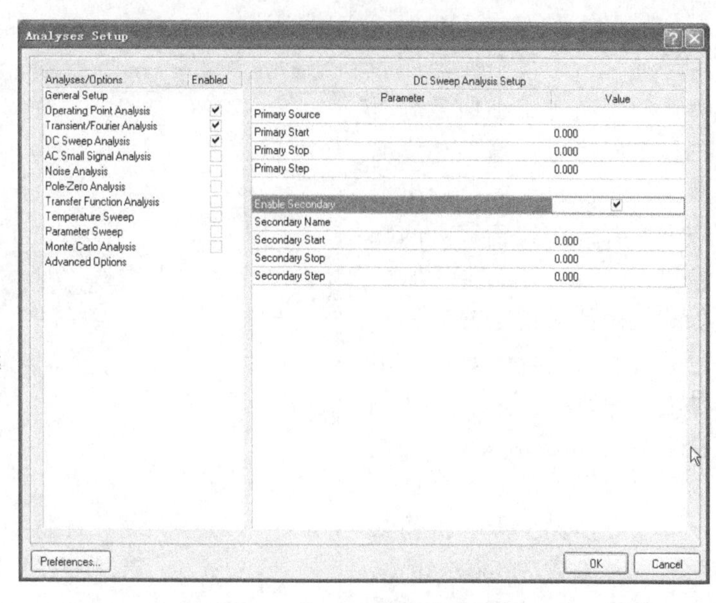

图 5-17 直流分析参数设置对话框

图 5-17 中的“Primary Source”定义了电路中的主电源，选中“Enable Secondary”选项可以使用从电源。“Primary/Secondary Start”和“Primary/Secondary Stop”、“Primary/Secondary Step”定义了主/从电源的扫描范围和步长。

5. 交流小信号分析

交流小信号分析(AC Small Signal Analysis)将交流输出变量作为频率的函数计算出来。

先计算电路的直流工作点，决定电路中所有非线性元器件的线性化小信号模型参数，然后在设计者所指定的频率范围内对该线性化电路进行分析。交流小信号分析所希望的输出通常是一个传递函数，如电压增益、传输阻抗等。

在 Protel 2004 仿真时，可以通过激活“AC Small Signal Analysis”选项，打开图 5-18 所示的交流小信号分析参数设置对话框，设置交流小信号分析的参数。图中的扫描类型(Sweep Type)和测试点数目(Test Points)决定了频率的增量。扫描类型共有三种选择：

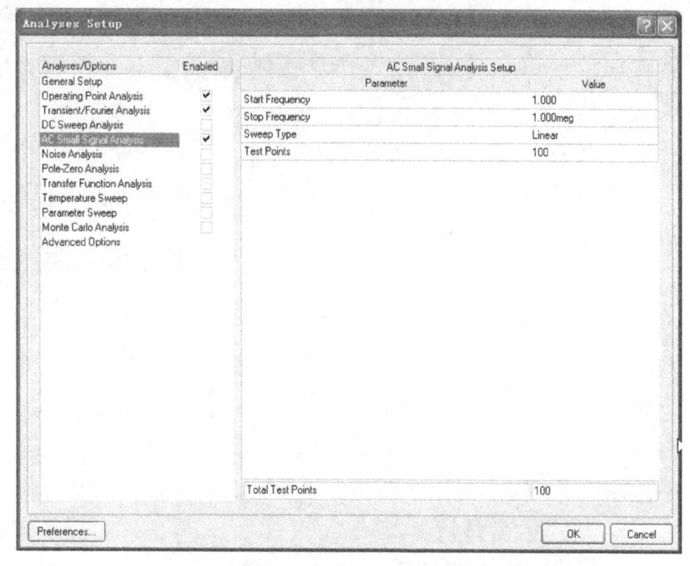

图 5-18 交流小信号分析参数设置对话框

1)“Linear”定义扫描中线性递增的测试点数。

2)“Decade”定义扫描中以 10 的倍数递增的测试点数。

3)“Octave”定义扫描中以 8 的倍数递增的测试点数。

注意：在进行交流小信号分析前，原理图必须包括至少一个交流源，且该交流源已被适当设置。

6. 噪声分析

噪声分析(Noise Analysis)是同交流分析一起进行的。电路中产生噪声的元器件有电阻器和半导体，对每个元器件的噪声源，在交流小信号分析的每个频率上计算出相应的噪声，并传送到一个输出节点，所有传送到该节点的噪声进行 RMS(均方根)值相加，就得到了指定输出端的等效输出噪声。同时计算出从输入端到输出端的电压(电流)增益，由输出噪声和增益就可得到等效输入噪声值。

需要设置噪声分析的参数时，可激活“Noise Analysis”选项，打开图 5-19 所示的噪声分析设置对话框来操作。在该对话框中，可以设置噪声源(Noise Source)的起始频率、中止频率、扫描类型、测试点数、输出节点和参考节点等参数值。

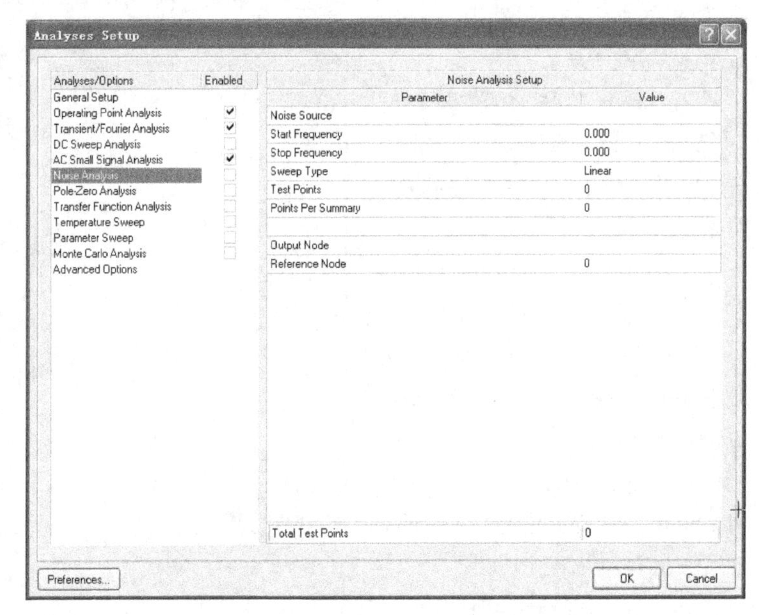

图 5-19　噪声分析设置对话框

7. 传递函数分析

传递函数分析(Transfer Function Analysis)用来计算直流输入阻抗、输出阻抗以及直流增益。需要设置传递函数分析的参数时，可激活“Transfer Function Analysis”选项，打开图 5-20 所示的传递函数分析对话框进行操作。

“Source Name”中定义参考的输入源；“Reference Node”设置参考源的节点。

8. 扫描温度分析

扫描温度分析(Temperature Sweep Analysis)和交流小信号分析、直流分析及瞬态特性分析中的一种或几种相连，该设置规定了在什么温度下进行仿真。如设计者给了几个温度，则对每个温度都要做一遍所有的分析。

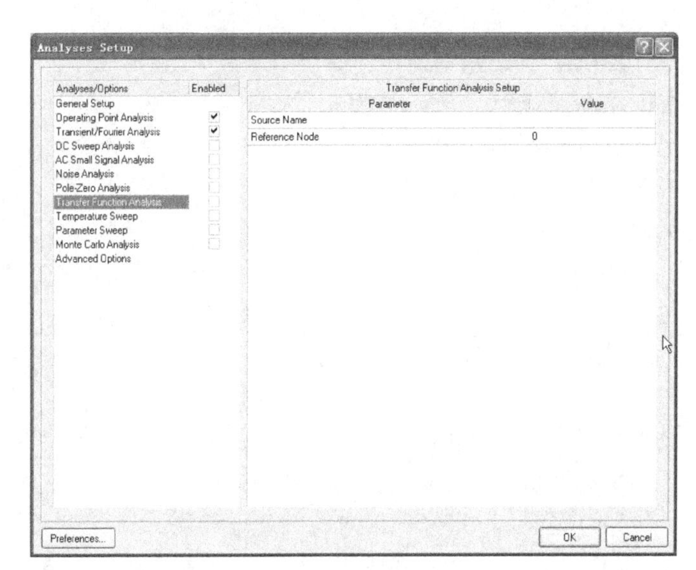

图 5-20　传递函数分析对话框

需要设置扫描温度分析的参数时，可通过激活“Temperature Sweep”选项，打开图5-21所示的扫描温度分析对话框进行操作。

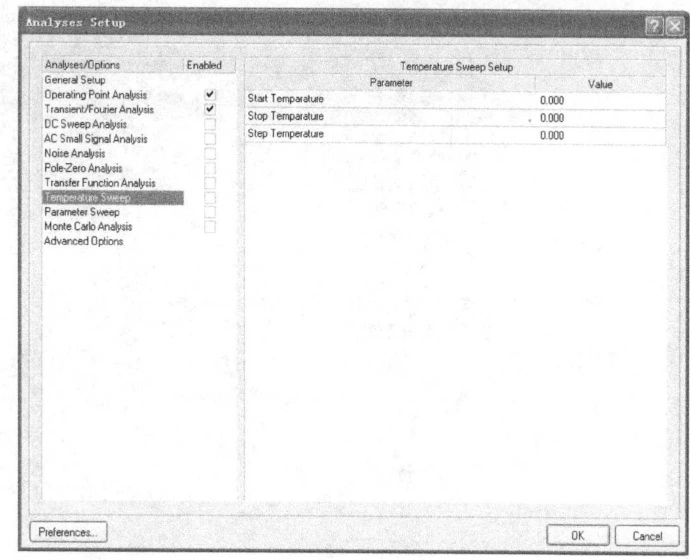

图5-21 扫描温度分析对话框

1） “Start/Stop Temperature”定义了扫描的范围，“Step Temperature”定义了扫描的步幅。

2）在仿真中，如要进行扫描温度分析，则必须定义相关的分析标准。

3）扫描温度分析只能用在已激活的变量中定义的节点计算。

9. 参数扫描分析

参数扫描分析（Parameter Sweep Analysis）允许设计者以自定义的增幅扫描元器件的值。参数扫描分析可以改变基本的元器件和模式，但并不改变子电路的数据。

需要设置参数扫描分析的参数时，可通过激活“Parameter Sweep”选项，打开图5-22所示的参数扫描分析对话框进行操作。

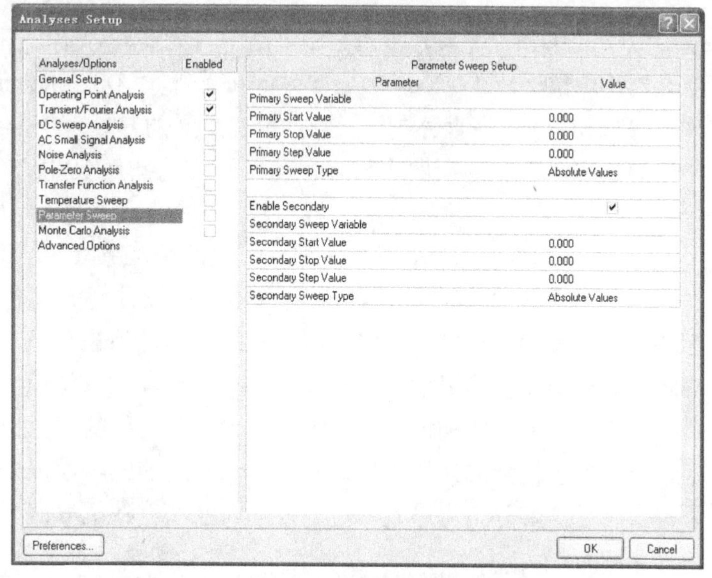

图5-22 参数扫描分析对话框

在“Sweep Variable”（参数域）中输入参数，该参数可以是一个单独的标识符，如“R1”；也可以是带有元器件参数的标识符，如“R1[resistance]”，可以直接从下拉列表中选择。

“Start Value”和“Stop Value”定义了扫描的范围，“Step Value”定义了扫描的步长。

设计者可以在“Sweep Type”（扫描类型）项中选择扫描类型。如果选择了“Use Relative Values”选项，则将设计者输入的值添加到已存在的参数中或作为默认值。

10. 蒙特卡罗分析

蒙特卡罗分析（Monte Carlo Analysis）是使用随机数发生器按元器件值的概率分布来选择元器件，然后对电路进行模拟分析。蒙特卡罗分析可在元器件模型参数赋予的容差范围内，进行各种复杂的分析，包括直流分析、交流小信号分析及瞬态特性分析。这些分析结果可以用来预测电路生产时的成品率及成本等。

在 Protel 2004 仿真时，激活“Monte Carlo Analysis”选项，打开图5-23所示的蒙特卡罗分析参数设置对话框，可以进行蒙特卡罗直流分析参数设置。

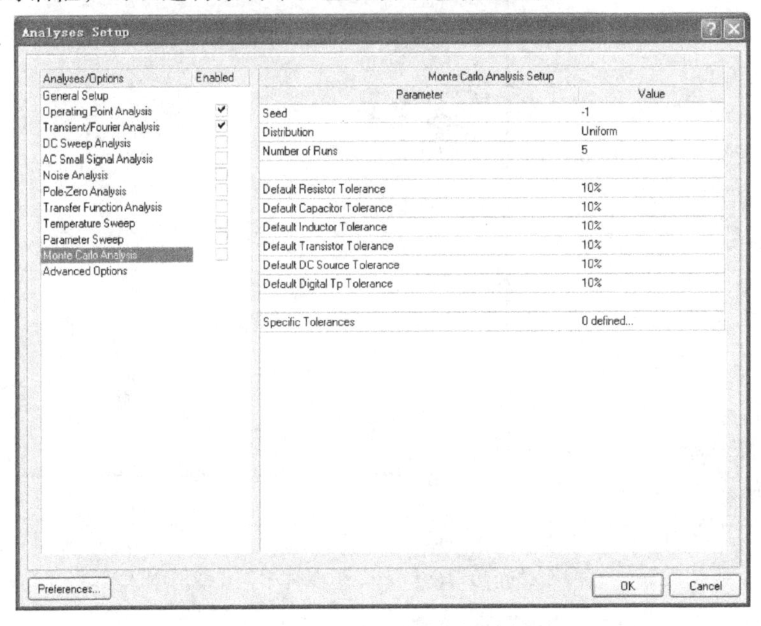

图5-23 蒙特卡罗分析参数设置对话框

蒙特卡罗分析用来分析在给定电路中各元器件容差范围内的分布规律，然后用随机数对各元器件取值。Protel 2004 中元器件的分布规律(Distribution)有以下三项。

1）Uniform：平直分布，元器件值在定义的容差范围内统一分布。

2）Gaussian：高斯曲线分布，在元器件值的定义中心值加上容差 ±3 的范围里呈高斯分布。

3）WorstCase：与 Uniform 类似，但只使用该范围的结束点。

对话框中的“Number of Runs”选项，供设计者定义仿真数，如定义为10次，则将在容差允许范围内，每次运行将使用不同的元器件值来仿真10次。设计者如果希望用一系列的随机数来仿真，则可设置“Seed”选项，该项的默认值为“-1”。

蒙特卡罗分析的关键在于产生随机数，随机数的产生依赖于计算机的具体字长。用一组随机数取出一组新的元器件值，然后就做指定的电路模拟分析。只要进行的次数足够多，就可得出满足一定分布规律、一定容差的元器件在随机取值下整个电路性能的统计分析。

5.3 运行电路仿真

一般来说，要对电路图进行仿真分析，应使其包含以下的必要信息：

① 所有的元器件和部件须引用适当的仿真模型。

② 必须放置和连接可靠的激励信号源，以便仿真过程中驱动整个电路。

③ 在需要绘制仿真数据的节点处必须添加网络标号。

④ 如果必要的话，必须定义电路的仿真初始条件。

5.3.1 对电路图进行仿真分析的方法步骤

采用 Protel 2004 进行混合信号仿真的设计流程如图 5-24 所示。设计仿真原理图步骤为

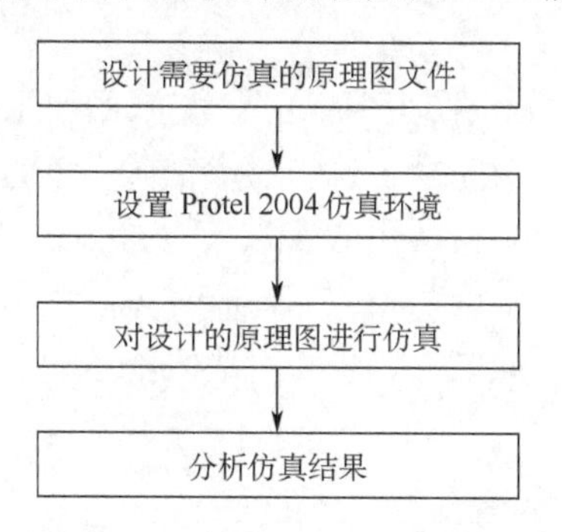

图 5-24 电路仿真一般流程

（1）调用元器件库 在 Protel 2004 中，自带有数量极大的仿真元器件库，这些元器件库存放有多种仿真元器件。设计仿真原理图时，一定要先加载仿真元器件库，仿真元器件库存放路径为“Altium\Library\Simulation”，仿真元器件库如图 5-25 所示。

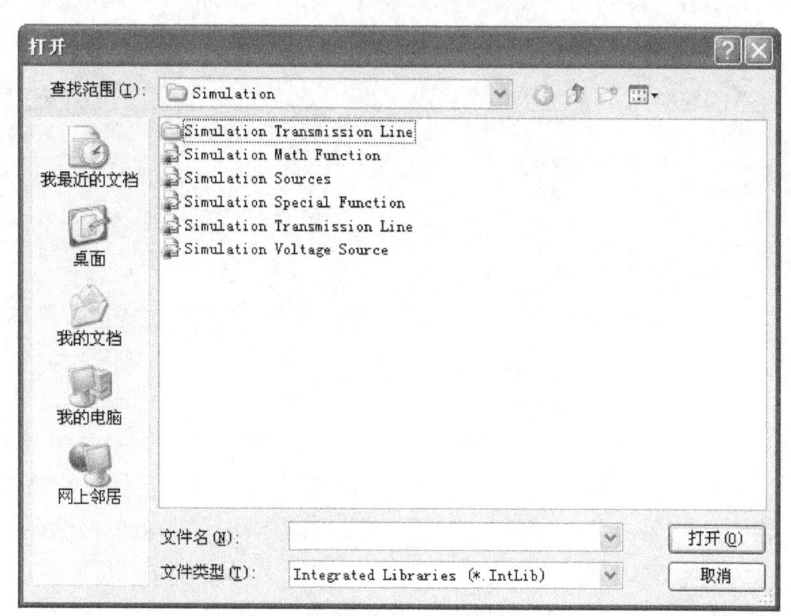

图 5-25 仿真元器件库

此外，Protel 2004 还为设计者提供了一个常用仿真元器件库，即“Miscellaneous Devices.IntLib”。该元器件库包括电阻、电容、电感、振荡器、晶体管、二极管、电池、熔断器等，所有元器件均定义了仿真特性。

（2）选择仿真用原理图元器件 为了执行仿真的分析，原理图中所放置的所有部件都必须包含特别的仿真信息。一般情况下是引用适当的 SPICE 器件模型。

（3）放置元器件连接线路 将具有仿真信息的元器件放置到原理图，这些元器件将自动地连接到相应的仿真模型文件上。在大多数情况下，设计者只需从仿真元器件库中选择元

器件，设定它的值，连接好线路，这时每个元器件就包含了 SPICE 仿真用的所有的信息。

（4）添加激励源和网络标号　在电路实施仿真之前，一定要给所设计的电路添加合适的激励源，以便仿真器进行仿真。同时在需要观测输出波形的节点处，定义网络标号，以便于仿真器的识别。

（5）实施仿真　在设计好仿真原理图后，先对该原理图进行 ERC 检查，如有错误，返回到原理图设计中进行修正，直至完全正确。接着，设计者就可以对仿真器设置，确定对原理图进行何种仿真分析，并设置分析所用的参数。设置不正确，仿真器可能在仿真前报告警告信息，仿真后将仿真过程中的错误写入“Filename. err”文件中。

仿真完成后，将输出一系列的文件，供设计者对所设计的电路进行分析。具体分析步骤见下文实例。

5.3.2　电路仿真举例

1. 模拟电路仿真实例：简易整流稳压电路的仿真分析

1）设计仿真原理图文件是进行仿真的基础和前提。在此实例中，采用图 5-26 所示整流稳压电路。图中电源电压正弦波交流信号经过 10 : 1 的变压器变压、二极管整流桥的整流、电容滤波和串联稳压等一系列的变化后，得到一个相当稳定的低压直流信号。为便于观察分析，在需要显示波形的几处添加了网络标号。

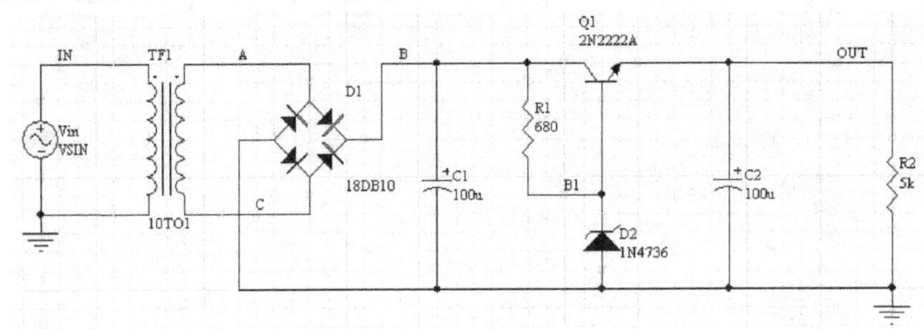

图 5-26　整流稳压电路

对该电路中的激励源 Vin 进行属性设置，双击电路中的 Vin 器件，会弹出 Vin 属性设置对话框，如图 5-27 所示。单击对话框中的 Edit... 按钮，会出现该器件仿真模型参数设置对话框，如图 5-28 所示。单击“Parameters”标签，在选项卡中设置正弦波激励源 Vin 的幅值为 170V，频率为 60Hz。

2）执行菜单命令“Design \ Simulate \ Mixed Sim”，系统将弹出“Analyses Setup”对话框，如图5-29 所示。这里选择对电路进行直流工作点分析和瞬态分析，观察 A、B、IN 和 OUT 等 4 点的分析结果。

3）设置完以后，单击 OK 按钮开始仿真，仿真完成后系统会弹出一个运行仿真的消息(Message)框，如图 5-30 所示。若“Message”框的内容无错误或警告提示，说明仿真运行成功。

当仿真完成后，仿真器输出“ *. sdf”文件，显示仿真分析波形，图 5-31 所示为瞬态分析波形显示。当“ *. sdf”文件处于打开时，通过菜单命令和工具栏可对显示图形及表格进行分析和编辑。单击下面的“Operating Point”标签，会显示直流工作点分析结果，如图 5-32 所示。

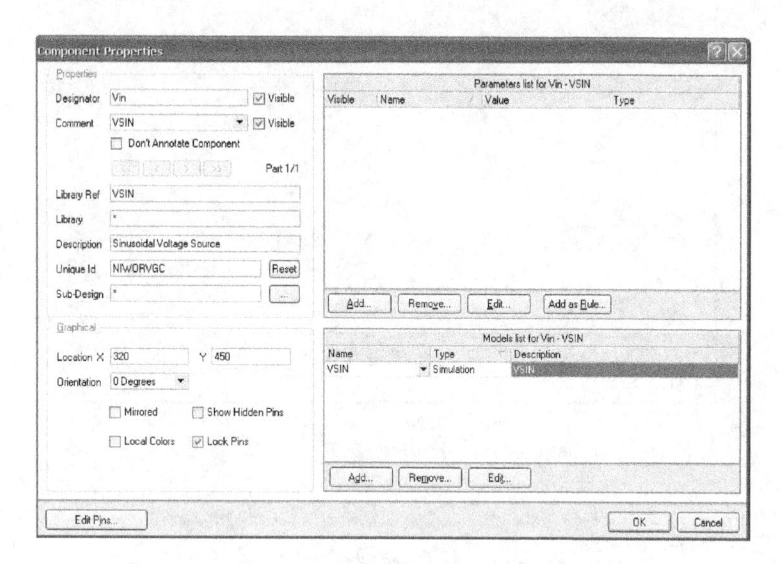

图 5-27　Vin 属性设置对话框

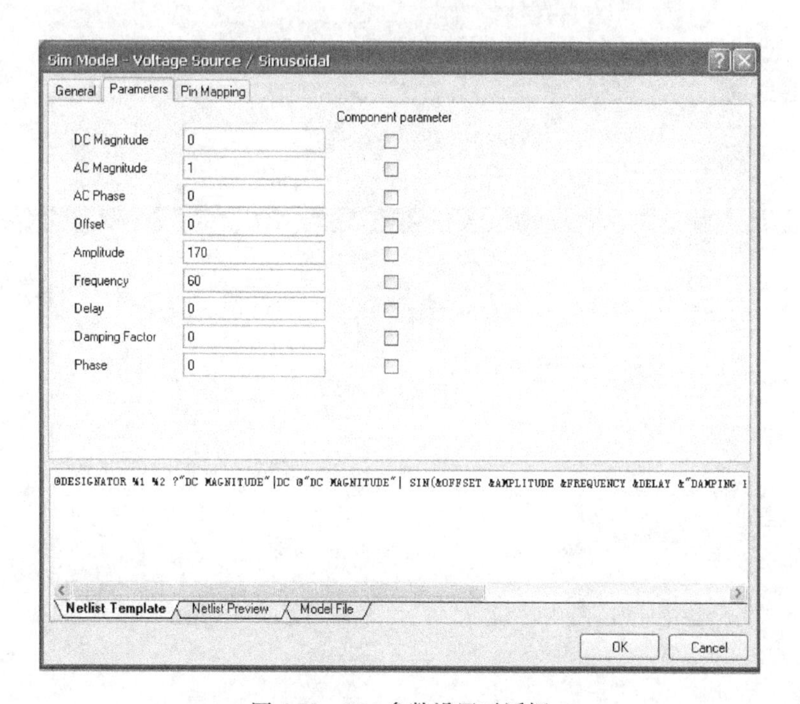

图 5-28　Vin 参数设置对话框

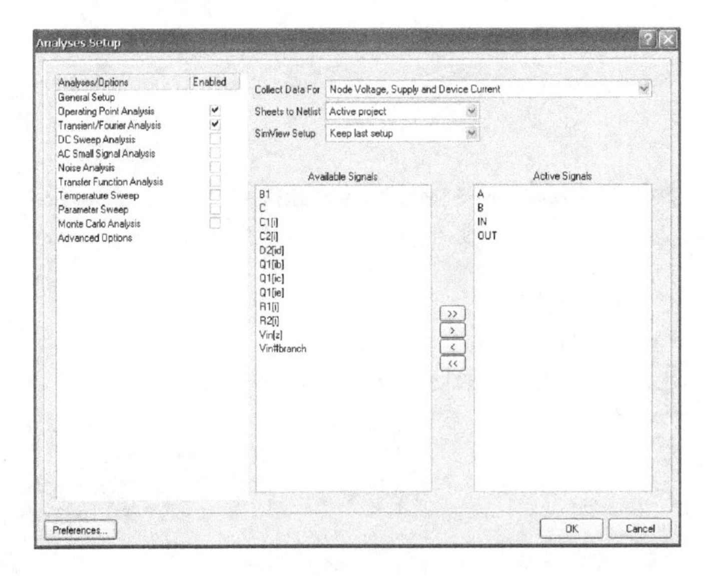

图 5-29　“Analyses Setup”对话框

Messages

Class	Document	Source	Message	Time	Date	No.
[Start Output]		Ouput ...	Start Output Generation At 20:23:54 On 2004-2-2	08:23:54 PM	2004-2-2	1
[Output]		Ouput ...	Name: Mixed Sim　Type: AdvSimNetlist　From: Project [Power Supply.PRJPCB]	08:23:54 PM	2004-2-2	2
[Hint]	Power Supply.sch...	AdvSim	D1 - Model found in: C:\Program Files\Altium\Examples\Circuit Simulation\Power Suppl...	08:23:55 PM	2004-2-2	3
[Hint]	Power Supply.sch...	AdvSim	D2 - Model found in: C:\Program Files\Altium\Examples\Circuit Simulation\Power Suppl...	08:23:55 PM	2004-2-2	4
[Hint]	Power Supply.sch...	AdvSim	Q1 - Model found in: C:\Program Files\Altium\Examples\Circuit Simulation\Power Suppl...	08:23:55 PM	2004-2-2	5
[Hint]	Power Supply.sch...	AdvSim	TF1 - Model found in: C:\Program Files\Altium\Examples\Circuit Simulation\Power Supp...	08:23:55 PM	2004-2-2	6
[Generated ...		Ouput ...	Power Supply.nsx	08:23:55 PM	2004-2-2	7
[Finished O...		Ouput ...	Finished Output Generation At 20:23:55 On 2004-2-2	08:23:55 PM	2004-2-2	8

图 5-30　运行仿真的消息框

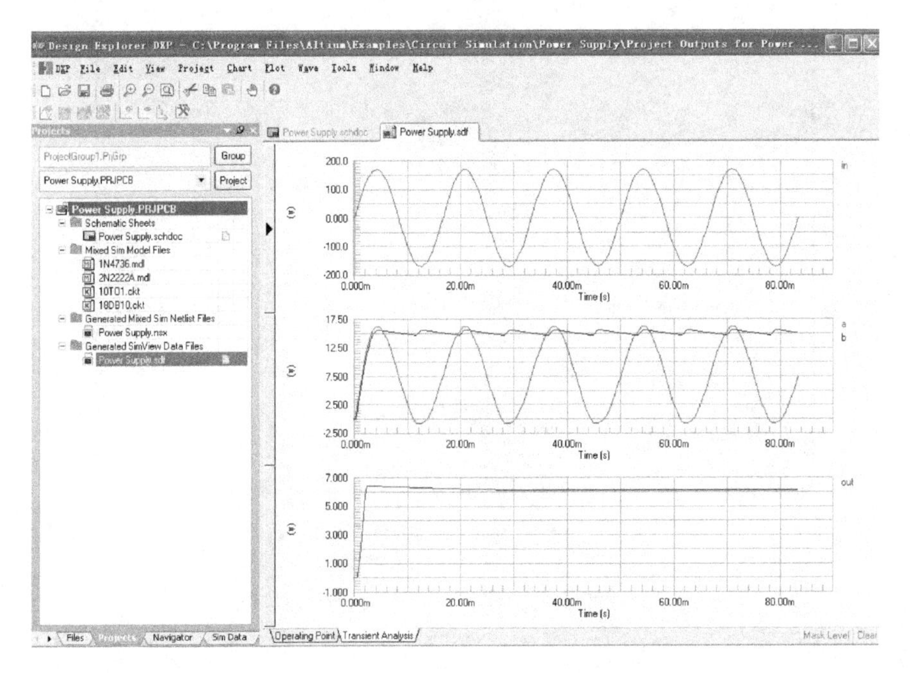

图 5-31　瞬态分析波形显示

a	576.2e-21 V
b	-549.7e-21 V
in	0.000 V
out	-1.165e-24 V

图 5-32　直流工作点分析结果

4）在仿真的过程中，系统会同时创建SPICE网络表。仿真分析后，仿真器就生成一个扩展名为“.nsx”的文件，“.nsx”文件为原理图的SPICE模式表示，如图5-33所示。

打开“.nsx”文件，此时系统切换到仿真器界面，执行菜单命令“Simulate\Run”，即可实现电路仿真，当仿真完成后，同样是输出“*.sdf”文件，这种方式和直接从原理图进行仿真生成的波形文件相同。

5）设计者通过仿真结果完善原理图设计。输出的“*.sdf”文件显示了一系列的波形，设计者借助这些波形，可以很方便地发现设计中的不足和问题。从而，不必经过实际的制板，就可修正原理图存在的不足。

2. 数字模拟电路混合仿真实例：多级分频电路仿真分析

Protel 2004具有较强的数模混合仿真功能，下面以多级分频电路为例加以说明。

1）绘制原理图。电路的前级是以555定时器为核心的一个方波振荡器，其输出方波经过四级JK触发器组成分频电路进行分频处理，各级分频器的输出又经过反相缓冲器和晶体管放大后驱动负载，前面的振荡电路和分频电路属于数字电路，后面的晶体管放大电路属于模拟电路，如图5-34所示。

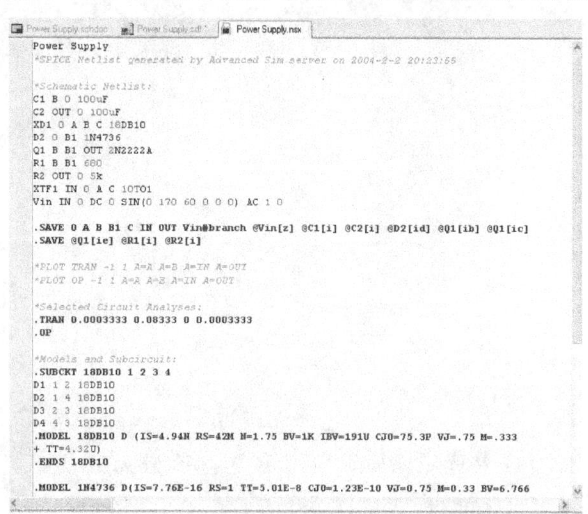

```
Power Supply
*SPICE Netlist generated by Advanced Sim server on 2004-2-2 20:23:55

*Schematic Netlist:
C1 B 0 100uF
C2 OUT 0 100uF
XD1 0 A B C 18DB10
D2 0 B1 1N4736
Q1 B B1 OUT 2N2222A
R1 B B1 680
R2 OUT 0 5k
XTF1 IN 0 A C 10TO1
Vin IN 0 DC 0 SIN(0 170 60 0 0 0) AC 1 0

.SAVE 0 A B B1 C IN OUT Vin#branch @Vin[z] @C1[i] @C2[i] @D2[id] @Q1[ib] @Q1[ic]
.SAVE @Q1[ie] @R1[i] @R2[i]

*PLOT TRAN -1 1 A=A A=B A=IN A=OUT
*PLOT OP -1 1 A=A A=B A=IN A=OUT

*Selected Circuit Analyses:
.TRAN 0.0003333 0.08333 0 0.0003333
.OP

*Models and Subcircuit:
.SUBCKT 18DB10 1 2 3 4
D1 1 2 18DB10
D2 1 4 18DB10
D3 2 3 18DB10
D4 4 3 18DB10
.MODEL 18DB10 D (IS=4.94N RS=42M N=1.75 BV=1K IBV=191U CJO=75.3P VJ=.75 M=.333
+ TT=4.32U)
.ENDS 18DB10

.MODEL 1N4736 D(IS=7.76E-16 RS=1 TT=5.01E-8 CJO=1.23E-10 VJ=0.75 M=0.33 BV=6.766
```

图 5-33　仿真器生成的“.nsx”文件

电路设计好后，配置上激励直流电源VCC=5V，VEE=15V，设置C1初始电压为0V。

2）执行菜单命令“Design\ Simulate\Mixed Sim”，系统将弹出“Analyses Setup”对话

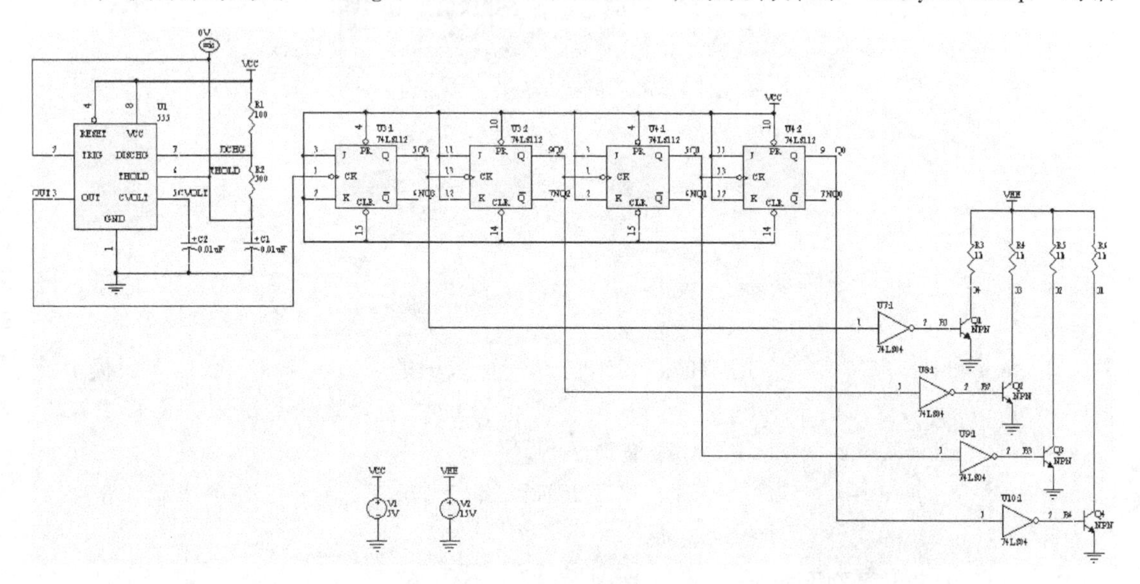

图 5-34　多级分频电路

框，如图 5-35 所示。这里选择对电路进行瞬态分析，设置观察分析 O1、O2、O3、O4、OUT 以及 Q0、Q1、Q2、Q3 共九个点的波形。

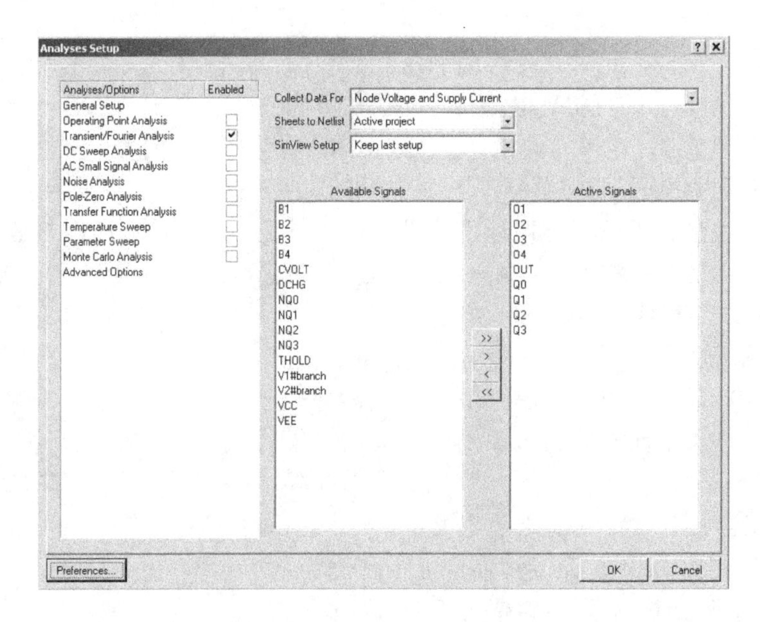

图 5-35　“Analyses Setup”对话

3）设置完以后，单击 OK 按钮开始仿真，仿真完成后系统会弹出一个运行仿真的消息(Messages)框，如图 5-36 所示。

Messages

Class	Document	Sour...	Message	Time	Date	N..
[Warni...	Mixed-mode ...	Com...	Adding items to hidden net GND	05:18:2...	2004-2-3	1
[Warni...	Mixed-mode ...	Com...	Adding items to hidden net VCC	05:18:2...	2004-2-3	2
[Start ...		Oup...	Start Output Generation At 17:23:12 On 2004-2-3	05:23:1...	2004-2-3	3
[Output]		Oup...	Name: Mixed Sim Type: AdvSimNetlist From: Project [Mixed-m...	05:23:1...	2004-2-3	4
[Hint]	Mixed-mode ...	Adv...	Q1 - Model found in: D:\Program Files\Altium\Examples\Circuit ...	05:23:1...	2004-2-3	5
[Hint]	Mixed-mode ...	Adv...	U1 - Model found in: D:\Program Files\Altium\Examples\Circuit ...	05:23:1...	2004-2-3	6
[Hint]	Mixed-mode ...	Adv...	U3A - Model found in: D:\Program Files\Altium\Examples\Circuit...	05:23:1...	2004-2-3	7
[Hint]	Mixed-mode ...	Adv...	U7A - Model found in: D:\Program Files\Altium\Examples\Circuit...	05:23:1...	2004-2-3	8
[Gener...		Oup...	Mixed-mode Binary Ripple 555.nsx	05:23:1...	2004-2-3	9
[Finish...		Oup...	Finished Output Generation At 17:23:12 On 2004-2-3	05:23:1...	2004-2-3	10

图 5-36　多级分频电路仿真消息框

当仿真完成后，仿真器将输出“ *.sdf”文件，显示仿真分析波形，图 5-37 所示为瞬态分析波形。

在图 5-37 中，左侧有一个用于控制编辑仿真波形数据的“Sim Data”面板，面板上部是“Source Data”栏，用于对电路中任一网络上波形的添加、删除等编辑；面板下部是“Waveform Measurements”栏，主要用于波形的测量。

4）在仿真的过程中，系统会同时创建 SPICE 网络表。仿真分析后，仿真器就生成一个扩展名为“.nsx”的文件，如图 5-38 所示。

5）设计者可以通过仿真结果完善原理图设计。

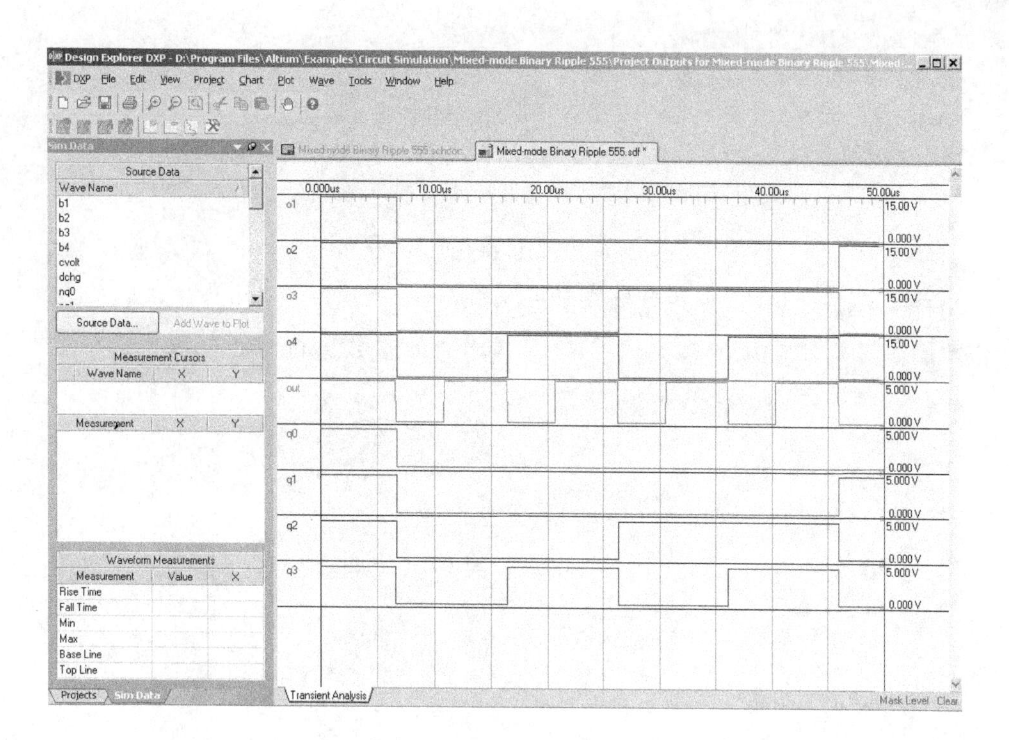

图 5-37 多级分频电路的瞬态分析波形

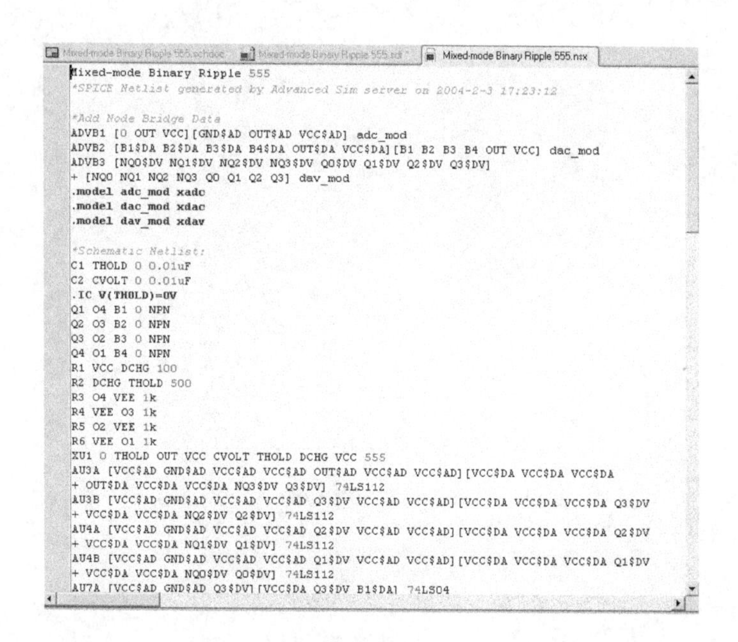


```
Mixed-mode Binary Ripple 555
*SPICE Netlist generated by Advanced Sim server on 2004-2-3 17:23:12

*Add Node Bridge Data
ADVB1 [0 OUT VCC][GND$AD OUT$AD VCC$AD] adc_mod
ADVB2 [B1$DA B2$DA B3$DA B4$DA OUT$DA VCC$DA][B1 B2 B3 B4 OUT VCC] dac_mod
ADVB3 [NQ0$DV NQ1$DV NQ2$DV NQ3$DV Q0$DV Q1$DV Q2$DV Q3$DV]
+ [NQ0 NQ1 NQ2 NQ3 Q0 Q1 Q2 Q3] dav_mod
.model adc_mod xadc
.model dac_mod xdac
.model dav_mod xdav

*Schematic Netlist:
C1 THOLD 0 0.01uF
C2 CVOLT 0 0.01uF
.IC V(THOLD)=0V
Q1 O4 B1 0 NPN
Q2 O3 B2 0 NPN
Q3 O2 B3 0 NPN
Q4 O1 B4 0 NPN
R1 VCC DCHG 100
R2 DCHG THOLD 500
R3 O4 VEE 1k
R4 VEE O3 1k
R5 O2 VEE 1k
R6 VEE O1 1k
XU1 0 THOLD OUT VCC CVOLT THOLD DCHG VCC 555
AU3A [VCC$AD GND$AD VCC$AD VCC$AD OUT$AD VCC$AD VCC$AD][VCC$DA VCC$DA VCC$DA
+ OUT$DA VCC$DA VCC$DA NQ3$DV Q3$DV] 74LS112
AU3B [VCC$AD GND$AD VCC$AD VCC$AD Q3$DV VCC$AD VCC$AD][VCC$DA VCC$DA VCC$DA Q3$DV
+ VCC$DA VCC$DA NQ2$DV Q2$DV] 74LS112
AU4A [VCC$AD GND$AD VCC$AD VCC$AD Q2$DV VCC$AD VCC$AD][VCC$DA VCC$DA VCC$DA Q2$DV
+ VCC$DA VCC$DA NQ1$DV Q1$DV] 74LS112
AU4B [VCC$AD GND$AD VCC$AD VCC$AD Q1$DV VCC$AD VCC$AD][VCC$DA VCC$DA VCC$DA Q1$DV
+ VCC$DA VCC$DA NQ0$DV Q0$DV] 74LS112
AU7A [VCC$AD GND$AD Q3$DV][VCC$DA Q3$DV B1$DA] 74LS04
```

图 5-38 仿真后生成的“. nsx”文件

练 习 题

1. Protel 2004 为设计者提供了哪几个专用的仿真元器件库?
2. 仿真电路应包含什么必要信息?

3. 如何加载仿真原理图元器件库？
4. 仿真初始状态的设置有什么意义？如何设置？
5. Protel 2004 仿真器可进行哪几种仿真设置与分析？其中瞬态分析的主要内容是什么？
6. 进行电路仿真的基本流程是什么？为了使仿真可靠运行，而需遵循的规则是什么？
7. 仿真器的输出结果以文件的形式保存下来，如何把仿真结果在屏幕上显示出来？

上机实践

1. 设计一个单管放大电路原理图，并进行仿真分析。

2. 对图 5-34 所示多级分频电路中的 R1 和 R2 的参数进行修改，重新进行瞬态分析仿真。

第 6 章　集成元器件库的创建与管理

知识目标

1. 掌握集成元器件库的概念。
2. 了解集成元器件库的管理方法。

技能目标

1. 学会创建原理图元器件库和 PCB 封装库。
2. 学会创建集成元器件库。

Protel 2004 为用户提供了丰富的元器件库，这些元器件库中存放有数万个元器件。Protel 2004 支持的元器件库文件格式有“*. SchLib”、“*. PcbLib”、“*. Lib”、“*. IntLib”、“*. VhdlLib”等。其中，“*. SchLib”和“*. PcbLib”为 Protel 2004 环境下的原理图元器件库和 PCB 封装库，“*. IntLib”为 Protel 2004 环境下的集成元器件库，“*. VhdlLib”为 Protel 2004 环境下的 VHDL 语言宏元器件库，“*. Lib”为 Protel 99 SE 以前版本的元器件库。

所谓集成库，是指将元器件的原理图符号和相关的 PCB 封装、SPICE 仿真模型、信号完整性模型等信息整合到一起而形成的库文件，其文件扩展名为“. IntLib”。在 Protel 2004 的库文件面板中单击元器件名称，在该面板下部就同时出现其原理图符号和 PCB 封装形式。使用集成库绘制原理图可以大大加快设计进程，在放置原理图元器件的同时就完成了元器件封装。因此，在使用 Protel 2004 时，应该使用集成库。当然，也可以在 Protel 2004 中使用 Protel 以前版本的元器件库。

Protel 2004 元器件库中的元器件尽管很多，但仍有些元器件在元器件库中找不到，如一些特殊形状的元器件或新开发出来的元器件。对于中国设计者来说，国家标准的图形符号与 Protel 2004 元器件库中的元器件图形符号有好多不一致的地方，在绘制电子线路图时，当然要依据我国国家标准绘制，这就需要设计者自己来创建元器件。

Protel 2004 也提供了库文件编辑器，让用户自己创建元器件库。库文件编辑器包括原理图元器件库编辑器和 PCB 封装库编辑器。

6.1　原理图元器件库编辑器

6.1.1　打开原理图元器件库编辑器

创建元器件和元器件库是使用 Protel 2004 的元器件库编辑器来进行的，打开元器件库编辑器的操作步骤如下：

1）执行菜单命令“File\New\PCB Project”，创建一个 PCB 项目文档。然后执行菜单命令“File\Save Project As”，将刚创建的 PCB 项目文档保存在“E：\Protel 2004 应用”目录下，并命名为“MYLIB. PrjPCB”。

2）执行菜单命令“File\New\Schematic Library”命令，创建一个原理图元器件库文档，然后执行菜单命令“File\Save As”，将刚创建的文档保存在“E:\Protel 2004 应用”目录下，并命名为“GB. SCHLIB”，就可以进入原理图元器件库编辑器界面，如图 6-1 所示。

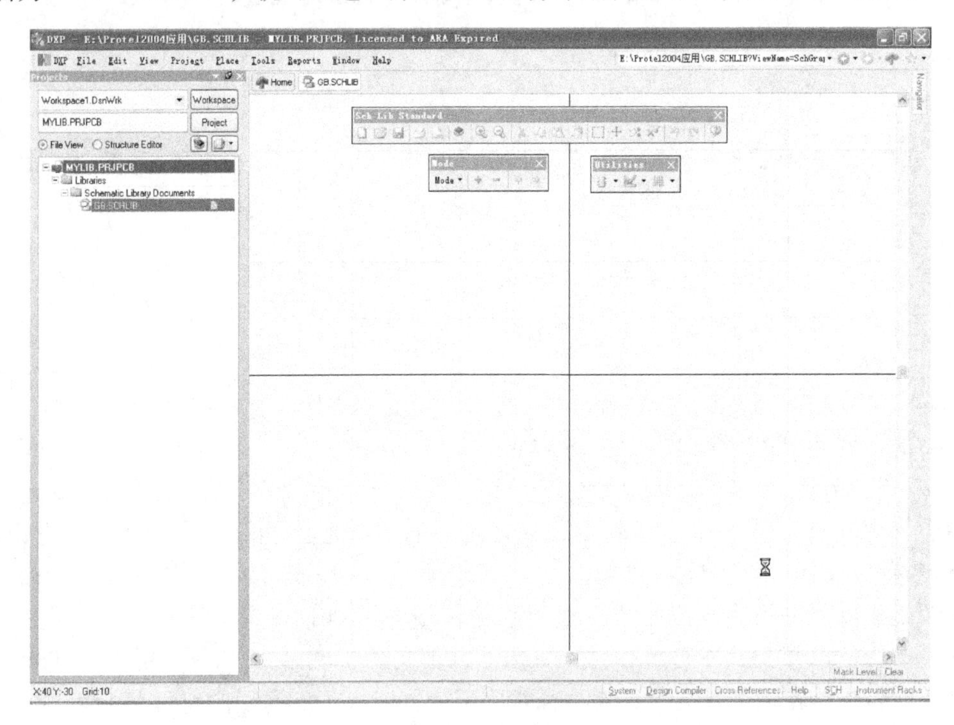

图 6-1　原理图元器件库编辑器界面

元器件库编辑器与原理图设计编辑器界面相似，主要有主菜单栏、标准工具(Sch Lib Standard)栏、模式工具(Mode)栏、实用工具(Utilities)栏，左侧是项目文件工作区面板，右面是编辑工作区。不同的是在元器件编辑区有一个十字坐标轴，将元器件工作区划分为四个象限，通常在第四象限进行元器件的编辑工作。

6.1.2　绘图工具

图 6-2 所示为实用工具栏中的绘图工具栏。绘图工具的打开是通过执行菜单命令“View\Toolbars\Utilities”来实现。绘图工具命令也对应“Place”下拉菜单中的各命令，因此也可以

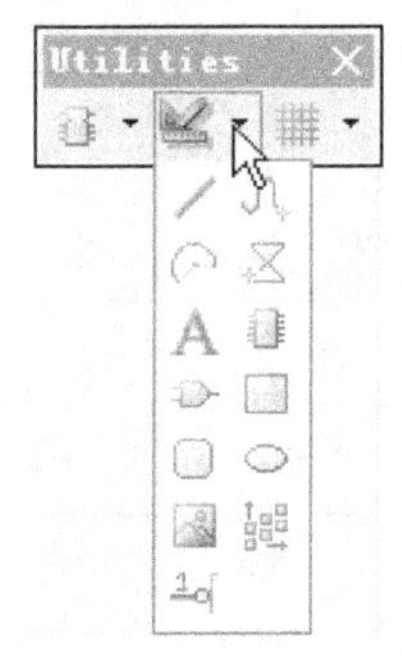

图 6-2　绘图工具栏

从“Place”下拉菜单中直接选取命令。绘图工具栏上各按钮的功能见表 6-1。

表 6-1　绘图工具栏功能表

按　钮	功　能	按　钮	功　能
	绘制直线		绘制多边形
	绘制贝塞尔曲线		插入文字
	绘制椭圆弧线		添加新元器件
	添加新部件		插入图片
	绘制矩形		将剪贴板的内容阵列放置
	绘制圆角矩形		绘制引脚
	绘制椭圆形及圆形		

6.1.3　IEEE 工具

图 6-3 所示为 IEEE 工具。IEEE 工具的打开与关闭是通过执行菜单命令“View\Toolbars\Utilities”来实现。IEEE 工具命令也对应“Place”菜单中“IEEE Symbols”子菜单上的各命令，因此也可以从“Place\IEEE Symbols”下拉菜单中直接选取命令。IEEE 工具提供绘制 IEEE 符号的图标按钮，如图 6-3 所示，各按钮的功能见表 6-2。

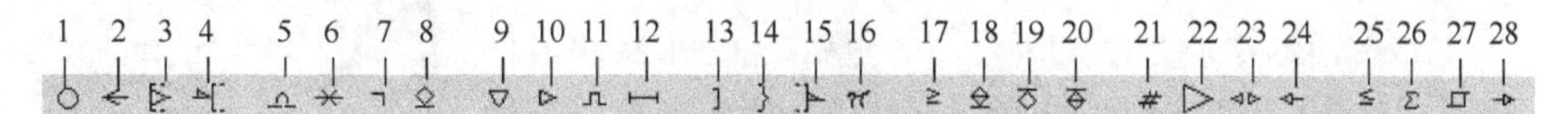

图 6-3　绘制 IEEE 符号的图标按钮

表 6-2　绘制 IEEE 符号的图标按钮功能表

按钮标号	功　能	按钮标号	功　能
1	放置反相符号	15	放置低态动作的输出符号
2	放置由右向左符号	16	放置圆周率符号“π”
3	放置上升延迟触发的时钟符号	17	放置大于等于符号“≥”
4	放置低态动作的输入符号	18	放置提升电阻的开集极输出符号
5	放置模拟信号的输入符号	19	放置开射极输出符号
6	放置无逻辑性连接符号	20	放置接地电阻的开射极输出符号
7	放置延迟性输出符号	21	放置数字信号输入符号
8	放置开集极输出符号	22	放置反相器符号
9	放置高阻态符号	23	放置双向符号
10	放置高输出电流符号	24	放置数据左移符号
11	放置脉冲符号	25	放置小于等于符号“≤”
12	放置延迟符号	26	放置∑符号
13	放置并行线符号	27	放置施密特触发器符号
14	放置并行二进制符号	28	放置数据右移符号

6.1.4　原理图元器件库编辑管理器

执行菜单命令“View\Workspce Panels\SCH\SCH Library”，系统会打开元器件库编辑管理器，如图 6-4 所示。

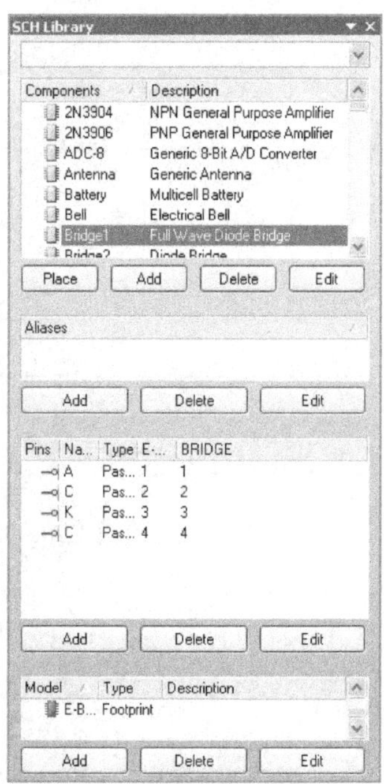

图 6-4　原理图元器件库编辑管理器

原理图元器件库编辑管理器有四个区域：“Components”(元器件)区域、“Aliases”(别名)区域、“Pins”(引脚)区域、“Model”(元器件模式)区域。

1）“Components”区域的主要功能是查找、选择及取用元器件。当打开一个元器件库时，元器件列表就会罗列出本元器件库内所有元器件的名称。要取用元器件，只要将光标移动到该元器件名称上，然后单击 Place 按钮即可。如果直接双击某个元器件名称，也可以取出该元器件。

① 第一行空白编辑框，用于筛选元器件。当在该编辑框输入元器件名的开始字符时，在元器件列表中将会只显示以这些字符开头的元器件。

② Place 按钮的功能是将所选元器件放置到原理图中。单击该按钮后，系统自动切换到原理图设计界面，同时原理图元器件库编辑器退到后台运行。

③ Add 按钮的功能是添加元器件，将指定的元器件名称添加到该元器件库中。单击该按钮后，系统将出现图 6-5 所示的对话框。输入指定的元器件名称，单击 OK 按钮即可将指定元器件添加进元器件组。

④ Delete 按钮，该按钮的功能是从元器件库中删除元器件。

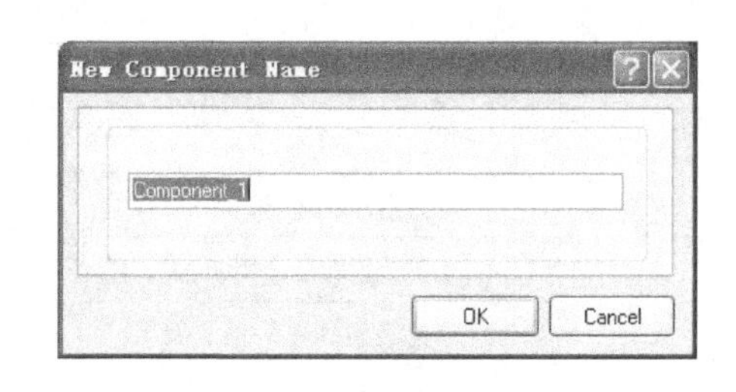

图 6-5　添加元器件对话框

⑤ Edit 按钮，单击该按钮后系统将启动元器件属性对话框，如图 6-6 所示，此时可以设置元器件的相关属性。

2）“Aliases”区域主要用来设置所选中元器件的别名。

3）“Pins”区域主要功能是将当前工作区中元器件引脚的名称及状态列于引脚列表中，引脚区域用于显示引脚信息。

① 单击 Add 按钮可以向选中元器件添加新的引脚。

② 单击 Delete 按钮可以从所选中元器件删除引脚。

③ 单击 Edit 按钮，系统将弹出图 6-7 所示的元器件引脚属性对话框。

4）“Model”区域的功能是指定元器件的 PCB 封装、信号完整性或仿真模式等。指定的元器件模式可以连接和映射到原理图的元器件上。单击 Add 按钮，系统将弹出图 6-8 所示的对话框，该对话框中共有四个模式选项，此时可以为元器件添加一个新的模式。然后在“Model”区域就会显示一个刚刚添加的新模式，使用鼠标双击该模式，或者选中该模式后单击“Edit”

按钮，则可以对该模式进行编辑。

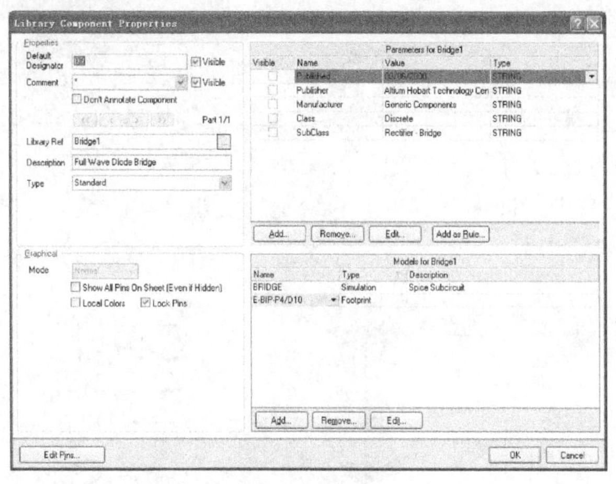

图 6-6　元器件属性对话框

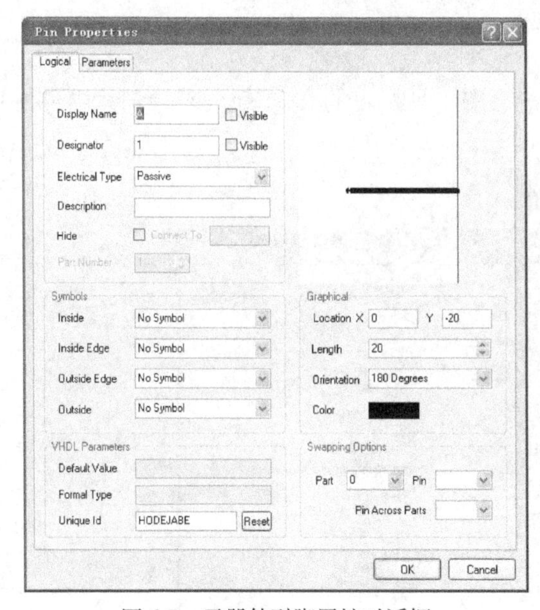

图 6-7　元器件引脚属性对话框

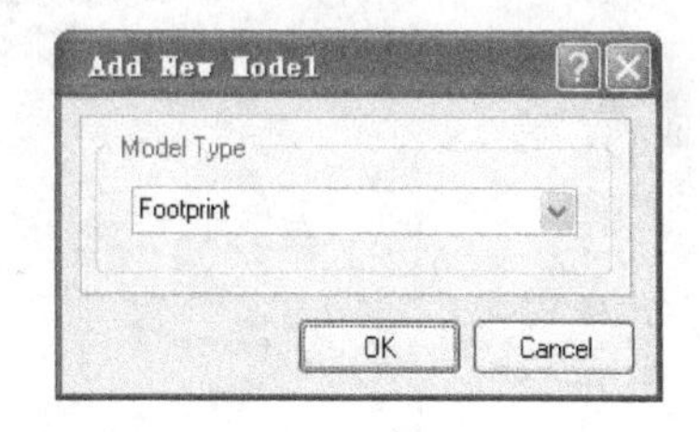

图 6-8　为元器件添加新模式

6.2　创建原理图元器件

创建新元器件一般可用三种方法：绘制新元器件、从别的元器件库复制导入和对原有元器件进行编辑修改。

6.2.1　绘制原理图元器件

在创建了新的原理图元器件库文件的同时，会自动创建一个名称为“Component_1”的元器件，一般情况下，可以执行菜单命令“Tools\New Component”，系统将弹出新元器件命名对话框，如图 6-9 所示，如果要创建图 6-10 所示的定时器电路(MC1455P1)，这时可以对该元器件重新命名为“MC1455P1”。

绘制 MC1455P1 元器件步骤如下：

1）执行菜单命令“Place\Rectangle”或单击绘图工具栏上的□按钮，此时鼠标指针旁边会多出一个大十字符号，将大十字指针中心移动到坐标轴原点处($X=0$，$Y=0$)，单击鼠标左键，把它定为直角矩形的左上角。若要绘制的矩形大小为 7 格 ×8 格，可移动鼠标指针到矩形的右下角，再单击鼠标左键，即可完成矩形的绘制。**注意：**所绘制的元器件符号图形一定要位于靠近坐标原点的第四象限内。

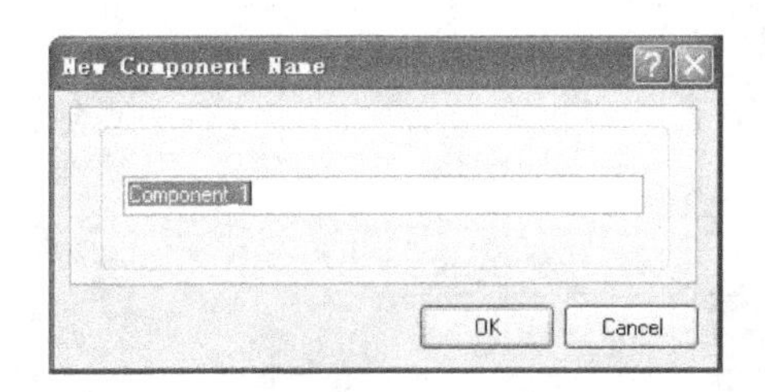

图 6-9　新元器件命名对话框

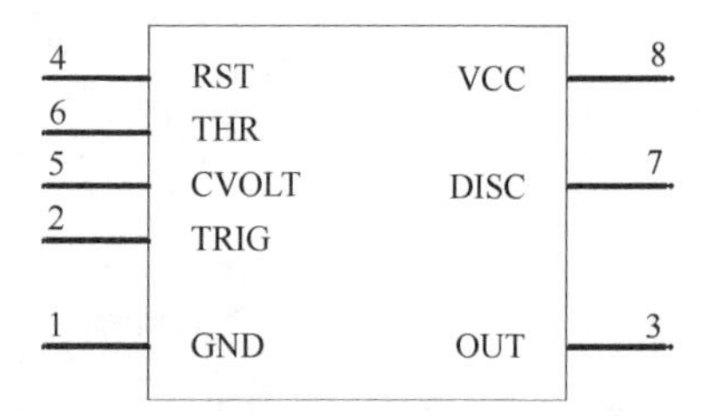

图 6-10　定时器电路(MC1455P1)

2）接着执行菜单命令“Place\Pin”或单击绘图工具栏上的按钮，来绘制元器件的引脚。此时鼠标指针旁边会多出一个大十字符号及一条短线，这时按下键盘上的 Tab 键，系统就可弹出引脚属性对话框，如图 6-11 所示。

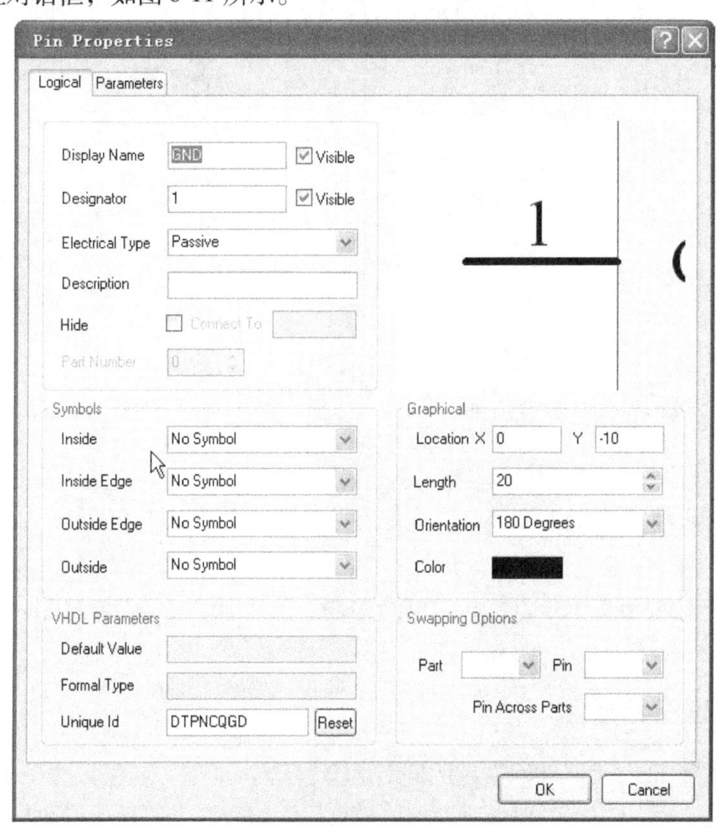

图 6-11　引脚属性对话框

在引脚属性对话框中设计者可对放置的引脚进行设置。引脚属性对话框的各操作框的意义如下：

①“Display Name”编辑框中为引脚名，这里修改为“GND”，编辑框后面的“Visible”复选框为是否显示引脚名。选中为显示，否则为不显示。

②“Designator”编辑框中为引脚号，这里修改为“1”，编辑框后面的“Visible”复选框为是否显示引脚号。选中为显示，否则为不显示。

③“Electrical Type”下拉列表选项用来设定该引脚的电气性质。

④“Description”编辑框可以设置引脚的描述属性。

⑤“Hide”复选框为是否隐藏该引脚，选中该复选框则隐藏引脚。

⑥“Part Number”编辑框用来设置一个元器件可以包含多个子元器件。

⑦“Symbols”操作框中可以分别设置引脚的输入输出符号。“Inside”用来设置引脚在元器件内部的表示符号；“Inside Edge”用来设置引脚在元器件内部的边框上的表示符号；“Outside”用来设置引脚在元器件外部的表示符号；“Outside Edge”用来设置引脚在元器件外部的边框上的表示符号。这些符号是标准的 IEEE 符号。

⑧“Location X 和 Y”编辑框中为引脚 X 坐标和 Y 坐标。

⑨“Length”编辑框用来设置引脚的长度，但引脚的最小长度不得小于单个栅格的尺寸。

⑩“Orientation”是一个下拉列表选择框，为引脚方向选择，有 0°、90°、180°和 270°四种角度。

⑪“Color”操作框为引脚设定颜色。

设置好 GND 引脚后单击下面的 OK 按钮，移动鼠标将引脚放置到合适位置后，单击左键确定。**注意：**引脚的外端一定要落到栅格线的交叉处，以保证以后外接连线定位准确。

3）接着用同样的方法步骤放置编辑其他引脚，绘制好的 MC1455P1 如图 6-12 所示。

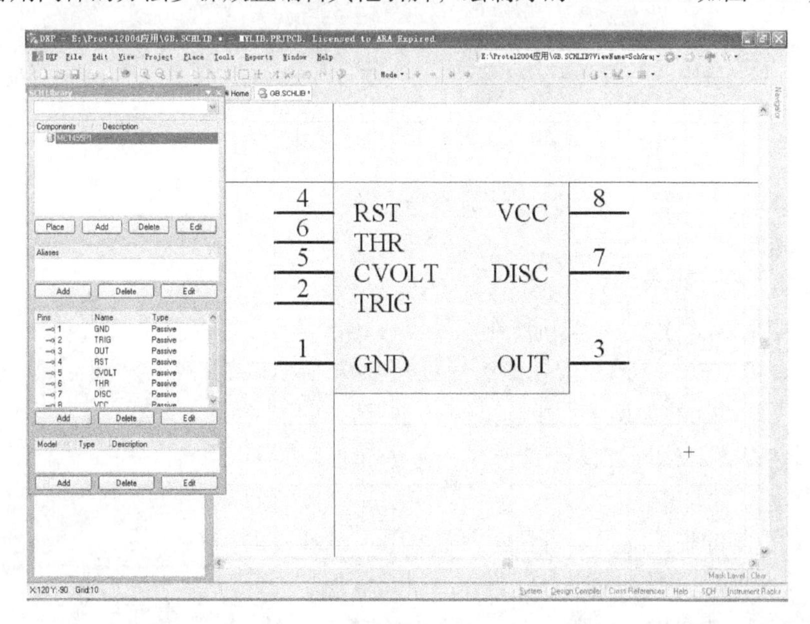

图 6-12　绘制好的 MC1455P1

4）如果该元器件是复合封装的，则可以执行菜单命令“Tools\New Part”，即可向该元器件中添加绘制封装的另一部分，过程与上面一致，不过电源通常是共有的。

5）保存已绘制好的元器件。执行菜单命令“File\Save”，将元器件保存到当前元器件库文件中。

当执行完上述操作后，现在可以查看一下元器件库管理器，如图 6-12 所示，其中已经添加一个 MC1455P1，该元器件位于“GB. SCHLIB”中。

6）最后还需要设置一下元器件的描述特性和其他属性参数。在元器件库编辑管理器中选中该元器件，然后单击“Edit”按钮，系统将弹出图 6-13 所示的元器件属性设置对话框。此时可以设置默认流水号、元器件封装形式以及其他相关的描述。

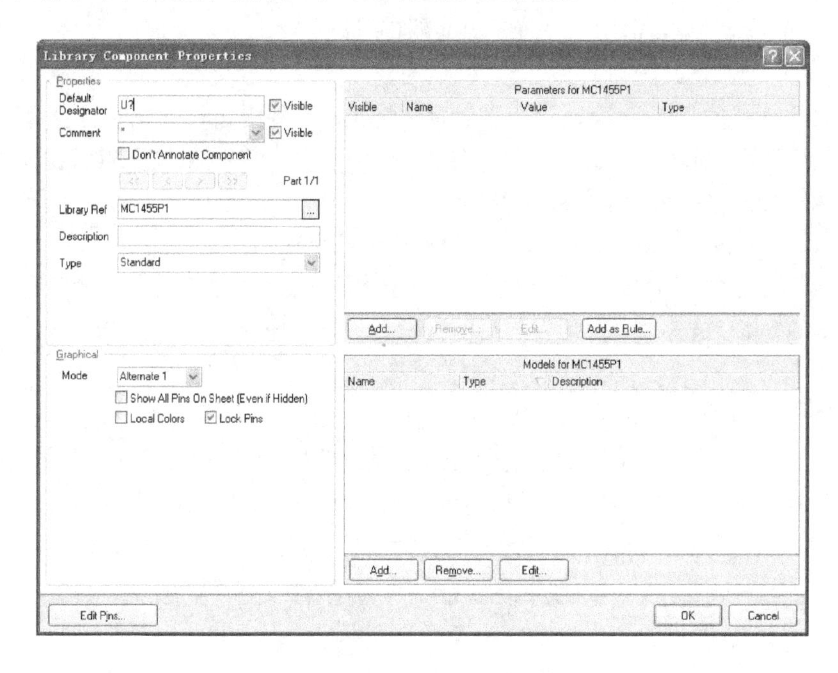

图 6-13　元器件属性设置对话框

① Designator(流水号)：元器件默认流水号为 U?。

② Description(描述)：元器件的描述为“Timing Circuit”。

③ Parameters list(参数表)：所有均不选中。

④ Models list(模式表)：本实例绘制的元器件，设置了一种模式：“Footprint”封装。如需设置其他模式，可单击“Add”按钮，然后在图 6-14 所示的对话框中选择需要添加的类型，再单击 OK 按钮，系统将弹出各模式属性设置对话框，设计者可在相应的属性设置对话框中进行设置。

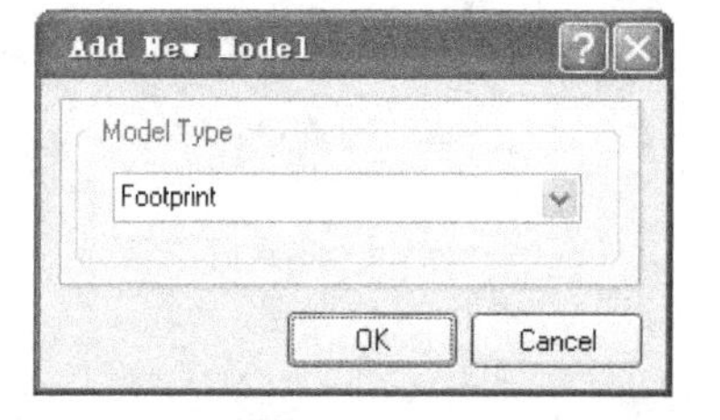

图 6-14　添加新模式对话框

7）元器件引脚的整体编辑。当设计者单击图 6-13 所示的对话框中的 Edit Pins... 按钮时，系统将弹出图 6-15 所示的元器件引脚编辑器。此时可以对所有元器件引脚进行系统的编辑。

8）如果要在现有的元器件库中加入下一个要创建的元器件，只要进入元器件库编辑器，选择现有的元器件库文件，再执行菜单命令“Tools\New Component”，便可按照上面的步骤创建新的元器件。如果想在原理图设计时使用这些新创建的元器件，只需将该库文件装载到激活的元器件库中，就可以像取用其他元器件库中的元器件一样进行操作。

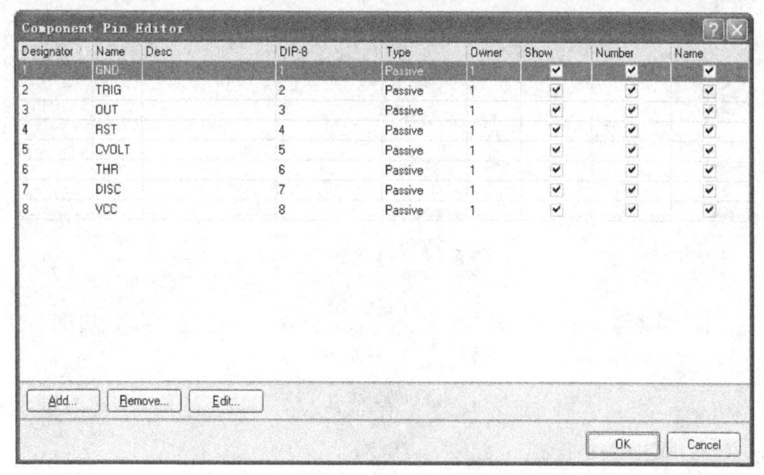

图 6-15　元器件引脚编辑器

6.2.2　复制导入元器件

为了提高创建元器件的效率，设计者可以将 Protel 2004 自带的元器件库中的元器件复制到自己创建的元器件库中，以方便使用。

下面以复制“Miscellaneous Devices. IntLib”元器件库内的元器件为例，介绍如何复制元器件。

1）执行菜单命令“File\Open”，系统将弹出“Choose Document to Open”对话框，如图 6-16 所示。

图 6-16　“Choose Document to Open”对话框

2）在对话框窗口内找到“Miscellaneous Devices”文件所在目录“C：\Program Files\Altium\Library”，然后选择“Miscellaneous Devices”文件，双击该文件名或单击对话框下面的 打开(O) 按钮，弹出图6-17所示的确认对话框。单击“Yes”按钮，即可调出该元器件库文件。

图6-17 确认对话框

3）在“Projects”面板上双击“Miscellaneous Devices. SchLib”文档图标，打开该文件。系统进入元器件库编辑器状态。

4）单击工作面板下部的“SCH”标签，在弹出的下拉菜单命令中选择“SCH Library”，即可进入到元器件库编辑管理状态，如图6-18所示。

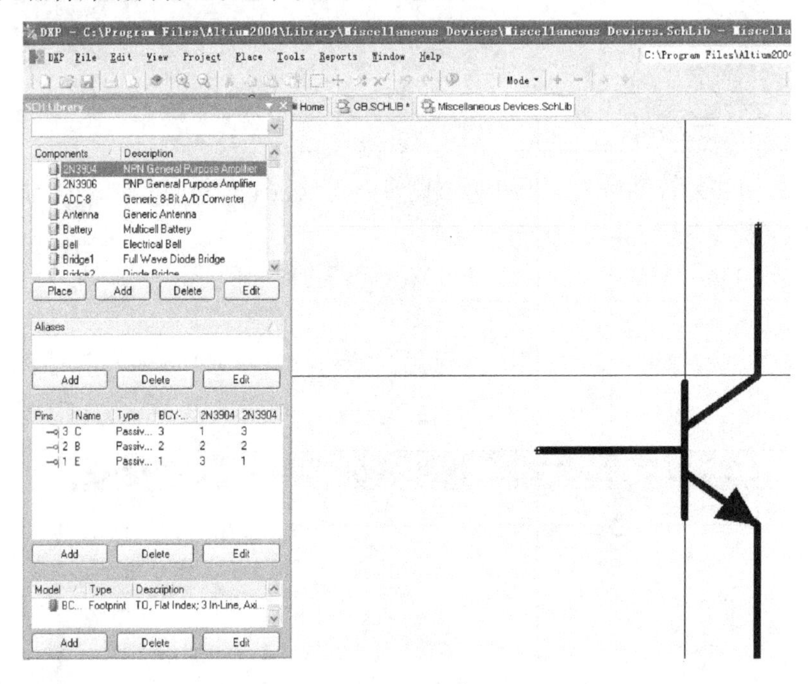

图6-18 元器件库编辑管理状态

5）若之前创建的“GB. SCHLIB”元器件库已经打开，则可以在元器件库编辑管理器的窗口中选择要复制的元器件，例如“2N3904”。

6）执行菜单命令“Tools\Copy Component”，弹出选择目标库文件对话框，此处应选择自己创建的库文件“GB. SCHLIB”，如图6-19所示。单击对话框下面的 OK 按钮，就完成了元器件的复制。

7）重复1)至6)步，可以复制多个元器件。最后执行菜单命令“File\Save”，保存创建编辑的库文件。

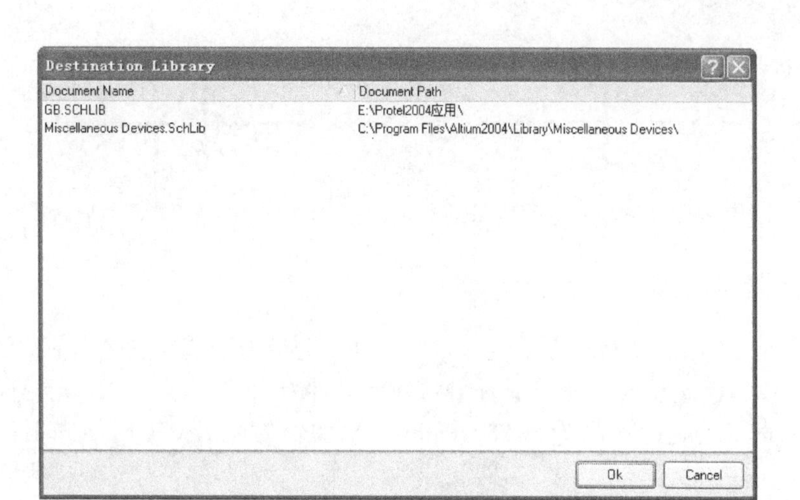

图6-19　选择目标库文件对话框

6.2.3　原有元器件编辑修改

在实际中经常遇到这种情况，所需要的元器件符号与Protel 2004自带的元器件库中的元器件符号大同小异，这时就可以把元器件先复制过来，然后稍加编辑修改创建出所需的新元器件。

假如已用6.2.2小节中复制导入元器件的方法，将“Miscellaneous Devices. SchLib”元器件库的“Diode”复制到了“GB. SCHLIB”元器件库，下面进一步说明对“Diode”修改的方法：

1）打开“GB. SCHLIB”元器件库文件，并在“Library Editor”工作面板中找到“Diode”元器件，如图6-20所示。

2）执行菜单命令“Edit \ Delete”，这时鼠标箭头上拖带一个十字状符号，移动鼠标到二极管的实心三角形位置，单击左键，即可将实心三角形删除，如图6-21所示。

3）执行菜单命令“Place\Line”，或单击绘图工具栏中╱按钮，此时鼠标指针旁边会多出一个大十字符号，利用画直线工具移动鼠标可以绘制空心三角形，修改好的二极管符号如图6-22所示。

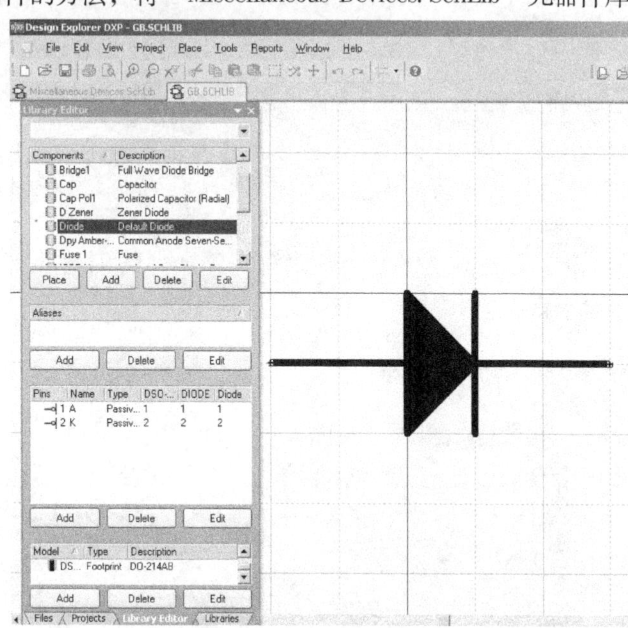

图6-20　“Diode”元器件

注意：在绘制直线过程中，按<u>Space</u>键可以切换画直线方式，分别是直角走线、45°走线和任意角度走线。

4）执行菜单命令“File\Save”，保存修改后的库文件。

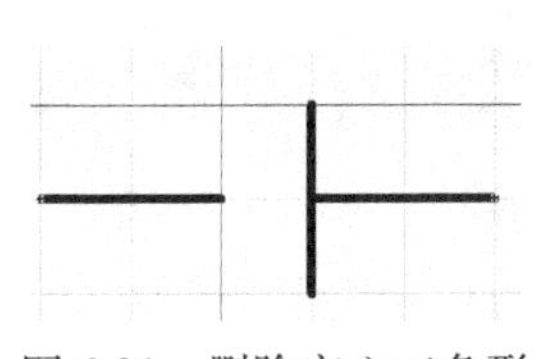

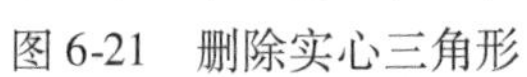

图 6-21 删除实心三角形

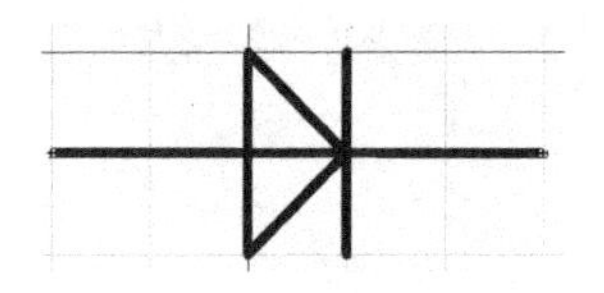

图 6-22 修改好的二极管符号

6.2.4 给元器件添加一个别名

由于电子元器件生产厂家众多，对于一个功能、封装及引脚排列完全一致的元器件，却有着不同的名称。因此在创建原理图时用到的元器件有时也不限于一个元器件名称。例如 8051 单片机，Intel 公司的产品为 8051，Philips 公司的产品为 80C51，Atmel 公司的产品为 AT89C51。对于这样的元器件，没有必要都单独创建一个元器件符号，只需为其中一个创建元器件符号，其余定义成别名即可。

给元器件添加别名的操作步骤如下：

1）在元器件编辑管理器的中部有一个“Aliases”编辑窗口，如图 6-23 所示。

2）单击“Aliases”编辑窗口下面的 Add 按钮，弹出添加新元器件别名对话框，如图 6-24 所示。

图 6-23 “Aliases”编辑窗口

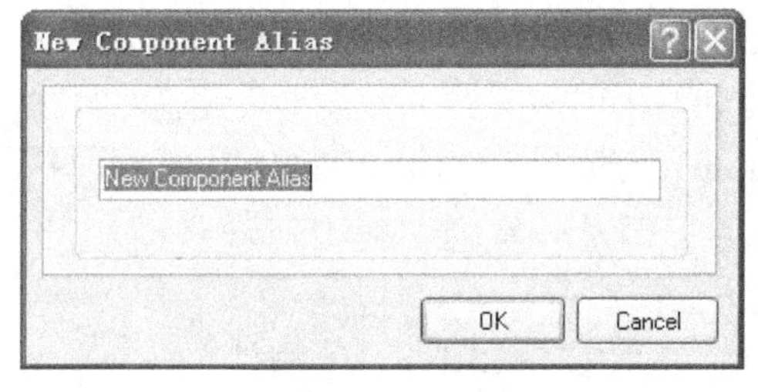

图 6-24 添加新元器件别名对话框

3）在图 6-24 的输入栏内输入元器件的别名后，单击 OK 按钮即可给元器件添加一个别名。

6.2.5 元器件报表

在元器件编辑管理器面板中选择一个元器件，然后执行菜单命令“Report\Component”，系统会自动创建当前元器件的报表，图 6-25 所示为“Diode”元器件的报表。

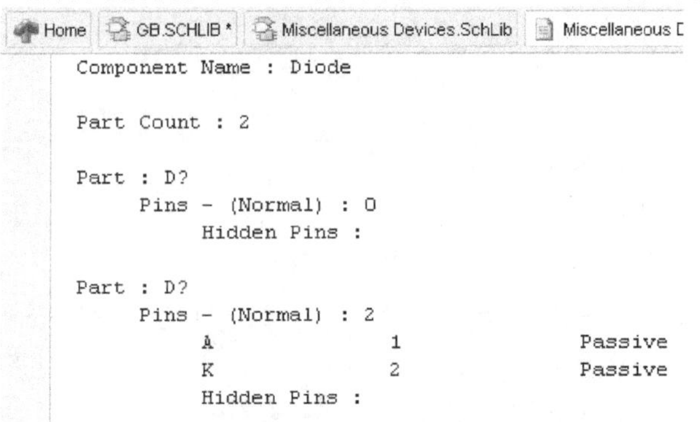

```
Home | GB.SCHLIB * | Miscellaneous Devices.SchLib | Miscellaneous D

Component Name : Diode

Part Count : 2

Part : D?
     Pins - (Normal) : 0
          Hidden Pins :

Part : D?
     Pins - (Normal) : 2
          A              1              Passive
          K              2              Passive
          Hidden Pins :
```

图 6-25 “Diode”元器件的报表

6.2.6　产生元器件规则检查报表

执行菜单命令“Report\Component Rule Check”，系统将弹出图6-26所示的元器件规则检查设置对话框，对话框中的各选项含义如下：

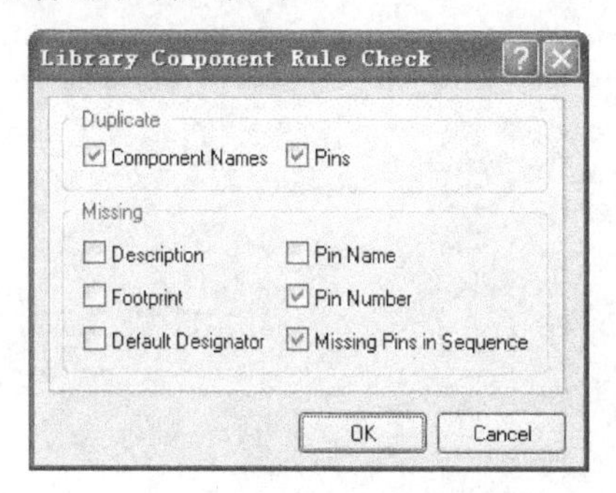

图6-26　元器件规则检查设置对话框

1. “Duplicate”区域

“Duplicate”区域用于设置是否检查重复项目，其中有两项，即“Component Names”和“Pins”选项。

2. “Missing”区域

“Missing”区域用于设置是否检查缺失的项目。

1）“Description”选项：用于设置检验元器件描述是否缺失。

2）“Footprint”选项：用于设置检验元器件封装是否缺失。

3）“Default Designator”选项：用于设置检验元器件默认标识是否空缺。

4）“Pin Name”选项：用于设置检验元器件引脚名是否空缺。

5）“Pin Number”选项：用于设置检验元器件引脚号是否空缺。

6）“Missing Pins in Sequence”选项：用于设置检验元器件引脚顺序是否空缺。

设置完毕，单击 OK 按钮，系统会自动产生元器件规则检查报表，如图6-27所示。

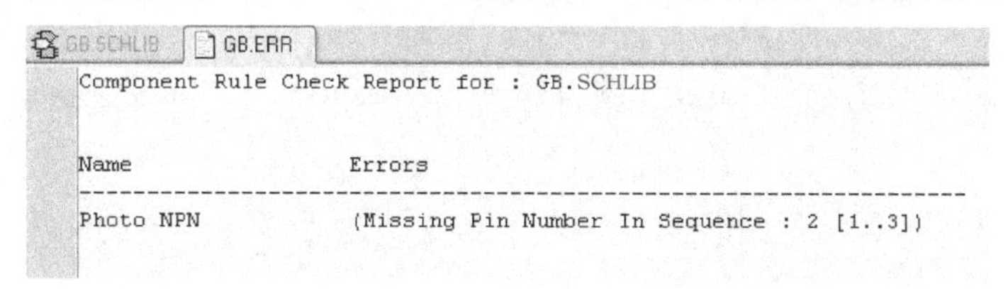

图6-27　元器件规则检查报表

元器件规则检查报表的扩展名为“.ERR”，元器件规则检查报表的功能是检查元器件库中的元器件是否有错，并将有错的元器件罗列出来，而且指明错误的原因。

6.2.7　产生元器件库报表

元器件库报表的功能是罗列当前元器件库中的所有元器件的名称。执行菜单命令“Report\Library”，系统即可产生元器件库报表。图6-28所示为“Miscellaneous Devices.SchLib”元器件库报表。

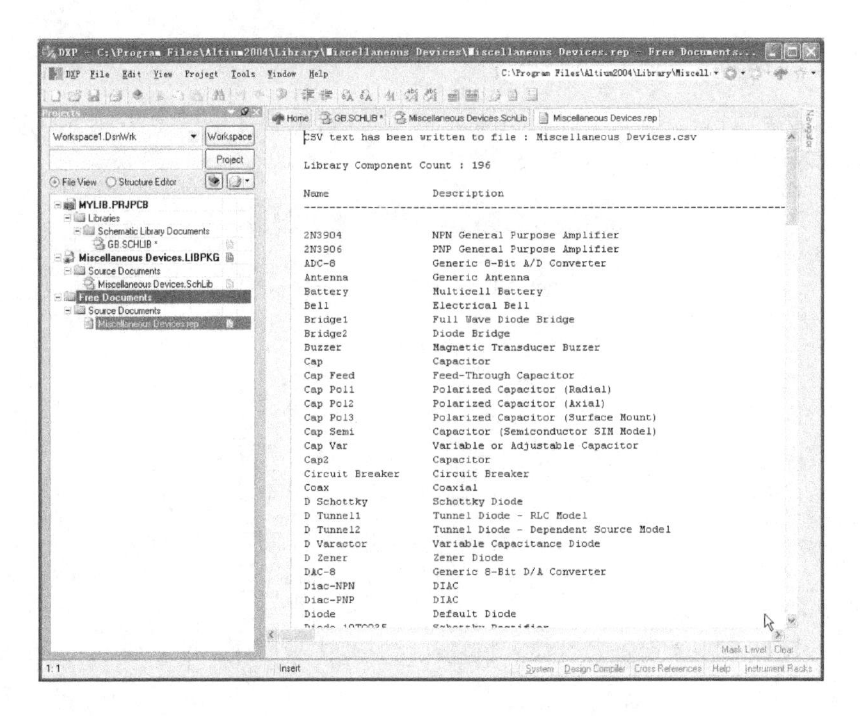

图 6-28 “Miscellaneous Devices. SchLib” 元器件库报表

6.3 创建 PCB 元器件封装

在设计 PCB 图时，PCB 板上所使用的元器件为封装模型，即每一元器件具有一定的大小和形状。Protel 2004 提供的集成元器件库绝大多数元器件都有其封装模型，但应注意的是，即使对于同一元器件，其封装往往有多种形式，自己设计时应注意使用哪种封装。还有一种情况，就是我们要使用的某个元器件封装，在 PCB 封装库中找不到时，这就需要自己创建一个元器件封装。

Protel 2004 提供了一个创建元器件封装的编辑器，即 PCB 元器件封装库编辑器，用它可以创建任意形状的元器件封装。当然元器件封装的创建也可以借助现有的元器件封装，通过简单的修改来得到。

本节主要介绍 PCB 元器件封装库编辑器，以及创建元器件封装的两种方法：手工创建法和向导创建法。

6.3.1 启动 PCB 元器件封装库编辑器

启动 PCB 元器件封装库编辑器的步骤如下：

1）执行菜单命令“File\New\PCB Library”，新建一个元器件封装库文件，在项目管理器中自动出现文件名为“PCBLib1. PcbLib”的元器件库文件，如图 6-29 所示。

2）修改新建的元器件封装库文件名。与新建 PCB 文件一样，用鼠标右键单击文件“PCBLib1. PcbLib”，在弹出的对话框中选择“Save As...”（另存为），输入存放的位置和文件名后，关闭对话框。

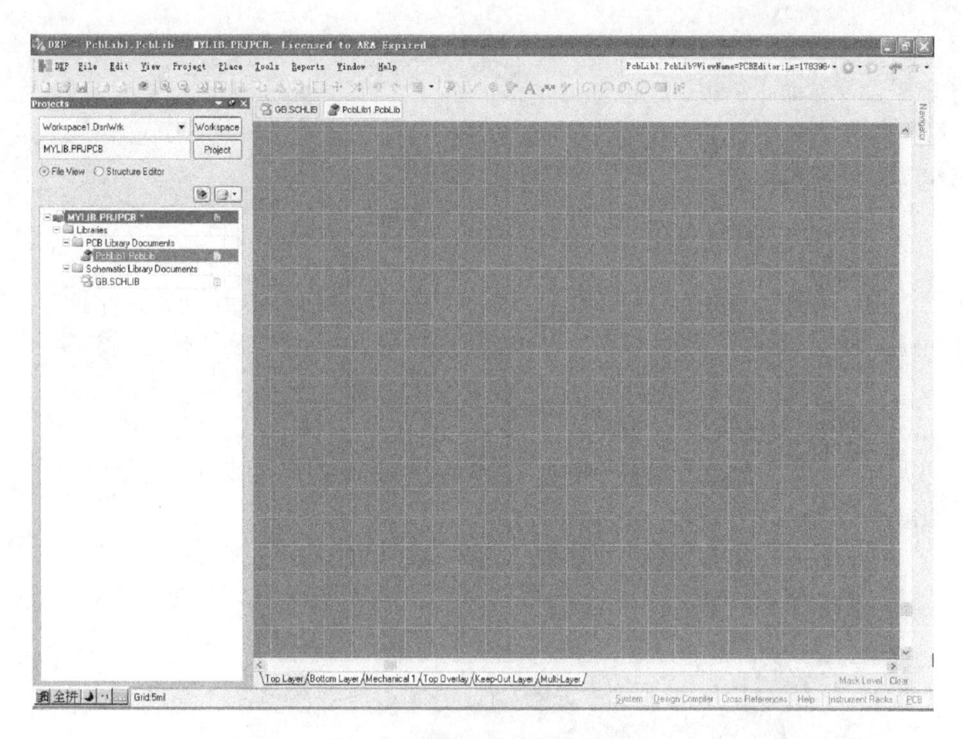

图 6-29　创建元器件封装库文件

3）启动元器件封装库编辑器。用鼠标左键单击编辑界面下部的“PCB \ PCB Library”标签，打开元器件封装库管理器，图 6-30 所示为元器件封装库编辑器。

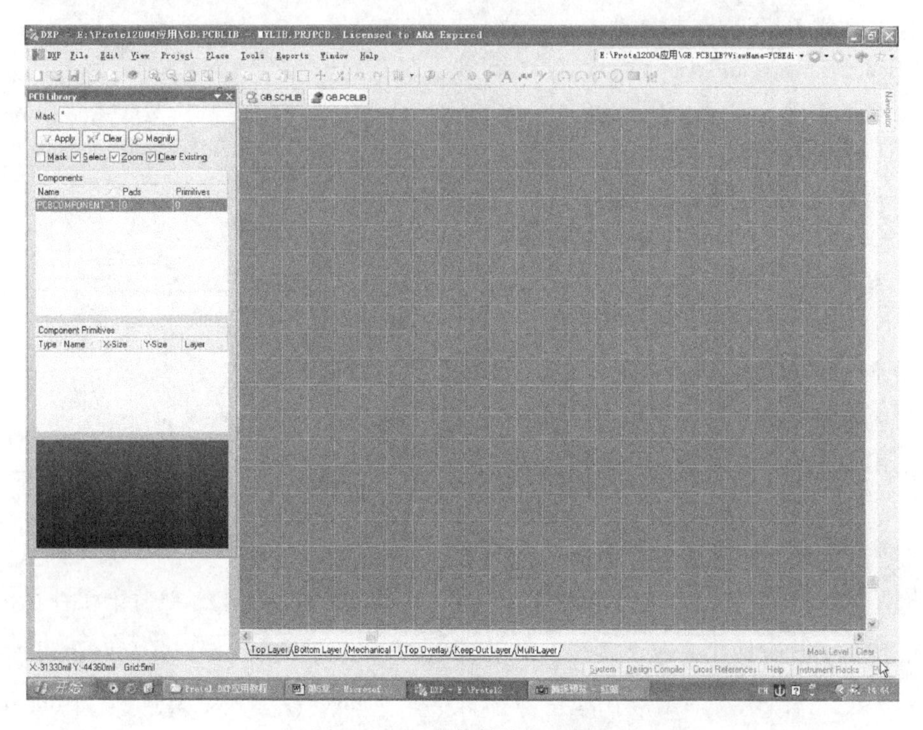

图 6-30　元器件封装库编辑器

按Ctrl + End键，可使编辑区中的光标回到系统的坐标原点。元器件封装库编辑器的界面与PCB设计界面非常相似，也分为主菜单栏、主工具栏、编辑区、放置工具栏、文档标签、层标签等，这里不再详细介绍。下面分两种情况着重介绍如何利用元器件封装库编辑器来制作新的元器件封装。

6.3.2　手工创建元器件封装

手工创建元器件封装就是利用系统提供的各种工具，按照实际的尺寸绘制出元器件封装。下面通过创建图6-31所示的DIP-8，来介绍如何手工创建元器件封装。

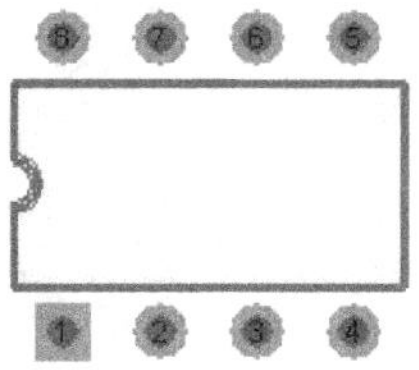

图6-31　DIP-8

1. 元器件封装库编辑环境设置

与PCB设计一样，在进行设计前，要对设计环境进行设置，如板层设置、栅格大小设置、系统参数设置等。

（1）栅格设置　在元器件封装编辑区中，单击鼠标右键，在弹出的菜单中选择“Library Options...”命令，系统将弹出图6-32所示的对话框；也可以直接执行菜单命令“Tools\Library Options...”，或按T、O键调出此对话框。

通常将可见栅格1(Grid 1)设置为5mil，可见栅格2(Grid 2)设置为100mil。

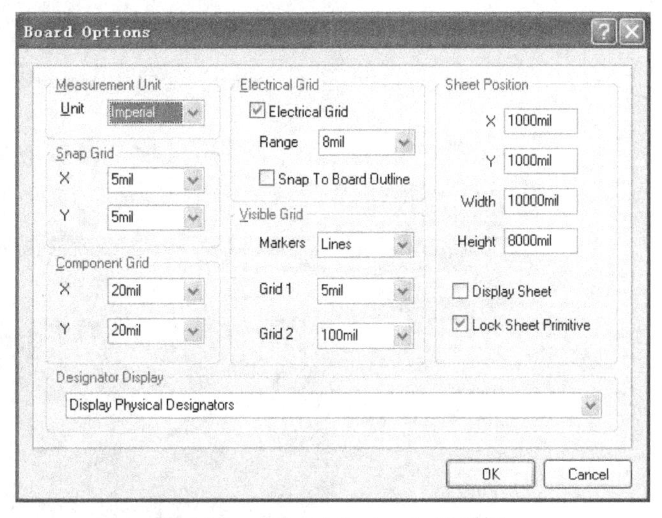

图6-32　“Board Options”对话框

（2）板层设置　在元器件封装编辑区中，单击鼠标右键，系统将弹出右键快捷菜单，选择其中的“Options\Board Layers and Colors...”命令。执行命令后，启动板层和颜色设置对话框，如图6-33所示。在对话框中可以设置需要的板层及颜色。

（3）系统参数设置　执行菜单命令“Tools\Preferences...”，或者按T、P键，可以启动图6-34所示的系统参数设置对话框。

2. 创建元器件封装

在绘制前必须保证顶层丝印层(Top Overlay)为当前层。按照以下步骤进行创建元器件封装。

（1）放置焊盘　执行菜单命令“Place\Pad”，或者单击放置工具栏中的按钮，或者按快捷键P、P即可启动该命令。启动命令后，光标变成十字形状，并拖着一个浮动的焊盘，如图6-35所示。此时按Tab键，系统将弹出图6-36所示的焊盘属性对话框。也可以用鼠标左键双击焊盘，弹出该对话框。在属性对话框中，“Layer”选项中要选择“Multi-Layer”。其他选项内容前面已经介绍过。

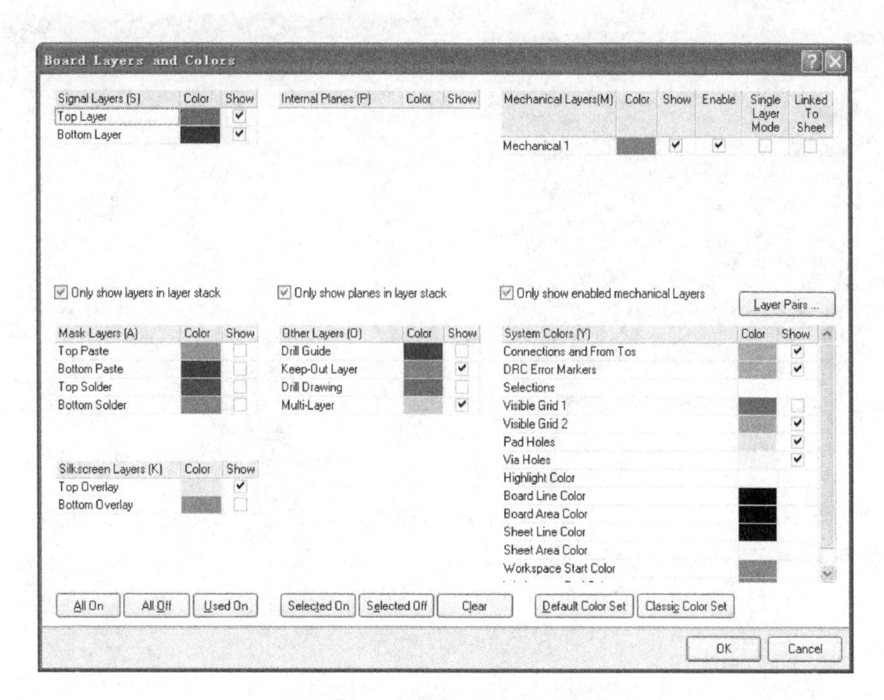

图 6-33　板层和颜色设置对话框

Preferences

Options　Display　Show/Hide　Defaults

Editing Options
Online DRC
Snap To Center　Smart Component Snap
Double Click Runs Inspector
Remove Duplicates
Confirm Global Edit
Protect Locked Objects
Confirm Selection Memory Clear
Click Clears Selection
Shift Click To Select　Primitives

Other
Undo/Redo　30
Rotation Step　90.000
Cursor Type　Small 90
Comp Drag　none

Autopan Options
Style　Adaptive
Speed　1200
Pixels/Sec　Mils/Sec

Interactive Routing
Mode　Avoid Obstacle
Plow Through Polygons
Automatically Remove Loops
Smart Track Ends
Restrict To 90/45

Polygon Repour
Repour　Never
Threshold　5000

OK　Cancel

图 6-34　系统参数设置对话框

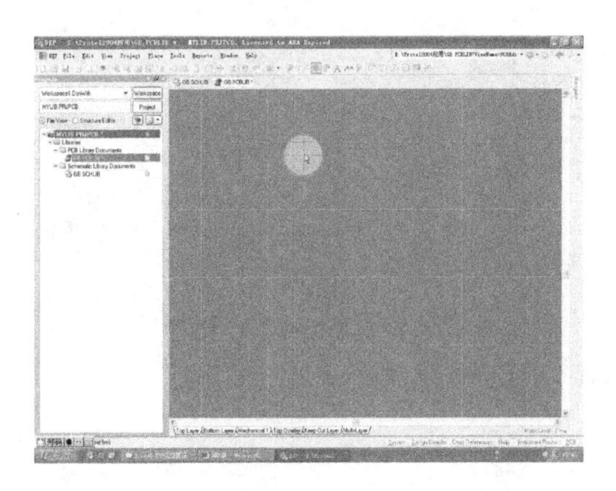

图 6-35　放置焊盘

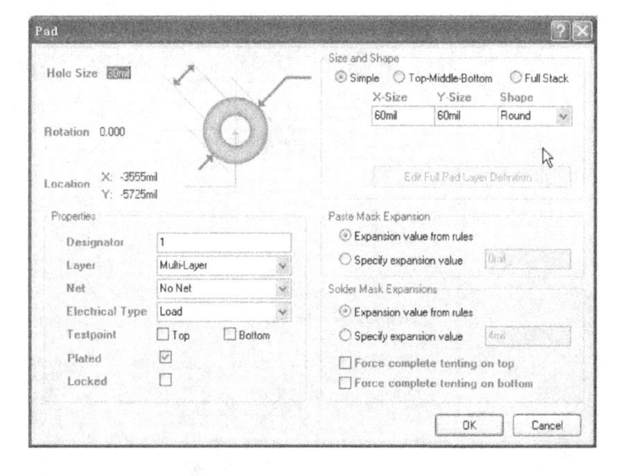

图 6-36　焊盘属性对话框

在创建元器件封装时，组件之间的相对距离及其形状非常重要，否则新创建的元器件封装将无法使用，所以组件属性设置对话框中的“Location X/Y”、“Shape”等项常需要输入精确的数值。习惯上 1 号焊盘布置在(0,0)位置，形状为正方形，其他组件根据实际的尺寸布置它的相对位置，同时焊盘直径和孔径都要精确设置。

本例中，焊盘的水平距离为 100mil(25.4×10^{-4}m)，垂直距离为 300mil(76.2×10^{-4}m)。图 6-37 为放置好的焊盘。

（2）绘制外形轮廓　选择顶层丝印层，使用放置直线工具和绘制圆弧工具绘制元器件封装的外形轮廓。图 6-38 所示为绘制的 DIP-8 元器件封装。

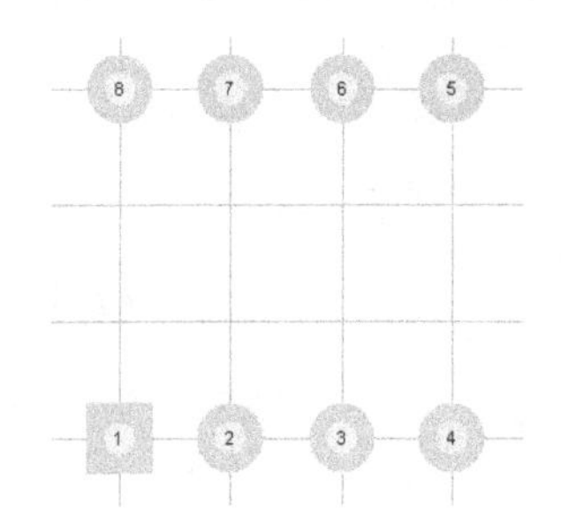

图 6-37　放置好的焊盘

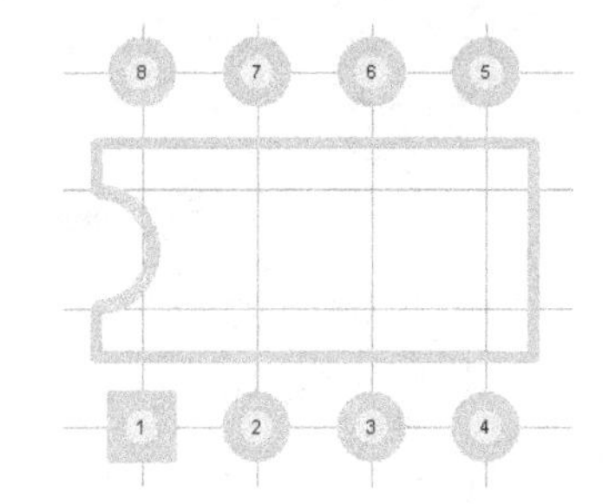

图 6-38　绘制的 DIP-8 元器件封装

（3）设置元器件封装参考点　执行菜单命令“Edit \ Set Reference”，在子菜单中，有三个选项，即“Pin 1”、“Center”和“Location”。其中，“Pin 1”表示以 1 号焊盘为参考点，“Center”表示以元器件封装中心为参考点，“Location”表示以设计者指定一个位置为参考点。本例以 1 号焊盘为参考点。

（4）重命名与存盘　在创建元器件封装时，系统自动给出默认的元器件封装名称“PCBCOMPONENT-1”，并在元器件管理器中显示出来。执行菜单命令“Tools \ Component Properties”命令后，系统将弹出图 6-39 所示的对话框，在“Name”栏中输入元器件封装名称，单击 OK 按钮关闭对话框，即可完成重命名。本例元器件封装名称为 DIP-8。

最后，执行存盘命令将新创建的元器件封装及元器件库保存。如图 6-40 所示，完成手工元器件封装的编辑。

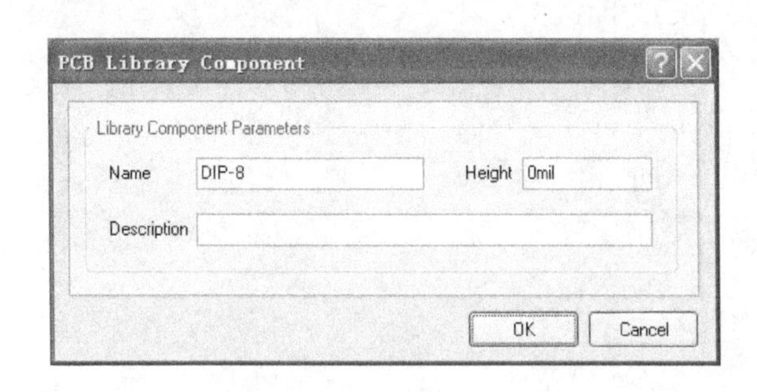

图 6-39　重命名元器件封装

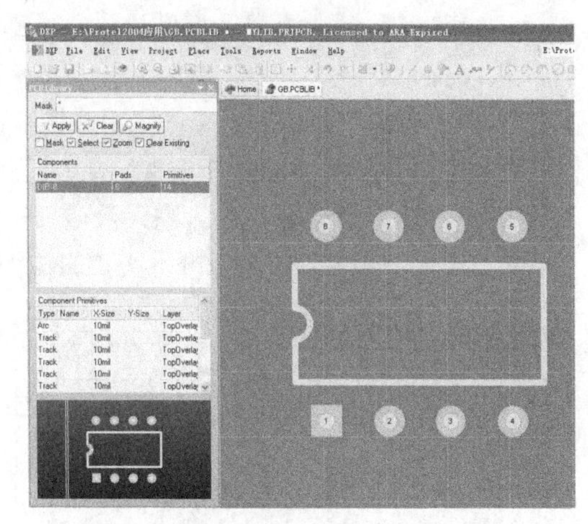

图 6-40　保存新创建的元器件封装

6.3.3　利用向导创建元器件封装

Protel 2004 提供的元器件封装向导使创建新的元器件封装变得很方便。下面以创建 DIP-8 为例介绍如何利用向导创建新的元器件封装。具体步骤如下：

1）执行菜单命令“Tools\New Component”，或者在 PCB 元器件库管理器面板的“Component”区域单击右键，在弹出的右键快捷菜单中，选择“Component Wizard...”命令，便可以启动图 6-41 所示的封装向导。

2）单击 Next > 按钮，系统将弹出图 6-42 所示的选择元器件封装种类对话框。

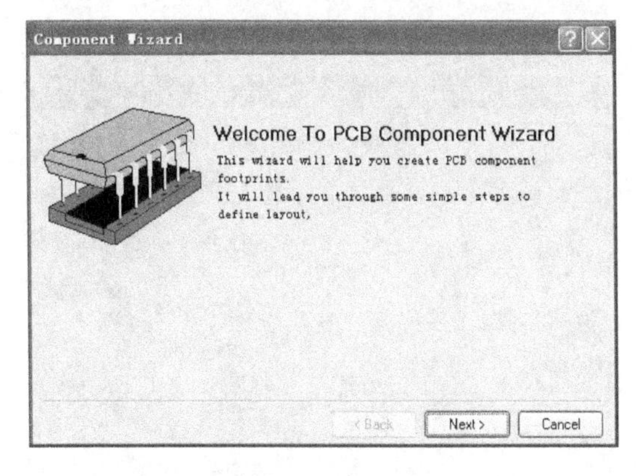

图 6-41　启动元器件封装向导

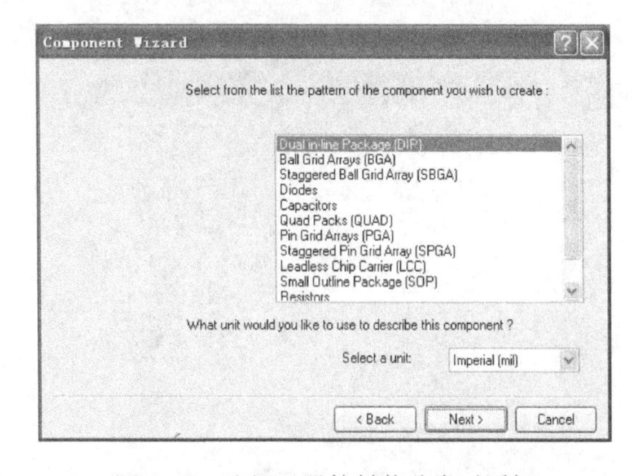

图 6-42　选择元器件封装种类对话框

在对话框中列出了 12 种元器件封装形式，设计者可以从中选择需要的一种形式。这些形式主要有“Edge Connectors”（边连接式）、“Leadless Chip Carder(LCC)”（无引线芯片载体式）、“Resistors”（电阻式）、“Dual in-line Package(DIP)”（双列直插式）、“Staggered Ball Grid Array(SBGA)”（球状格点阵列式封装）、“Ball Grid Array(BGA)”（格点阵列式）、“Diodes”（二极管式）、“Small Outline Package(SOP)”（小外形包装式）、“Capacitors”（电容式）、“Quad Packs(QUAD)”（四芯包装式）、“Staggered Pin Grid Arrays(SPGA)”（开关门阵列式）、“Pin Grid Arrays(PGA)”（引脚栅格阵列式）。

同时可以在对话框中选择度量单位，即 Imperial(英制)(mil)和 Metric(公制)(mm)。系统默认设置为英制。

本例中选择“DIP”形式，使用系统默认的度量单位。

3）单击 Next > 按钮，可进入焊盘尺寸设置对话框。方法是在尺寸标注文字上单击鼠标左键，文字进入编辑状态，键入数值即可修改，本例作了修改，如图 6-43 所示。

4）单击 Next > 按钮，可进入焊盘间距设置对话框，如图 6-44 所示。将光标直接移到

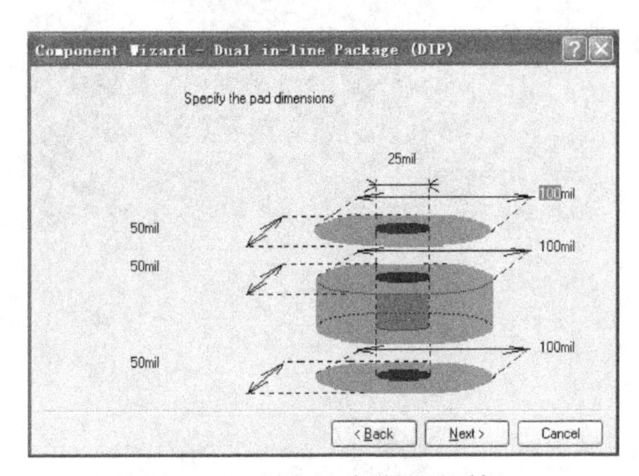

图 6-43　焊盘尺寸设置对话框

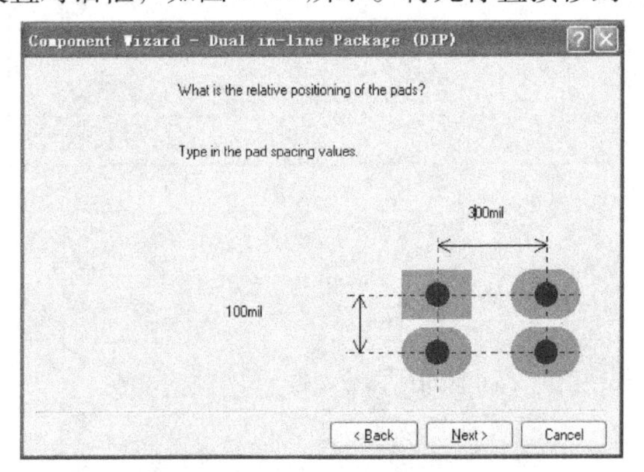

图 6-44　焊盘间距设置对话框

要修改的尺寸上，单击鼠标左键即可对尺寸进行修改。本例中将双排间的距离设置为 300mil。

5）单击 Next > 按钮，可进入图 6-45 所示的元器件封装轮廓线条粗细设置对话框。

6）单击 Next > 按钮，可进入图 6-46 所示的焊盘数量设置对话框。通过右边的微调器可以设置焊盘数量。本例将其设置为 8。

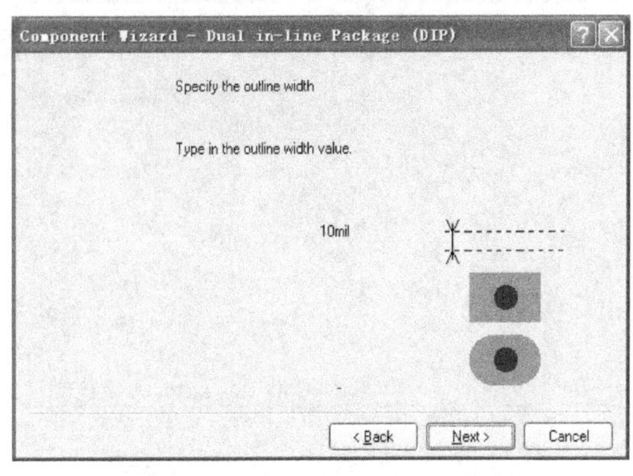

图 6-45　轮廓线条粗细设置对话框

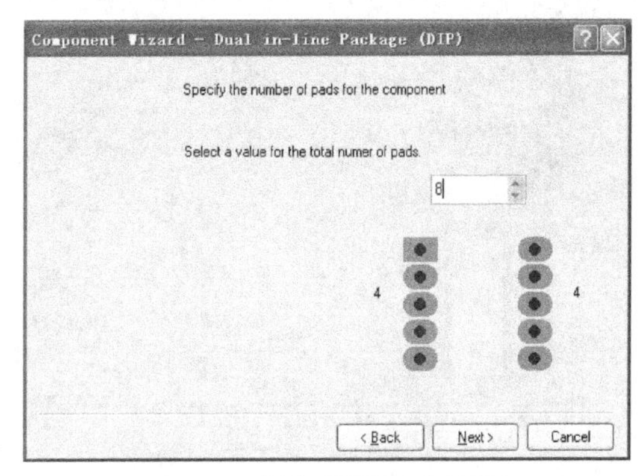

图 6-46　焊盘数量设置对话框

7）单击 Next > 按钮，可进入图 6-47 所示的元器件封装名称设置对话框。直接在编辑框中键入名称即可。本例中创建的元器件封装名称为 DIP-8。

8）单击 Next > 按钮，系统将弹出图 6-48 所示的对话框，表示元器件封装设置完成。

单击 Finish 按钮，即可完成新元器件封装的创建。图 6-49 所示为完成创建新元器件封装后的显示。

从元器件库管理器中可以看到，在新建的元器件库中已经存在新创建的两个元器件封装。

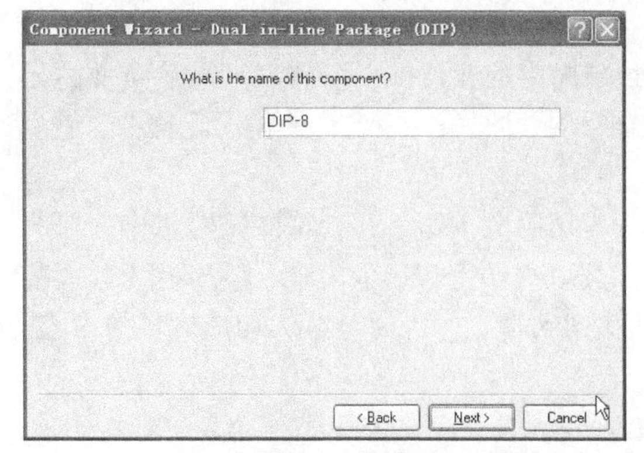

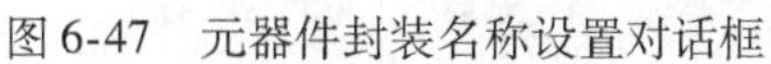
图 6-47　元器件封装名称设置对话框

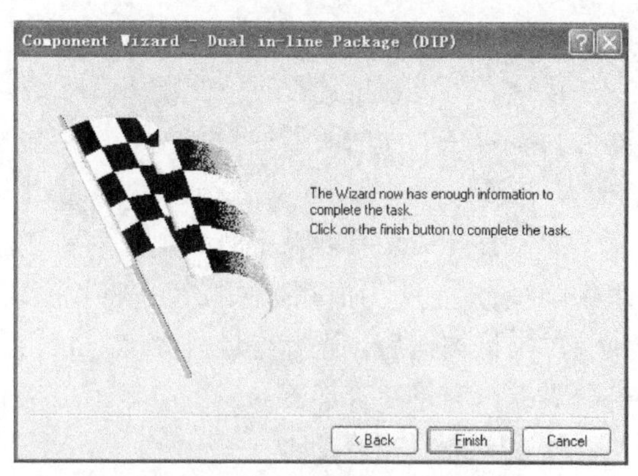

图 6-48　元器件封装设置完成

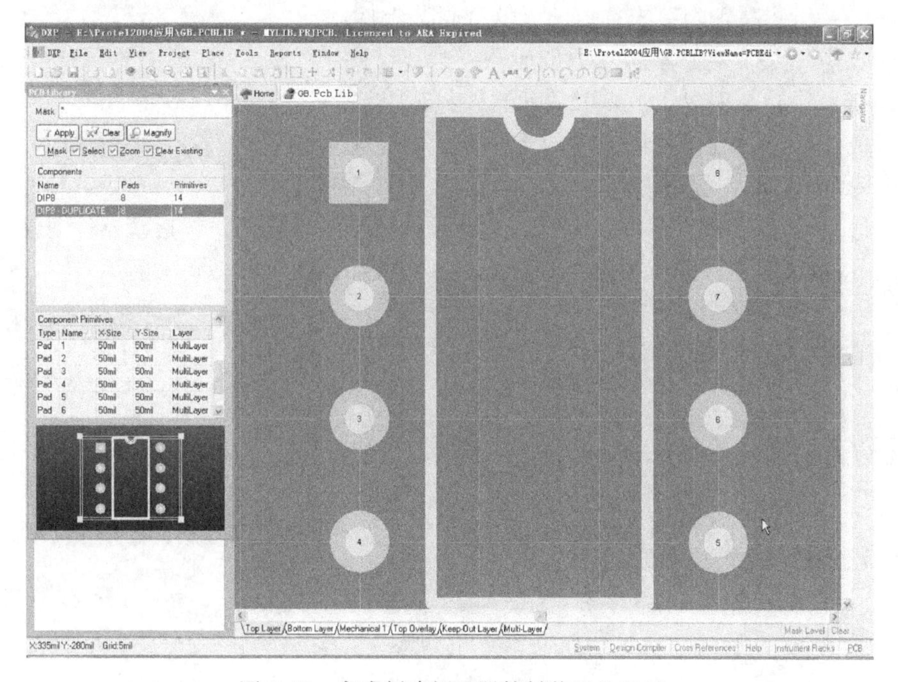

图 6-49　完成创建新元器件封装后的显示

6.4　PCB 封装库管理器

对已经存在的元器件封装库或新创建的元器件库的管理和各种操作主要利用元器件库封装管理器完成，如元器件封装的创建、复制、删除、修改等。

6.4.1　PCB 元器件库管理器面板

启动元器件封装编辑器后，用鼠标左键单击面板“Panels”中的“PCB Library”标签，或者执行菜单命令“View\Workspace Panels\PCB\PCB Library”，系统自动弹出一个浮动的 PCB 元器件库管理器面板，如图 6-50 所示。该面板也可以像其他面板一样，作为选项卡放置在元器件封装编辑器的任意位置。

1. 过滤框(Mask)

设计者可以通过此框过滤当前 PCB 元器件封装库中的元器件，所有满足过滤条件的元器件封装将在下面的元器件封装列表框中显示出来。在过滤条件中允许使用通配符“×”。

2. 按钮

元器件库封装管理器中有三个按钮：Apply 为应用隐藏按钮，在允许隐藏时将未选取的组件隐藏；Clear 为清除隐藏按钮，将被隐藏的未选取组件重新显示出来；Magnify 为放大按钮，单击该按钮后，光标变成放大镜形状，将其移到编辑工作区时会放大相应区域的内容，被放大的内容将在管理器的视窗中显示出来。

3. 复选框

元器件库封装管理器中有四个复选框。

1）Mask：设置是否隐藏未选取的元器件封装组件。

2）Select：设置是否选取被点取的元器件封装组件。

3）Zoom：设置是否放大被点取的元器件封装组件。

4）Clear Existing：设置当选取一个组件时是否清除其他组件的选取状态。

4. “Components” 区域

该区域显示当前元器件库中所有符合过滤条件的元器件封装，包括元器件封装名称、焊盘数量等。将鼠标放在该区域中并单击右键，系统将弹出图 6-51 所示的菜单。

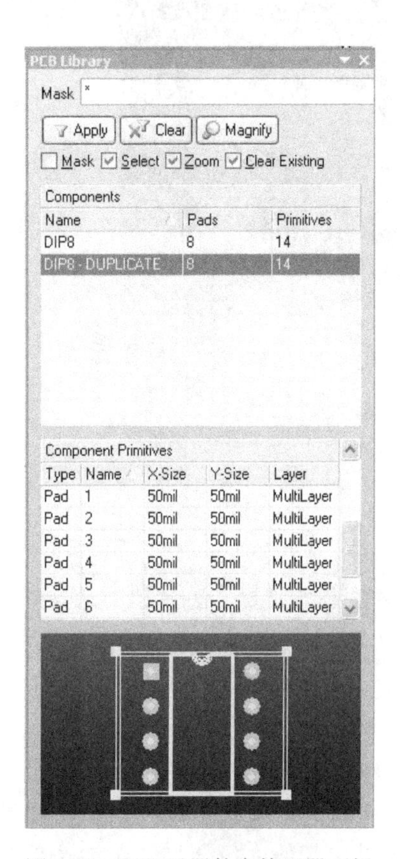

图 6-50 PCB 元器件库管理器面板

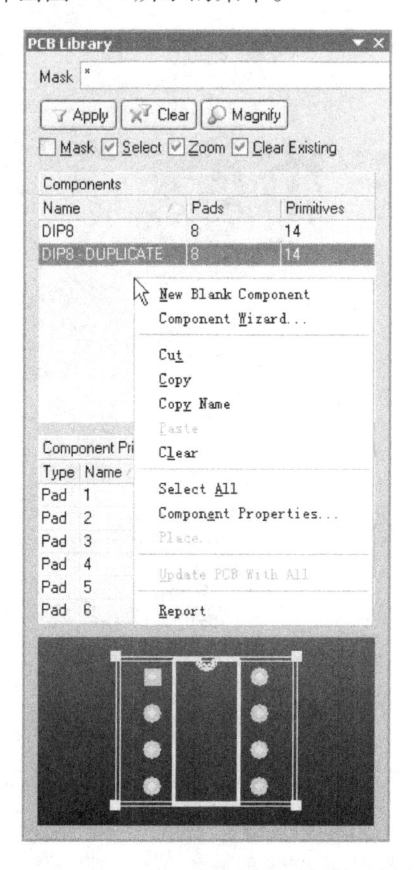

图 6-51 “Components” 区域右键快捷菜单

菜单中的命令介绍如下。

1）New Blank Component：启动创建新的元器件封装命令。

2）Component Wizard…：启动创建元器件封装向导。

3）Cut：将选取的元器件封装剪切到剪贴板上。

4）Copy：将选取的元器件封装复制到剪贴板上。

5）Copy Name：将选取的元器件封装名称复制到剪贴板上。

6）Paste：将剪贴板上的元器件封装粘贴到当前的元器件库中。

7）Clear：删除选取的元器件封装。

8）Select All：选取所有的元器件封装。

9）Component Properties…：启动元器件封装属性对话框。

10）Place…：启动放置元器件封装命令，将选取的元器件封装放置到打开的 PCB 中去。

11）Update PCB With All：用所有的元器件封装更新 PCB。

12）Report：对所选取的元器件封装产生报告文件，图6-52 所示为 DIP-8 的报告文件。

5. "Component Primitives" 区域

该区域显示在"Components"区域所选取元器件封装的组件，包括组件的类型、名称、位置、大小和所在的板层等。用鼠标左键双击组件，系统将弹出其属性对话框，在此对话框中可以对组件的属性进行编辑。单击鼠标右键，系统弹出图6-53 所示的右键快捷菜单，可以对该区域要显示的项目进行设置。

Home　GB.PCBLIB *　GB.CMP

```
Component    : DIP8 - duplicate
PCB Library  : GB.PCBLIB
Date         : 2006-2-24
Time         : 15:22:20


Dimension : 0.364 x 0.41 in

 Layer(s)            Pads(s)   Tracks(s)   Fill(s)   Arc(s)   Text(s)
-----------------------------------------------------------------------
 Top Overlay            0          5          0         1         0
 Multi Layer            8          0          0         0         0
-----------------------------------------------------------------------
 Total                  8          5          0         1         0
```

图6-52　DIP-8 的报告文件

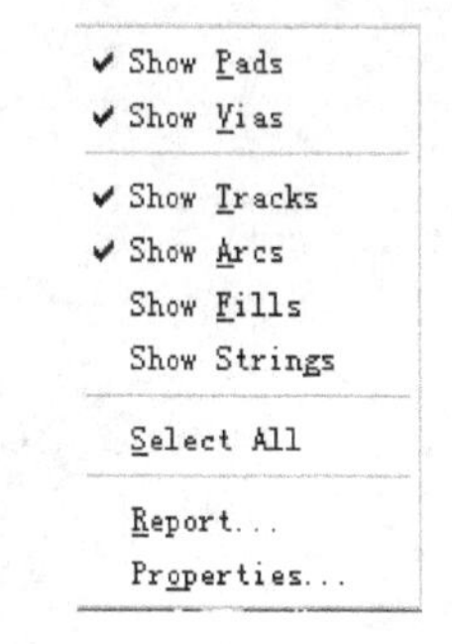

图6-53　"Component Primitives"区域右键快捷菜单

6. 元器件封装预览区域

该区域中的正方形框具有放大镜的功能，在正方形框中按下鼠标左键并移动，将组件放大后在编辑区中显示，被选取的组件也会在此显示出来。

6.4.2　元器件封装管理器的应用

1. 快速查找元器件封装

通过元器件封装过滤框可以快速查找元器件封装。方法是：在过滤框中输入元器件封装中的字母，其后加上通配符"×"，按回车键，则在"Components"区域显示当前被激活元器件库中所有以所输入字母开头的元器件封装。如果只输入通配符"×"，则在"Components"区域将显示所有的元器件封装。

2. 元器件封装的复制

如果需要创建的元器件封装与已有的元器件封装很相似，这时可以把已有的元器件封装复制一份，在此基础上进行修改或编辑等。例如将“Miscellaneous Devices PCB. PCBLib”元器件库中的“DIP-12/SW”复制到“MyPCBLib. PCBLib”元器件库中，具体操作步骤如下：

1）首先将“Miscellaneous Devices PCB. PCBLib”元器件库文件打开，并找到元器件封装“DIP-12/SW”，如图 6-54 所示。

2）用鼠标右键单击元器件封装“DIP-12/SW”，在弹出的右键快捷菜单中选择“Copy”命令。

3）单击“MyPCBLib. PCBLib”标签，使该库为当前元器件封装库。

4）此时“Components”区域显示当前元器件封装库中元器件封装，用鼠标右键单击该区域的空白处，在弹出的右键快捷菜单中选择“Paste”命令，即可完成复制“DIP-12/SW”的操作，如图 6-55 所示。

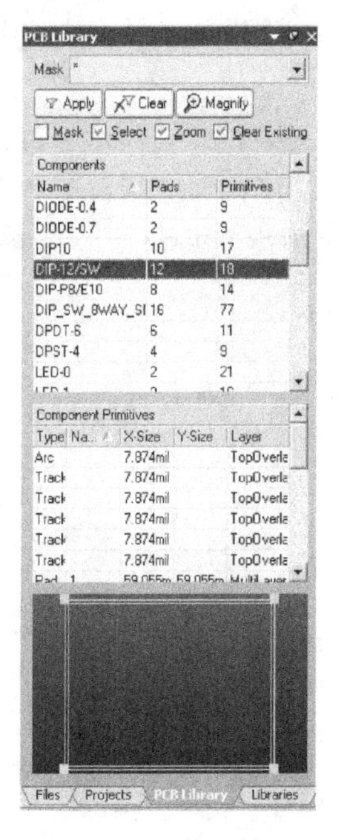

图 6-54　选择复制元器件封装

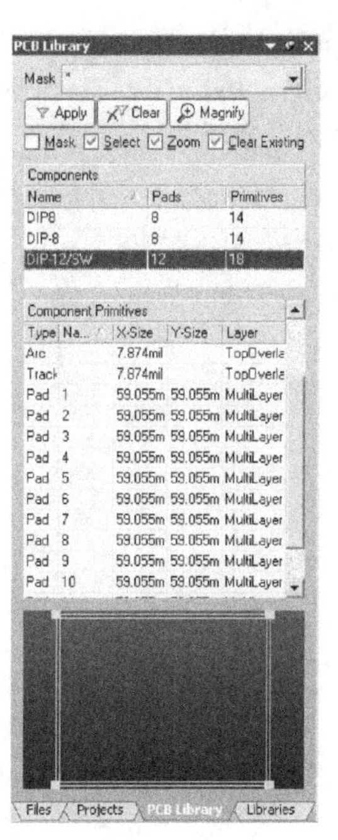

图 6-55　完成元器件封装复制

6.5　创建集成库

Protel 2004 使用的元器件库为集成库，即元器件库中的元器件具有整合的信息，如原理图符号、元器件封装、仿真和信号完整性分析等。所以在使用以前版本的元器件库或自己创建的元器件库以及在使用从 Protel 网站下载的元器件库时最好将其打包，转换为集成元器件库。

6.5.1　为集成库项目文档添加源库文件

集成库文件所需要的源库文件包括：原理图元器件库文件、PCB 封装库文件以及仿真模块和完整性分析模块等。添加源库文件的操作如下：

1）打开集成库项目文档“Mylib. LibPkg”。

2）若集成库项目文档“Mylib. LibPkg”下没有源库文件，可执行菜单命令“Project \ Add New to Project…”，找到原理图元器件库文件“GB. SCHLIB”和 PCB 封装库文件“GB. PCBLIB”，将其添加到“Mylib. LibPkg”中。若集成库项目文档“Mylib. LibPkg”下已经有源库文件，就不用添加了。

6.5.2　建立原理图元器件库与 PCB 封装库的联系

1）打开原理图元器件库文件“GB. SCHLIB”，单击原理图元器件库工作面板，如图 6-56 所示。

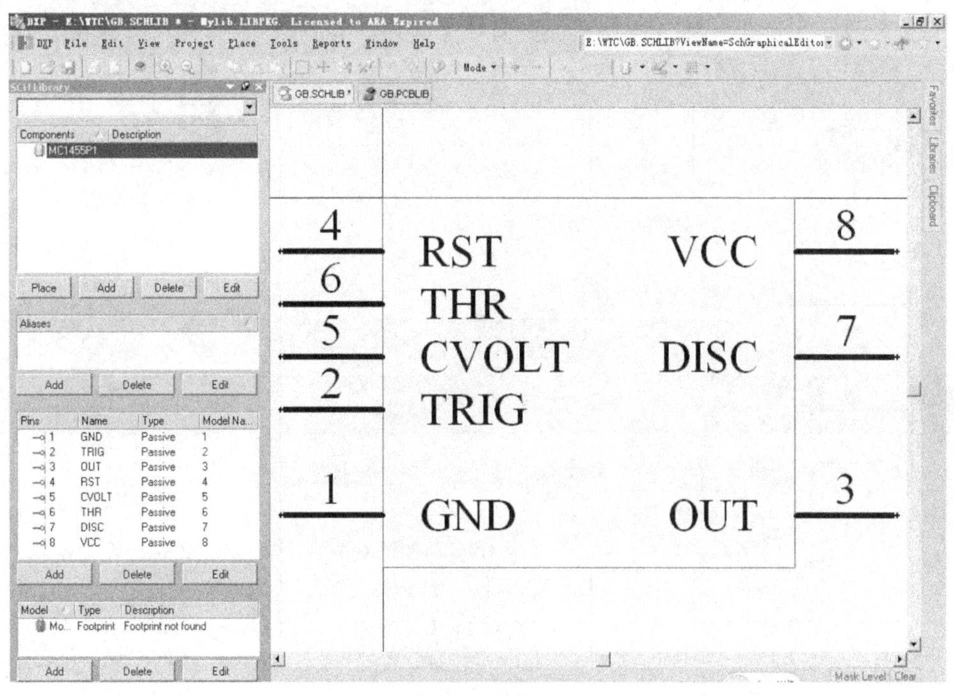

图 6-56　原理图元器件库工作面板

2）单击工作面板上部的 Edit 按钮，弹出对话框，如图 6-57 所示。

3）在对话框的右下部元件模型操作栏，单击 Add 按钮，弹出添加新模型对话框，如图 6-58 所示。

4）单击对话框中的下拉按钮，选择“Footprint”封装模型，单击 OK 按钮，弹出 PCB 库模型对话框，如图 6-59 所示。

5）该对话框用于确认封闭模型，单击 Browse... 按钮，系统会弹出封装库浏览对话框，如图 6-60 所示。

6）选择对话框左窗口中的“DIP-8”，单击 OK 按钮，对话框返回到上一对话框，名称栏中填入“DIP-8”，如图 6-61 所示。

7）逐次单击 OK 按钮，退出两个对话框，完成 MC1455P1 的原理图元件库与 PCB 封装库的联系。

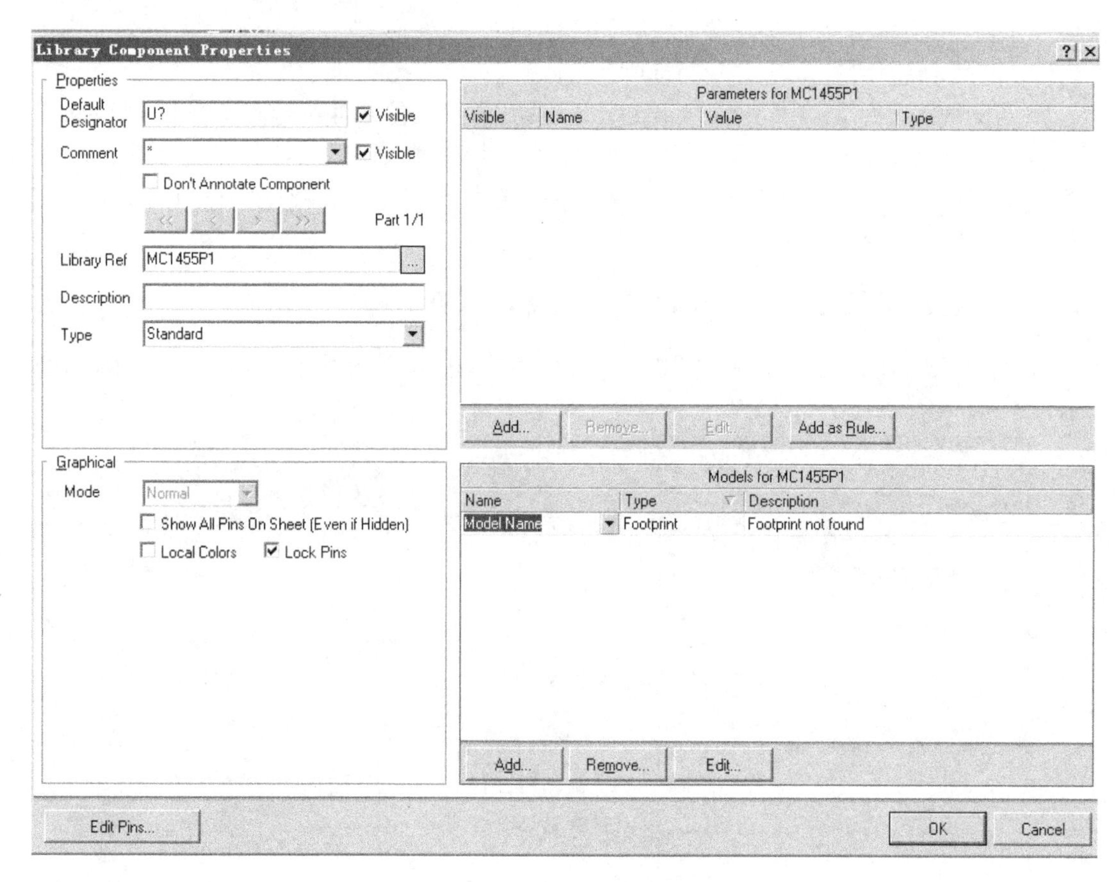

图 6-57　原理图元器件库元器件属性对话框

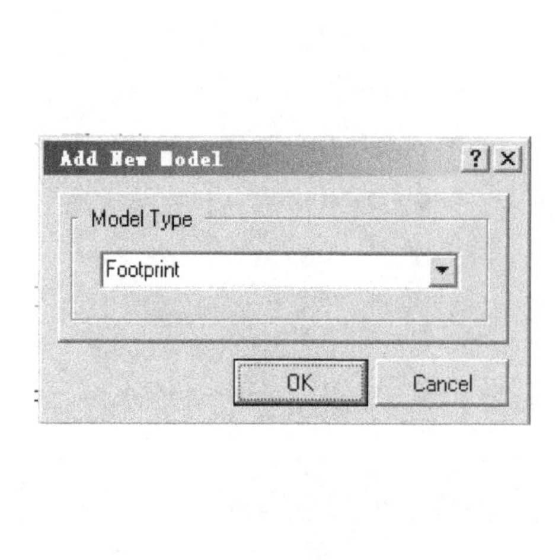

图 6-58　添加新模型对话框

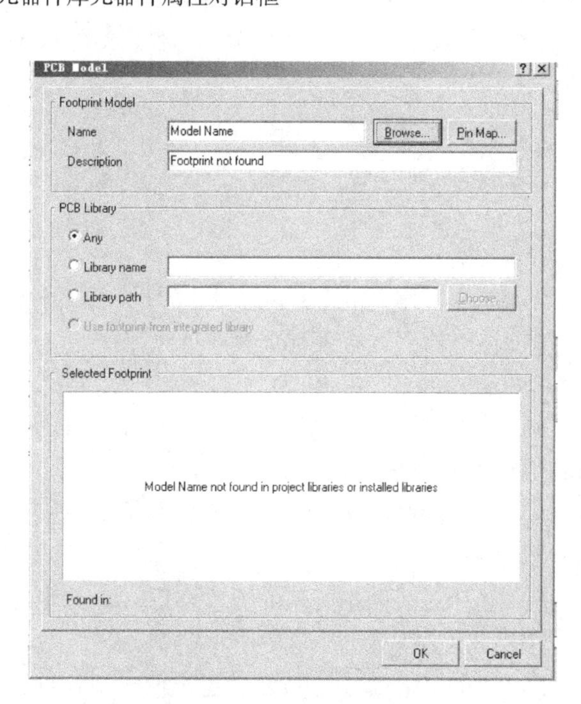

图 6-59　PCB 库模型对话框

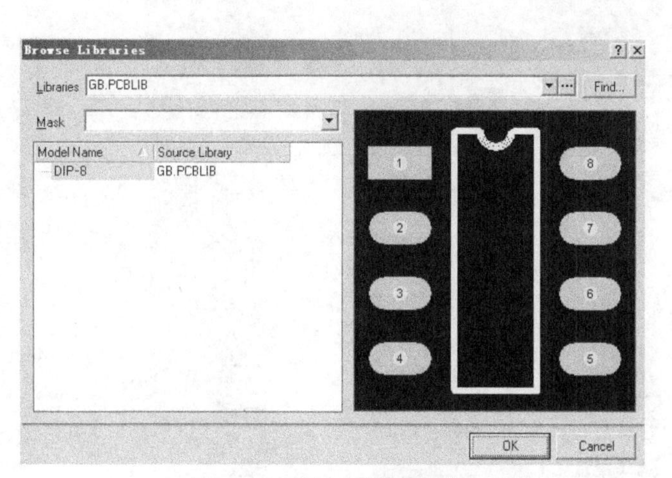

图6-60　封装库浏览对话框

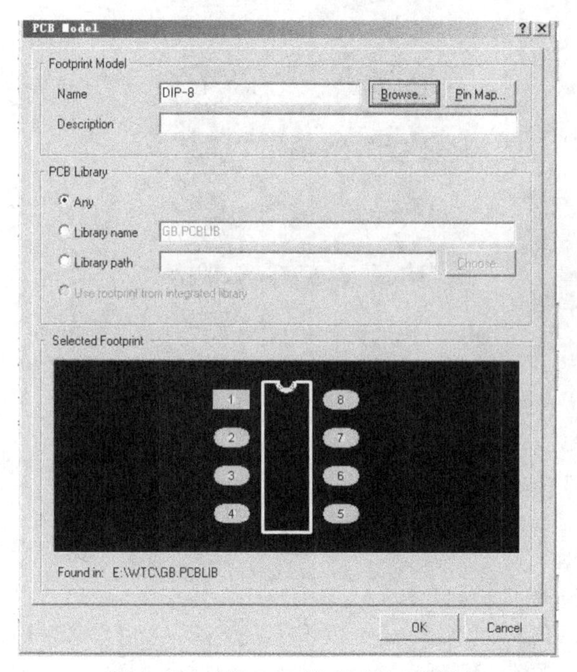

图6-61　确认PCB模型后的对话框

6.5.3　编译集成库项目文档

执行菜单命令"Project\Compile Integrated Library"，系统执行对集成库项目文档的编译操作，编译结束产生一个同名的集成库文件"Mylib.IntLib"，并自动加载到库文件管理面板，如图6-62所示。

在编译过程中，Protel 2004系统会自动在指定目录（如E:\WTC）下创建一个子目录"Project Outputs for Mylib"，所创建的集成库文件就保存在该目录下。

在库列表中选择所创建的集成库文件为当前库，在该列表下面会看到每一个元器件名称都对应一个原理图符号和一个元器件封装。现在就可以像使用系统自带的集成库一样，来使用自己创建的集成库文件了。

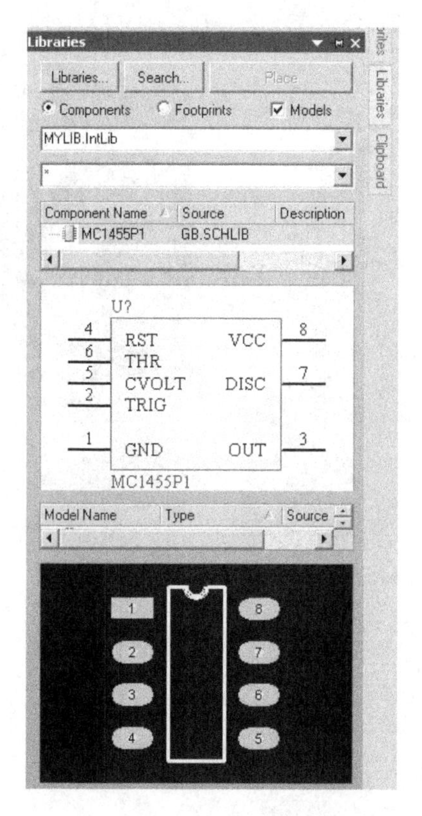

图 6-62　完成集成编译后的库文件管理面板

练　习　题

1. 创建原理图元器件有几种方法?
2. 给元器件添加别名有什么意义? 举例说明同一元器件具有几个不同的名称。
3. 什么叫元器件集成库?
4. 说明创建元器件集成库的方法步骤。
5. Protel 2004 的元器件集成库与以前 Protel 版本中的原理图元器件库和 PCB 封装库比较，有什么优点?
6. Protel 2004 的元器件封装编辑器具有哪些创建新元器件封装的功能?
7. 试利用 Protel 2004 的元器件封装向导创建一个 DIP-14 的元器件封装。
8. 如何快速查找出元器件封装?

上 机 实 践

1. 新建一个原理图元器件库，在该库中添加以下国标元器件符号：普通晶闸管、整流二极管、NPN 三极管、脉冲变压器。

2. 手工创建一个 555 定时器元器件。

3. 利用 Protel 2004 的元器件封装向导创建一个 DIP-14 的元器件封装。

4. 创建发光二极管集成元器件。

第 7 章　印制电路板设计基础

知识目标

1. 掌握 PCB 图的结构和 PCB 图设计应遵循的原则。
2. 了解 PCB 图的设计流程。

技能目标

1. 学会 PCB 文件的创建与管理方法。
2. 了解 PCB 设计工具栏使用方法。

本章主要讲述与印制电路板(PCB)设计密切相关的一些基本知识，包括印制电路板的结构以及经常在 PCB 设计中使用到的一些相关概念，如元器件封装、飞线、导线、焊盘、导孔和敷铜等，结合 Protel 2004 的使用，讲述一些基本的操作方法，为进行 PCB 设计与制作奠定基础。

7.1　印制电路板概述

在设计 PCB 前，先了解一下印制电路板的结构、元器件封装及相关的一些基本概念，这些知识对初学者尤为重要。

7.1.1　印制电路板的分类

每块印制电路板实际上都有两个面，习惯上根据使用的板层多少，分为单层板、双面板和多层板。

1. 单层板

单层板是一面敷铜，另一面没有敷铜的电路板。单层板一般在没有敷铜的一面放置元器件，适用于简单的电路板。它具有不需要打过孔、成本低等优点，但因其只能单面布导线而使实际的设计工作往往比双面板和多层板困难。

2. 双面板

双面板包括顶层(Top Layer)和底层(Bottom Layer)两层，两面都敷铜，中间为绝缘层。双面板两面都可以布线，一般需要由过孔或焊盘连通。双面板可用于比较复杂的电路，设计工作并不比单面板困难，因此被广泛采用，是现在最常用的一种印制电路板。

3. 多层板

多层板包含了多个工作层面。它是在双面板的基础上增加了内部电源层、接地层及多个中间信号层。当前，随着电子技术的飞速发展，电路的集成度越来越高，多层板的应用也越来越广泛。但是多层板的设计往往不是面向元器件和布线的设计，而是采用硬件描述语言(VHDL)来进行模块化设计的。其缺点是制作成本很高。多层印制电路板结构示意图如图 7-1 所示，图中所示为四层板。

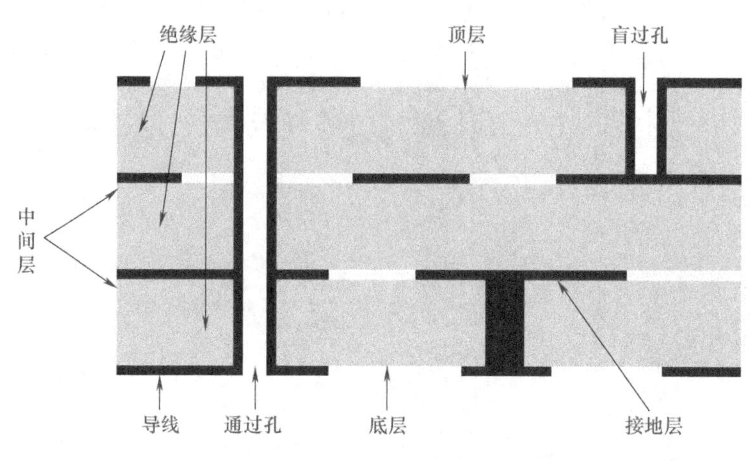

图 7-1　多层印制电路板的结构示意图

7.1.2　印制电路板的结构

印制电路板的制作材料主要是绝缘材料、金属铜及焊锡等。绝缘材料一般用 SiO_2；金属铜则主要是印制电路板上的电气导线，一般还会在导线表面再敷上一层薄的绝缘层；而焊锡则是附着在过孔和焊盘的表面。

印制电路板的基板是由绝缘材料制成，其他组成部分简要说明如下：

1. 铜膜导线

铜膜导线(Tracks)也称铜膜走线，简称导线，用于连接各个焊盘，是印制电路板最重要的部分。印制电路板设计都是围绕如何布置导线来进行的。

导线和飞线有着本质的区别，飞线只是在形式上表示出各个焊盘间的连接关系，没有电气的连接意义。飞线也称为预拉线，它是在系统装入网络表后，根据规则生成的，用来指引布线的一种连线。而导线则是根据飞线指示的焊盘间的连接关系而布置的，是具有电气连接意义的连接线路。

2. 助焊膜和阻焊膜

各类膜(Mask)不仅是 PCB 制作工艺过程中必不可少的，而且更是元器件焊装的必要条件。按“膜”所处的位置及其作用，“膜”可分为元器件面(或焊接面)助焊膜(Top or Bottom Solder)和元器件面(或焊接面)阻焊膜(Top or Bottom Paste Mask)两类。助焊膜是涂于焊盘上，提高可焊性的一层膜，也就是在绿色板子上比焊盘略大的浅色圆。阻焊膜的情况正好相反，为了使制成的板子适应波峰焊等焊接形式，要求板子上非焊盘处的铜箔不能粘锡，因此在焊盘以外的各部位都要涂覆一层涂料，用于阻止这些部位上锡。可见，这两种膜是一种互补关系。

3. 层

Protel 的“层”是广义的，不单是指铜箔层，还有其他类型的层(Layer)。现今，由于电子线路的元器件密集安装、抗干扰和布线等特殊要求，一些较新的电子产品中所用的印制电路板不仅上下两面可供走线，在板的中间还设有能被特殊加工的夹层铜箔，例如，现在的计算机主板所用的印制电路板材料大多在 4 层以上。这些夹层因加工相对较难而大多用于设置走线较为简单的电源布线层(Ground Dever 和 Power Dever)，并常用大面积填充的办法来布线(如 Fill)。上下位置的表面层与中间各层需要连通的地方用“过孔(Via)”来沟通。要提醒的是，一旦选定了所用印制电路板的层数，务必关闭那些未被使用的层，以免布线出现差错。

4. 焊盘

焊盘(Pad)是将元器件引脚与铜膜导线连接的焊点。焊盘是PCB设计中最重要的概念之一，但初学者却容易忽视它的选择和修正，在设计中千篇一律地使用圆形焊盘。选择元器件的焊盘类型要综合考虑该元器件的形状、大小、布置形式、振动和受热情况、受力方向等因素。Protel在封装库中给出了一系列不同大小和形状的焊盘，如圆、方、八角、圆方和定位用焊盘等，但有时这还不够用，需要自己编辑。例如，对发热且受力较大、电流较大的焊盘，可自行设计成“泪滴状”。一般而言，自行编辑焊盘时除了上面所讲的注意因素之外，还要考虑以下原则：

1）形状上长短不一致时，要考虑连线宽度与焊盘特定边长的宽度差异不能过大。

2）需要在元器件引脚之间走线时，选用长短不对称的焊盘往往事半功倍。

3）各元器件焊盘孔的大小要按元器件引脚粗细分别编辑确定，原则是孔的尺寸比引脚直径大0.2～0.4mm。

5. 导孔

导孔(Via)，也称为过孔。用于连接各层导线之间的通路，当铜膜导线在某层受到阻挡无法布线时，可钻上一个孔，并在孔壁镀金属，通过该孔翻到另一层继续布线，这就是导孔。导孔有三种，即从顶层贯通到底层的通导孔、从顶层通到内层或从内层通到底层的盲导孔以及内层间的隐藏导孔。

导孔从上面看去，有两个尺寸，即外圆直径和过孔直径，如图7-2所示。外圆直径和过孔直径间的孔壁，由与导线相同的材料构成。

一般而言，设计线路时对导孔的处理有以下原则：

1）尽量少用导孔，一旦选用了导孔，务必处理好它与周边各实体的间隙，特别要注意平时容易被忽视的中间各层与导孔不相连的线与导孔的间隙。

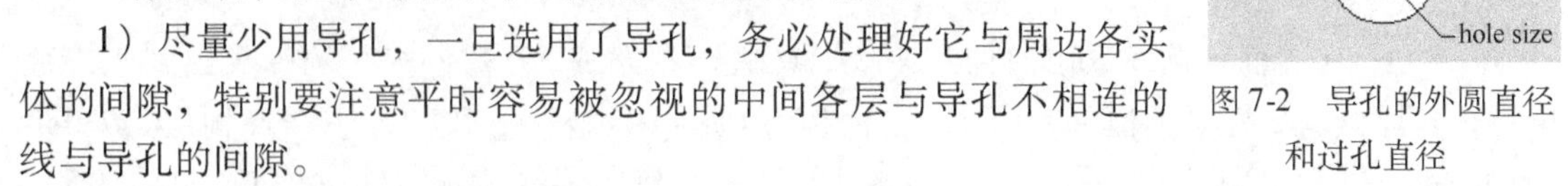

图7-2　导孔的外圆直径和过孔直径

2）依据载流量的大小确定导孔尺寸的大小，如电源层和地层与其他层连接所用的导孔就要大一些。

6. 丝印层

为方便电路的安装和维修，在印制电路板的上下两表面印上所需要的标志图案和文字代号等，例如元器件标号和标称值、元器件外廓形状和厂家标志、生产日期等，这就称为丝印层(Silkcreen Top/Bottom Overlay)。不少初学者设计丝印层的有关内容时，只注意文字符号放置得整齐美观，而忽略了实际制出的PCB效果。在他们设计的印制电路板上，字符不是被元器件挡住就是侵入了助焊区而被抹除，还有的把元器件标号打在相邻元器件上，如此种种的设计都将会给装配和维修带来很大不便。

7. 敷铜

对于抗干扰要求比较高的电路板，常常需要在PCB上敷铜(Polygon)。敷铜可以有效地实现电路板的信号屏蔽作用，提高电路板信号的抗电磁干扰的能力。

7.1.3　元器件封装

设计者在设计印制电路板时，一定要考虑安装到该印制电路板的元器件有多少个，这些元器件的形状和尺寸是怎样的。元器件封装就是表示元器件的外观和焊盘形状尺寸的图。往往按照元器件封装图的类别将它们放置到不同的封装库中，以便设计者浏览和调用。

既然元器件封装只是元器件的外观和焊盘尺寸，那么纯粹的元器件封装仅仅是空间的概念，因此，不同的元器件可以共用同一个元器件封装；另一方面，同种元器件也可以有不同的封装，如 RES 代表电阻，它的封装形式有 AXIAL-0.3、AXIAL-0.4、AXIAL-0.6 等，所以在取用焊接元器件时，不仅要知道元器件名称，还要知道元器件的封装。元器件的封装可以在设计原理图时指定，也可以在引进网络表时指定。

1. 元器件封装的分类

元器件的封装形式可以分成两大类，即针脚式元器件封装和 STM（表面粘贴式）元器件封装。

（1）针脚式元器件封装　针脚式封装元器件焊接时先要将元器件针脚插入焊盘导通孔，然后再焊锡。由于针脚式元器件封装的焊盘导通孔贯穿整个电路板，所以其焊盘的属性对话框中，PCB 的层属性必须为 MultiLayer（多层）。例如 AXIAL-0.4 为电阻封装，如图 7-3 所示；DIP-8 为双列直插式集成电路封装，如图 7-4 所示。

图 7-3　AXIAL-0.4 封装　　图 7-4　DIP-8 封装

（2）STM（表面粘贴式）元器件封装　STM（表面粘贴式）元器件封装的焊盘只限于表面层，在其焊盘的属性对话框中，Layer（层）属性必须为单一表面，如 Top Layer（顶层）或 Bottom Layer（底层）。STM（表面粘贴式）元器件封装有陶瓷无引线芯片载体（LCCC，见图 7-5）、塑料有引线芯片载体（PLCC，见图 7-6）、小尺寸封装（SOP，见图 7-7）和塑料四边引出扁平封装（PQFP，见图 7-8）等。

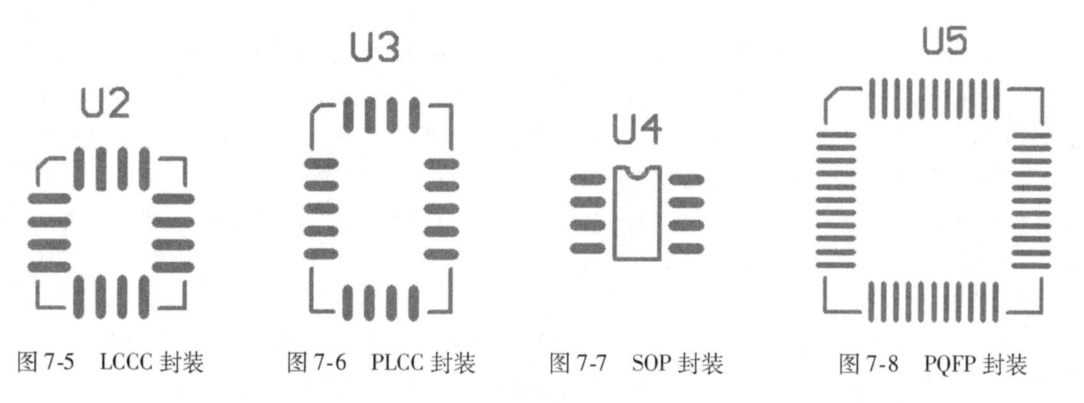

图 7-5　LCCC 封装　　图 7-6　PLCC 封装　　图 7-7　SOP 封装　　图 7-8　PQFP 封装

2. 元器件封装的编号

元器件封装的编号一般为元器件类型 + 焊盘距离（焊盘数）+ 元器件外形尺寸。可以根据元器件封装编号来判别元器件封装的规格。如 AXIAL-0.4 表示此元器件封装为轴状的，两焊盘间的距离为400mil(约等于10mm)；DIP-16表示双排引脚的元器件封装，两排共16个引脚。

说明： Protel 2004允许使用两种单位，即英制和公制。英制单位为in(英寸)，在Protel 2004中一般使用mil，即毫英寸，1mil =0.001in。公制单位一般为mm(毫米)，1in =25.4mm。

7.2　PCB图设计流程及遵循原则

电路设计的最终目的是为了制作电子产品，而电子产品的物理结构是通过印制电路板来实现的。因此在电路原理图绘好后，接着是设计印制电路板图，印制电路板简称为PCB(Printed Circuit Board)。Protel 2004为设计者提供了一个完整的PCB设计环境，方便高效。既可以用它进行人工设计，又可以全自动设计。设计的结果可以用多种形式输出。

7.2.1　PCB图设计流程

PCB图的设计流程就是指印制电路板图的设计步骤，一般它可分为图7-9所示的7个步骤：

(1) 绘制电路原理图　该步的主要工作是使用原理图编辑器绘制电路原理图，并编译生成网络表。

(2) 创建PCB文件　通过创建PCB文件，调出PCB编辑器，在PCB编辑界面完成设计工作。

(3) 规划电路板　绘制印制电路板之前，设计者还要对电路板进行规划，包括：定义电路板的尺寸大小及形状、设定电路板的板层以及设置参数等。这是一项极其重要的工作，用它确定电路板设计的框架。

(4) 装入元器件封装库及网络表　要把元器件放置到印制电路板上，需要先装载所用元器件的封装库，否则手工放置元器件时将调不出元器件，装入网络表时会出现错误。在装入元器件封装库后，将设计好的原理图编译，此时元器件的封装会自动地按类型摆放在印制电路板的右侧。

(5) 元器件的布局　这一步可利用自动布局和手工布局两种方式，将元器件封装放置在电路板边框内的适当位置。这里的“适当位置”包含两个意思：一是元器件所放置的位置能使整个电路板看上去整齐美观；二是元器件所放置的位置有利于布线。

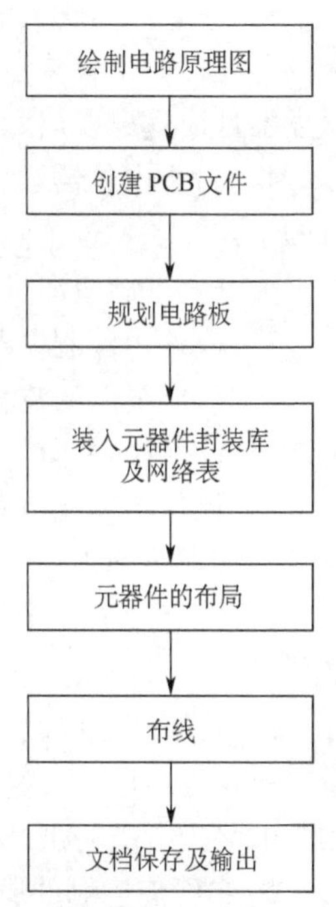

图7-9　PCB图的设计流程

(6) 布线　这步的工作是完成元器件之间的电路连接，有两种方式：自动布线和手工布线。若在第3步中装入了网络表，则在该步骤中就可采用自动布线方式。在布线之前，还要设置好设计规则。布线之后，如果没有完全成功，或有不满意的地方，再进行手工调整。

(7) 文件的保存及输出　完成电路板的布线后，保存PCB图，然后利用各种图形输出设备，输出PCB图。

7.2.2　印制电路板设计应遵循的原则

印制电路板设计的好坏对电路板抗干扰能力影响很大。因此，在进行 PCB 设计时，必须遵守 PCB 设计的一般原则，并应符合抗干扰设计的要求。要使电子电路获得最佳性能，元器件的布局及导线的布设是很重要的。为了设计出质量好、造价低的 PCB，应遵循下面讲述的一般原则。

1. 布局应遵循的原则

首先，要考虑 PCB 尺寸大小。PCB 尺寸过大时，印制线路长，阻抗增加，抗噪声能力下降，成本也增加；过小，则散热不好，且邻近线条易受干扰。在确定 PCB 尺寸后，再确定特殊元器件的位置。最后，根据电路的功能单元，对电路的全部元器件进行布局。

一般来说，布局应遵循以下原则：

1）尽可能缩短高频元器件之间的连线，设法减少它们的分布参数和相互间的电磁干扰。易受干扰的元器件不能相互靠得太近，输入和输出元器件应尽量远离。

2）某些元器件或导线之间可能有较高的电位差，应加大它们之间的距离，以免放电引发意外短路。带强电的元器件应尽量布置在调试时手不易触及的地方。

3）重量超过 15g 的元器件，应当用支架加以固定，然后焊接。那些又大又重、发热量多的元器件，不宜装在印制电路板上，而应装在整机的机箱底板上，且应考虑散热问题。热敏元器件应远离发热元器件。

4）对于电位器、可调电感线圈、可变电容器、微动开关等可调元器件的布局应考虑整机的结构要求。若是机内调节，应放在印制电路板上方便于调节的地方；若是机外调节，其位置要与调节旋钮在机箱面板上的位置相适应。

5）应留出印制电路板的定位孔和固定支架所占用的位置。

6）按照电路的流程安排各个功能电路单元的位置，使布局便于信号流通，并使信号尽可能保持一致的方向。

7）以每个功能电路的核心元器件为中心，围绕它来进行布局。元器件应均匀、整齐、紧凑地排列在 PCB 上，尽量减少和缩短各元器件之间的引线和连接。

8）在高频下工作的电路，要考虑元器件之间的分布参数。一般电路应尽可能使元器件平行排列。这样，不但美观，而且焊接容易，易于批量生产。

9）位于印制电路板边缘的元器件，离印制电路板边缘一般不小于 2mm。印制电路板的最佳形状为矩形，长宽比为 3∶2 或 4∶3。印制电路板尺寸大于 200mm×150mm 时，应考虑印制电路板所受的机械强度。

2. 布线应遵循的原则

布线的方法以及布线的结果对 PCB 的性能影响也很大，一般布线要遵循以下原则：

1）输入和输出端的导线应尽量避免相邻平行。最好添加线间地线，以免发生反馈耦合。

2）印制电路板导线的最小宽度主要由导线与绝缘基板间的粘附强度和流过它们的电流值决定。

对于集成电路，尤其是数字电路，通常选 0.2～0.3mm 导线宽度。当然，只要允许，还是尽可能用较宽的导线，尤其是电源线和地线。

导线的最小间距主要由最坏情况下的线间绝缘电阻和击穿电压决定。对于集成电路，尤其是数字电路，只要工艺允许，可使间距小于5～8mm。

3）印制电路板导线拐弯一般取圆弧形，而直角或夹角在高频电路中会影响电气性能。此外，尽量避免使用大面积铜箔，否则，长时间受热时，易发生铜箔膨胀和脱落现象。必须用大面积铜箔时，最好用栅格状。这样有利于排除铜箔与基板间粘合剂受热产生的挥发性气体。

3. 焊盘大小

焊盘中心孔要比元器件引脚直径稍大一些。焊盘太大易形成虚焊。焊盘外径 D 一般不小于$(d+1.2)$mm，其中 d 为引脚孔径。对高密度的数字电路，焊盘最小直径可取$(d+1.0)$mm。

4. 印制电路板电路的抗干扰措施

印制电路板的抗干扰设计与具体电路有着密切的关系，这里仅就PCB抗干扰设计的几项常用措施做简要说明。

（1）电源线设计　根据印制电路板电流的大小，尽量加粗电源线宽度，减少环路电阻。同时，使电源线和地线的走向与数据传递的方向一致，这样有助于增强抗噪声能力。

（2）地线设计

1）数字地与模拟地分开。若印制电路板上既有逻辑电路又有线性电路，应使它们尽量分开。低频电路的地应尽量采用单点并联接地，实际布线有困难时可部分串联后再并联接地。高频电路宜采用多点串联接地，地线应短而粗，高频元器件周围尽量用栅格状的大面积铜箔。

2）接地线应尽量加粗。若接地线用很细的线条，则接地电位随电流的变化而变化，使抗噪声性能降低。因此应将接地线加粗，使它能通过三倍于印制电路板上的允许电流。如有可能，接地线应在2～3mm以上。

3）接地线构成闭环路。只由数字电路组成的印制电路板，其接地电路构成闭环能提高抗噪声能力。

5. 去耦电容配置

PCB设计的常规做法之一是在印制电路板的各个关键部位配置适当的去耦电容。去耦电容的一般配置原则是：

1）电源输入端跨接10～100μF的电解电容器。如有可能，接100μF以上的更好。

2）原则上每个集成电路芯片都应布置一个0.01pF的瓷片电容，如遇到印制电路板空隙不够的情况，可每4～8个芯片布置一个1～10pF的钽电容。

3）对于抗噪能力弱、关断时电源变化大的元器件，如RAM、ROM存储元器件，应在芯片的电源线和地线之间接入去耦电容。

4）电容引线不能太长，尤其是高频旁路电容不能有引线。此外应注意以下两点：

① 在印制电路板中有接触器、继电器、按钮等元器件时，操作它们均会产生较大火花放电，必须采用 RC 电路来吸收放电电流。一般 R 取1～2kΩ，C 取2.2～47μF。

② CMOS的输入阻抗很高，且易受感应，因此对不使用的端口要接地或接正电源。

6. 各元器件之间的接线

按照原理图，将各个元器件位置初步确定下来，然后经过不断调整使布局更加合理，最后就需要对印制电路板中各元器件进行接线，元器件之间的接线安排方式如下：

1）印制电路中不允许有交叉电路。对于可能交叉的线条，可以用“钻”、“绕”两种办法解决，即让某引线从别的电阻、电容或晶体管下的空隙处“钻”过去，或从可能交叉的某条引线的一端“绕”过去。

2）电阻、二极管、管状电容器等元器件有“立式”和“卧式”两种安装方式。立式指的是元器件垂直于电路板安装、焊接，其优点是节省空间；卧式指的是元器件平行并紧贴于电路板安装、焊接，其优点是元器件安装的机械强度较好。这两种不同的安装方式，印制电路板上的元器件孔距是不一样的。

3）同一级电路的接地点应尽量靠近，并且本级电路的电源滤波电容也应接在该级接地点上。特别是本级晶体管基极、发射极的接地不能离得太远，否则因两个接地间的铜箔太长会引起干扰与自激，采用这样“一点接地法”的电路，工作较稳定，不易自激。

4）总地线必须严格按高频、中频、低频逐级由弱电到强电的顺序排列，切不可随便翻来覆去乱接，级间宁可接线长点，也要遵守这一规定。特别是变频头、调频头的接地线安排要求更为严格，如有不当就会产生自激以致无法工作。调频头等高频电路常采用大面积包围式地线，以保证有良好的屏蔽效果。

5）强电流引线(公共地线、功放电源引线等)应尽可能宽些，以降低布线电阻及其电压降，且可减小寄生耦合而产生的自激。

6）阻抗高的走线尽量短，阻抗低的走线可长一些，因为阻抗高的走线容易发射和吸收信号，引起电路不稳定。电源线、地线、无反馈元器件的基极走线、发射极引线等均属低阻抗走线。

7）电位器安放位置应当满足整机结构安装及面板布局的要求，因此应尽可能放在板的边缘，旋转柄朝外。

8）设计印制板图时，在使用 IC 座的场合下，一定要特别注意 IC 座上定位槽放置的方位是否正确，并注意各个 IC 脚位置是否正确，例如第 1 脚只能位于 IC 座的右下角或者左上角，而且紧靠定位槽(从焊接面看)。

9）在对进出接线端布置时，相关联的两引线端的距离不要太大，一般为 0.2 ~ 0.3in 左右较合适。进出接线端尽可能集中在 1 ~ 2 个侧面，不要过于分散。

10）在保证电路性能要求的前提下，设计时应力求合理走线，并按一定顺序要求走线，力求直观，便于安装和检修。

11）设计应按一定顺序方向进行，例如，可以按由左往右和由上而下的顺序进行。

7.3 PCB 的文件管理和工具栏

进行 PCB 设计操作，首先应建立或打开 PCB 的文件，即启动 Protel 2004 的 PCB 设计编辑器。

7.3.1 PCB 的文件管理

PCB 的文件管理包括以下几种操作：新建 PCB 文件、打开已有的 PCB 文件以及保存和关闭 PCB 文件。下面简要地介绍一下这些操作。

1. 新建 PCB 文件

Protel 2004 的 PCB 文件是根据相应的电路原理图进行设计的，所以一般位于包含的原理图的项目文件之下，现在以前面设计好的振荡器与积分器.PRJPCB 项目文件为例，说明建立 PCB 文件的方法。

（1）打开振荡器与积分器.PRJPCB 项目文件。

（2）创建 PCB 文件：

1）执行菜单命令“File\New\PCB”，系统即进入新 PCB 文件编辑界面，如图 7-10 所示。

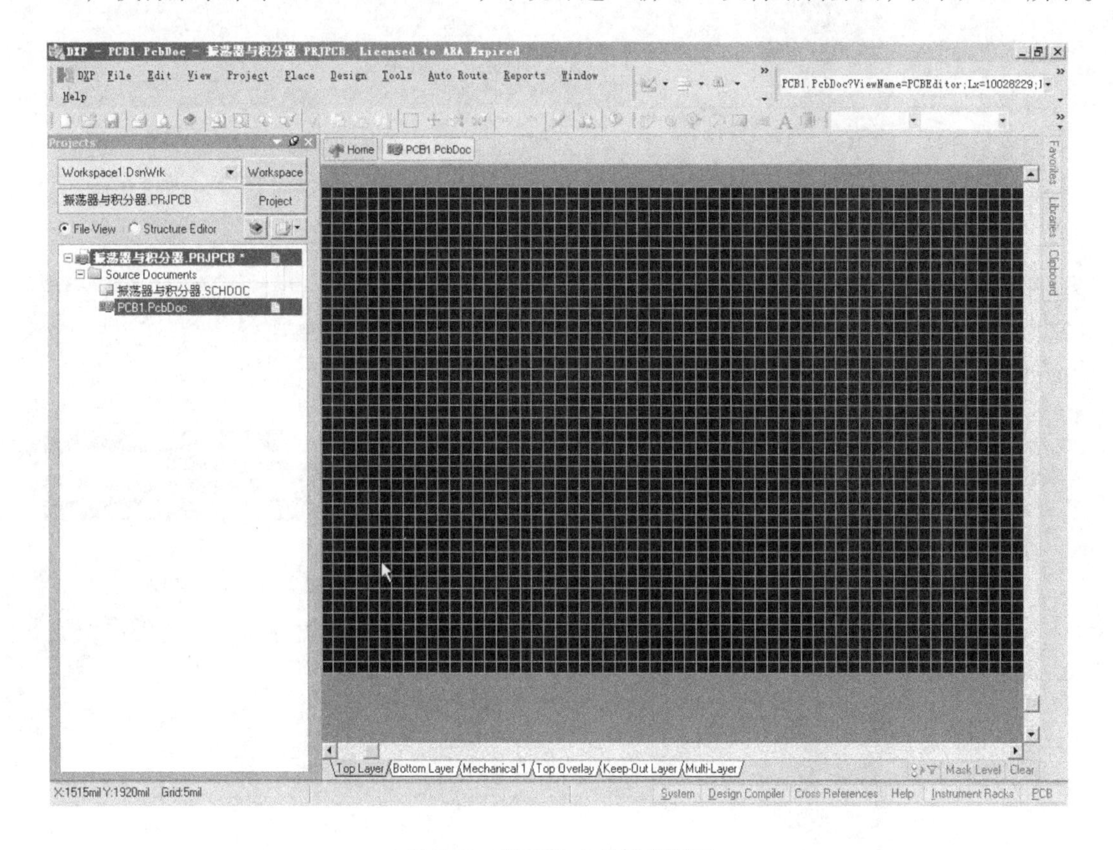

图 7-10　新 PCB 文件编辑界面

2）执行菜单命令“File\Save As...”，将弹出一个保存文件对话框，如图 7-11 所示。在对话框上面的“保存在(I)”栏中选择项目文件存放的位置，一般应保存在和项目文件同一个文件夹中，然后在对话框下面的“文件名(N)”栏中键入“振荡器与积分器”后，单击 保存(S) 按钮即可。

2. 打开 PCB 文件

如果 PCB 文件已经建立，可以打开该 PCB 文件，操作方法有两种：

1）首先按照目录打开 PCB 文件所在的项目文件。

2）在“Projects”面板中双击要打开的 PCB 文件图标，如图 7-12 所示。

3. 保存 PCB 文件

保存 PCB 文件的方法有多种，执行菜单命令“File\Save As”，或单击工具栏中的保存

图 7-11　保存 PCB 文件对话框

按钮，都可以保存当前正编辑的 PCB 文件。Protel 2004 还可以将 PCB 文件存为其他格式的文件，以方便其他 PCB 软件使用，如图 7-13 所示。执行菜单命令“File\Save All”，可以保存所有文件。这些方法都可实现保存 PCB 文件。

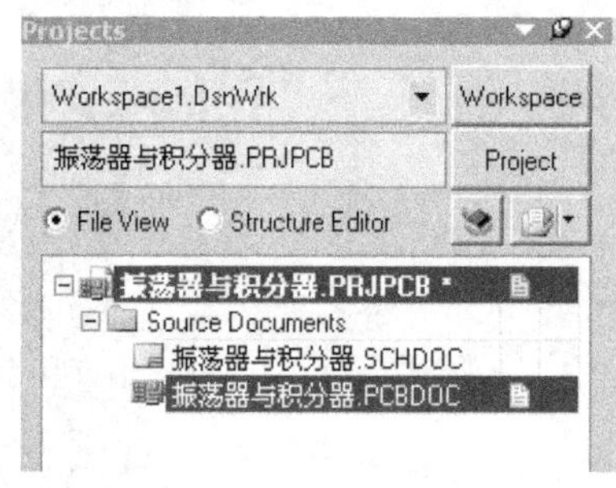

图 7-12　打开 PCB 文件

4. 关闭 PCB 文件

关闭 PCB 文件的方法有：

1）执行菜单命令“File\Close”。

2）将鼠标指针指向编辑窗口中要关闭的 PCB 文件标签，单击鼠标右键，将弹出快捷菜单，再执行其中的“Close”命令。

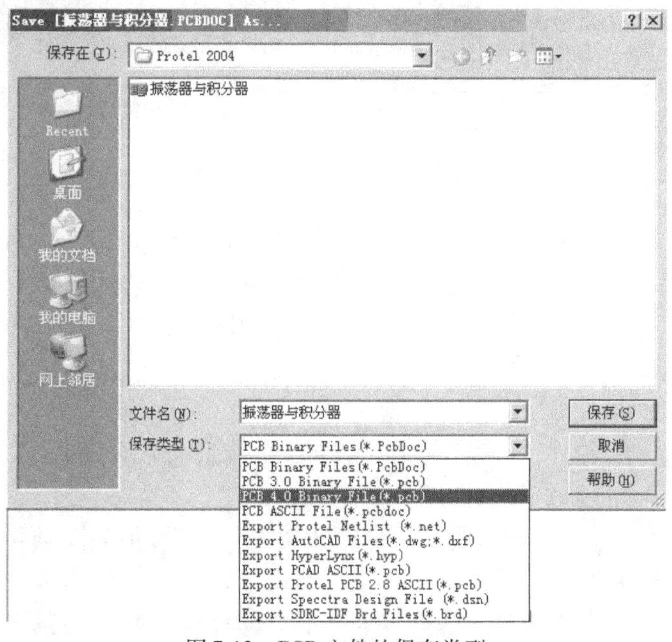

图 7-13　PCB 文件的保存类型

关闭PCB文件时，若当前的PCB图有改动，而未被保存，则屏幕上会弹出“Confirm”对话框，如图7-14所示。该对话框提示是否将所做的改动保存，单击 Yes 按钮，保存所做的改动；单击 No 按钮，不保存所做的改动；单击 Cancel 按钮，取消关闭PCB文件操作。

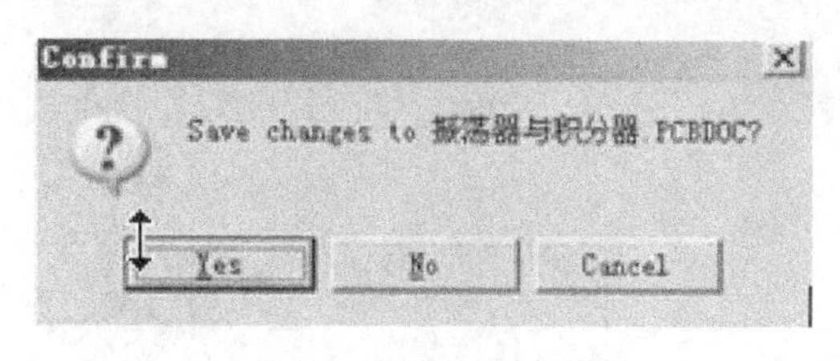

图7-14　确认保存对话框

7.3.2　PCB的工具栏

PCB编辑器中的工具栏主要是为了方便设计者的操作而设置的，一些菜单命令的运行也可以通过工具栏按钮来实现。当光标指向某按钮时，系统就会弹出一个画面说明该按钮的功用。

通过选择执行菜单命令“View\Toolbars\PCB Standard”，可对PCB标准工具栏进行打开与关闭操作。若标准工具栏当前处于打开状态，执行上述命令则将其关闭，若再次执行此命令，则可将其打开，如此往复。

1）标准工具栏，如图7-15所示。该工具栏为设计者提供文件的打开、保存、打印、画面缩放、对象选取等命令按钮。

图7-15　标准工具栏

2）布线工具栏，如图7-16所示。该工具栏为设计者提供布线和图形绘制命令。布线工具栏中各按钮的功能见表7-1。

表7-1　布线工具栏中各按钮的功能

序　号	功能说明	相应菜单命令	相应快捷键命令
	放置交互式导线	Place\Interactive Routing	P-T
	放置焊盘	Place\Pad	P-P
	放置导孔	Place\Via	P-V
	边缘法绘制圆弧	Place\Arc(Edge)	P-E
	放置矩形填充	Place\Fill	P-F
	放置多边形填充	Place\Polygon Plane	P-G
 A	放置字符串	Place\String	P-S
	放置元器件	Place\Component	P-C

3）放置工具命令，如图7-17所示。单击实用工具栏中的放置工具命令按钮，可出现放置工具命令，通过它能够方便地进行放置导线、位置坐标、尺寸标注，设置光标原点，画圆弧、整圆，特殊粘贴等。放置工具命令中各按钮的功能见表7-2。

图 7-16　布线工具栏

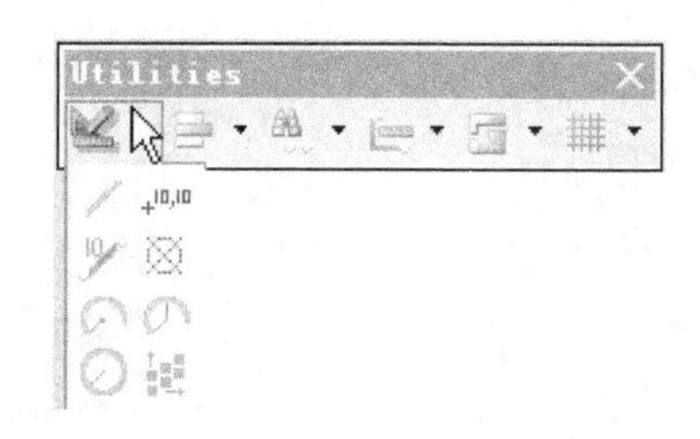

图 7-17　放置工具命令

表 7-2　放置工具命令中各按钮的功能

序　　号	功 能 说 明	相应菜单命令	相应快捷键命令
	当前文件放置导线	Place\Line	P-L
	放置位置坐标	Place\Coordinate	P-O
	放置尺寸标注	Place\Dimension	P-D
	设置光标原点	Edit\Origin\Set	E-O-S
	中心法绘制圆弧	Place\Arc(Center)	P-A
	任意角度绘制圆弧	Place\Arc(Any Angle)	P-N
	绘制整圆	Place\Full Circle	P-U
	特殊粘贴剪切板中内容	Edit\Paste Special	E-A-A

4）元器件布置工具命令，如图 7-18 所示。单击实用工具栏中的元器件布置工具命令按钮，可出现元器件布置工具命令，通过它能够方便地进行元器件排列和布局。

5）查找选取工具命令，如图 7-19 所示。使用该工具命令中的按钮，可以从一个选择物体以向前或向后的方向走向下一个，这种方式使设计者能在选择的属性中和选择的元器件中同时查找。

6）尺寸标注工具命令，如图 7-20 所示。使用这些按钮可方便地在 PCB 图上进行各种方式的尺寸标注。

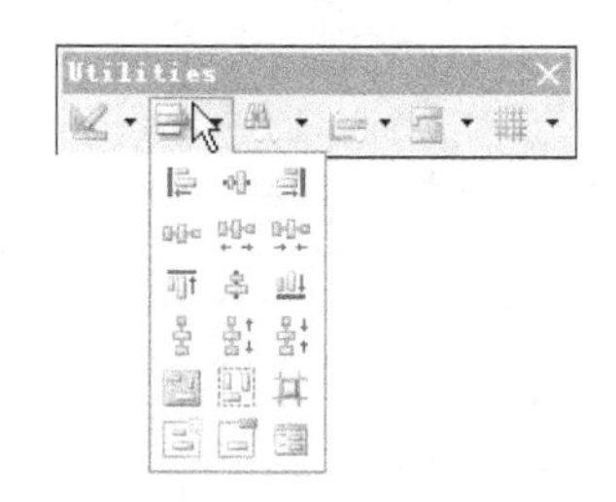

图 7-18　元器件布置工具命令

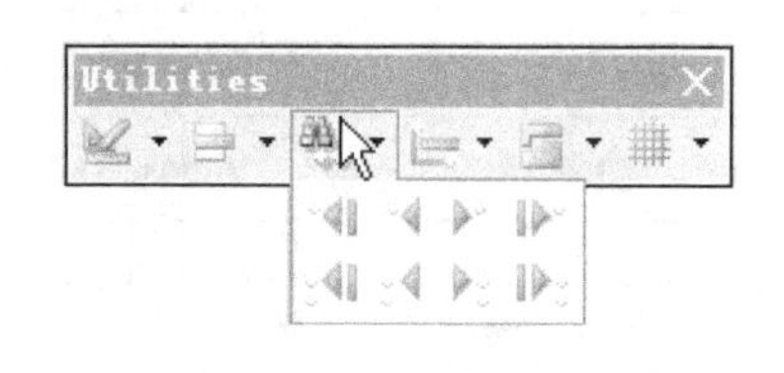

图 7-19　查找选取工具命令

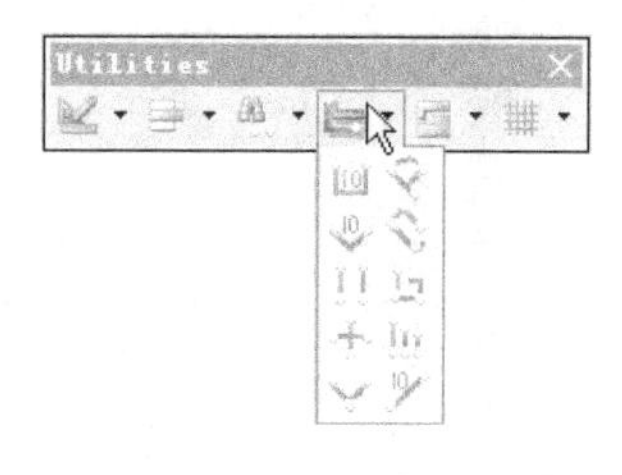

图 7-20　尺寸标注工具命令

7）放置敷铜工具命令，如图 7-21 所示。使用这些按钮可方便地在 PCB 图上放置各种形状的敷铜块。

其实工具栏的打开与关闭也可以通过选择“View\Toolbars\Customize”命令选项来进行。执行此命令，即可调出图 7-22 所示的对话框。在此对话框中可以选择需要打开的各种工具栏。

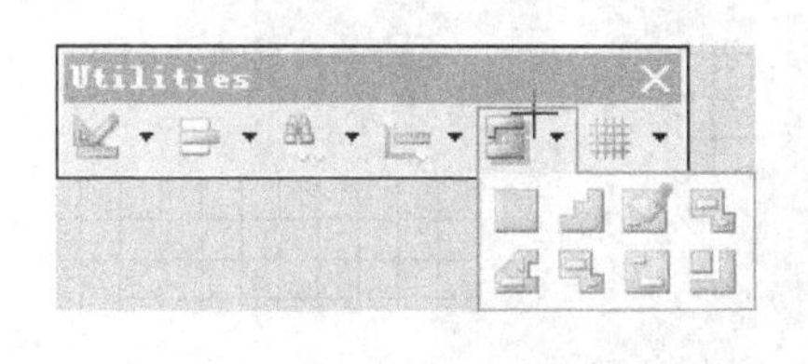

图7-21　放置敷铜工具命令

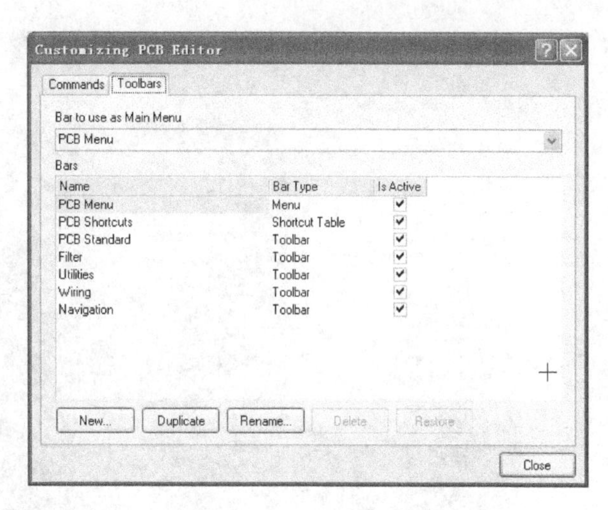

图7-22　定制资源对话框

7.3.3　印制电路板的3D显示

Protel 2004具有印制电路板的3D显示功能，使用该功能可以显示清晰的PCB的三维立体效果，并且可以随意旋转、缩小、放大及改变背景颜色等。在三维视图中，通过设置可使某一网络高亮显示，也可使元器件、丝网、铜箔、字符隐藏起来。

下面以Z80微处理器印制电路板为例说明PCB的三维显示操作过程。

1）打开“Z80-routed. Pcbdoc”文件，如图7-23所示。

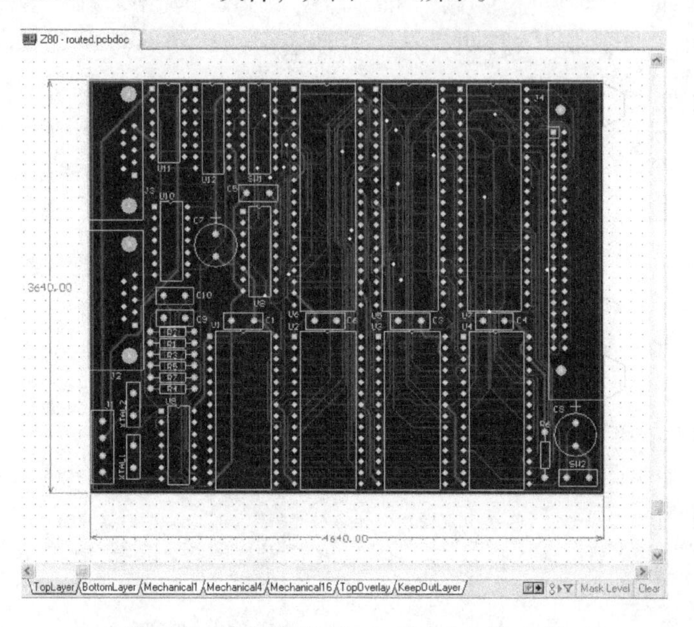

图7-23　打开的“Z80-routed. Pcbdoc”文件

2）执行菜单命令“View\Board in 3D”，或者按下标准工具栏中的按钮，即可进入3D显示界面，如图7-24所示。

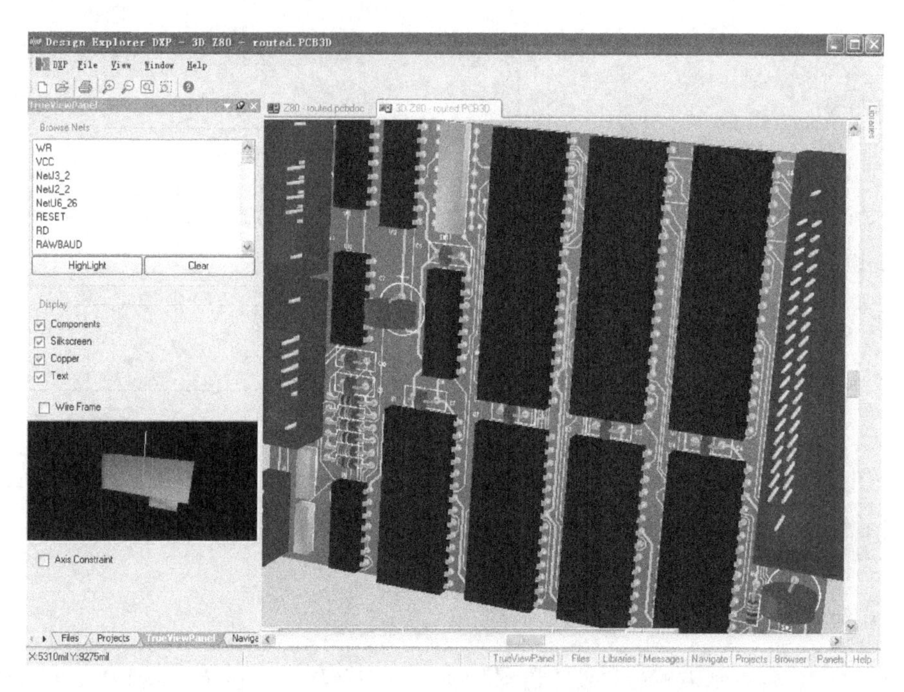

图 7-24　“Z80-routed. Pcbdoc”印制电路板 3D 显示界面

图 7-24 中，右侧窗口是三维图形显示区。左侧窗口是 3D 浏览管理面板(True View panel)，其内容分为三个栏：Browse Nets(网络浏览)、Display(显示)和图形旋转控制栏。

①“Browse Nets”栏。该栏列出了当前显示图中所有的网络名称，当选择某一个网络号后，单击栏下面的“Highlight”按钮，右边三维图中的该网络会高亮显示。单击“Clear”按钮，取消选中网络的高亮显示。

②“Display”栏。该栏中有四个选项：Components(元器件)、Silkscreen(丝网)、Copper(铜箔)和 Text(字符)。这几个选项可以同时多选，也可以单选。选中的选项在图中有显示，不选中项在图中不显示。

③ 图形旋转控制栏。当光标移到该栏时，光标变为控制旋转状，上下左右移动光标时，可控制右边的三维图形跟随旋转。

3）执行菜单命令“View\Preferences”，系统将弹出参数设置对话框，如图 7-25 所示。使用该对话框可对 3D 显示图形进行参数设置。

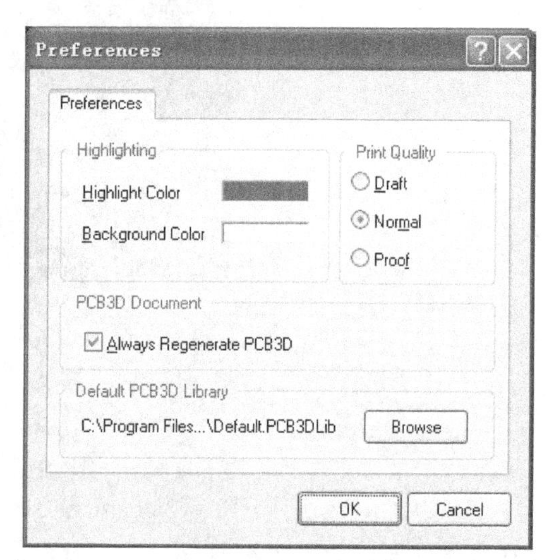

图 7-25　参数设置对话框

在这个对话框中，分为三个选项栏：

①“Display”栏与 3D 浏览管理器一样，也可以对元器件、丝网、铜箔、字符等的显示或隐含进行设置。

②“Highlighting”栏用来设置要高亮显示网络的颜色以及 3D 图形的背景颜色。

③“Print Quality”栏用来设置打印的质量。

通过执行主菜单中“View”的下拉各命令，可对3D显示界面进行调整。

7.4　PCB参数设置

在应用PCB编辑器绘制印制电路板图之前，应对其工作参数进行设置，使系统按照设计者的要求工作。本节着重介绍印制电路板的参数设置。

7.4.1　启动PCB参数设置对话框

执行菜单命令“Tools\Preferences”，或在设计窗口中单击鼠标右键，在弹出的右键快捷菜单中选择“Options\Preferences”命令，系统将弹出图7-26所示的PCB参数设置对话框。

PCB参数(Preferences)设置对话框用于设置系统的有关参数，如板层颜色、光标的类型、显示状态、默认设置等。

7.4.2　PCB参数设置方法

图7-26所示的对话框包括4个选项卡。这4个选项卡分别为：Options、Display、Show/Hide和Defaults。下面分别介绍其功能。

1.“Options”选项卡

“Options”选项卡如图7-26所示。此对话框分为6个区域，分述如下：

(1)“Editing Options”编辑选项区域

主要功能介绍如下。

1)“Online DRC”复选框用于设置在线设计规则检查。选中此项，在布线过程中，系统自动根据设定的设计规则进行检查。

2)“Snap To Center”复选框用于设置当移动元器件封装或字符串时，光标是否自动移动到元器件封装或字符串参考点。系统默认选中此项。

3)“Click Clears Selection”复选框用于设置当选取电路板组件时，是否取消原来选取的组件。选中此项，系统不会取消原来选取的组件，连同新选取的组件一起处于选取状态。系统默认选中此项。

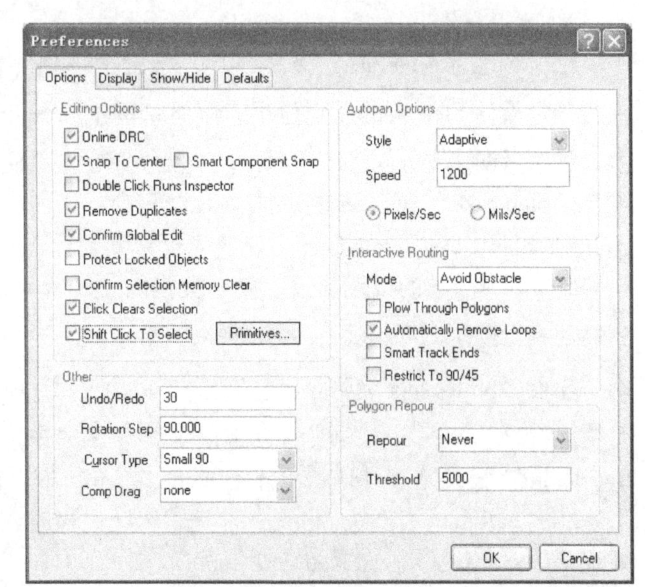

图7-26　PCB参数设置对话框

4)“Double Click Runs Inspector”复选框，选中该选项后，如果使用鼠标左键双击元器件或引脚，系统将会弹出图7-27所示的“Inspector”(检查器)窗口，此窗口会显示所检查元器件的信息。

5）“Remove Duplicates”复选框用于设置系统是否自动删除重复的组件。系统默认选中此项。

6）“Confirm Global Edit”用于设置在进行整体修改时，系统是否出现整体修改结果提示对话框。系统默认选中此项。

7）“Protect Locked Objects”用于保护锁定的对象，选中该复选框有效。

（2）“Autopan Options”区域　用于设置自动移动功能。“Style”选项用于设置移动模式，系统共提供了7种移动模式，具体如下：

1）“Adaptive”模式为自适应模式，此模式下系统将会根据当前图形的位置自适应选择移动方式。

2）“Disable”模式，此模式下取消移动功能。

3）“Re-Center”模式，此模式下当光标移到编辑区边缘时，系统将光标所在的位置设置为新的编辑区中心。

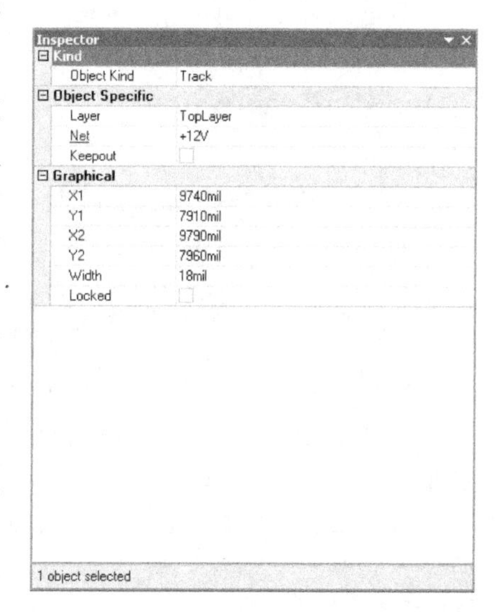

图7-27　“Inspector”（检查器）窗口

4）“Fixed Size Jump”模式，此模式下当光标移到编辑区边缘时，系统将以“Step Size”项的设定值为移动量向未显示的部分移动。当按下Shift键后，系统将以“Shift Step”项的设定值为移动量向未显示的部分移动。**注意：**当选中“Fixed Size Jump”模式时，对话框中才会显示“Step Size”和“Shift Step”操作项。

5）“Shift Accelerate”模式，在此模式下当光标移到编辑区边缘时，如果“Shift Step”项的设定值比Step项的设定值小，则不管按不按Shift键系统都将以“Shift Step”项的设定值为移动量向未显示的部分移动。**注意：**当选中“Shift Accelerate”模式时，对话框中才会显示“Step Size”和“Shift Step”操作项。

6）“Shift Decelerate”模式，当光标移到编辑区边缘时，如果“Shift Step”项的设定值比“Step Size”项的设定值大，则系统将以“Shift Step”项的设定值为移动量向未显示的部分移动。当按下Shift键后，系统将以“Step Size”项的设定值为移动量向未显示的部分移动。如果“Shift Step”项的设定值比“Step Size”项的设定值小，则不管按不按Shift键，系统都将以“Shift Step”项的设定值为移动量向未显示的部分移动。**注意：**当选中“Shift Decelerate”模式时，对话框中才会显示“Step Size”和“Shift Step”操作项。

7）“Ballistic”模式，当光标移到编辑区边缘时，越往编辑区边缘移动，移动速度越快。系统默认移动模式为“Fixed Size Jump”模式。

“Speed”编辑框设置移动的速度。“Pixels/Sec”单选框为移动速度单位，即每秒多少像素；“Mils/Sec”单选框为每秒多少英寸的移动速度。

（3）“Interactive Routing”区域　用来设置交互布线模式，设计者可以选择三种方式：Ignore Obstacle（忽略障碍）、Avoid Obstacle（避开障碍）和Push Obstacle（移开障碍）。

主要功能介绍如下。

1）“Plow Through Polygons”复选框如果选中后，则布线时使用多边形来检测布线障碍。

2）“Automatically Remove Loops”复选框用于设置自动回路删除。选中此框，在绘制一条导线后，如果发现存在另一条回路，则系统将自动删除原来的回路。

3）“Smart Track Ends”复选框选中后，可以快速跟踪导线的端部。

（4）“Polygon Repour”区域　用于设置交互布线中的避免障碍和推挤布线方式。每次当一个多边形被移动时，它可以自动或者根据设置被调整以避免障碍。

如果“Repour”中选为 Always，则可以在已敷铜的 PCB 中修改走线，敷铜会自动重敷；如果选择 Never，则不采用任何推挤布线方式；如果选择“Threshold”，则设置一个避免障碍的门槛值，此时仅仅当超过了该值后，多边形才被推挤。

（5）“Other”（其他）选项设置

1）“Rotation Step”选项用于设置旋转角度。在放置组件时，按一次空格键，组件会旋转一个角度，这个旋转角度就是在此设置的。系统默认值为90°，即按一次空格键，组件会旋转90°。

2）“Cursor Type”选项用于设置光标类型。系统提供了三种光标类型，即 Small 90（小的90°光标）、Large 90（大的90°光标）和 Small 45（小的45°光标）。

3）“Undo/Redo”选项用于设置撤销操作/重复操作的步数。

4）“Comp Drag”区域的下拉列表框中共有两个选项，即“Component Tracks”和“None”。选择“Component Tracks”项，在使用命令“Edit\Move\Drag”移动组件时，与组件连接的铜膜导线会随着组件一起伸缩，不会和组件断开；选择“None”项，在使用命令“Edit\Move\Drag”移动组件时，与组件连接的铜膜导线会和组件断开，此时使用命令“Edit\Move\Drag”和“Edit\Move\Move”没有区别。

2.“Display”选项卡

单击 PCB 参数设置对话框中“Display”标签即可进入“Display”选项卡，如图7-28所示。“Display”选项卡用于设置屏幕显示和元器件显示模式，其中主要可以设置如下一些选项。

（1）“Display Options”（显示选项）区域　屏幕显示可以通过“Display Options”区域的选项设置。

1）“Convert Special Strings”复选框设置是否将特殊字符串转化成它所代表的文字。

2）“Highlight in Full”复选框如果被选中，则被选中的对象完全以当前选择黄颜色高亮显示；否则选择的对象仅仅以当前选择黄颜色显示外形。

3）“Use Net Color For Highlight”复选框用于设置对于选中的网络是否仍然使用网络的颜色，还是一律采用黄色。

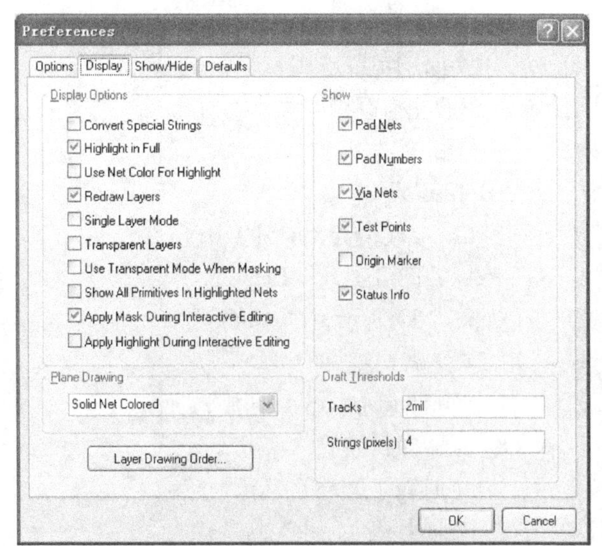

图7-28　“Display”选项卡

4）“Redraw Layers”复选框如果被选中，则当重画电路板时，系统将一层一层地重画，当前的层最后才会重画，所以最清楚。

5）“Single Layer Mode”复选框用于设置是否只显示当前编辑的层，其他层不被显示。

6）“Transparent Layers”复选框用于设置所有的层是否都为透明状，选择此项后，所有的导线、焊盘都变成了透明色。

（2）PCB 显示设置　PCB 显示设置可以通过“Show”区域选项设置。

1）“Pad Nets”复选框用于设置是否显示焊盘的网络名称。

2）“Pad Numbers”用于设置是否显示焊盘序号。

3）“Via Nets”复选框如果被选中，所有过孔的网络名将在较高的放大比例时显示在屏幕上(较低的放大比例情况下,网络名不可见)。如果该选项没被选中，则网络名在所有缩放比例下，均不显示。

4）“Test Points”复选框如果被选中，可显示测试点。

5）“Origin Marker”复选框用于设置是否显示绝对坐标的黑色带叉圆圈。

6）“Statue Info”复选框被选中后，当前 PCB 对象的状态信息将会显示在设计管理器的状态栏上，显示的信息包括 PCB 文件中的对象位置、所在的层和它所连接的网络。

（3）显示极限设置　“Draft Thresholds”区域用于设置图形显示极限。“Tracks”框用于设置导线显示极限，如果大于该值的导线，则以实际轮廓显示，否则只以简单直线显示；“Strings”框设置为字符显示极限，如果像素大于该值的字符，则以文本显示，否则只以框显示。

3.“Show/Hide”选项卡

单击 PCB 参数设置对话框中的“Show/Hide”标签即可进入“Show/Hide”选项卡，如图 7-29 所示，“Show/Hide”选项卡用于设置各种图形的显示模式。

选项卡中每一项，都有相同的三种显示模式，即 Final(精细)显示模式、Draft(草图)显示模式和 Hidden(隐藏)显示模式。

在该选项卡中，设计者可以分别设置 PCB 的几何图形对象的显示模式。

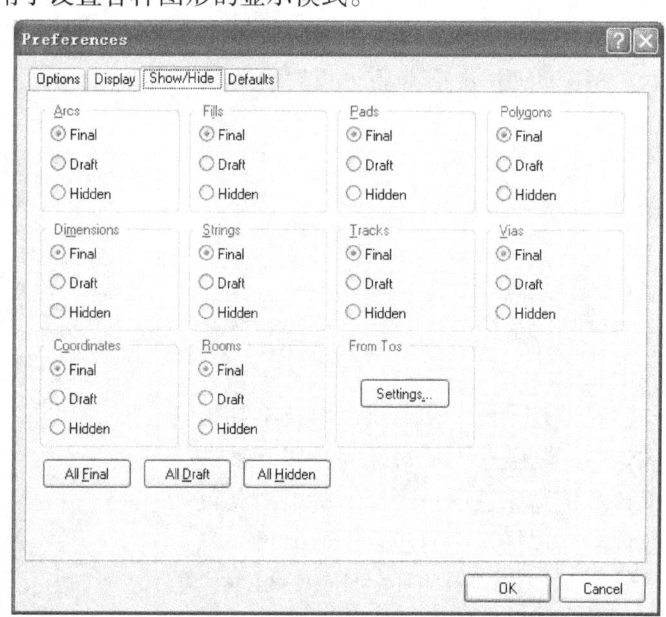

图 7-29　“Show/Hide”选项卡

4.“Defaults”选项卡

单击 PCB 参数设置对话框中的“Defaults”标签即可进入“Defaults”选项卡，如图 7-30 所示。“Defaults”选项卡用于设置各个组件的系统默认设置。各个组件包括 Arc(圆弧)、Component(元器件封装)、Coordinate(坐标)、Dimension(尺寸)、Fill(金属填充)、Pad(焊盘)、Polygon(敷铜)、String(字符串)、Track(铜膜导线)、Via(过孔)等。

要将系统设置为默认设置的话，在图 7-30 所示的对话框中，选中组件，单击Edit Values...按钮即可进入选中的对象属性对话框，假设选中了字符串，则单击Edit Values...按钮即可进入字符属性编辑对话框，如图 7-31 所示。各项的修改会在放置字符时反映出来。

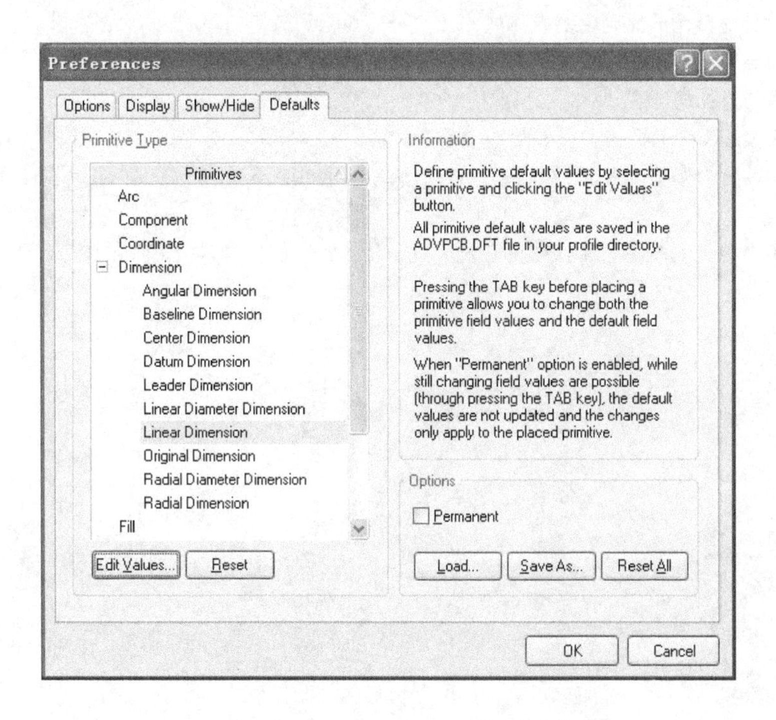

图 7-30　“Defaults”选项卡

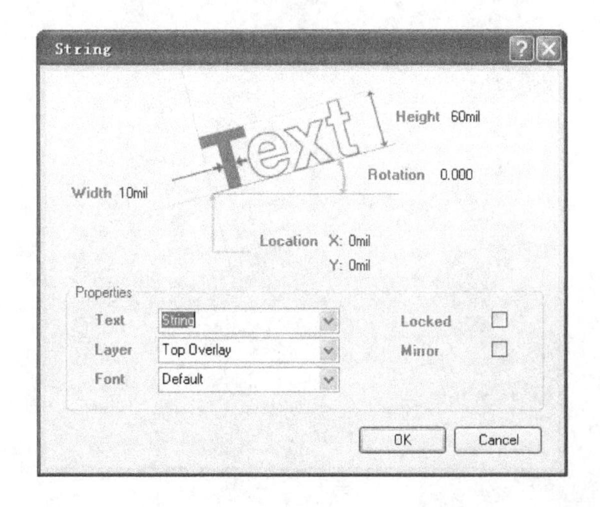

图 7-31　字符串属性编辑对话框

练　习　题

1. 简述印制电路板的结构及各个层面的作用。

2. 简述 PCB 图设计的流程。

3. PCB 图设计应遵循的原则主要有哪些?

4. 说明铜膜导线与敷铜的区别。

5. 说明焊盘与过孔的区别。

6. 印制电路板的系统参数主要设置哪些项目?

7. 元器件封装分为哪些类型? 原理图中的元器件符号与 PCB 图中的元器件封装存在一一对应的关系吗?

8. 说明 PCB 放置工具栏中各个按钮的功能分别是什么? 它们各自对应的菜单命令又是什么?

第 8 章　PCB 单面布线设计

知识目标

1. 掌握使用向导创建 PCB 文件的方法步骤。
2. 了解 PCB 规划的主要内容。

技能目标

1. 学会 PCB 单面布线的设计方法。
2. 学会 PCB 元器件封装库的装载。
3. 学会放置元器件封装。
4. 学会 PCB 图的布局和布线方法。

Protel 2004 最强大的功能体现在印制电路板的设计上，印制电路板设计的质量直接影响着电子产品的性能，本章将详细介绍印制电路板设计的方法和操作步骤。

第 2 章上机实践中已经设计了单管放大电路原理图，本章设计单管放大电路的 PCB 图。

8.1　新建 PCB 文件

进行 PCB 设计之前，必须建立一个 PCB 文件，启动 PCB 编辑器，才能进行设计。

8.1.1　使用 PCB 向导创建新的文件

使用向导创建新的 PCB 文件，可以选择各种工业标准板的轮廓，也可以自定义电路板的尺寸，显然这一方法很便捷。

使用向导创建新的 PCB 文件的步骤如下：

1）单击 Protel 2004 工作区底部的 Files 按钮，系统将弹出图 8-1 所示的“Files”面板。

2）在“Files”面板的“New from template”单元单击“PCB Board Wizard”命令，启动 PCB 向导，如图 8-2 所示。

3）单击 Next> 按钮进行下一步，屏幕出现度量单位对话框，如图 8-3 所示。默认的度量单位为英制(Imperial)，也可以选择公制单位(Metric)。二者的换算关系为 1in = 25.4mm。

4）单击 Next> 按钮，出现向导的第 3 页，显示印制电路板轮廓选择对话框，如图 8-4 所示。在对话框中给出了多种工业标准印制电路板的轮廓或尺寸，根据设计的需要来选择。这里选择自定义印制电路板的轮廓和尺寸，即选择“Custom”。

5）单击 Next> 按钮，出现向导的第 4 页，显示自定义印制电路板对话框，如图 8-5 所示。“Outline Shape”区域用来确定 PCB 的形状，有矩形(Rectangular)、圆形(Circular)和自定义形(Custom)三种。“Board Size”定义 PCB 的尺寸，在“Width”和“Height”栏中输入尺寸即可。本例中 PCB 板设置 为 5000mil × 4000mil 的印制电路板。

6）单击 Next> 按钮，显示印制电路板层数设置对话框，如图 8-6 所示。设置信号层

(Signal Layers)数和电源层(Power Planes)数。本例设置了两个信号层，不需要电源层。

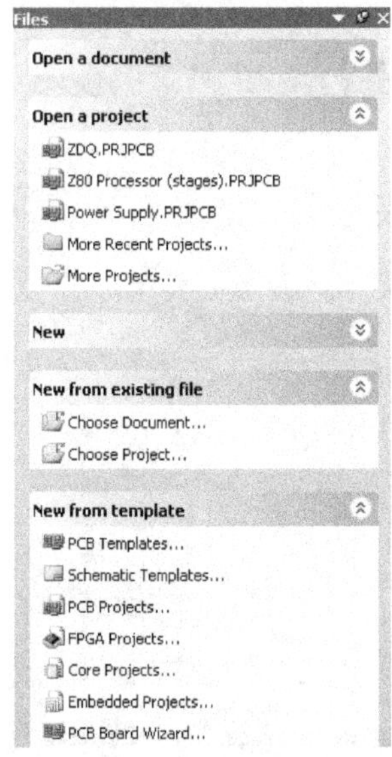

图 8-1　“Files” 面板

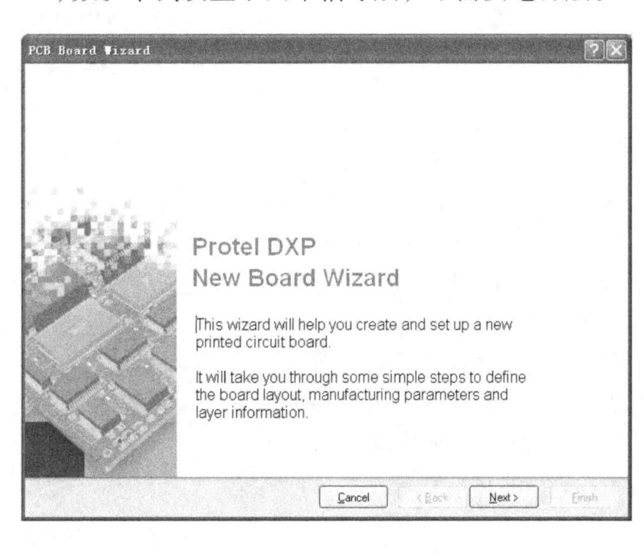

图 8-2　启动 PCB 向导

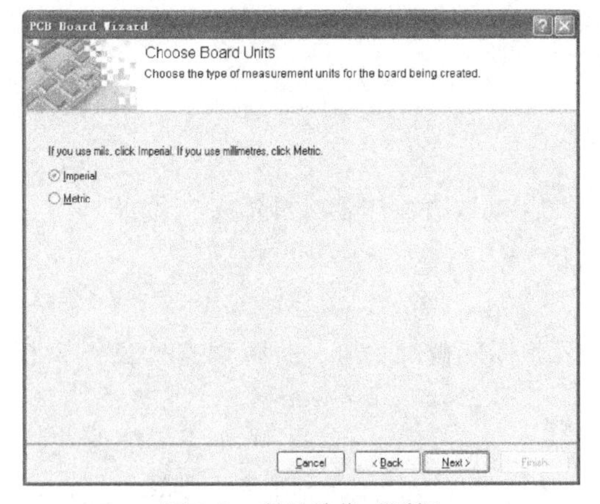

图 8-3　度量单位对话框

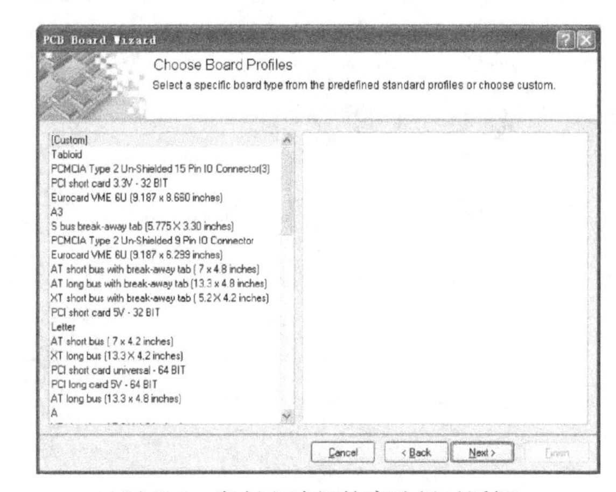

图 8-4　印制电路板轮廓选择对话框

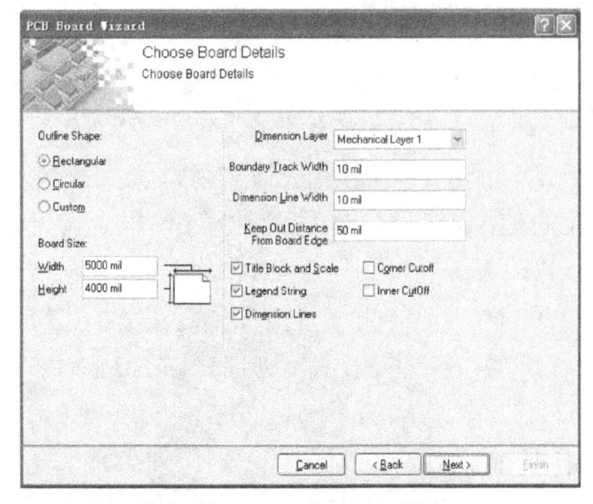

图 8-5　自定义印制电路板对话框

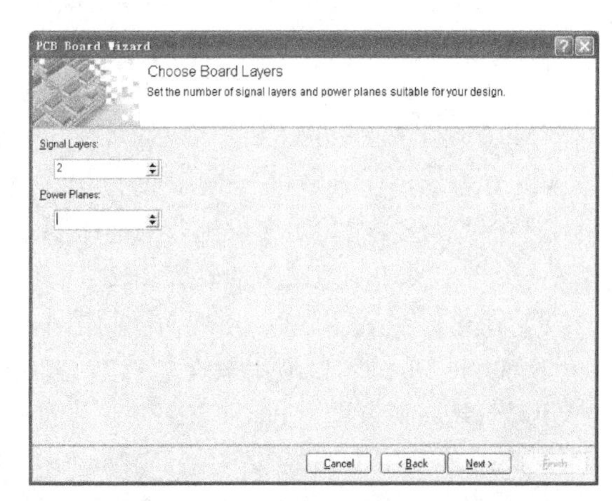

图 8-6　印制电路板层数设置对话框

7）单击 Next > 按钮，向导显示导孔类型选择对话框，如图 8-7 所示。有两种类型选择，即穿透式导孔(Thruhole Vias only)、盲导孔和隐藏导孔(Blind and Buried Vias only)。如果是双面板则选择穿透式导孔。

8）单击 Next > 按钮，向导显示设置元器件和布线技术对话框，如图 8-8 所示。该对话框包括两项设置：

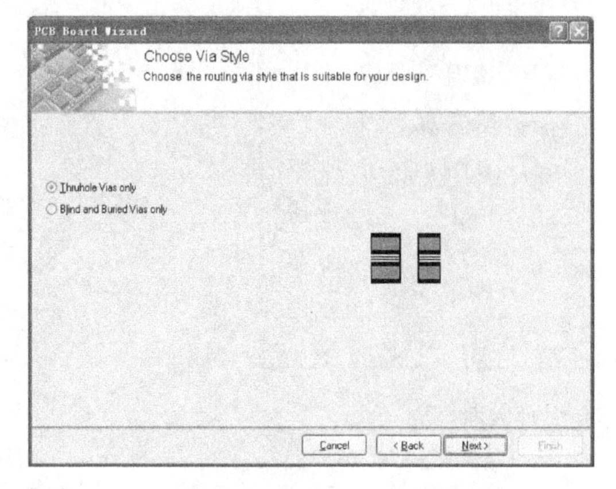

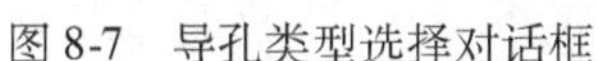
图 8-7　导孔类型选择对话框

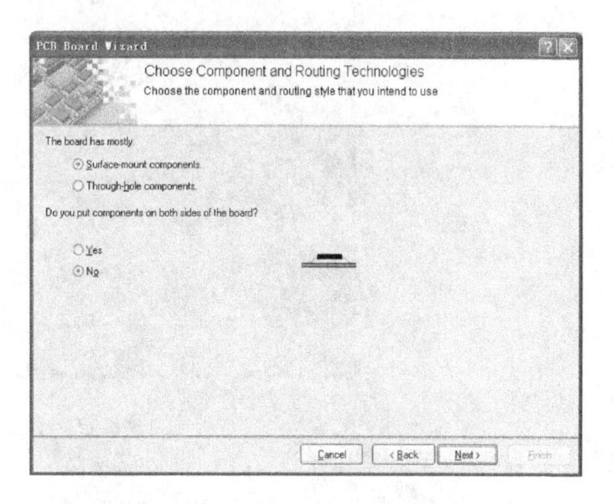

图 8-8　设置元器件和布线技术对话框 1

① 设置电路板中使用的元器件是表面安装元器件(Surface-mount components)还是穿孔式安装元器件(Through-hole components)。

② 如果 PCB 中使用表面安装元器件，则要选择元器件是否放置在印制电路板的两面。(Do you put components both Sides of the board) 如果 PCB 中使用的是穿孔式安装元器件，对话框如图 8-9 所示，则要设置相邻焊盘之间的导线数。本例中选择“Through-hole components”选项，相邻焊盘之间的导线数设为“Two Track”。

9）单击 Next > 按钮，显示图 8-10 所示的导线/导孔尺寸设置对话框。主要设置导线的最小宽度、导孔的尺寸和导线之间的安全距离等参数。单击要修改的参数位置即可进行修改。

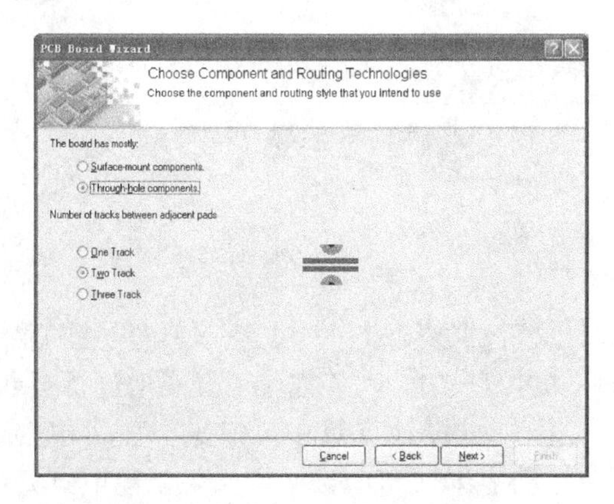

图 8-9　设置元器件和布线技术对话框 2

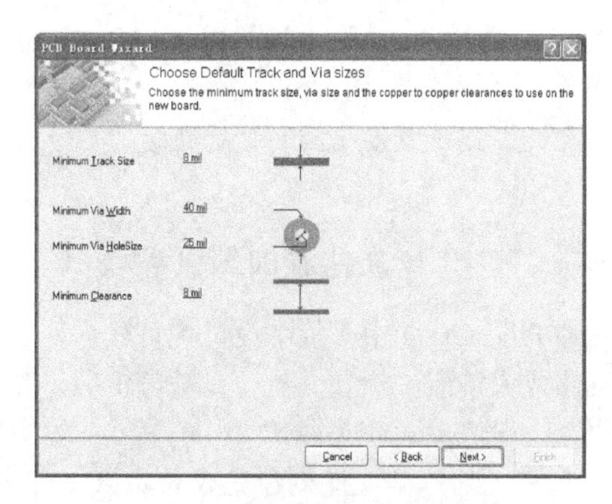

图 8-10　导线/导孔尺寸设置对话框

10）单击 Next > 按钮，出现 PCB 向导完成对话框，如图 8-11 所示。

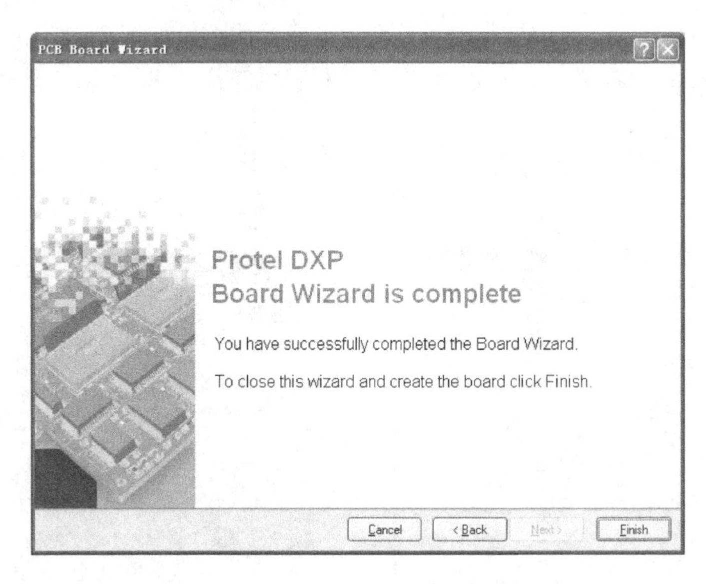

图 8-11　PCB 向导完成对话框

11）单击 Finish 按钮即可关闭该向导。此时，Protel 2004 将启动 PCB 编辑器，根据在向导中设置的参数或属性创建 PCB 文件。此时项目管理器中自由文件(Free Documents)下显示一个名为“PCB1. PcbDoc”的自由文件，编辑区中显示一个 5in×4in 的 PCB 图样。

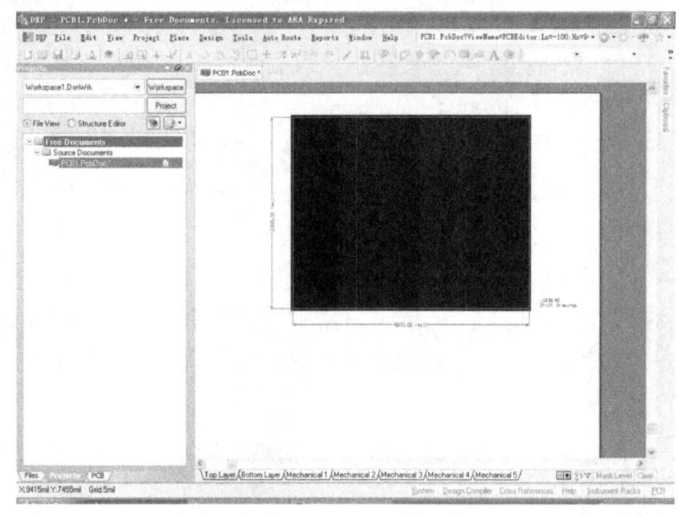

图 8-12　由向导生成的 PCB

12）执行菜单命令“File\Save As...”，将新的 PCB 文件重新命名，用“＊. PcbDoc”表示，并给出文件保存的路径。本例子的文件名为“单管放大电路 . PcbDoc”，如图 8-12 所示。

至此，完成了创建 PCB 新文件的工作。

8.1.2　将 PCB 文件添加到设计项目

在 Protel 2004 中，一个设计项目包含所有设计文件的连接和有关设置，使得设计和验证的同步成为可能。例如，当项目被编辑后，项目中的原理图或 PCB 都会很方便地进行更新。所以，一般情况下总是将 PCB 文件与原理图放在同一个设计项目中。如果在项目中创建 PCB 文件，当 PCB 文件创建完成后，该文件将会自动地添加到项目中。如果创建或打开的是自由文件，要添加进某一目标项目文件，可以在“Projects”面板的目标项目文件(例如“单管放大电路 . PRJPCB”)上用鼠标右键单击，弹出图 8-13 所示的右键快捷菜单。执行添加到设计项目命令“Add Existing to Project...”，在弹出的添加到项目对话框中(见图 8-14)

选中自由文件并单击“打开(O)”命令，就可以将其添加到项目文件的下面。

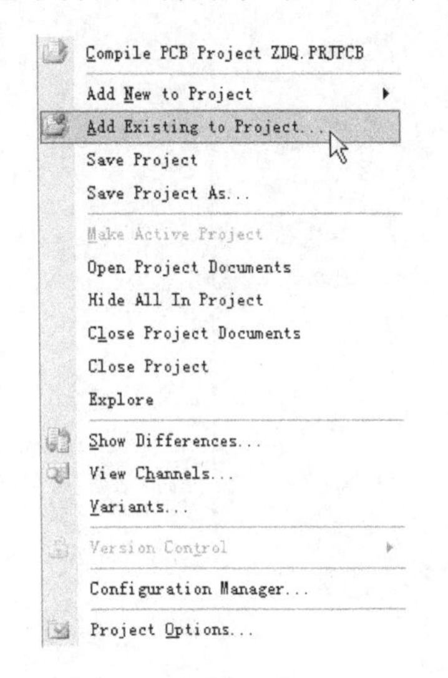

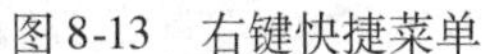

图 8-13　右键快捷菜单

图 8-14　添加到项目对话框

8.2　规划印制电路板

在创建了 PCB 文件之后即可进行印制电路板设计，首先要确定其工作层，包括信号层、内部电源/接地层和机械层等。

8.2.1　Protel 2004 工作层的设置

Protel 2004 为设计者提供了 32 层的铜膜信号层，它们是顶层(Top)、底层(Bottom)和 30 个中间层(Mid Layer 1 ~ 30)。另外还提供了 16 个内部板层(Internal Plane)和 16 个机械板层(Mechanical)。**注意：**布线层用到的越多，制作印制电路板的价格就越昂贵。下面介绍工作层及相关选项的设置。

1. 层堆栈管理器

执行菜单命令“Design \ Layer Stack Manager”，系统将弹出图 8-15 所示的层堆栈管理器。在层堆栈管理器中，可以看到板层的立体效果。

在层堆栈管理器中的右上角有八个按钮，单击 Add Layer 按钮可以添加中间信号层，单击 Add Plane 按钮可以添加内部电源/接地层，不过在添加这些层前，应该首先使用鼠标选中层的添加位置处。单击 Delete 按钮可以删除层，单击 Move Up 按钮可以上移层，单击 Move Down 按钮可以下移层，单击 Properties... 按钮可以设置所选层的属性，单击 Configure Drill Pairs... 按钮可以对钻孔结构进行设置，单击 Impedance Calculation... 按钮可以计算层间阻抗。

以上八个按钮中有六个按钮的功能也可以在层堆栈管理器中单击鼠标右键直接获得命令菜单，还可以单击图 8-15 所示层栈管理器中的左下角的 Menu 按钮，在弹出的命令菜单中有六条命令与右上方的六个按钮的功能一样。

在图 8-15 右上方的“Top Dielectric”或“Bottom Dielectric”复选框打钩，则可以看到

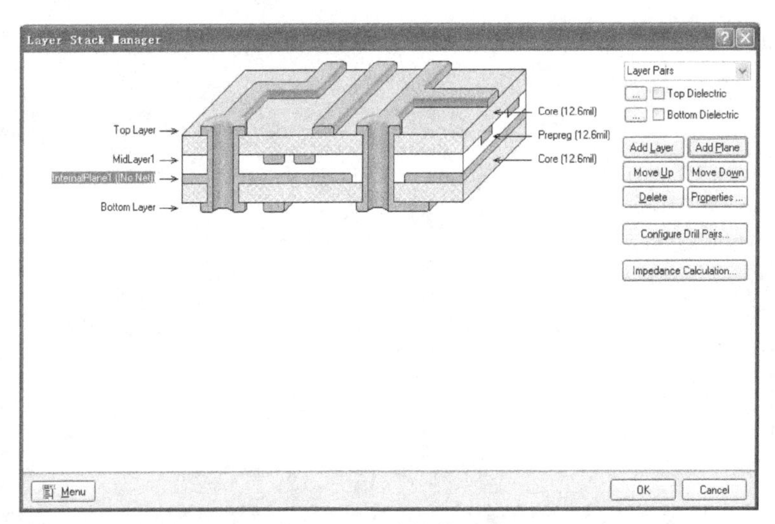

图 8-15　层堆栈管理器

立体图中的顶层或底层变为其他颜色。板层示意立体图左边为各工作层指示，右边为信号层之间绝缘层的尺寸(Core)和层间预浸料坯(粘合剂类)的尺寸(Prepreg)。可以将光标移至"Core"或"Prepreg"上双击，即可看到图 8-16 所示对话框。可以在"Thickness(厚度)"和"Dielectric constant(绝缘体常数)"项中输入新的数值，单击 OK 按钮即可完成设置。

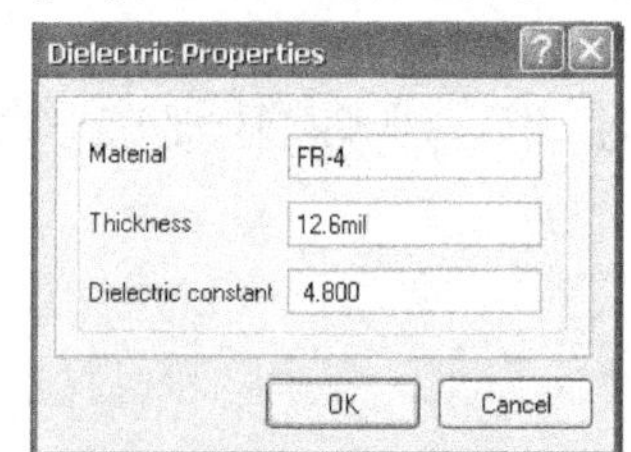

图 8-16　"Core"或"Prepreg"项设置对话框

在层堆栈管理器中可以调整工作层的位置，若将某工作层上移，只需将光标指针移至图 8-15 立体图左边，单击鼠标左键选中其标记，之后将光标指针移至层堆栈管理器右上方按钮 Move Up 上单击鼠标左键即可。若下移之，可单击 Move Down 按钮。最后单击图 8-15 右下方的 OK 按钮即可。

如果设计者需要设置某信号层的厚度，则可以选中该层，然后单击 Properties ... 按钮，系统将弹出图 8-17 所示的对话框，在该对话框中可以设置板层名称和信号层厚度。

如果设计者想设置顶层或底层的焊接绝缘属性，则可以分别单击"Top Dielectric"或"Bottom Dielectric"复选框左边的按钮 ...，系统将弹出图 8-18 所示的对话框。

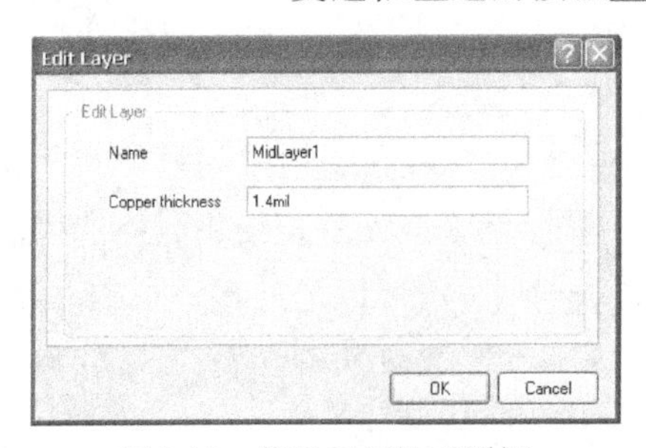

图 8-17　信号层属性对话框

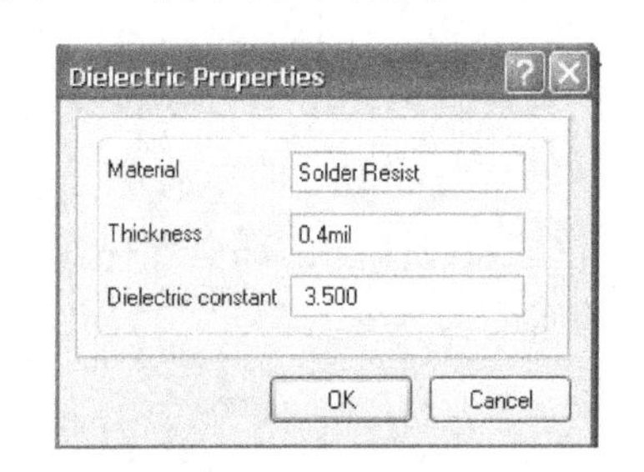

图 8-18　顶层或底层的焊接绝缘属性对话框

2. "Board Layers and Colors"对话框

执行菜单命令"Design \ Board Layers & Colors..."，或在 PCB 编辑窗口单击鼠标右键，在弹出的快捷菜单中选择"Options \ Board Layers & Colors..."命令，就可以看到图 8-19 所

示的“Board Layers and Colors”对话框。

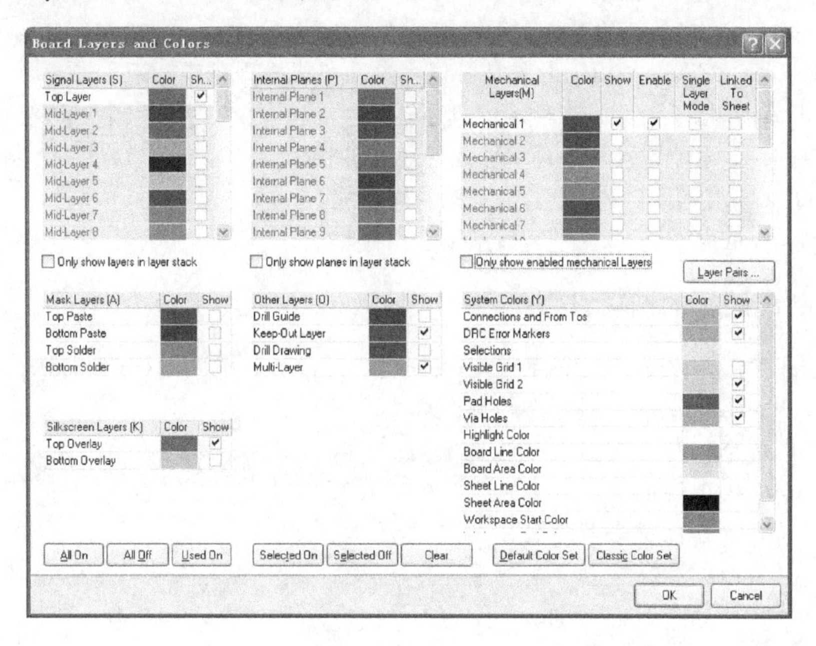

图8-19　“Board Layers and Colors”对话框

在该对话框中包括七个区域，用于设置各板层的颜色及显示状态。在颜色框双击鼠标左键，在弹出的颜色选择对话框中可以设置新的颜色。若选中(即在框中打钩)“Show”复选框表示打开显示，没有选中表示关闭显示。其内容分述如下：

(1)“Signal Layers”区域　用来设定信号层的颜色及显示状态。信号层主要是电气布线的敷铜板层。信号板层包括32层，即顶层(Top)、底层(Bottom)和30个中间层(Mid Layer 1～30)。

(2)“Internal Planes”区域　用来设置电源和接地层的颜色及显示状态，最多可设置16层，即电源/接地1～16层(Plane 1～16)。

(3)“Mechanical Layers”区域　用来设置机械板层的颜色及显示状态，机械板层主要是作为说明使用。机械板层最多可设置16层，即Mechanical 1～16。

(4)“Mask Layers”区域　本区域包括阻焊板(Solder Mask)层和锡膏板(Paste Mask)层设置。阻焊层一般由阻焊剂构成，阻焊板层包括两层，即顶层阻焊层(Top)和底层阻焊层(Bottom)。锡膏板层主要是用于产生表面安装所需要的专用锡膏层，用于粘贴表面安装元器件(SMD)。锡膏板层包括两层，即顶层锡膏层(Top)和底层锡膏层(Bottom)。

(5)“Silkscreen Layers”区域　用来设定丝印层的颜色及显示状态。丝印层主要用于绘制元器件外形轮廓以及标识元器件标号等。丝印层包括两层，即顶层丝印层(Top Overlay)和底层丝印层(Bottom Overlay)。

(6)“Other Layers”区域

1) Keep-Out Layer(禁止布线层)：选中表示打开禁止布线层；否则不打开禁止布线层。

2) Multi-Layer(多层)：选中表示打开多层(通孔层)；若不选，焊盘、导孔将无法显示出来。

3) Drill Guide(钻孔导引层)：选中表示打开钻孔导引层；否则不打开钻孔导引层。

4) Drill Drawing(绘制钻孔图层)：选中表示绘制钻孔图层；否则不绘制钻孔图层。

(7)“System Colors”区域 该区域部分设置功能如下。

1) Connections and From Tos：用于设置是否显示飞线。

2) DRC Error Markers：用于设置是否显示自动布线检查错误标记。

3) Pad Holes：用于设置是否显示焊盘通孔。

4) Via Holes：用于设置是否显示导孔的通孔。

5) Visible Grid1：用于设置是否显示第一组栅格。

6) Visible Grid2：用于设置是否显示第二组栅格。

8.2.2 印制电路板的选项设置

印制电路板的选项设置包括移动栅格(Snap Grid)设置、电气栅格(Electrical Grid)设置、可视栅格(Visible Grid)设置、计量单位和图样大小设置等。

执行菜单命令“Design \ Board Options...”，或在 PCB 编辑窗口单击鼠标右键，在弹出的快捷菜单中选择“Design \ Board Options...”命令，系统将弹出图 8-20 所示的“Board Options”对话框。

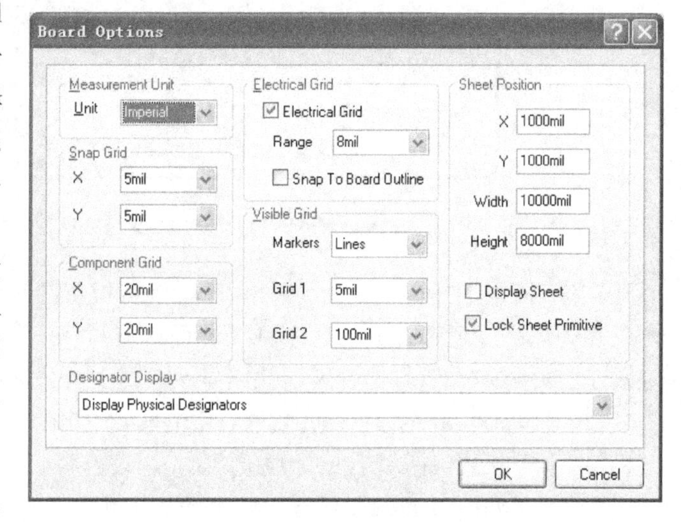

图 8-20 “Board Options”对话框

(1)“Measurement Unit”(度量单位)区域 用于设置系统度量单位，系统提供了两种度量单位，即 Imperial(英制)和 Metric(公制)，系统默认为英制。

(2)“Snap Grid”(移动栅格)区域 移动栅格区域主要用于控制工作空间的对象移动栅格的间距，是不可见的。光标移动的间距由在“Snap Grid”编辑框输入的尺寸确定，设计者可以分别设置 X、Y 向的栅格间距。如果设计者正在设计 PCB 的工作中，则可以使用 Ctrl + G 快捷键打开设置“Snap Grid”的对话框来操作。

(3)“Visible Grid”(可视栅格)区域 用于设置可视栅格的类型和栅距。系统提供了两种栅格类型，即 Lines(线状)和 Dots(点状)，可以在“Makers”下拉列表中选择。可视栅格可以用作放置和移动对象的可视参考。一般设计者可以分别设置栅距为细栅距和粗栅距。可视栅格的显示受当前图样的缩放比例限制，如果不能看见一个活动的可视栅格，则可能是因为缩放太大或太小的缘故。

(4)“Component Grid”(元器件栅格)区域 用来设置元器件移动的间距。

(5)“Electrical Grid”(电气栅格)区域 主要用于设置电气栅格的属性。它的含义与原理图中的电气栅格的相同。选中“Electrical Grid”复选框表示具有自动捕捉焊盘的功能。“Range”(范围)下拉列表用于设置捕捉半径。在布置导线时，系统会以当前光标为中心，以“Range”设置值为半径捕捉焊盘，一旦捕捉到焊盘，光标会自动加到该焊盘上。

（6）“Sheet Position”（图样位置）区域　该区域用于设置图样的大小和位置。X 和 Y 编辑框设置图样的左下角的位置，“Width” 编辑框设置图样的宽度，“Height” 编辑框设置图样的高度。如果选中 “Display Sheet” 复选框，则显示图样，否则只显示 PCB 部分。如果选中 “Lock Sheet Primitive” 复选框，则可以链接具有模板元素（如标题块）的机械层到该图样。

8.2.3　定义印制电路板的形状及尺寸

如果不是利用 PCB 向导来创建一个印制电路板，就要自己定义印制电路板的形状及尺寸，实际上就是在禁止布线层（Keep-Out Layer）上用走线绘制出一个封闭的多边形（一般情况下绘制成一个矩形），多边形的内部即为布局的区域。一般根据原理图中的元器件数目、大小和分布来进行绘制。所绘多边形的大小一般都可以看作是实际印制电路板的大小。

下面简单介绍一下常用印制电路板形状和尺寸定义的操作步骤：

1）将光标移至编辑区下面的工作层标签上的 “Keep-Out Layer”（禁止布线层）并单击，将禁止布线层设置为当前工作层。

2）单击放置工具栏上的布线按钮，也可以执行 “Place \ Line” 命令或先后按下 P、L 键。

3）在编辑区中适当位置单击鼠标左键，开始绘制第一条边。

4）移动光标到合适位置，单击鼠标左键，完成第一条边的绘制。依次绘线，最后绘制一个封闭的多边形。这里是一个矩形，如图 8-21 所示。

5）单击鼠标右键或按下 Esc 键取消布线状态。

图 8-21　印制电路板形状

若想知道定义的印制电路板大小是否合适，可以查看印制电路板的大小。查看的方法为：执行 “Reports \ Board Information” 命令，如图 8-22 所示；也可以先后按下 R 和 B 键。

执行上述操作之后，系统将弹出图 8-23 所示的对话框，在对话框的右边有一个矩形尺寸示意图，所标注的数值就是实际印制电路板的大小（即布局范围的大小）。

如果发现设置的布局范围不合适，可以用移动整条走线、移动走线端点等方法进行调整。

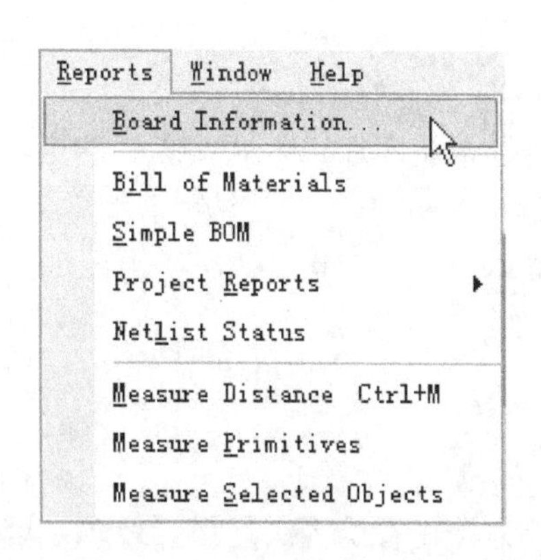

图 8-22　板图信息菜单

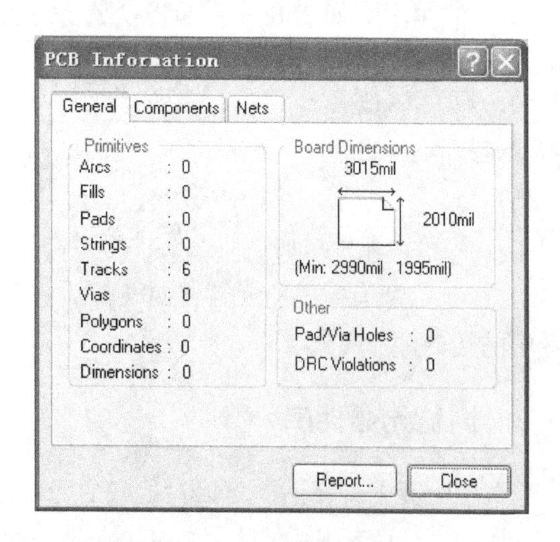

图 8-23　印制电路板信息对话框

8.3　装载元器件封装库的操作

印制电路板规划好后，接下来的任务就是装入网络和元器件封装。在装入网络和元器件封装之前，必须装载所需的元器件封装库。如果没有装入元器件封装库，在装入网络及元器件的过程中程序将会提示设计者装入过程失败。由于 Protel 2004 采用的是集成元器件库，在打开 PCB 编辑器状态下，集成元器件库提供给用户的是元器件封装形式。

8.3.1　装载元器件库

根据设计的印制电路板需要，一般要装入几个元器件封装库，其基本步骤如下：

1）执行菜单命令“Design \ Add/Remove Library...”，或单击控制面板上的“Libraries”标签，打开元器件库浏览器，再单击 Libraries... 按钮，即可弹出图 8-24 所示的“Available Libraries”对话框。

在该对话框中，有三个选项卡。

①“Project”选项卡：显示当前项目的 PCB 元器件库，在该选项卡中单击“Add Libraries...”即可向当前项目添加元器件库。

②“Installed”选项卡：显示已经安装的 PCB 元器件库，一般情况下，如果要装载外部的元器件库，则在该选项卡中实现。在该选项卡中单击 Install... 按钮即可装载元器件库到当前项目。

③“Search Path”选项卡：显示搜索的路径，即如果在当前安装的元器件库中没有需要的元器件封装，则可以按照搜索的路径进行搜索。在该选项卡中单击 Paths... 按钮，即可设置搜索路径。在弹出的打开文件对话框中找出单管放大电路原理图中的所有元器件所对应的元器件封装库。选中这些库，然后单击 打开(O) 按钮，即可添加这些元器件库。设计者可以选择一些自己设计所需的元器件库。

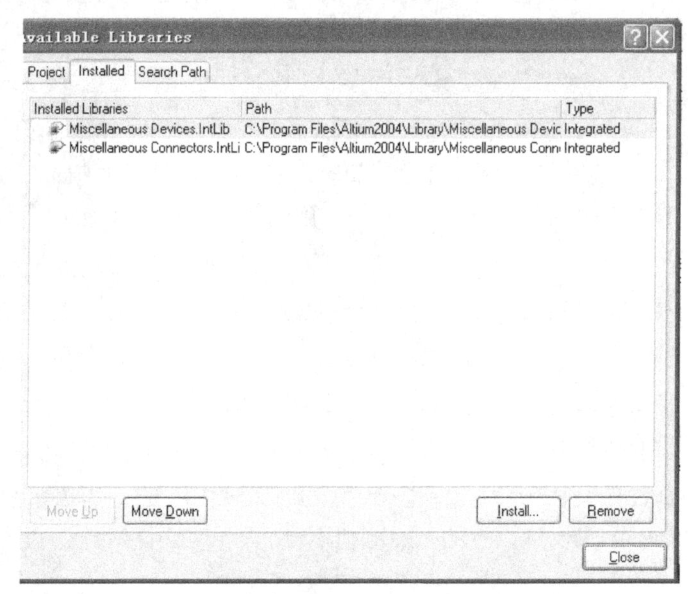

图 8-24　“Available Libraries”对话框

2）添加完所有需要的元器件封装库，然后单击 Close 按钮完成该操作，程序即可将所选中的元器件库装入。

8.3.2　浏览元器件库

当装载完元器件库后，可以对装载的元器件库进行浏览，查看是否满足设计要求。因为 Protel 2004 为设计者提供了大量的集成元器件库，所以进行印制电路板设计制作时，也需要浏览元器件库，选择自己需要的元器件，浏览元器件库的具体操作方法如下：

1）首先执行菜单命令“Design \ Browse Components”，执行该命令后，系统将弹出浏览元器件库对话框，如图 8-25 所示。

2）在该对话框中可以查看元器件的类别和形状等。

① 在图 8-25 所示对话框中，单击 Libraries... 按钮，则可以进行元器件库的装载操作。

② 单击 Search 按钮，则系统弹出“搜索元器件库”对话框，如图 8-26 所示。此时可以进行元器件的搜索操作。

③ 单击“Place”按钮可以将选中的元器件封装放置到印制电路板中。

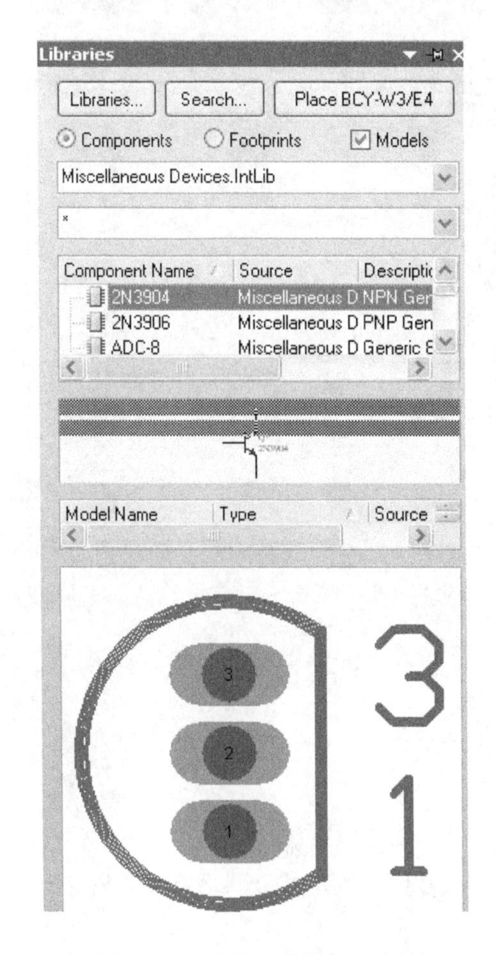

图 8-25　“浏览元器件库”对话框

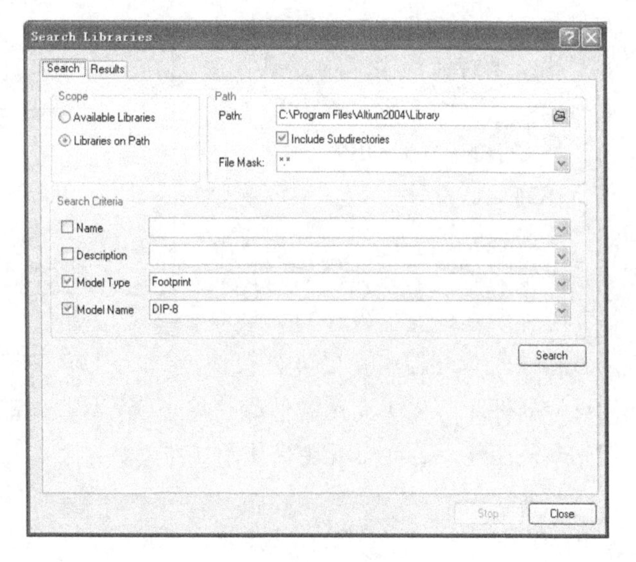

图 8-26　搜索元器件库对话框

8.3.3　搜索元器件库

在图 8-25 的对话框中，单击 Search 按钮，则系统弹出“搜索元器件库”对话框，如图 8-26 所示。此时可以进行元器件的搜索操作。

（1）查找元器件　在该对话框中，可以设定查找对象及查找范围，可以查找的对象为包含在“. IntLib”文件中的元器件封装。有关操作说明如下：

1）“Scope”操作框，该操作框用来设置查找的范围。当选中“Available Libraries”时，则在已经装载的元器件库中查找；当选中“Libraries on path”时，则在指定的目录中进行查找。

2）“Path”操作框，该操作框用来设定查找的对象的路径，该操作框的设置只有在选中“Libraries on path”时有效。“Path”编辑框用来设置查找的目录，选中“Include Subdirectories”则除了在指定目录中搜索之外，对其子目录也进行搜索。如果单击“Path”右侧的按钮，则系统会弹出浏览文件夹对话框，可以设置搜索路径。“File Mask”项可以设定查找对象的文件匹配域，“×”表示匹配任何字符串。

3）“Search Criteria”操作框，用来设定需要查找的对象名称。“Name”编辑框输入需要查找的对象名称。

如果要停止搜索，可以单击 Stop 按钮。

（2）找到元器件　当找到元器件封装后，系统将会在图 8-27 所示的查找结果对话框中显示结果。在上面的信息框中显示该元器件封装名，如本例的“SW-DIP4”，并显示其所在的元器件库名，在下面显示元器件封装形状。

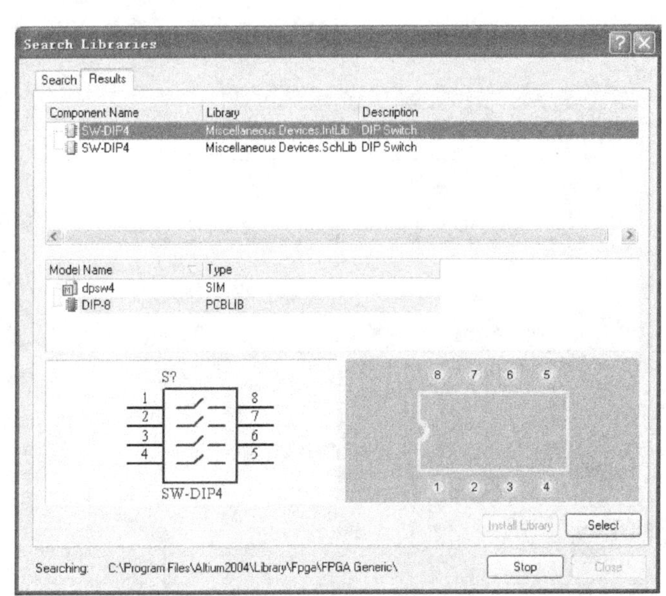

图 8-27　查找结果对话框

查找到需要的元器件后可以将该元器件所在的元器件库直接装载到元器件库管理器中，也可直接使用该元器件而不装载其元器件库。单击 Install Library 按钮即可装载该元器件库，单击 Select 按钮则只使用该元器件而不装载其元器件库。

8.4　网络与元器件的装入

如果确定所需元器件库已经装载，那么设计者就可以按照下面的步骤将原理图的网络与元器件装入到 PCB 中。

8.4.1　编译设计项目

在装入原理图的网络与元器件之前，设计人员应该先编译设计项目，根据编译信息检查项目的原理图是否存在错误，如果有错误，应及时修正，否则将网络和元器件装入到 PCB 文件时会产生错误，而导致装载失败。下面以单管放大电路原理图文件为例加以说明。

8.4.2　装入网络与元器件

1）打开设计好的单管放大电路原理图文件，如图 8-28 所示。

2）打开已经创建的单管放大电路 PCB 文件，如图 8-29 所示。

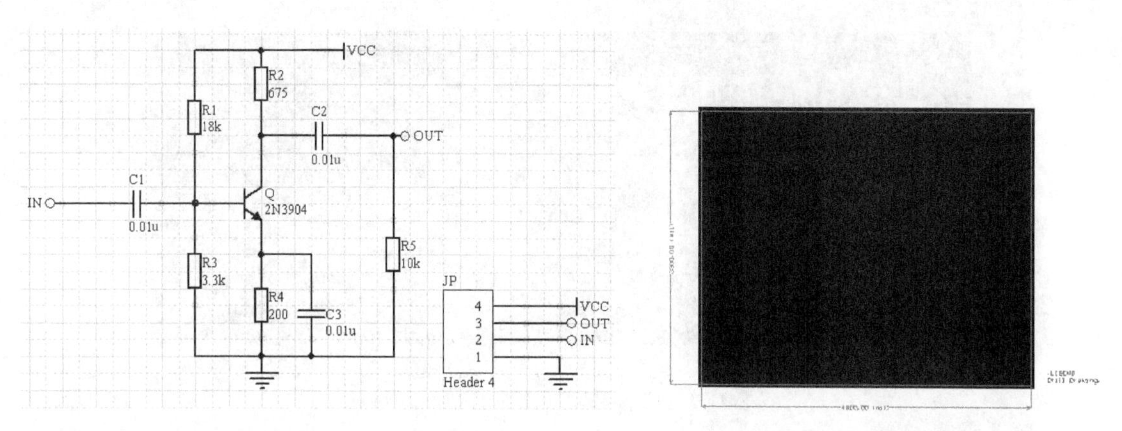

图 8-28　单管放大电路原理图　　　　图 8-29　单管放大电路 PCB 图

3）执行菜单命令“Design \ Import Changes From 单管放大电路 . PRJPCB”命令，系统会弹出图 8-30 所示的对话框。

4）单击图 8-30 所示对话框中的 Validate Changes 按钮，检查工程变化顺序，并使工程变化顺序有效。

5）单击图 8-30 所示对话框中的 Execute Changes 按钮，接受工程变化顺序，将元器件和网络添加到 PCB 编辑器中，如图 8-31 所示。如果工程变化顺序(ECO)存在错误，则装载不能成功。如果没有装载元器件库，也不会成功。

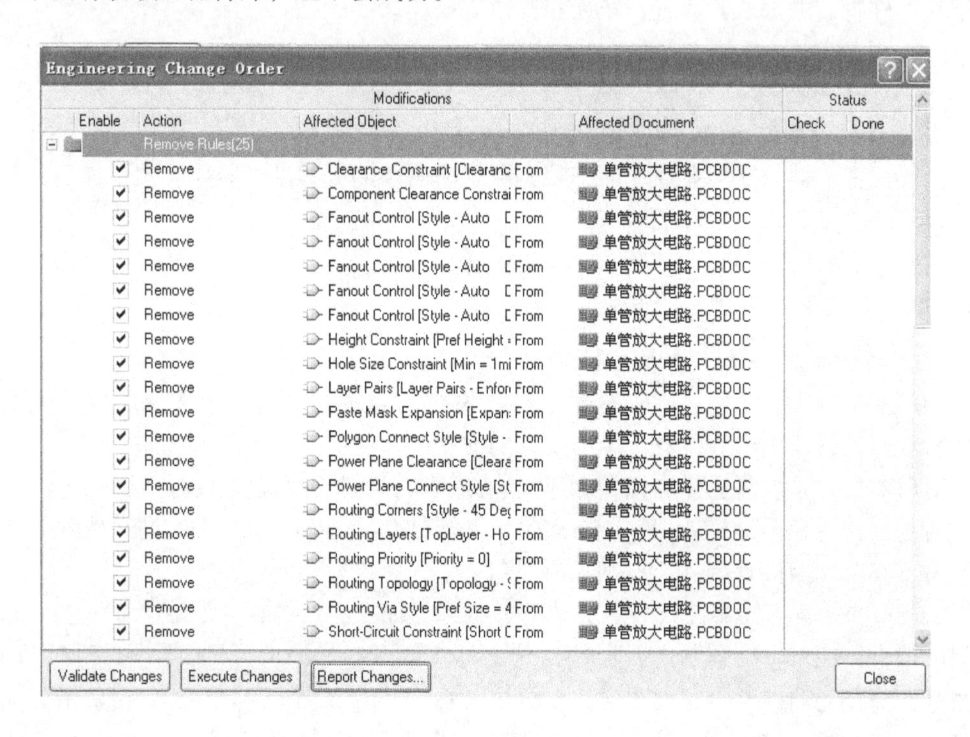

Enable	Action	Affected Object		Affected Document	Check	Done
✔	Remove	Clearance Constraint [Clearanc	From	单管放大电路.PCBDOC		
✔	Remove	Component Clearance Constrai	From	单管放大电路.PCBDOC		
✔	Remove	Fanout Control [Style - Auto　[	From	单管放大电路.PCBDOC		
✔	Remove	Fanout Control [Style - Auto　[	From	单管放大电路.PCBDOC		
✔	Remove	Fanout Control [Style - Auto　[	From	单管放大电路.PCBDOC		
✔	Remove	Fanout Control [Style - Auto　[	From	单管放大电路.PCBDOC		
✔	Remove	Fanout Control [Style - Auto　[	From	单管放大电路.PCBDOC		
✔	Remove	Height Constraint [Pref Height =	From	单管放大电路.PCBDOC		
✔	Remove	Hole Size Constraint [Min = 1mi	From	单管放大电路.PCBDOC		
✔	Remove	Layer Pairs [Layer Pairs - Enfor	From	单管放大电路.PCBDOC		
✔	Remove	Paste Mask Expansion [Expan:	From	单管放大电路.PCBDOC		
✔	Remove	Polygon Connect Style [Style -	From	单管放大电路.PCBDOC		
✔	Remove	Power Plane Clearance [Cleara	From	单管放大电路.PCBDOC		
✔	Remove	Power Plane Connect Style [St	From	单管放大电路.PCBDOC		
✔	Remove	Routing Corners [Style - 45 Deg	From	单管放大电路.PCBDOC		
✔	Remove	Routing Layers [TopLayer - Ho	From	单管放大电路.PCBDOC		
✔	Remove	Routing Priority [Priority = 0]	From	单管放大电路.PCBDOC		
✔	Remove	Routing Topology [Topology - S	From	单管放大电路.PCBDOC		
✔	Remove	Routing Via Style [Pref Size = 4	From	单管放大电路.PCBDOC		
✔	Remove	Short-Circuit Constraint [Short [	From	单管放大电路.PCBDOC		

图 8-30　工程变化顺序对话框

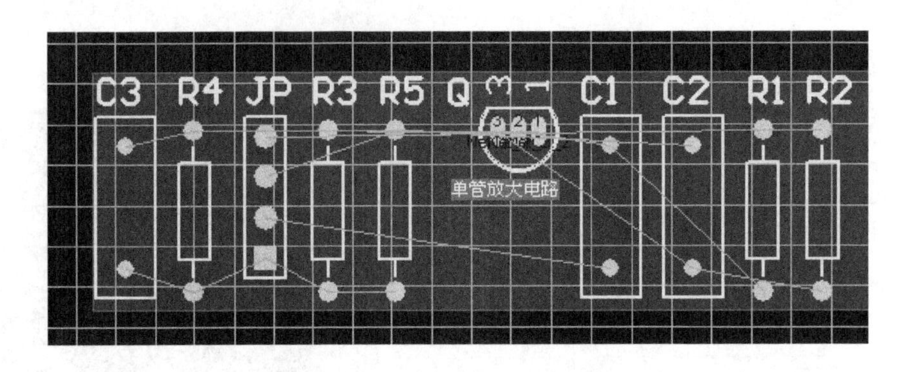

图 8-31　元器件和网络添加到 PCB 编辑器

8.5　放置元器件封装

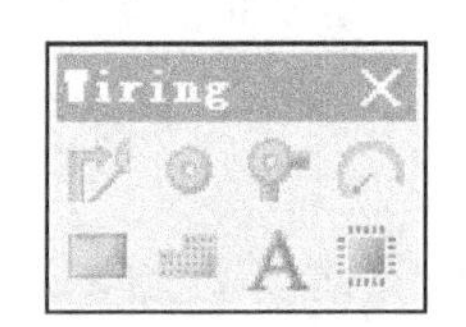

图 8-32　布线工具栏

为方便设计者设计，PCB 编辑器提供了布线工具栏(Wiring)，如图 8-32 所示。通过执行命令“View \ Toolbars \ Wiring”来实现布线工具栏的打开与关闭，布线工具栏中每一项都与菜单“Place”下的各命令项对应。

元器件封装和导线都是 PCB 设计中最基本也是最重要的组件。本节介绍元器件封装的选取、放置、布局和修改等操作。

8.5.1　元器件封装的放置

1. 放置元器件封装命令

在执行放置元器件封装命令之前，须先装载所需要的元器件封装库。启动放置元器件的命令有以下几种方法。

1）执行菜单命令“Place \ Component”。

2）单击放置工具栏中按钮。

3）在键盘上依次按P、C键。

4）在图 8-33 所示元器件库浏览器中，首先在元器件封装列表中选择所需的元器件封装，然后双击该元器件封装，或者单击上方的放置元器件按钮。

启动命令后，系统将会弹出图 8-34 所示的放置元器件对话框。该对话框中上部区域设置放置的类型：是元器件封装(Footprint)还是元器件(Component)，默认是元器件封装。下部区域用于设置元器件封装的资料，各项说明如下。

① Footprint：输入元器件封装名称，即加载哪一种元器件封装。如果已知元器件封装名称，则可以直接在编辑框中输入元器件封装名称，如 RAD-0.3。否则，单击其右侧的…按钮来浏览并选择元器件库中的封装形式。单击…按钮后，系统将弹出图 8-35 所示的元器件库浏览对话框。设计者可以通过该对话框选择元器件库及元器件封装。选取后，单击 OK 按钮，返回到图 8-34 所示对话框。

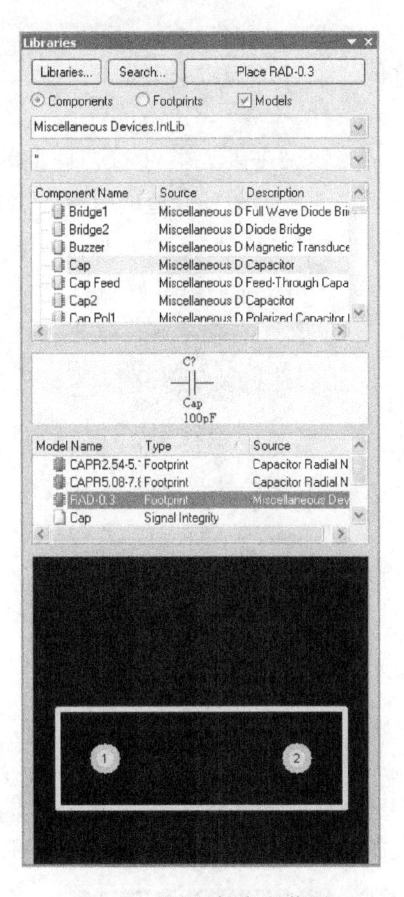

图 8-33　元器件库浏览器

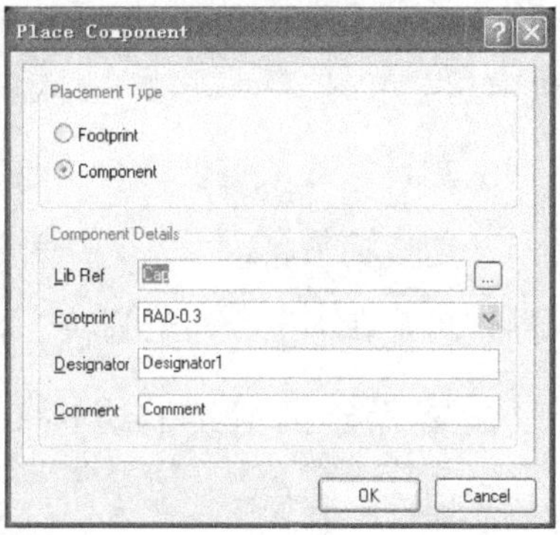

Place Component
Placement Type
Footprint
Component
Component Details
Lib Ref
Footprint　RAD-0.3
Designator　Designator1
Comment　Comment
OK　Cancel

图 8-34　放置元器件对话框

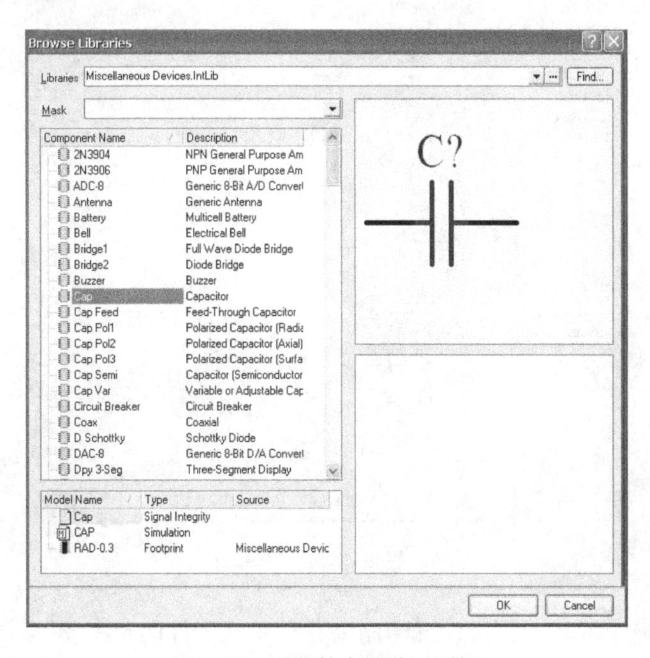

图 8-35　元器件库浏览对话框

② Designator：元器件序号。用来输入此封装在本 PCB 中的元器件标号，如 C2。

③ Comment：用来输入此封装对应的元器件的标称值或型号，如 0.1μF。

2. 元器件封装放置操作

选取元器件封装后，单击图 8-35 所示对话框中的[...]按钮，进入元器件封装放置状态。此时光标变成十字形状，并且带着选择的元器件封装一起移动。移动到合适的位置时，单击鼠标左键即可完成元器件封装的放置，同时鼠标仍在元器件封装放置状态，并且仍带着一个与刚才放置完全一样的元器件封装，可继续放置。否则可单击右键，结束放置该元器件封装，系统又弹出图 8-33 所示对话框。单击[Cancel]按钮，结束放置元器件封装命令。

操作过程中的技巧：在放置过程中，可以按空格键使元器件封装旋转；按[X]键使之在水平方向上翻转；按[Y]键使之在垂直方向上翻转；按[L]键使之从顶层移到底层，同时由于元器件封装切换到了底层，元器件封装的元器件序号和型号等字符都将变反。可以再按[X]键使元器件封装在水平方向上翻转。

8.5.2　设置元器件封装的属性

设置元器件封装的属性首先要启动元器件属性设置对话框。方法有三种：

1）在放置元器件封装时按[Tab]键。

2）双击已经放置的元器件封装。

3）将鼠标放在元器件封装上，单击右键，从弹出的对话框中选取“Properties...”命令。执行上述任意一种命令后，系统将弹出元器件封装属性设置对话框，如图 8-36 所示。

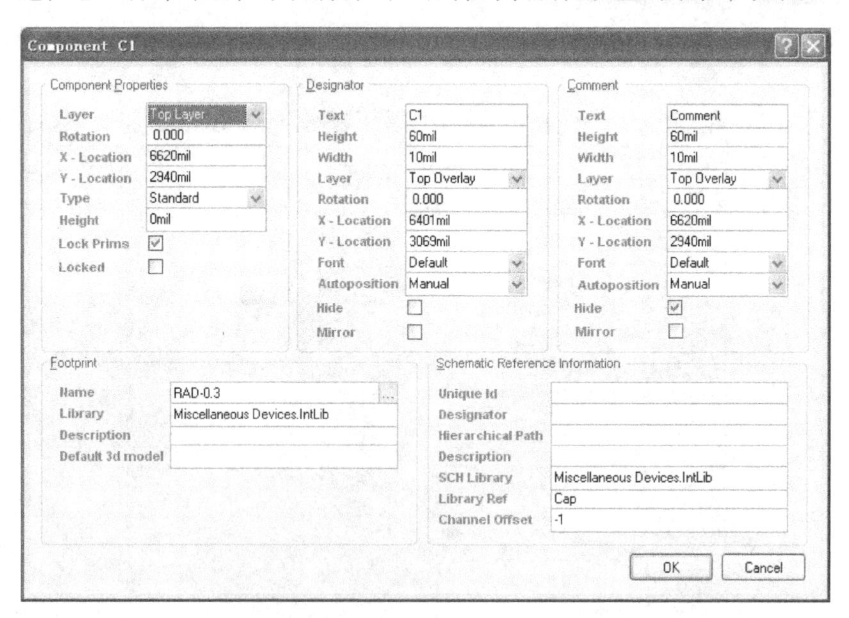

图 8-36　元器件属性设置对话框

对话框中分为五个区域，用来设置印制电路板中元器件的封装属性。

（1）“Component Properties” 区域

1）Layer：设置元器件封装所在的板层。通过右边的下拉式按钮选择设置板层。

2）Rotation：设置元器件封装的旋转角度。

3）X-Location/Y-Location：设置元器件封装X轴/Y轴坐标。

4）Type：设置元器件封装的形状。

5）Lock Prims：设置是否锁定元器件封装的结构，即是否能将元器件封装的各个部分分开。

6）Locked：设置是否锁定元器件封装的位置。

（2）“Designator”区域　该区中的各选项说明如下。

1）Text：设置元器件封装的序号。

2）Height：设置元器件封装序号文字的高度。

3）Width：设置元器件封装序号文字的线宽。

4）Layer：设置元器件封装序号文字所在的层，通过右边的下拉式按钮选择层。

5）Rotation：设置元器件封装序号的旋转角度。

6）X-Location/Y-Location：设置元器件封装序号X轴/Y轴坐标。

7）Font：设置元器件封装序号文字的字体。通过右边的下拉式按钮选择字体。

8）Autoposition：设置元器件封装序号文字所在的位置。通过右边的下拉式按钮选择自动放置序号的位置。

9）Hide：设置元器件封装的序号是否隐含。

10）Mirror：设置元器件封装的序号是否镜像(变反)。

（3）“Comment”区域　该区域中所有的选项都是用于设置元器件封装的元器件名称或型号的属性，每项的含义与“Designator”区域中的设置含义完全相同。这里不再重复。

（4）“Footprint”区域

1）Name：设置元器件封装的名称。

2）Library：设置元器件封装所在的元器件库。

3）Description：设置元器件封装的描述。

4）Default 3d model：设置元器件封装的三维模式。

（5）“Schematic Reference Information”区域　该区域用于设置元器件封装的原理图相关信息。

8.5.3　元器件封装的修改

（1）元器件封装的更改　如果设计PCB时有比较特殊的元器件封装在封装库中找不到，又觉得没有必要去新建一个元器件封装，此时可以直接在PCB上更改元器件封装。举例说明：把图8-37a所示的元器件封装更改为图8-37b所示的形状。

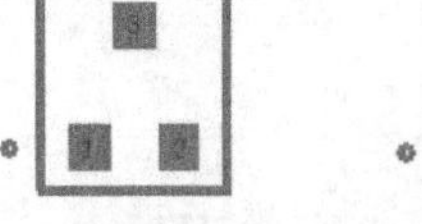

a) 原元器件封装

b) 更改的元器件封装

图8-37　元器件封装的更改

首先在PCB图中双击图8-37a所示的元器件封装，打开其属性对话框，取消对话框中的“Lock Prims”项，使元器件封装的各个组成部分分开。其次修改导线和焊盘使其符合图8-37b所示的形状。调整完后，再将“Lock Prims”项选中，将其结构固定起来。

（2）元器件封装的分解　如果欲将元器件封装分解，可以通过执行主菜单命令“Tools\Convert\Explode Component to Free Primitives”实现。启动命令后，光标变成十字形状，将光标移动到需要分解的元器件封装上单击左键即可。元器件封装一旦分解就不能恢复，所以使用此命令之前要慎重考虑。

8.6　放置导线

导线用于连接各个焊盘，是印制电路板最重要的部分。

8.6.1　放置导线操作

放置导线“Interactive Routing”命令可以实现不同层之间的交互布线。在布线过程中需要变换层时，按数字键盘上的 * 键，系统将自动放置一个导孔(Via)，并翻到另一层面接着布线。**注意：**“Line”命令是放置直线，不具电气功能，且只能在某一层面布线。

1. 放置导线命令

启动放置导线的命令有 4 种方法：

1）执行菜单命令“Place \ Interactive Routing”。

2）单击布线工具栏中按钮。

3）在 PCB 设计窗口中，单击右键，从弹出的右键快捷菜单中选择“Interactive Routing”命令。

4）在键盘上依次按 P 、 T 键。

2. 导线的放置

（1）同一板层间布线步骤　以连接 R1-2 和 C1-1 焊盘间的导线为例加以说明。

1）启动放置导线命令后，光标变成十字形状。将光标移到导线的起点 R1-2 焊盘上，此时焊盘上会出现一个八角形框，表示光标与焊盘中心重合，如图 8-38 所示。

2）在焊盘中心单击鼠标左键，确定导线起点位置。将光标向 C1-1 移动，此时导线产生一个 45°拐角(不同的导线模式产生不同的拐角,按空格键可以改变导线模式)，第一段导线为实心线，表示导线位置已经在当前板层确定，但长度还没有定；第二段为空心线，表示该段导线只确定了导线的方向而位置和长度还没有确定，如图 8-39 所示。这是由其先行特性“look-ahead”决定的。

3）继续移动光标到 C1-1 的焊盘上，焊盘上出现一个八角形框，如图 8-40 所示。

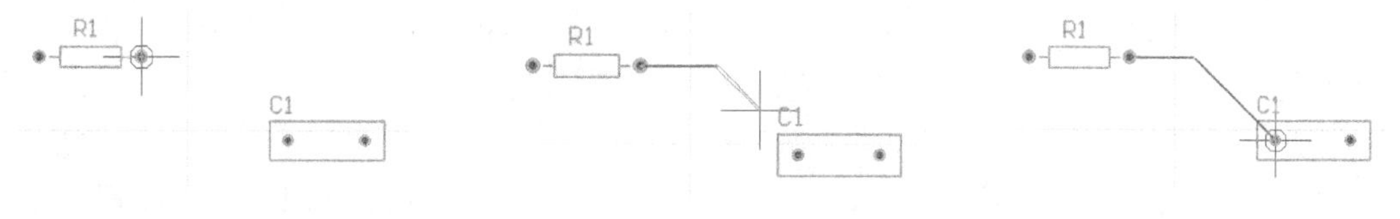

图 8-38　光标与焊盘重合　　图 8-39　布第一段导线　　图 8-40　布第二段线

4）在 C1 的焊盘中心单击鼠标左键，完成第二段导线。

5）单击右键完成 R1-2 和 C1-1 焊盘间的整条网络的导线布置，导线显示当前板层的颜色。光标仍为十字状，系统仍然处于布线状态。

6）接着可以在其他位置上开始放置一条新的导线，或者单击鼠标右键，光标由十字状变成箭头，系统退出布线状态。

在布线过程中，可以按 BackSpace 键来取消前段导线。

（2）不同板层间的布线　假设 R1-2 和 C1-1 焊盘间已经存在一条在顶层的导线，要使二者相连，就要应用不同板层间的布线操作。操作步骤如下：

1）从顶层开始布线，即顶层为当前工作层，首先从焊盘 R1-2 布线。

2）由于有一条导线在顶层，因此无法直接布线到 C1-1，这时可以按数字键盘上的 * 键在信号层之间进行转换，切换到 C1-1 所在的底层，并且系统自动放置一个导孔（Via），如图 8-41 所示。

3）单击鼠标左键确定第一条导线，同时导孔也被定位。

4）继续将光标移到 C1-1 焊盘上，单击左键后再单击右键，此时第二段导线已经在底层上放置。可以看到导线颜色也变成了相应层的颜色，如图 8-42 所示。

图 8-41　加入导孔　　　　图 8-42　不同板层间的布线

8.6.2　导线的修改和调整

Protel 2004 提供了比 Protel 99 SE 更方便的操作方法来修改和调整导线。假设导线已经布置在顶层上，修改和调整导线之前需要首先点取该导线，点取的导线会在两端和中间出现图 8-43 所示的三个操控点，同时颜色也变化。

（1）导线的平移　将光标放在已经点取的导线上，在除了三个操控点以外的任意位置上，光标都会变成四个方向箭头的十字架光标，此时按下左键不放，就可以向四个方向中的任一方向平移导线，如图 8-44 所示。

图 8-43　点取导线　　　　图 8-44　平移导线

（2）导线的调整　将光标放在导线两端操控点上时，光标变成水平方向的双箭头形状光标，此时按下鼠标左键不放，就可以在水平方向上调整导线的长度，如图 8-45 所示。

将光标放在导线中间操控点上时，光标变成垂直方向的双箭头形状光标，此时按下鼠标左键不放，就可以在垂直方向上调整导线，两端点不变，如图 8-46 所示。

图 8-45　水平方向调整导线　　　　图 8-46　垂直方向调整导线

8.6.3　导线的删除

删除导线可以采用以下两种操作方法：

1. 按快捷键或执行菜单命令 “Edit \ Delete”，删除被选取的导线

1）首先选取所要删除的导线，然后按 Del 键，或执行菜单 “Edit \ Clear” 命令，即可实现导线的删除。

2）执行菜单命令 “Edit \ Delete”，光标变成十字形，将光标移到要删除的导线上，单击鼠标左键，即可删除该导线。

2. 启动解除布线命令删除导线

如果 PCB 中的导线是依据网络进行的布线，可以执行菜单命令 “Tools \ Un-Route” 的下拉命令删除导线，如图 8-47 所示。

共有五个下拉命令，各个命令说明如下。

1）All：本命令的功能是解除电路板上所有的布线。

2）Net：本命令的功能是解除指定网络的布线。启动此命令后，光标变成十字形，将光标移到所要删除网络的任意导线上，单击鼠标左键，即可删除该网络上所有的导线。

3）Connection：本命令的功能是解除两个焊盘间的布线。启动此命令后，光标变成十字形，将光标移到两个焊盘间的任意一个导线上，单击鼠标左键，即可删除两个焊盘间的导线。

4）Component：本命令的功能是解除指定元器件封装上的布线。启动此命令后，光标变成十字形，将光标移到元器件封装上，单击鼠标左键，即可将和该元器件封装相连接的所有的导线删除。

5）Room：本命令的功能是解除元器件盒中所有的布线。启动此命令后，光标变成十字形，将光标移到一个元器件盒上，单击鼠标左键，即可将该元器件盒中的所有的布线删除。

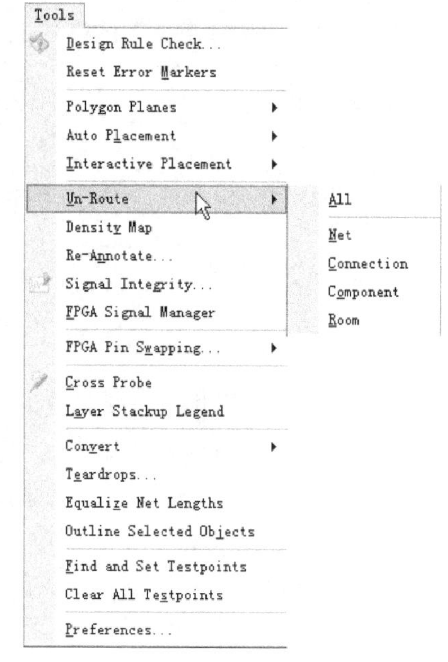

图 8-47　解除布线菜单命令

8.6.4　设置导线属性

在布线状态下，按 Tab 键，或者双击已经固定的导线，或者将鼠标放在导线上，并单击右键，从弹出的对话框中选取 “Properties...” 命令，都可以打开图 8-48 所示的导线属性设置对话框。对话框中的各项说明如下。

1）Width：设定导线宽度。

2）Start X 和 Start Y：分别设定导线起点的 X 轴坐标和 Y 轴坐标。其坐标值随导线的移动自动变化。

3）End X 和 End Y：分别设定导线终点的 X 轴坐标和 Y 轴坐标。其坐标值随导线的移动自动变化。

4）Layer：设定导线所在的层。

5）Net：设定导线所在的网络。

6）Locked：设定导线位置是否锁定。如果选中本项，在印制电路板上移动该导线时，将出现图 8-49 所示的对话框。单击 Yes 按钮，就可以移动导线；否则，不能移动导线。

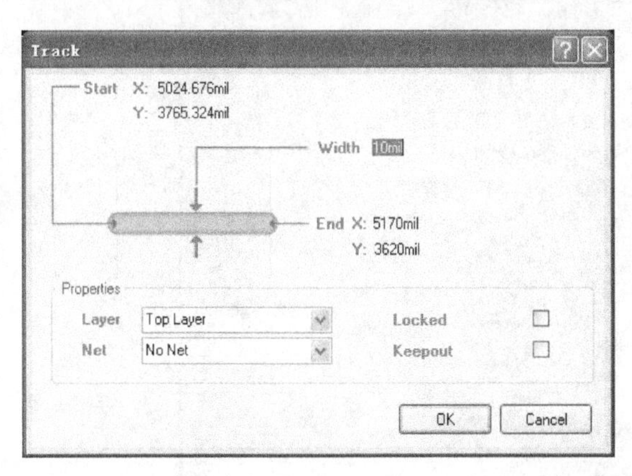

图 8-48　导线属性设置对话框

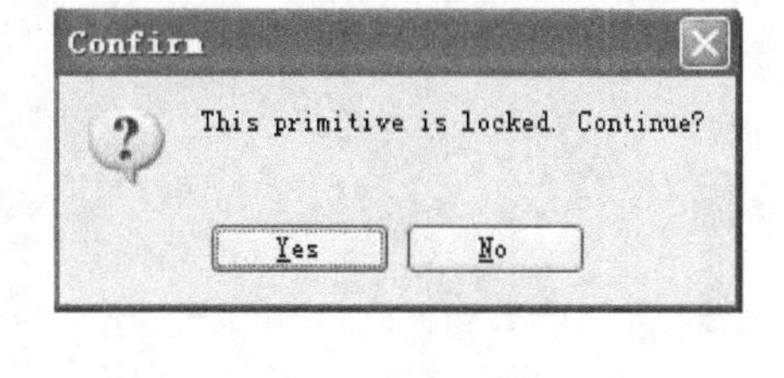

图 8-49　移动锁定导线确定对话框

8.7　放置焊盘

焊盘是将各元器件引脚与铜膜导线连接的焊点。

8.7.1　焊盘的放置

1. 放置焊盘命令

放置焊盘的操作命令有三种：

1）执行菜单命令 “Place \ Pad”。

2）单击放置工具栏中 按钮。

3）在键盘上依次按 P 、 P 键。

2. 焊盘的放置方法

按以上方法启动命令后，光标将变成十字形，并且光标上带着一个焊盘，单击鼠标左键即可完成焊盘的放置。单击右键结束放置命令。

8.7.2　焊盘的属性设置

在放置焊盘的状态下按 Tab 键，或者双击已放置的焊盘，或者将鼠标放在已放置的焊盘上，并单击右键，从弹出的对话框中选取 “Properties…” 命令，都可以打开图 8-50 所示的焊盘属性设置对话框。

在图 8-50 对话框中，包括以下几个方面的设置，说明如下：

(1) 左上角图形区域

1）Hole Size：设置焊盘通孔直径。

2）Rotation：设置焊盘旋转角度。

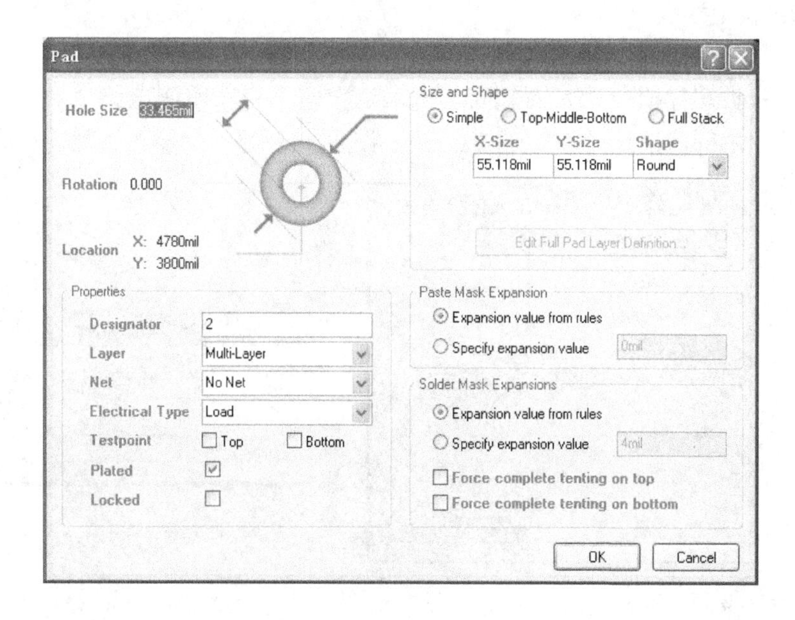

图 8-50　焊盘属性设置对话框

3）Location X/Y：设置焊盘的 X/Y 轴坐标。

（2）“Properties” 区域

1）Designator：设置焊盘序号。

2）Layer：设置焊盘所在的板层。通常多层印制电路板焊盘设为 “Multi-Layer”。

3）Net：设置焊盘所在的网络。

4）Electrical Type：设置焊盘在网络中的属性，包括中间点(Load)、起点(Source)和终点(Terminator)三个类型。

5）Testpoint：设置测试点所在的板层。

6）Plated：设置是否将焊盘的导孔孔壁加以电镀。

7）Locked：设置是否将焊盘的位置锁定。

（3）“Size and Shape” 区域

1）X-Size/Y-Size：分别设置焊盘的 X 轴和 Y 轴的尺寸。

2）Shape：设置焊盘的形状。单击右侧的下拉式按钮，即可选择焊盘的形状，即圆形(Round)、矩形(Rectangle)和八角形(Octagonal)。

（4）“Paste Mask Expansion” 和 “Solder Mask Expansions” 区域　分别用于设置助焊层和阻焊层的大小是按设计规则设置还是按特殊值设置。

设置完成后，单击 OK 按钮，即可放置焊盘。

8.8　放置导孔

导孔，又称为过孔，用于连接不同板层间的导线，当导线从一层进入另一层时需要放置导孔。

8.8.1　导孔的放置

1. 放置导孔的操作命令

放置导孔操作命令的方法有四种：

1）执行菜单命令“Place\Via”。

2）单击放置工具栏中按钮。

3）在键盘上依次按P、V键。

4）在交互布线状态下，按数字键盘上的*键，自动产生一个导孔。

2. 导孔的放置操作

执行命令后，光标变成十字形，并且光标上带着一个导孔。将光标移到合适位置，单击鼠标左键即可完成导孔的放置。

8.8.2　设置导孔属性

在放置导孔时按Tab键，或者在 PCB 编辑状态下双击导孔，或者将鼠标放在已放置的导孔上，单击右键，从弹出的对话框中选取“Properties…”命令，系统将弹出图 8-51 所示的导孔属性设置对话框。对话框中的有关设置说明如下：

（1）上方图形区域

1）Hole Size：设置导孔的通孔直径。

2）Diameter：设置导孔直径。

3）Location X/Y：设置导孔的 X/Y 轴坐标。

（2）“Properties”区域

1）Start Layer：设置导孔的起始层。

2）End Layer：设置导孔的结束层。

3）Net：设置导孔所在的网络。

4）Testpoint：设置测试点所在的层。

5）Locked：设置导孔位置是否锁定。

（3）“Solder Mask Expansions”区域

用于设置阻焊层的大小是按设计规则设置还是按特殊值设置。

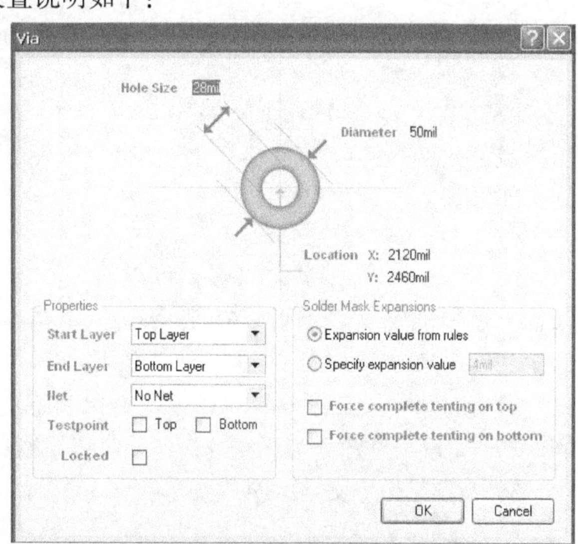

图 8-51　导孔属性设置对话框

设置完成后，单击 OK 按钮，即可进行放置导孔的操作。

8.9　放置文字

设计者通常在印制电路板上放置文字对结构或功能进行注释，方便装配和维修。

8.9.1　放置文字的操作

文字应该放置在丝印层(Silkscreen)，即顶层丝印层(Top Silkscreen)或底层丝印层(Bottom Silkscreen)，不允许放置在其他层。

放置文字的操作命令有三种：

1）执行菜单命令“Place\String”。

2）单击布线工具栏中A按钮。

3）在键盘上依次按P、S键。

执行命令后，光标变成十字形，并且光标上带着一个系统默认的文字“String”。将光标移到合适位置，单击鼠标左键即可放置文字“String”。可以通过下面的方法对该文字进行编辑。

8.9.2　设置文字属性

在放置文字时按Tab键，或者用鼠标左键双击 PCB 编辑界面上的文字，或者将鼠标放在已放置的文字上，单击右键，从弹出的对话框中选取“Properties...”命令。进行以上任一种操作之后系统将弹出图 8-52 所示的文字属性设置对话框。此对话框中的各项设置说明如下：

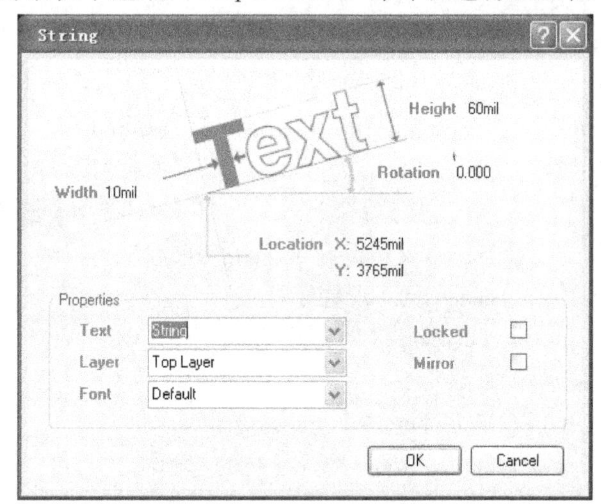

图 8-52　文字属性设置对话框

（1）上部的图形区域

1）Height：设置文字高度。

2）Width：设置文字线型宽度。

3）Rotation：设置文字旋转角度。

4）LocationX/Y：设置文字的 X 轴/Y 轴坐标位置。

（2）“Properties”区域

1）Text：设置文字的内容，可以自己输入需要的文字，也可以指定字符串变量。如果要字符串起作用，则在 PCB 参数设置时指定“Strings”项，单击右边的下拉式按钮可以选择字符串变量。

2）Layer：设置文字所在的板层，可通过右边的下拉式按钮设置。

3）Font：设置文字的字体。

4）Locked：设定是否锁定文字的位置。

5）Mirror：设定是否将文字水平翻转。

8.10　放置坐标指示

坐标指示的功能是指示编辑区中任何一点的坐标值。

8.10.1　放置坐标指示的操作

放置坐标指示的操作命令有三种：

1）执行菜单命令“Place\Coordinate”。

2）单击实用工具栏中 按钮。

3）在键盘上依次按P、O键。

执行命令后，光标变成十字形，并且光标上带着坐标指示，单击鼠标左键，即可将坐标指示放在指定的位置，如图8-53所示。

4660, 4300 (mil)

图 8-53　放置的坐标指示

8.10.2　坐标指示属性设置

放置坐标指示也可以设置属性，方法与放置文字相同，启动后的坐标指示属性设置对话框如图 8-54 所示。对话框中的各项设置内容如下：

（1）上部的图形区域

1）Text Height：设置坐标文字的高度。

2）Text Width：设置坐标文字线型宽度。

3）Line Width：设置坐标指示十字符号的线宽。

4）Size：设置坐标指示十字符号的大小。

5）Location X/Y：设置坐标指示十字符号 X 轴/Y 轴坐标位置。

（2）“Properties” 区域

1）Layer：设置坐标文字所在的板层，可通过右边的下拉式按钮设置。

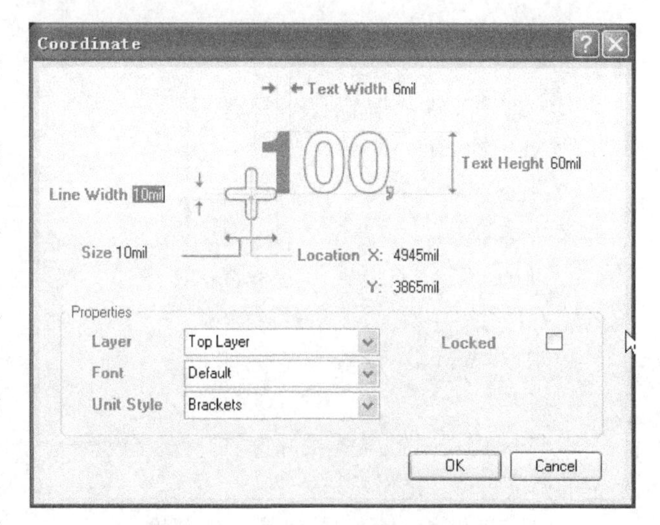

图 8-54　坐标指示属性设置对话框

2）Font：设置坐标文字的字体，有三种字体可选择。

3）Locked：设定是否锁定坐标指示的位置。

4）Unit Style：设置坐标指示的单位显示形式，共有三种形式，即 “None”、“Normal” 和 “Brackets”，分别对应的显示形式如图 8-55a、图 8-55b 和图 8-55c 所示。

5000, 4000

a) “None” 显示形式

5000mil, 4000mil

b) “Normal” 显示形式

5000, 4000 (mil)

c) “Brackets” 显示形式

图 8-55　坐标指示的单位显示形式

8.11　放置尺寸标注

在设计印制电路板时，经常需要标注某些尺寸，以方便后续设计或制造。

放置尺寸标注有三种操作方法：

1）执行菜单命令 “Place \ Dimension \ Dimension”。

2）单击放置工具栏中的 按钮。

3）在键盘上依次按P、D、D键。

在放置尺寸标注前，先通过层切换操作将当前层切换到机械层。启动命令后，光标变成十字形，并且光标上带着两个相对的箭头，将鼠标移到合适位置，单击鼠标左键确定标注的起点。然后再移动光标，此时尺寸标注拉开。移到合适位置后单击鼠标左键，确定标注的终点，如图 8-56 所示。

图 8-56　放置尺寸标注

在放置尺寸标注时按 Tab 键，或者在印制电路板上双击尺寸标注，都可以启动图 8-57 所示的尺寸标注属性设置对话框。

在图 8-57 所示的对话框中，“Properties”区域的内容和设置方法与前介绍的相同的就不再重复。在图示区域中的几项介绍如下。

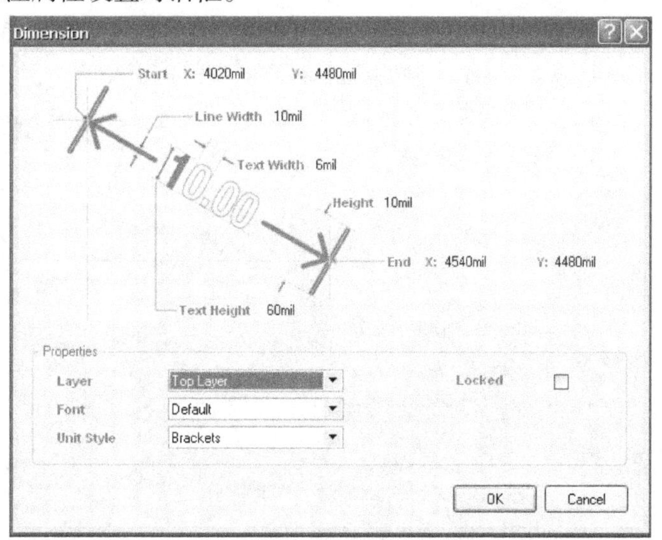

图 8-57　尺寸标注属性设置对话框

1）Start X/Y：设置尺寸标注开始的 X/Y 轴坐标。

2）End X/Y：设置尺寸标注终点的 X/Y 轴坐标。

3）Line Width：设置尺寸标注线的宽度尺寸。

4）Text Width：设置尺寸标注字符的宽度。

5）Text Height：设置尺寸标注字符的高度。

6）Height：设置尺寸标注界线的高度。

8.12　放置相对原点

在 PCB 设计系统中，原点可分为绝对原点和相对原点。绝对原点又称为系统原点，位于 PCB 编辑区的左下角，其位置是固定不变的；相对原点是由绝对原点定位的一个坐标原点，其位置可以由设计者自己设定。刚进入 PCB 系统时，编辑区的两个原点是重叠的。在设计电路板时，状态栏中指示的坐标值是根据相对原点来确定的。使用相对原点可以给电路板的设计带来很大的方便。

放置相对原点有三种操作方法：

1）执行菜单命令“Edit \ Origin \ Set”，如图 8-58 所示。

2）单击放置工具栏中按钮。

3）在键盘上依次按 E、O、S 键。

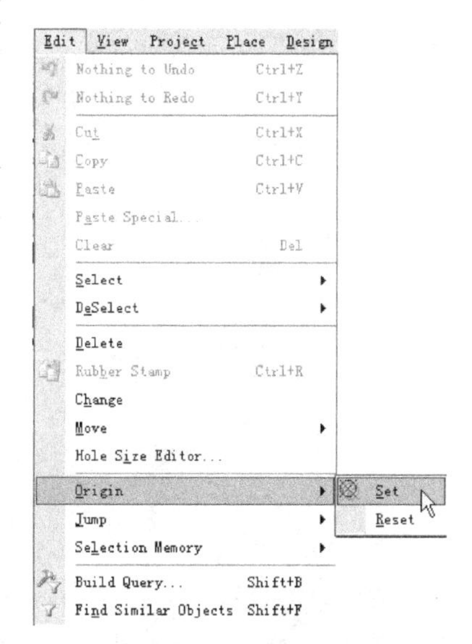

图 8-58　放置相对原点的菜单命令

启动放置原点命令后，光标变成十字形，只要将光标移动到要设定相对原点的位置上，单击鼠标左键即可完成相对原点的放置。

当不需要相对原点时，可以执行主菜单命令“Edit \ Origin \ Reset”，即可删除设定的相对原点，相对原点重新和绝对原点相重合。

8.13　放置圆弧导线

在 PCB 设计中，有时需要放置圆弧导线以满足弯曲走线需要。

8.13.1　圆弧导线的放置

Protel 2004 提供了四种放置圆弧导线的操作命令，下面分别介绍这几个操作命令的使用，以及圆弧导线的属性设置和修改。

1. 利用 Arc(Center) 命令放置圆弧导线

（1）放置圆弧导线的命令　Arc(Center) 命令是以圆心为基准来绘制和放置圆弧导线的，可以通过以下三种方法启动。

1）执行菜单命令“Place \ Arc(Center)”。

2）单击放置工具栏中按钮。

3）在键盘上依次按P、A键。

（2）放置圆弧导线　启动放置圆弧导线命令后，光标变成十字形，将光标移到合适的位置，单击鼠标左键即可确定圆弧的中心，如图 8-59a 所示。

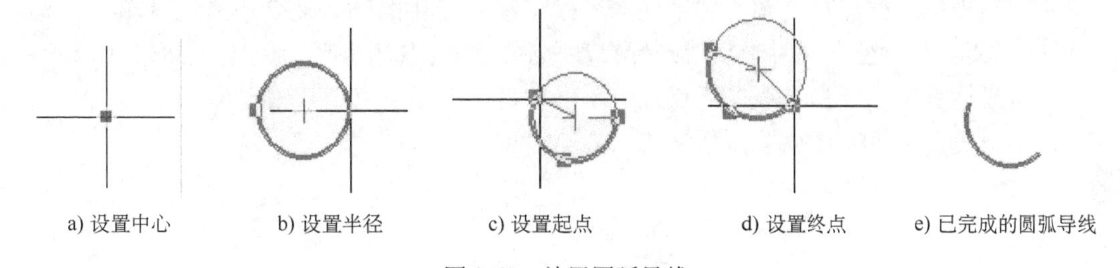

图 8-59　放置圆弧导线

1）移动鼠标，即可拉出一个圆。移动鼠标到合适大小时，单击鼠标左键，确定圆弧半径，同时十字形光标自动移到该圆的右侧水平半径处，如图 8-59b 所示。

2）移动鼠标，在圆弧导线的开始位置单击鼠标左键，确定起始位置，此时十字形光标自动回到圆的起始半径处，移动鼠标可调节圆弧起点，如图 8-59c 所示。

3）将鼠标移动到圆弧导线的终点处，单击左键，确定终点，如图 8-59d 所示。

4）单击右键即可完成圆弧导线的放置，如图 8-59e 所示。

2. 利用 Arc(Edge) 命令放置导线

（1）启动放置圆弧导线命令　Arc(Edge) 命令是以圆弧边界(起点和终点)为基准来绘制和放置圆弧导线的。通过以下三种方法启动放置圆弧导线命令：

1）执行菜单命令“Place \ Arc(Edge)”。

2）单击放置工具栏中的按钮。

3）在键盘上依次按P、E键。

（2）圆弧导线的放置　以圆弧边界为基准放置圆弧导线的步骤如下：

1）启动放置圆弧导线命令后，光标变成十字形，将光标移到合适的位置，单击鼠标左键确定圆弧的起点，如图 8-60a 所示。

2）移动鼠标，在圆弧导线结束位置单击鼠标左键即可确定终点位置，如图 8-60b 所示。

图 8-60　利用 Arc(Edge)命令放置圆弧导线

3）单击右键即可完成放置圆弧导线，如图 8-60c 所示。

3. 利用 Arc(Any Angle)命令放置导线

（1）启动放置圆弧导线命令　Arc(Any Angle)命令是以圆弧边界(起点)和圆心为基准来绘制和放置圆弧导线的。通过以下三种方法可以启动放置圆弧导线命令：

1）执行菜单命令“Place \ Arc(Any Angle)”。

2）单击放置工具栏中的按钮。

3）在键盘上依次按 P、N 键。

（2）圆弧导线的放置　以圆弧边界和圆心为基准来绘制圆弧导线的步骤如下：

1）启动放置圆弧导线命令后，光标变成十字形，将光标移到合适的位置，单击鼠标左键确定圆弧的起点，如图 8-61a 所示。

2）移动光标，拉出一个圆心和半径随光标移动而变化的圆。在合适的位置单击鼠标左键即可确定圆心和半径，同时十字形光标自动移到该圆的右侧水平半径处，如图8-61b所示。

3）将光标移动到圆弧导线的终点处，单击左键，确定终点，如图 8-61c 所示。

4）单击右键即可完成放置圆弧导线，如图 8-61d 所示。

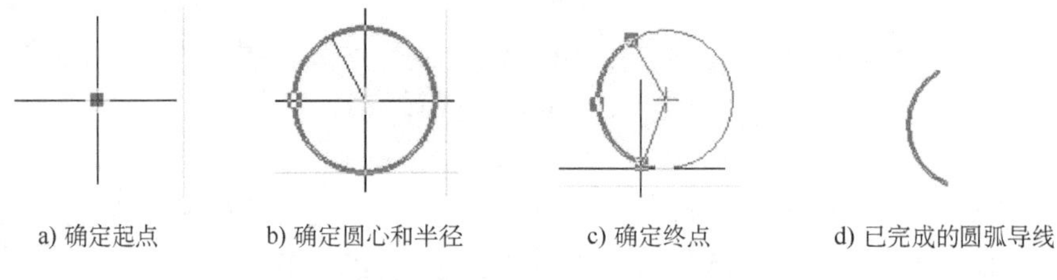

图 8-61　利用 Arc(Any Angle)命令放置导线

4. 利用 Full Circle 命令绘制整圆

（1）启动放置整圆命令　Full Circle 命令是以圆心为基准来绘制和放置整个圆的，可以通过以下三种方法启动：

1）执行菜单命令“Place \ Full Circle”。

2）单击放置工具栏中的按钮。

3）在键盘上依次按 P、U 键。

（2）放置整圆　放置整圆的步骤如下：

1）启动放置整圆命令后，光标变成十字形，将光标移到合适的位置，单击鼠标左键确定圆心，如图 8-62a 所示。

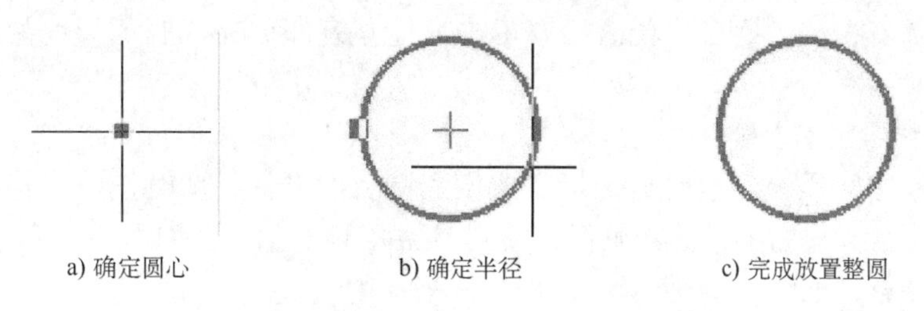

a) 确定圆心　　b) 确定半径　　c) 完成放置整圆

图 8-62　利用 Full Circle 命令绘制整圆

2）移动光标，拉出一个半径随光标移动而变化的圆。在大小合适的位置单击鼠标左键即可确定整圆，如图 8-62b 所示。

3）单击右键即可完成放置整圆，如图 8-62c 所示。

8.13.2　圆弧导线属性的设置

在放置圆弧导线时按 Tab 键，或者在电路板上双击已经放置完成的圆弧导线，都可以打开圆弧导线属性设置对话框，如图 8-63 所示。

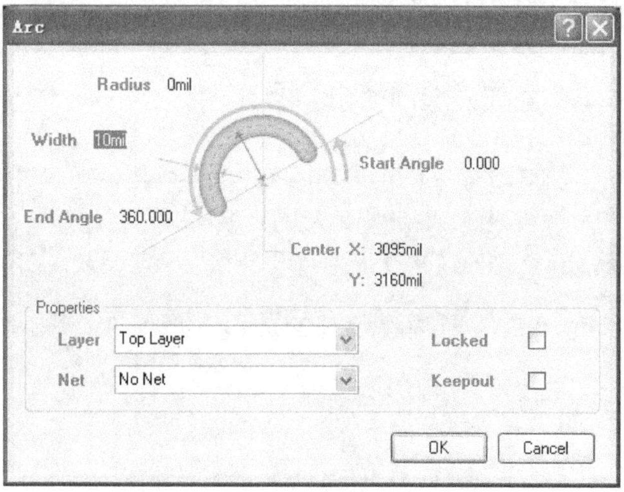

Arc

Radius　0mil

Width　10mil

Start Angle　0.000

End Angle　360.000

Center X:　3095mil

Y:　3160mil

Properties

Layer　Top Layer　　Locked

Net　No Net　　Keepout

OK　Cancel

图 8-63　圆弧导线属性设置对话框

对话框中的相关内容如下：

（1）上部图形区域

1）Start Angle：设置圆弧起点角度。

2）End Angle：设置圆弧终点角度。

3）Radius：设置圆弧半径。

4）Width：设置圆弧宽度。

5）Center X/Y：设置圆弧中心的 X/Y 轴坐标。

（2）Properties 区域

1）Layer：设置坐标文字所在的板层，可通过右边的下拉式按钮设置。

2）Net：设置圆弧所在的网络。

3）Locked：设置是否锁定圆弧位置。

4）Keepout：设置是否屏蔽圆弧导线。

8.13.3　圆弧导线的移动和调整

在圆弧导线上单击鼠标左键，圆弧上将会出现三个操作控制点，并且显示出圆弧所在的圆心和半径，小十字形状为圆心，虚线为半径，如图 8-64 所示，然后进行如下的操作。

1. 圆弧导线的移动

当将光标移到除操控点以外的圆弧上，或者移动光标到圆心处时，光标将变成四个箭头的十字状光标，此时按下鼠标左键，以细实线显示圆弧所在的圆，如图 8-64 所示。移动鼠标，圆弧导线随着移动。到合适位置后，单击鼠标左键即可完成圆弧导线的移动，如图 8-65 所示。

2. 圆弧导线半径的调整

将光标放在中间操控点上时，光标变成两个箭头的光标，此时按下鼠标左键并拖动鼠标，即可调整圆弧导线的半径。当鼠标移动到半径大小合适的位置时，松开鼠标左键，完成了圆弧半径的调整，如图 8-66 所示。

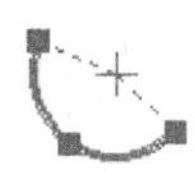

图 8-64　圆弧导线的点取状态

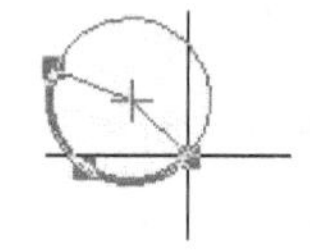

图 8-65　圆弧导线的移动

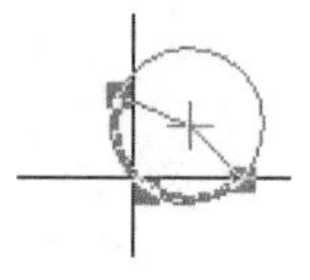

图 8-66　圆弧导线半径的调整

3. 圆弧导线长度的调整

将光标放在其中一端的操控点上时，光标变成两个箭头的光标，此时按下鼠标左键并拖动鼠标，圆弧导线的长度即可调整。当鼠标移动到导线长度合适的位置时，松开鼠标左键，即完成圆弧导线长度的调整。

8.14　放置矩形铜膜填充

铜膜填充一般用于制作 PCB 插件的接触面或者用于增强系统的抗干扰性而设置的大面积电源或地。在制作电路板的接触面时，则放置填充的部分在实际制作的电路板上是外露的敷铜区。填充通常放置在 PCB 的顶层、底层或内部的电源层或接地层上。

8.14.1　矩形铜膜填充的放置

放置矩形铜膜填充的操作命令有三种：

1）执行菜单命令“Place \ Fill”。

2）单击放置工具栏中 按钮。

3）在键盘上依次按 P 、 F 键。

启动放置矩形铜膜填充命令后，光标变成十字状，将光标移到合适的位置，单击鼠标左键确定矩形铜膜填充的左上角位置，继续移动鼠标，此矩形填充以浮动状态随光标移动，到合适位置时，单击鼠标左键，确定右下角位置，完成放置矩形铜膜填充，如图 8-67 所示。

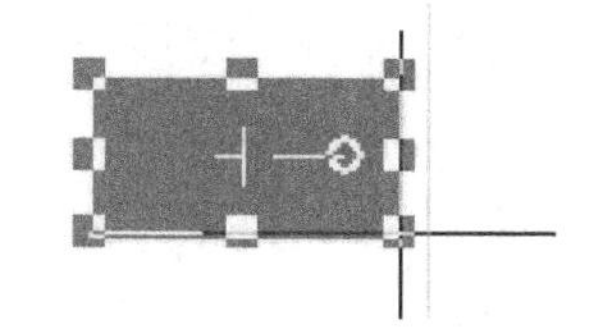

图 8-67　放置矩形铜膜填充

8.14.2　设置矩形铜膜填充属性

在放置矩形铜膜填充时按 Tab 键，或者在电路板上双击矩形铜膜填充，或者在已放置的矩形铜膜填充上单击右键菜单并选择“Properties...”命令，都可以启动如图 8-68 所示矩形铜膜填充属性设置对话框。

对话框中的各项内容介绍如下：

（1）上部的图形区域

1）Corner 1 X/Y：设置矩形铜膜填充一角的X/Y轴坐标。

2）Corner 2 X/Y：设置矩形铜膜填充另一角的X/Y轴坐标。

3）Rotation：设置矩形铜膜填充旋转的角度。

（2）Properties区域

1）Layer：设置矩形铜膜填充所在的板层，可通过右边的下拉式按钮设置。

2）Net：设置矩形铜膜填充所在的网络。

3）Locked：设置是否锁定矩形铜膜填充位置。

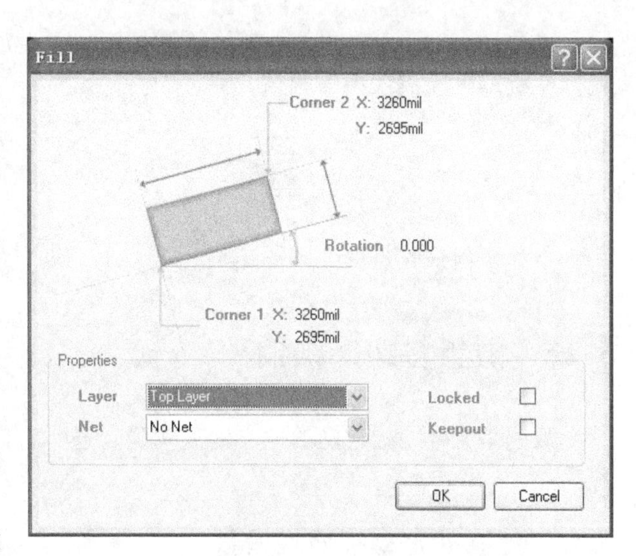

图8-68　矩形铜膜填充属性设置对话框

4）Keepout：设置是否屏蔽矩形铜膜填充。

8.14.3　矩形铜膜填充的修改

对矩形铜膜填充可以进行修改，如移动、旋转、删除和改变大小等操作。

在待修改的矩形铜膜填充上单击鼠标左键，矩形铜膜填充就进入修改状态，如图8-69所示。

从图中看出，处于修改状态下的矩形铜膜填充有十个操控点，其中周边八个操控点用于改变矩形铜膜填充的大小，中央的十字状操控点用于移动矩形铜膜填充，与十字状操控点相连的操控点用于对矩形铜膜填充进行旋转操作。

图8-69　填充的修改状态

（1）移动　将光标放在矩形铜膜填充的非操控点处或中央操控点上，光标变为四个箭头的十字光标，按下左键，光标变成十字状，并自动移到矩形铜膜填充的一角上，此时矩形铜膜填充以浮动状态粘在光标上，移动光标到合适的位置后，松开鼠标左键即可完成移动。

（2）旋转

1）以矩形铜膜填充中央为圆心旋转。

将光标放在与十字状操控点相连的操控点上，光标变为两个箭头的光标，按下鼠标左键，光标变成十字状，此时矩形铜膜填充以浮动状态粘在光标上，移动鼠标，矩形铜膜填充就沿中央的十字状操控点旋转，移动光标到合适的角度后，松开鼠标左键即可完成旋转，如图8-70所示。

2）以矩形铜膜填充参考点为圆心旋转。

将光标放在矩形铜膜填充上，光标变为四个箭头的十字光标，按下左键，光标变成十字状，并自动移到矩形铜膜填充一角的参考点上，每按一次空格键以参考点为圆心旋转90°，如图8-71所示。

（3）改变大小　将光标放在矩形铜膜填充的周边八个操控点中的任意一个上，光标变为两个箭头的光标，按下鼠标左键，光标变成十字状，此时矩形铜膜填充以浮动状态粘在光标上，移动鼠标，就可以改变矩形铜膜填充的长度或宽度，移动光标到合适的大小后，松开鼠标左键即可完成大小的调整。

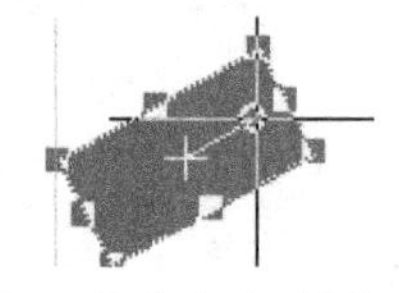

图 8-70　以填充中央为圆心旋转

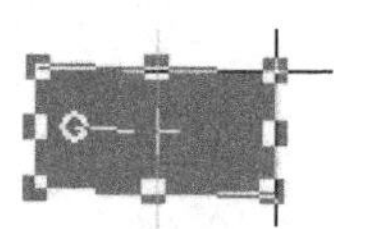

图 8-71　以填充参考点为圆心旋转

8.15　放置多边形敷铜

敷铜是将电路板空白的地方铺满铜膜，通常将铜膜接地，电路板的抗干扰能力就会明显提高。

8.15.1　多边形敷铜属性设置

放置多边形敷铜命令有三种操作方法：

1）执行菜单命令“Place\Polygon Plane”。

2）单击放置工具栏中按钮。

3）在键盘上依次按P、G键。

启动命令后，系统自动弹出如图 8-72 所示的对话框。

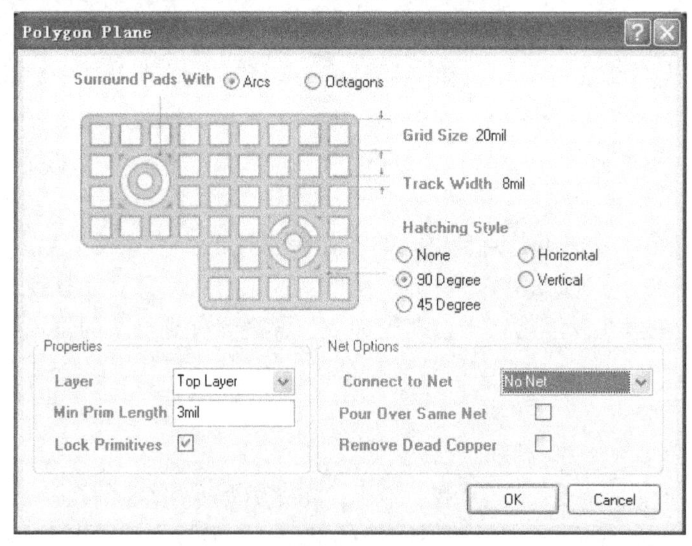

图 8-72　敷铜属性设置对话框

对话框中的各项内容介绍如下：

（1）上部的图形区域

1）Surround Pads With：设置敷铜和焊点间的环绕形式，有两种形式，即圆弧(Arcs)和八角形(Octagons)两种，分别如图 8-73a 和图 8-73b 所示。

2）Grid Size：设置敷铜线的格点间距。

3）Track Width：设置敷铜线的线宽。

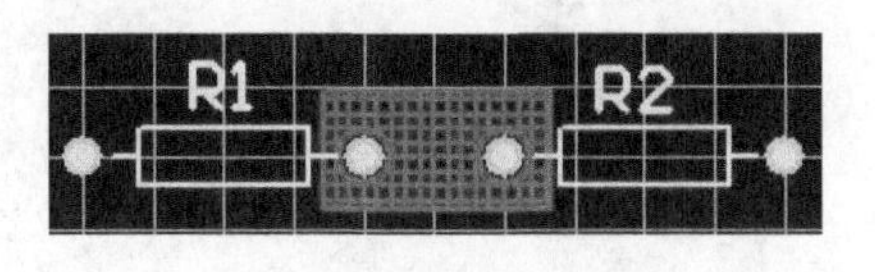

a) 圆弧环绕

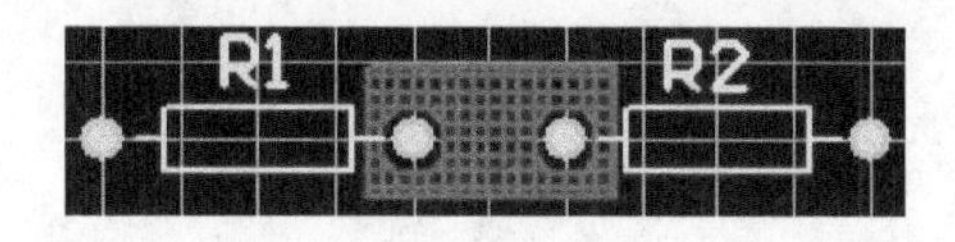

b) 八角形环绕

图 8-73　敷铜和焊点间的环绕形式

4）Hatching Style：设置敷铜的布线形式，包括五种形式，即中空敷铜(None)、90°线敷铜(90 Degree)、45°线敷铜(45 Degree)、水平线敷铜(Horizontal)、垂直线敷铜(Vertical)，分别如图 8-74a、图 8-74b、图 8-74c、图 8-74d 和图 8-74e 所示。

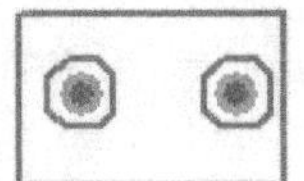

a) 中空敷铜

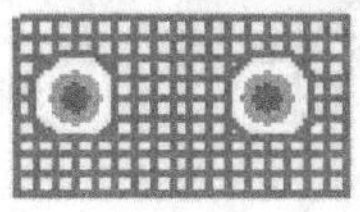

b) 90°线敷铜

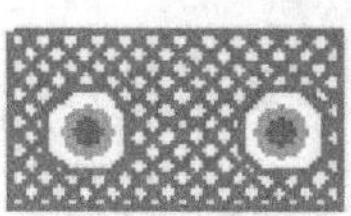

c) 45°线敷铜

d) 水平线敷铜

e) 垂直线敷铜

图 8-74　敷铜的布线形式

（2）Properties 区域

1）Layer：设置敷铜所在的板层。

2）Min Prim Length：用于设置敷铜线的最短限制。

3）Lock Primitives：设定是否将敷铜锁定，如果不选定此项，那么敷铜线将看作导线来处理，系统默认选定此项。

（3）Net Options 区域

1）Connect to Net：设置敷铜所连接的网络，通常将敷铜连接到地线上。如果此项选为 No Net 的话，表示敷铜不连接任何网络，它下面的两个复选项不起作用。

2）Pour Over Same Net：设置如果敷铜遇到的导线就在敷铜连接的网络时，敷铜是否直接将导线覆盖。

3）Remove Dead Copper：设置是否删除死铜。所谓死铜是指无法连接到指定网络的敷铜。

8.15.2　放置敷铜

当属性对话框设置完毕后，单击 OK 按钮，光标变成十字状，即进入到敷铜放置状态。

1）移动鼠标到合适的位置，单击鼠标左键，确定敷铜的第一个端点位置。

2）依次移动鼠标到合适的位置，并单击鼠标左键确定敷铜的各个端点或形状。确定的各端点与鼠标之间以线段组成了封闭的敷铜区域。

3）单击鼠标右键，完成敷铜的放置。

8.15.3　调整敷铜

1）移动：在敷铜上按下鼠标左键不放，光标变成十字状，敷铜只出现随光标移动的框架，如图 8-75 所示。移动鼠标到合适位置时，松开鼠标左键，放下敷铜。此时系统出现如图 8-76 所示的确认对话框，询问是否重新建立敷铜(Rebuild 1 polygons?)，要进行调整，单击 Yes 按钮即可。

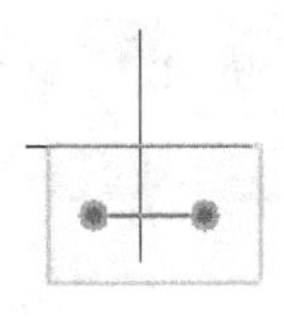

图 8-75　敷铜的移动

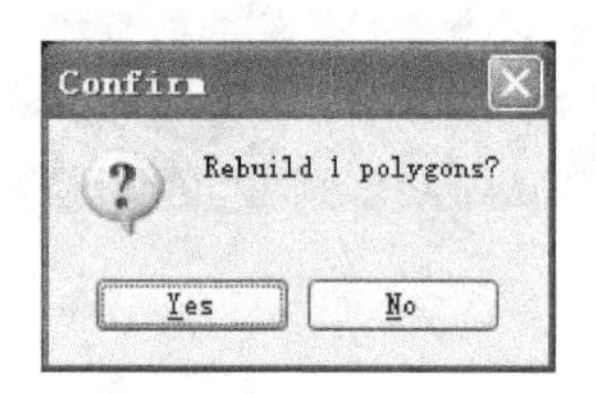

图 8-76　确认对话框

2）调整大小：在敷铜上单击鼠标左键，敷铜的四周出现八个操控点，当鼠标移到操控点上时，光标变为双方向箭头，按下鼠标左键不放并进行移动，即可调整大小。

3）切换板层：在敷铜上按下鼠标左键不放，光标变成十字状，敷铜只出现随光标移动的端点框架，此时在键盘上按 L 键可使敷铜切换到另一个板层。也可以双击敷铜，从弹出的属性对话框中实现切换板层。

8.15.4　分割多边形敷铜

Protel 2004 提供了分割多边形敷铜的命令（Place\Slice Polygon Plane），可以用来分割已经绘制的多边形敷铜。下面讲述分割多边形敷铜的方法：

1）首先绘制多边形敷铜，如图 8-77a 所示。

2）执行菜单命令“Place\Slice Polygon Plane”。

3）执行此命令后，光标变为十字形，就可以拖动鼠标对多边形进行分割，设计人员可以根据自己的需要进行分割操作。

4）分割操作完成后，系统将会弹出图 8-77b 所示的确认对话框，单击 Yes 按钮，又弹出图 8-77c 所示的对话框。

5）单击图 8-77c 对话框中的 Yes 按钮，最后获得两个分开的多边形敷铜，如图 8-77d 所示。

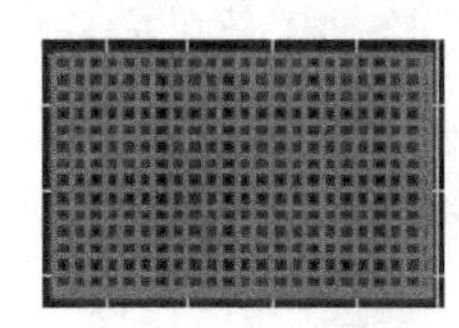

a) 绘制多边形敷铜

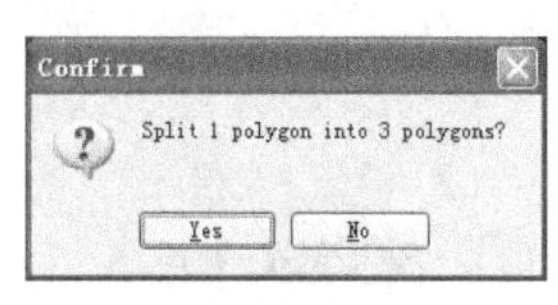

b) 确认

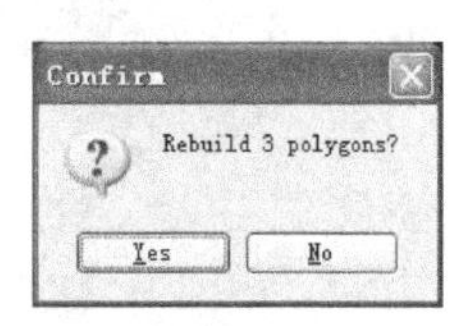

c) 再次确认

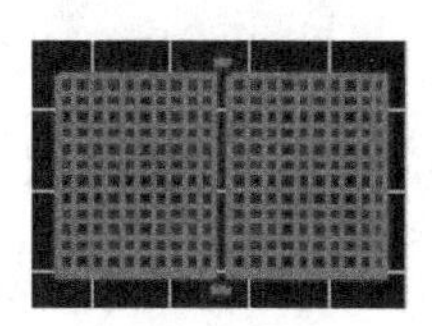

d) 完成分割

图 8-77　分割多边形敷铜

8.16　放置屏蔽导线

为了防止干扰，常用接地线将某一条导线或网络包住，这种方法称为屏蔽。

放置屏蔽导线的操作步骤如下：

（1）选择网络　执行菜单命令“Edit\Select\Net”后，光标变成十字形，将光标移到需要屏蔽的网络上，单击鼠标左键，该网络被选中，变成选取颜色并出现操控点，如图 8-78

所示。

（2）放置屏蔽导线　执行菜单命令“Tools \ Outline Selected Objects”，被选中的网络即可被接地线包住，如图 8-79 所示。

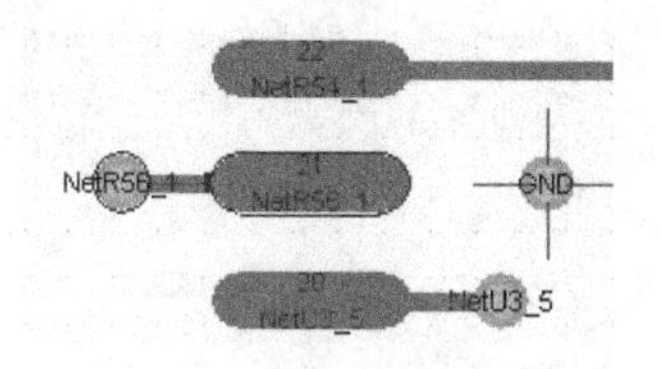

图 8-78　选择网络

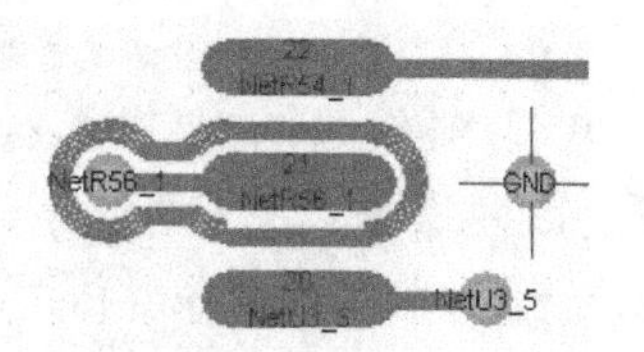

图 8-79　放置屏蔽导线

（3）屏蔽导线的删除　单击菜单命令“Edit \ Select \ Connected Copper”，光标变成十字形，将光标放在要删除的屏蔽线上，单击鼠标左键，选取要删除的屏蔽线，然后按键盘上的 Del 键即可。

8.17　放置泪滴

在导线与焊盘或导孔的连接处有一段过渡，过渡的地方成泪滴状，这个过渡的地方就叫泪滴。泪滴的主要作用是在钻孔时，避免在导线与焊盘的接触点处出现应力集中而使接触处断裂。

要放置泪滴可以执行菜单命令“Tools \ Teardrops…”，或者按快捷键 T 、 E ，都可以启动图 8-80 所示的泪滴操作对话框。在泪滴操作对话框中，有三个区域设置：

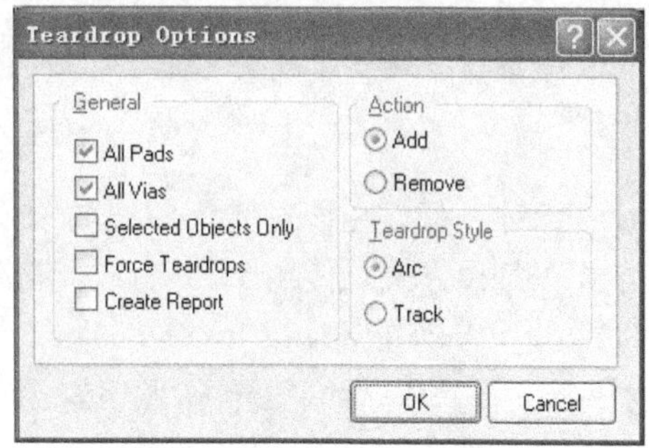

图 8-80　泪滴操作对话框

（1）“General”区域　该区域有五个复选项：

1）All Pads：设置是否所有焊盘都补泪滴。

2）All Vias：设置是否所有导孔都补泪滴。

3）Selected Objects Only：设置是否只将被选取的组件补泪滴。

4）Force Teardrops：设置是否强制性补泪滴。

5）Create Report：设置是否生成补泪滴的报告文件。

（2）“Action”区域　设置对补泪滴的操作。

1）Add：添加补泪滴。

2）Remove：删除补泪滴。

（3）“Teardrop Style”区域　用于设置补泪滴的形状。

1）Arc：圆弧形泪滴。

2）Track：导线状泪滴。

设置完成以后，单击 OK 按钮，即可进行补泪滴操作。图 8-81 为补泪滴后的 PCB。

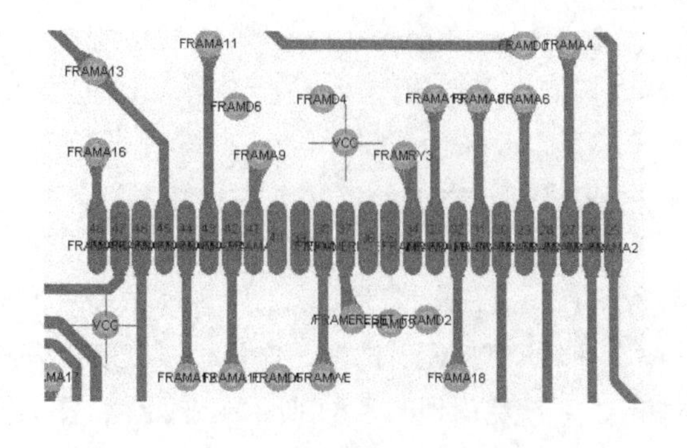

图 8-81　补泪滴后的 PCB

8.18 自动布局

装入网络表和元器件封装后，只是将元器件封装调入了 PCB 编辑界面，要把元器件封装放入 PCB 工作区，就需要对元器件封装进行布局，Protel 2004 提供了强大的自动布局功能。下面仍以振荡器与积分器电路（见图 4-6）为例加以说明。

首先执行命令“Tools\ Auto Placement \ Auto Placer...”。执行该命令后，系统将弹出图 8-82 所示的自动布局对话框。

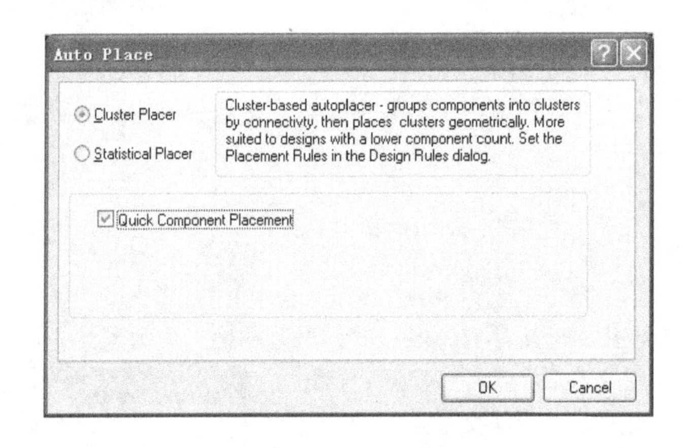

图 8-82 自动布局对话框

设计者可以在该对话框中设置有关的自动布局参数。PCB 编辑器提供了两种自动布局方式，每种方式均使用不同的计算和优化元器件位置的方法，两种方法描述如下：

（1）自动布局器（Cluster Placer） 这种布局方式将元器件基于它们连通属性分为不同的元器件组，并且将这些元器件按照一定几何位置布局。这种布局方式适合于元器件数量较少（小于 100）的 PCB 制作，如图 8-82 所示。

（2）统计布局器（Statistical Placer） 这种布局方式使用一种统计算法来放置元器件，以便使连接长度最优化，使元器件间用最短的导线来连接。一般如果元器件数量超过 100，建议使用统计布局器（Statistical Placer），如图 8-83 所示。下面介绍各项的含义。

1）Group Components：该项的功能是将在当前网络中连接密切的元器件归为一组。在排列时，将该组的元器件作为群体而不是个体来考虑。

2）Rotate Components：该项的功能是依据当前网络连接与排列的需要，使元器件重组转向。如果不选用该项，则元器件将按原始位置布置，不进行元器件的旋转。

3）Automatic PCB update：该项的功能为自动更新 PCB 的网络和元器件信息。

4）Power Nets：定义电源网络名称。

5）Ground Nets：定义接地网络名称。

6）Grid Size：设置元器件自动布局时的栅格间距的大小。

因为本实例元器件少，连接也少，所以选择“Cluster Placer”布局方式，然后单击 OK 按钮，系统将出现图 8-84 所示的画面，该图为元器件自动布局完成后的状态。

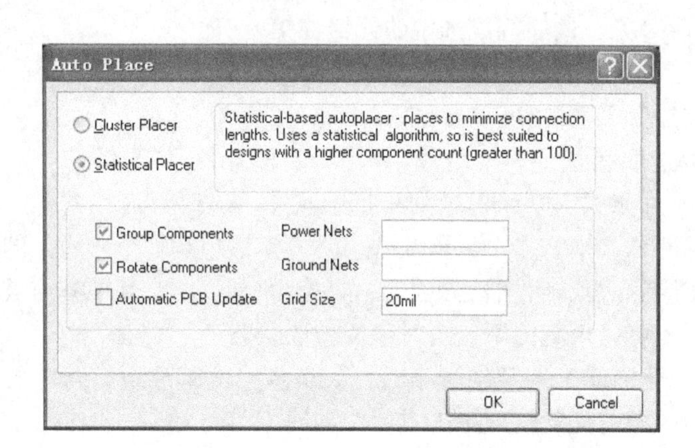

图 8-83　Statistical Placer 布局设置

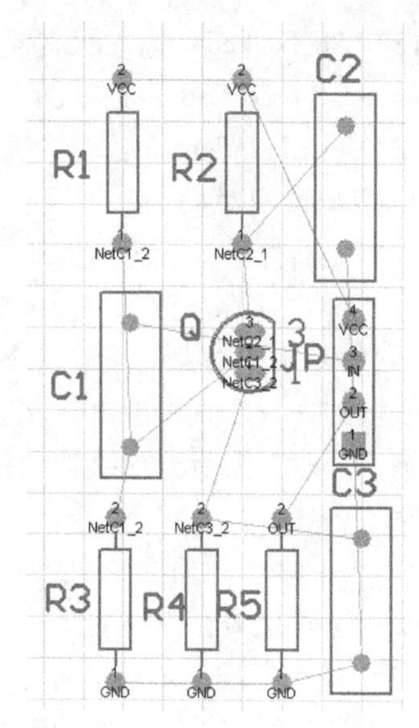

图 8-84　自动布局完成后的状态

8.19　手工编辑调整元器件的布局

软件对元器件的自动布局一般以寻找最短布线路径为目标，因此元器件的自动布局往往不太理想，需要设计者手工调整。以图 8-84 为例，元器件虽然已经布置好了，但元器件的位置不够整齐，甚至有违规现象，因此必须重新调整某些元器件的位置。

进行位置调整，首先应选取元器件，然后对元器件进行排列、移动、旋转和对齐等操作。

8.19.1　选取元器件

1. 元器件的选取

可以执行菜单命令“Edit\Select”的子菜单命令，具体包括以下几项。

1）Inside Area：将光标拖动的矩形区域中的所有元器件选中。

2）Outside Area：将光标拖动的矩形区域外的所有元器件选中。

3）All：将所有元器件选中。

4）Board：将整块 PCB 选中。

5）Net：将组成某网络的元器件选中。

6）Connected Copper：通过连接敷铜来选取相应网络中的对象。

7）Physical Connection：通过物理连接来选取对象。

8）Component Connection：表示选择元器件上的连接对象，比如元器件引脚。

9）Component Nets：表示选择元器件上的网络。

10）Room Connections：表示选择电气方块上的连接对象。

11）All on Layer：选定当前工作层上的所有对象。

12）Free Objects：选中所有自由对象，即不与电路相连的任何对象。

13）All Locked：选中所有锁定的对象。

14）Off Grid Pads：选中图中的所有焊盘。

15）Toggle Selection：逐个选取对象，最后构成选中的元器件集合。

2. 取消选取对象

取消元器件选择状态的操作方法有以下几种。

（1）单击鼠标左键解除对象的选取状态

1）解除单个对象的选取状态。如果只有一个对象处于选中状态，这时只需在图样上非选中区域的任意位置单击鼠标左键即可。当有多个对象被选中时，如果想解除个别对象的选取状态，这时只需将光标移动到相应的对象上，然后单击鼠标左键即可。此时其他先前被选取的对象仍处于选取状态。接下来才可以再解除下一个对象的选取状态。

2）解除多个对象的选取状态。当有多个对象被选中时，如果想一次解除所有对象的选取状态，这时只需在图样上非选中区域的任意位置单击鼠标左键即可。

（2）使用标准工具栏上解除命令　在标准工具栏上有一个解除选取图标，单击该图标后，图样上所有带有高亮标记的被选对象全部取消被选状态，高亮标记消失。

（3）通过解除选中菜单命令　执行菜单命令“Edit\DeSelect”可实现解除选中的元器件。

8.19.2　元器件封装的基本操作

下面介绍对已放置到 PCB 编辑界面的元器件封装的基本操作。

1. 元器件封装的移动

图 8-85 为一个已放置在 PCB 编辑界面的 BCY-W3/E4 封装，对它进行移动操作有三种方法：

1）在元器件封装上按下鼠标左键不放，光标自动移动到元器件的参考点上，并变成十字形，此时可以拖动光标，元器件封装随着光标一起移动，如图 8-86 所示。在合适位置松开鼠标左键，即可将元器件封装放置。**注意：**在移动过程中一直按下左键不放，否则就无效。

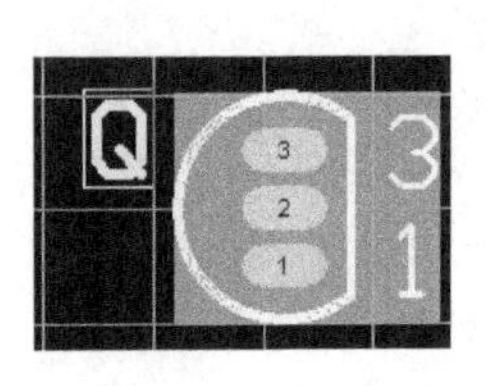

图 8-85　已放置的 BCY-W3/E4 封装

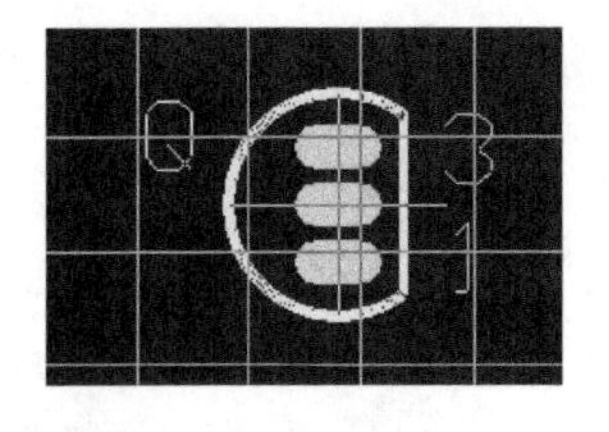

图 8-86　元器件封装随着光标一起移动

2）用鼠标左键单击元器件封装，使之变成选中的颜色，光标变成四个方向箭头的十字形光标，此时可以按下左键不放并移动光标，元器件封装随着光标一起移动，在合适位置松开鼠标左键，即可将元器件封装放置。**注意：**在移动过程中要一直按下左键不放，否则无效。

3）利用菜单命令进行元器件封装的移动。启动菜单“Edit\Move”的下拉命令进行移动操作，图 8-87 所示是 Move 命令的子菜单。在这个子菜单中，与元器件封装移动有关的命令介绍如下。

① Move：用于单独移动组件。

② Drag：用于移动元器件封装，此时被移动的元器件封装和它相连的导线是否断开与环境

的设置有关。如果设置了导线一起移动，与元器件封装相连的导线将跟随着同时移动，不会造成断线的情况。在启动此命令之前，不需要选取元器件。

③ Component：专用于单独移动元器件封装，对其他组件无效。

④ Move Selection：与 Move 的功能相似，只是它移动的是所有已选定的元器件封装。

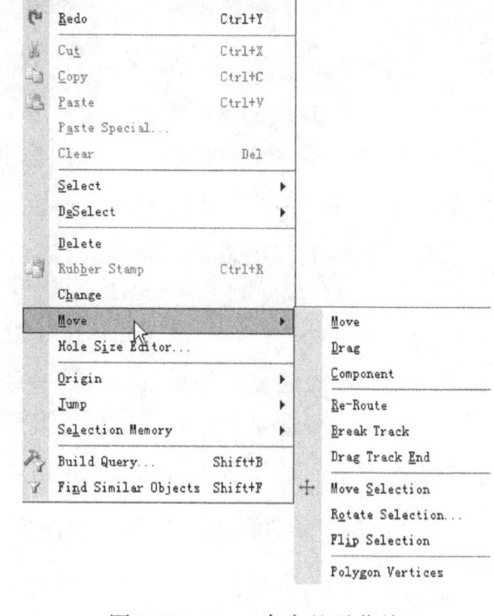

图 8-87　Move 命令的子菜单

2. 元器件封装的旋转

在选取元器件封装或点取元器件封装后，将鼠标放在元器件封装上按下左键不放，这时：

1）如果按空格键，可使元器件封装沿某个角度旋转(系统默认为 90°)，其角度大小可以在环境中设置，如图 8-88 所示。

2）执行菜单命令“Edit \ Move \ Rotate Selection”，可以使元器件封装以任意角度旋转。首先要选取需要旋转的元器件封装，然后启动该命令，系统弹出图 8-89 所示的对话框。

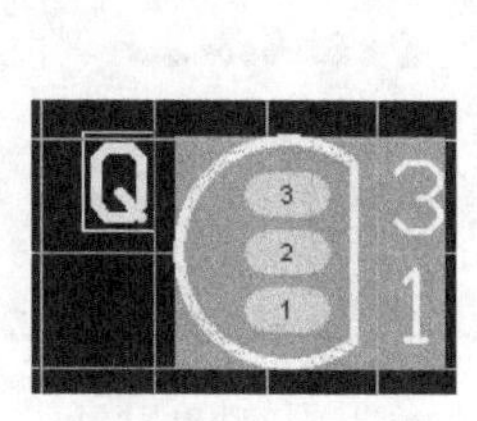

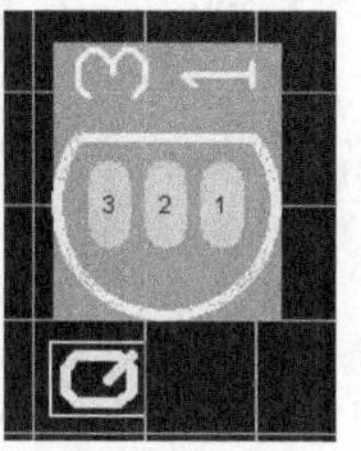

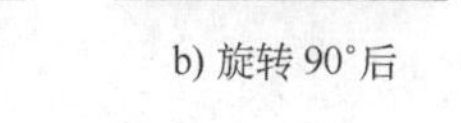

a) 原来状态　　b) 旋转 90°后

图 8-88　按空格键使元器件封装旋转 90°

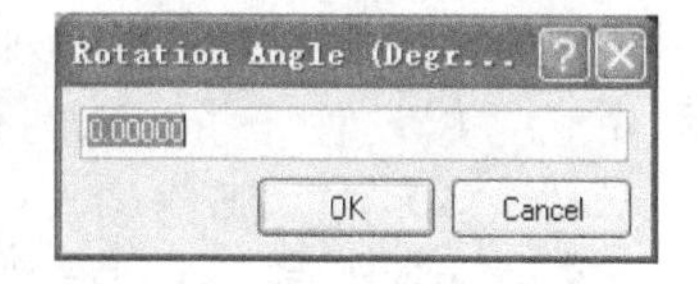

图 8-89　任意角度旋转对话框

在此对话框中输入旋转角度，单位为度。如果输入的角度为正，则元器件封装沿逆时针方向旋转，如果为负，则沿顺时针方向旋转。输入角度后，单击 OK 按钮，光标变成十字形，要求指定旋转中心。移动光标到合适位置，单击鼠标左键，确定元器件封装的旋转中心，此时元器件封装以选定点为中心按照设定的角度旋转，如图 8-90 所示。

3）如果按 X 键，则使元器件封装在水平方向上翻转，如图 8-91 所示。

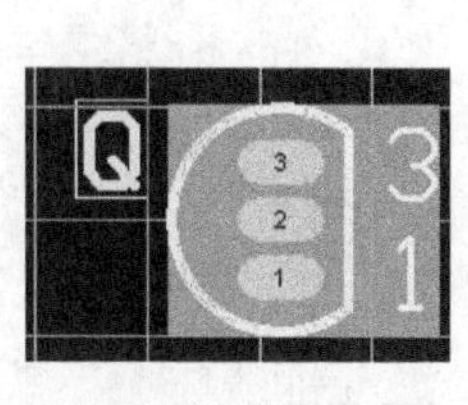

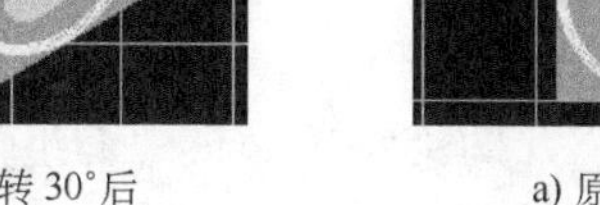

a) 原来状态　　b) 旋转 30°后

图 8-90　任意角度旋转

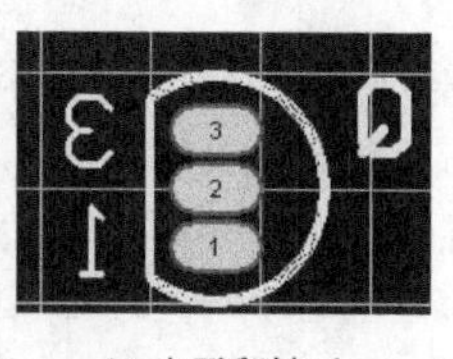

a) 原来状态　　b) 水平翻转后

图 8-91　水平翻转

4）执行菜单命令“Edit\Move\Flip Selection”，可使选定的单个元器件封装作水平翻转，也可使选定的多个组件整体作水平翻转。

5）如果按Y键，则使元器件封装在垂直方向上翻转。

3. 元器件封装的板层切换

与移动元器件封装相似，用鼠标按下选定的元器件封装或直接点取元器件封装后，按L键，元器件封装就可以切换到另外板层上。

4. 元器件封装的复制与粘贴

元器件封装的复制与粘贴操作在 PCB 设计中使用频繁，这类操作命令集中在主菜单 Edit 中。为方便设计者使用，系统在标准工具栏中也有相关的按钮。

与元器件封装复制和粘贴相关的命令如下。

1）Cut：将选取的元器件封装直接移入剪贴板中，同时将被选元器件封装删除。快捷方法为依次按下E、T键或同时按下Ctrl + X键。

2）Copy：将选取的元器件封装作为副本放入剪贴板中。快捷方法为依次按下E、C键或同时按下Ctrl + C键。

3）Paste：将剪贴板中的内容作为副本复制到 PCB 中。快捷方法为依次按下E、P键或同时按下Ctrl + V键。

4）Paste Special...：这是一个非常有用的命令，利用该命令可以实现将剪贴板上的元器件封装阵列式粘贴，更为有用的是利用它可以设置一些特殊的粘贴条件。单击“Paste Special...”命令，系统将弹出图 8-92 所示的特殊粘贴设置对话框。其中有四个选项，介绍如下。

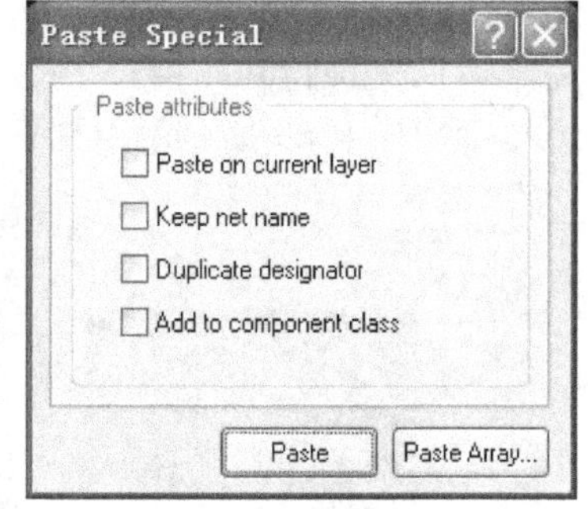

图 8-92　特殊粘贴设置对话框

① Paste on current layer：选择该项命令，则所有的组件包括元器件封装、焊盘和导线都将粘贴在当前的板层上；否则，粘贴组件时，各个组件根据复制时的组件所在的层粘贴到不同的板层中去。选择该项要慎重，特别是粘贴的组件中包括不同板层间的导线时，如果选中此项，很可能造成导线在同一个板层上交叉。

② Keep net name：如果选择该项命令，则粘贴组件时将保持原有的网络名称。由于它保持了原有的网络名称，所以要慎重选择，因为网络名称相同，粘贴的组件和 PCB 原来的组件之间会出现飞线。建议在同一个 PCB 中粘贴时，不要选中此项。

③ Duplicate designator：如果选择该项命令，则在粘贴组件时将保持元器件的序号，也就是说在同一个 PCB 中有两个或两个以上相同的序号的封装。否则，粘贴时会在元器件封装的元器件序号后面加入一个“Copy”字样。该命令通常用于同一个 PCB 内的粘贴组件，如果选择此项，通常不再选中“Keep net name”。

④ Add to component class：如果选择该项命令，则在粘贴时各个元器件封装将添加到复制时元器件封装所在的元器件封装类中。

设置完毕后，单击 Paste 按钮，即可将剪贴板中的组件按上面的设置进行粘贴。

设置完毕后，如果单击 Paste Array... 按钮，系统将出现图 8-93 所示的阵列式粘贴设置对话框。此对话框中包括如下几个部分。

①“Placement Variables”区域：用于设置粘贴放置的参数，包括两项参数设置，其中“Item Count”项用于设置重复放置组件的个数；“Text Increment”项用于设置组件序号的增量。

②“Array Type”区域：用于设置粘贴的类型。选择“Circular”项则进行环形粘贴；选择“Linear”项则进行线形粘贴。

③“Circular Array”区域：用于设置环形粘贴的粘贴参数。“Spacing[degrees]”项用于设置粘贴组件间的角度；选定“Rotate Item to Match”项，组件将改变方向以保持组件和旋转半径间的夹角；否则，组件的方向将保持不变。

④“Linear Array”区域：用于设置线形粘贴的粘贴参数。“X-Spacing”和“Y-Spacing”项分别用于设置组件间的水平间距和垂直间距。

图 8-94 所示为完成环形粘贴的结果。

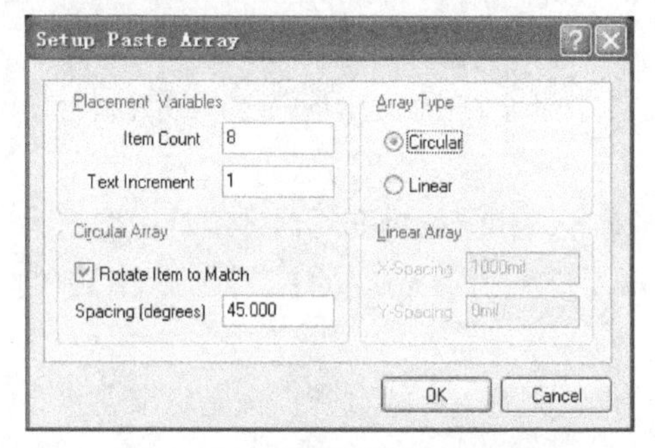

图 8-93　阵列式粘贴设置对话框

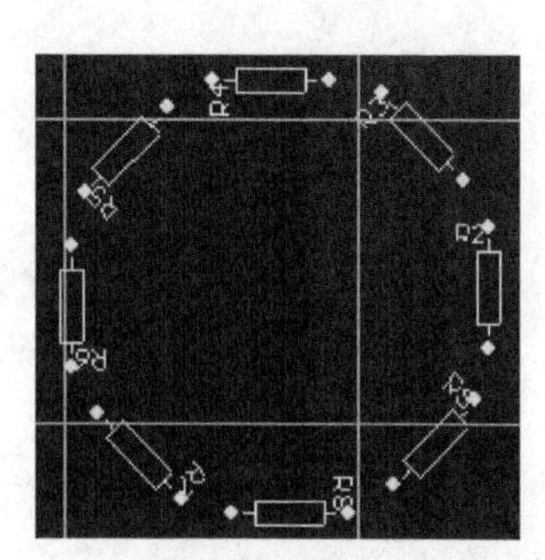

图 8-94　完成的环形粘贴

8.19.3　排列元器件

排列元器件可以通过执行“Tools\Interactive Placement”子菜单的相关命令来实现，该子菜单有多个选项，如图 8-95 所示。设计者也可以从图 8-96 所示的实用工具栏选取相应命令来排列元器件。

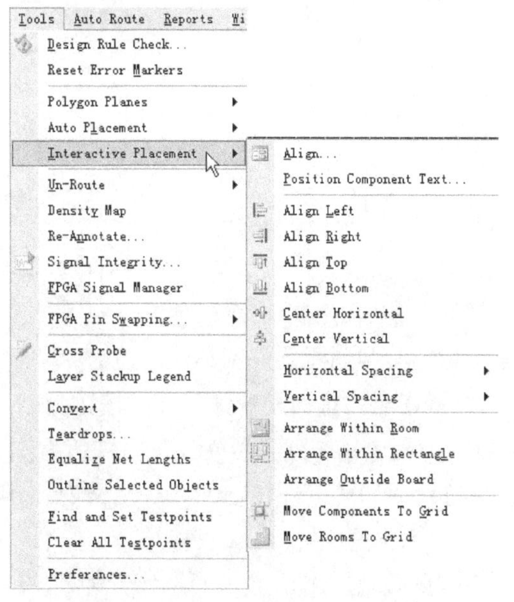

图 8-95　排列元器件的子菜单命令

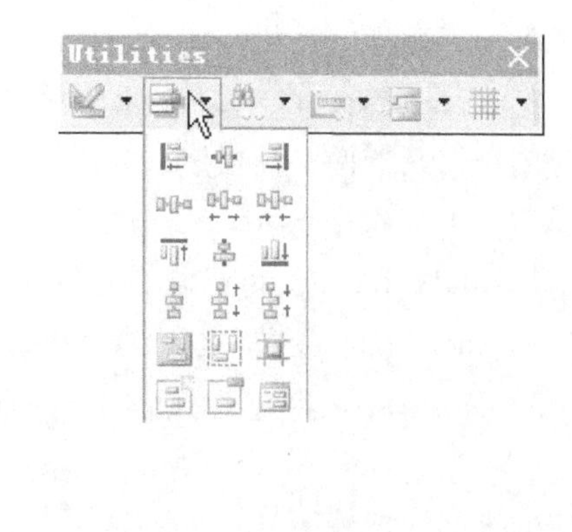

图 8-96　实用工具栏中的排列元器件命令

排列元器件子菜单主要命令的功能如下：

（1）“Align...”命令　执行该菜单命令将弹出元器件对齐对话框，如图 8-97 所示。该对话框也可以在排列元器件工具栏中按下按钮得到。此对话框中列出了多种元器件对齐的方式。

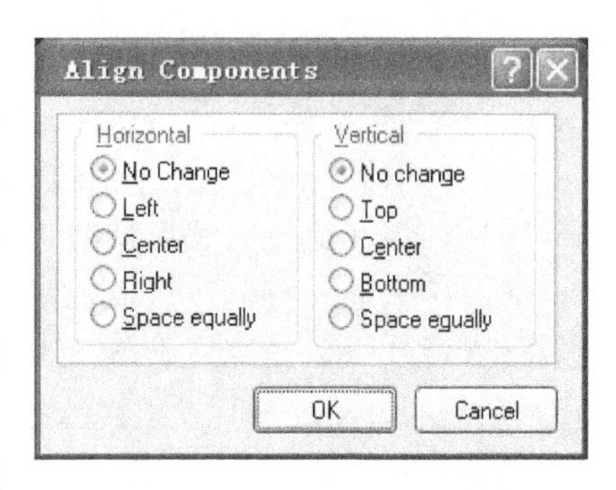

图 8-97　元器件对齐对话框

1）Left：将选取的元器件向最左边的元器件对齐，相应的排列元器件工具栏按钮为。

2）Right：将选取的元器件向最右边的元器件对齐，相应的排列元器件工具栏按钮为。

3）Center（Horizontal）：将选取的元器件按元器件的水平中心线对齐，相应的排列元器件工具栏按钮为。

4）Space equally（Horizontal）：将选取的元器件水平平铺，相应的排列元器件工具栏按钮为。

5）Top：将选取的元器件向最上面的元器件对齐，相应的排列元器件工具栏按钮为。

6）Bottom：将选取的元器件向最下面的元器件对齐，相应的排列元器件工具栏按钮为。

7）Center（Vertical）：将选取的元器件按元器件的垂直中心线对齐，相应的排列元器件工具栏按钮为。

8）Space equally（Vertical）：将选取的元器件垂直平铺，相应的排列元器件工具栏按钮为。

（2）“Position Component Text...”命令　执行该命令后，系统将弹出图 8-98 所示的元器件文本位置设置对话框，可以在该对话框中设置元器件的标号和注释文本字符的位置。

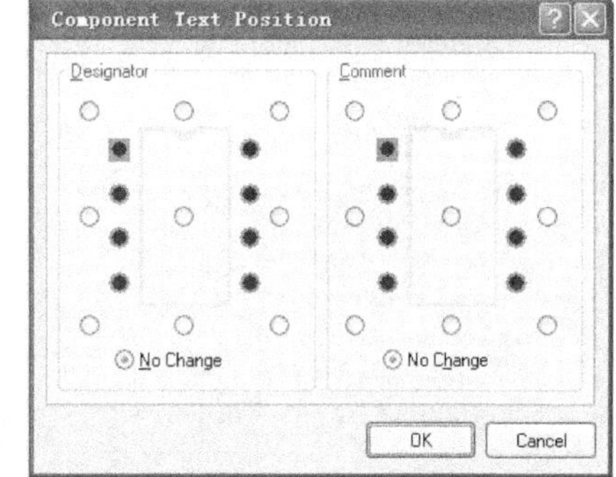

图 8-98　元器件文本位置设置对话框

（3）“Horizontal Spacing”命令　该命令的子菜单中有如下三个命令选项。

1）Make Equal：将选取的元器件水平平铺，相应的排列元器件工具栏按钮为。

2）Increase：将选取的元器件的水平间距增大，相应的排列元器件工具栏按钮为。

3）Decrease：将选取的元器件的水平间距减小，相应的排列元器件工具栏按钮为。

（4）“Vertical Spacing”命令　该命令的子菜单中有如下三个命令选项。

1）Make Equal：将选取的元器件垂直平铺，相应的排列元器件工具栏按钮为。

2）Increase：将选取的元器件的垂直间距增大，相应的排列元器件工具栏按钮为。

3）Decrease：将选取的元器件的垂直间距减小，相应的排列元器件工具栏按钮为。

（5）“Arrange within Room”命令　该命令为将选取的元器件在电气方块定义内部排列，相应的排列元器件工具栏按钮为。

（6）“Arrange Outside Board”命令　该命令为将选取的元器件在一个 PCB 的外部进行排列。

综合上面各种方式对图 8-84 中的元器件进行排列，可得图 8-99 所示的 PCB 布局。

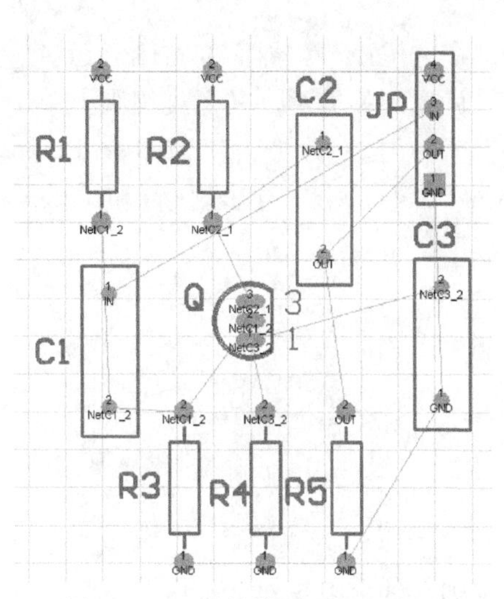

图 8-99　元器件排列后 PCB 布局

8. 20　自动布线

在完成 PCB 的布局后，就可以利用 Protel 2004 提供的布线器进行自动布线了。

8. 20. 1　设置布线规则

布线前一般要设置布线规则，操作方法如下：执行菜单命令“Design\ Rules…”，或单击右键快捷菜单命令“Design\ Rules…”，都将打开图 8-100 所示的“PCB Rules and Constraints Editor”对话框（PCB 规则和约束编辑对话框）。

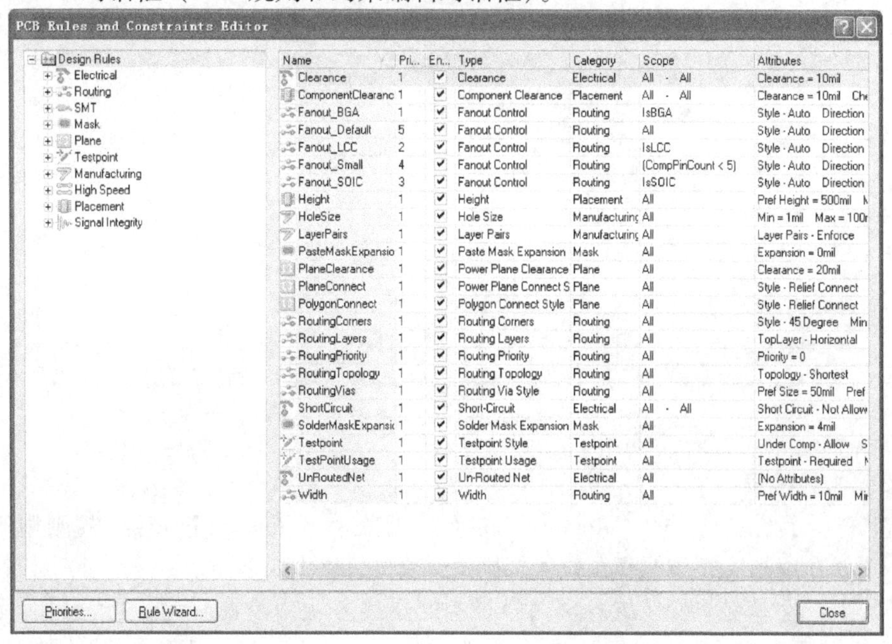

图 8-100　PCB 规则和约束编辑对话框

所有的设计规则和约束都在这里设置。界面的右侧显示对应规则的设置属性。图中左边区域以树结构的形式显示了设计规则的类别，在每类规则上单击右键都会出现图 8-101 所示的子菜单，用于“New Rule...”（建立规则）、“Delete Rule...”（删除规则）、“Import Rules...”（导入规则）、“Export Rules...”（导出规则）和“Report...”（报表）等操作。

图 8-101　设计规则子菜单

1. 设置导线宽度

在图 8-100 所示的 PCB 规则和约束编辑对话框中，选择“Routing”（与布线有关的设计规则）下拉菜单中的“Width”（导线宽度），如图 8-102 所示，在图形的示意图中标出了导线的三个宽度约束，即“Max Width”、“Preferred Width” 和 “Min Width”，单击每个宽度栏并键入数值即可对其进行修改，此处修改为“20mil”。值得注意的是在修改“Min Width”值之前必须先设置“Max Width” 栏。

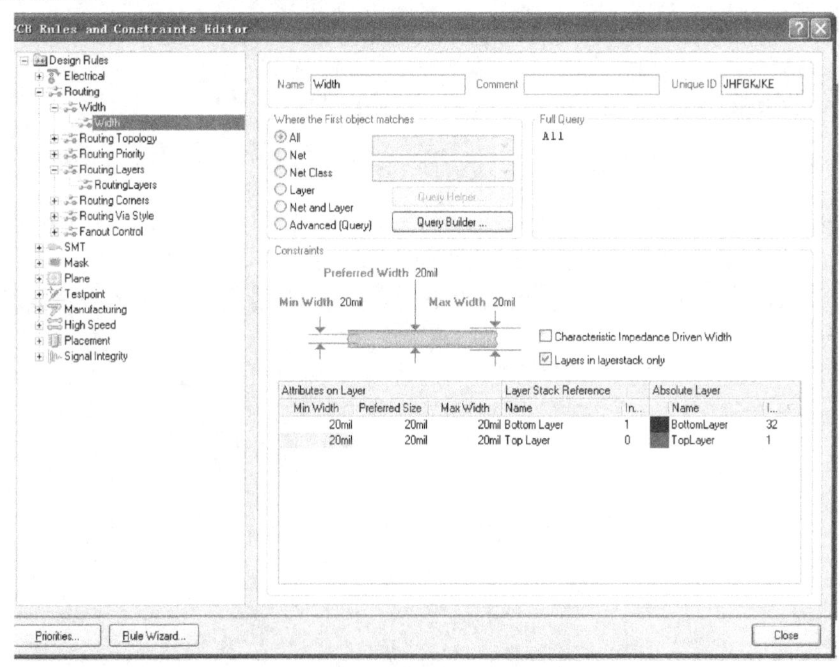

图 8-102　导线宽度设置

2. 设置布线板层

图 8-100 所示图中左侧的“Routing” 的下拉子菜单“Routing Layers” 规则用于设置布线板层。选择此规则后，布线板层设置规则对话框如图 8-103 所示。

规则约束特性单元主要设置各个信号板层的走线方法，单管放大电路的 PCB 采用单面布线，即顶层(Top layer)放置元器件，设置为“Not Used”（该层不走线），底层(Bottom layer)设置为“Any”(任意方向走线)。

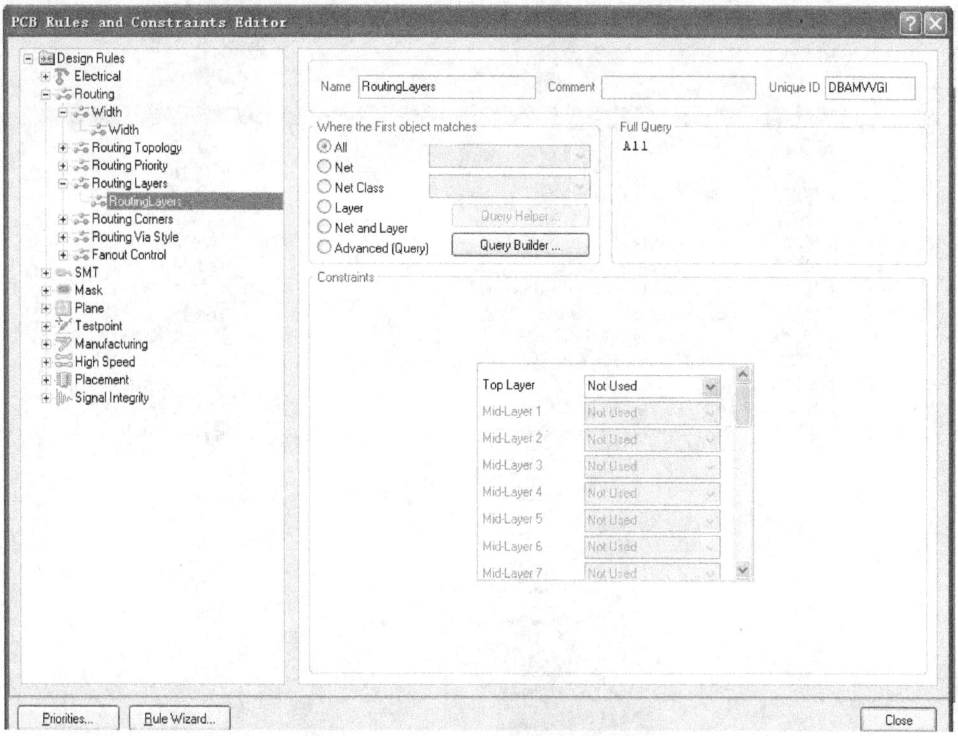

图 8-103　布线板层设置规则对话框

8.20.2　自动布线操作

1) 执行菜单命令“Auto Route\All”后,系统将弹出图 8-104 所示的自动布线设置对话框。

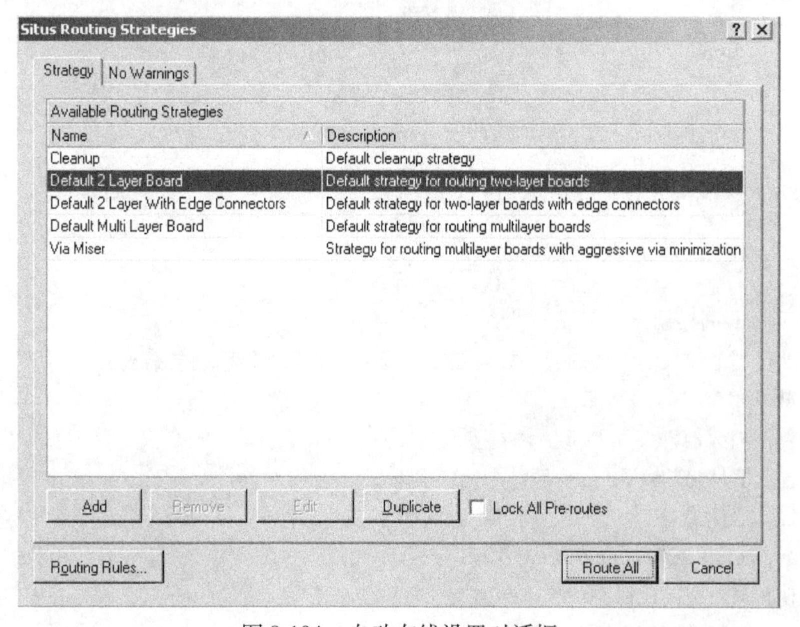

图 8-104　自动布线设置对话框

2）单击 Route All 按钮，系统就开始对印制电路板进行自动布线，这时系统会弹出一个布线信息框，如图 8-105 所示，设计者可以了解到布线的情况。自动布线的结果如图 8-106 所示。

Messages

Class	Document	Sour...	Message	Time	Date	No.
Situs E...	单管放大...	Situs	Routing Started	03:26:11...	2009-11-9	1
Routing...	单管放大...	Situs	Creating topology map	03:26:12...	2009-11-9	2
Situs E...	单管放大...	Situs	Starting Fan out to Plane	03:26:12...	2009-11-9	3
Situs E...	单管放大...	Situs	Completed Fan out to Plane in 0 Seconds	03:26:12...	2009-11-9	4
Situs E...	单管放大...	Situs	Starting Memory	03:26:12...	2009-11-9	5
Situs E...	单管放大...	Situs	Completed Memory in 0 Seconds	03:26:12...	2009-11-9	6
Situs E...	单管放大...	Situs	Starting Layer Patterns	03:26:12...	2009-11-9	7
Routing...	单管放大...	Situs	Calculating Board Density	03:26:12...	2009-11-9	8
Situs E...	单管放大...	Situs	Completed Layer Patterns in 0 Seconds	03:26:12...	2009-11-9	9
Situs E...	单管放大...	Situs	Starting Main	03:26:12...	2009-11-9	10
Routing...	单管放大...	Situs	Calculating Board Density	03:26:12...	2009-11-9	11
Situs E...	单管放大...	Situs	Completed Main in 0 Seconds	03:26:12...	2009-11-9	12

图 8-105　布线信息框

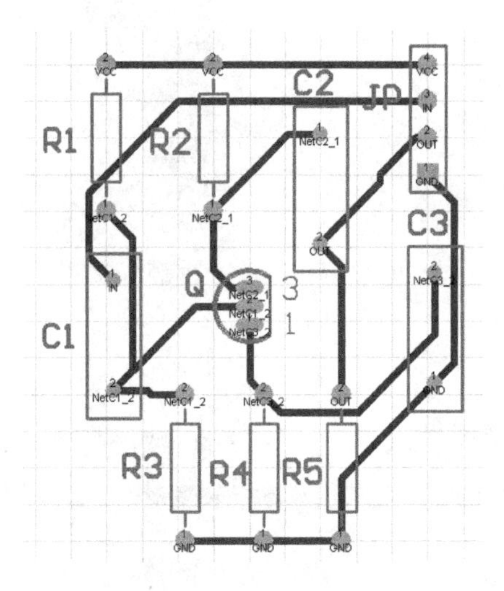

图 8-106　自动布线的结果

最后，将设计好的单管放大电路 PCB 图保存。

练　习　题

1. 如何使用 PCB 向导创建 PCB 图文件？
2. 说明规划印制电路板的主要内容。如何使用层栈管理器来设置印制电路板层？
3. 如何装载 PCB 元器件封装库？
4. 如何将网络与元器件装入 PCB 文件？装入过程应注意什么？
5. 如何放置元器件封装？如何使元器件上下翻转、水平翻转和旋转？
6. 如何查找元器件封装？
7. 选单命令 Interactive Routing 与 Line 在功能上有何区别？
8. 执行自动布局命令前应做哪些工作？如何进行自动布局？
9. 与布线有关的设计规则有哪些？

10. 执行自动布线命令前应做哪些工作？依据什么来选择合适的布线方式？

11. 如果要选择指定区域内的所有图件，应该执行什么选单命令？其具体操作步骤是什么？取消选择有哪些命令？

上机实践

图 8-107 所示自激多谐振荡电路原理图，设计其 PCB 图(要求单面布线)。

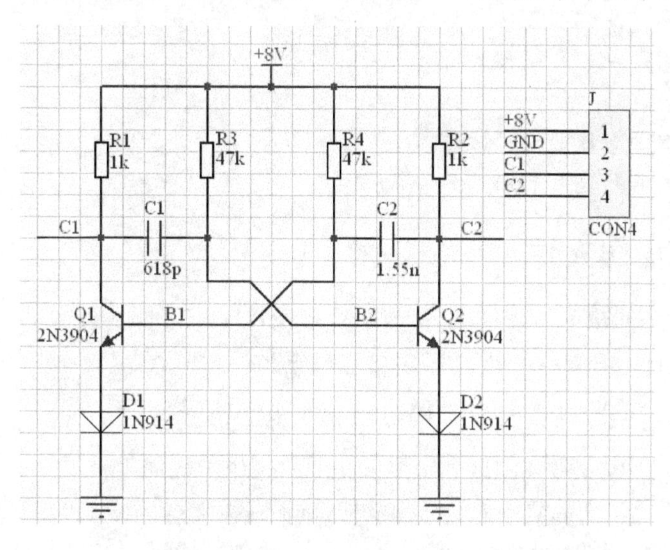

图 8-107　自激多谐振荡电路原理图

第 9 章　PCB 双面布线设计

知识目标

1. 掌握 PCB 双面布线的方法步骤。
2. 了解 PCB 图布局和布线概念。

技能目标

1. 学会 PCB 双面布线的设计方法。
2. 学会 PCB 图布局调整和布线调整的方法。

9.1　创建 PCB 图文件

第 2 章我们已经创建了“振荡器与积分器 . PRJPCB”项目文件，并进行了振荡器与积分器电路原理图设计。本章接着设计振荡器与积分器的 PCB 图。

9.1.1　打开“振荡器与积分器 . PRJPCB”项目文件

打开“振荡器与积分器 . PRJPCB”项目文件的操作步骤如下：

1）执行菜单命令“File\Open...”，依据“振荡器与积分器 . PRJPCB”项目文件存放的路径，选择该项目文件，如图 9-1 所示。

图 9-1　选择打开项目文件对话框

2）单击图 9-1 中的 打开(O) 按钮，即可打开“振荡器与积分器 . PRJPCB”项目文件，如图 9-2 所示。

9.1.2　新建“振荡器与积分器 . PCB”文件

1）执行菜单命令“File\New\PCB”，即可创建印制电路板设计文件，进入 PCB 编辑状态窗口。

2）执行菜单命令“File\Save”，在弹出的对话框中，选择合适的路径并输入合适的文件名，例如“振荡器与积分器”，单击 保存(S) 按钮即可。这时在“Projects”面板中，可以看到一个名为“振荡器与积分器 . PCBDOC”的 PCB 文件已加入到项目“振荡器与积分器 . PRJPCB”当中了，如图 9-3 所示。

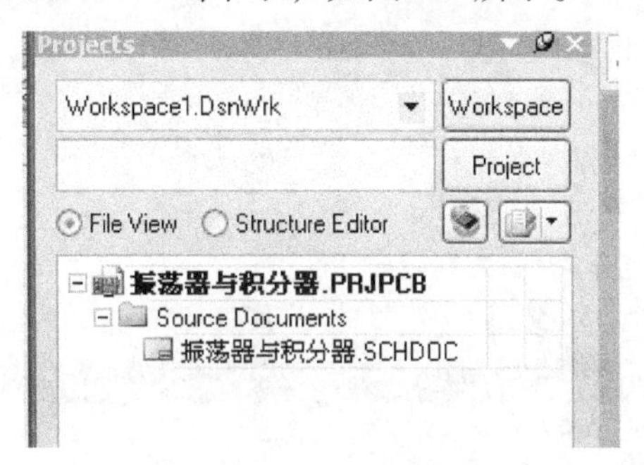

图 9-2　打开“振荡器与积分器 . PRJPCB”项目文件

图 9-3　创建的“振荡器与积分器 . PCB”文件

9.1.3　定义印制电路板形状及尺寸

设计者若定义印制电路板形状及尺寸，可以在禁止布线层（Keep Out Layer）用走线绘制出一个封闭的多边形（一般为矩形），多边形内部即为布线区域，具体操作步骤如下：

1）将光标移至编辑区下面的工作层标签上的“Keep Out Layer”（禁止布线层），单击鼠标左键，将禁止布线层设置为当前工作层。

2）单击放置工具栏上的布线按钮，也可以执行“Place\Line”命令或先后按下 P 、L 键。

3）在编辑区中适当位置单击鼠标左键，开始绘制第一条边

4）移动光标到合适位置，单击鼠标左键，完成第一条边的绘制。依次绘线，最后绘制一个封闭的多边形。这里是一个矩形，3000mil × 2000mil，如图 9-4 所示。

图 9-4　定义的印制电路板形状和尺寸

5）单击鼠标右键或按下 Esc 键取消布线状态。

要想知道定义的印制电路板大小是否合适，可以查看印制电路板的大小。查看的方法为执行“Reports \ Board Information”命令，如图 9-5 所示，也可以先后按下 R 和 B 键。执行上述操作之后，将调出图 9-6 所示的对话框，

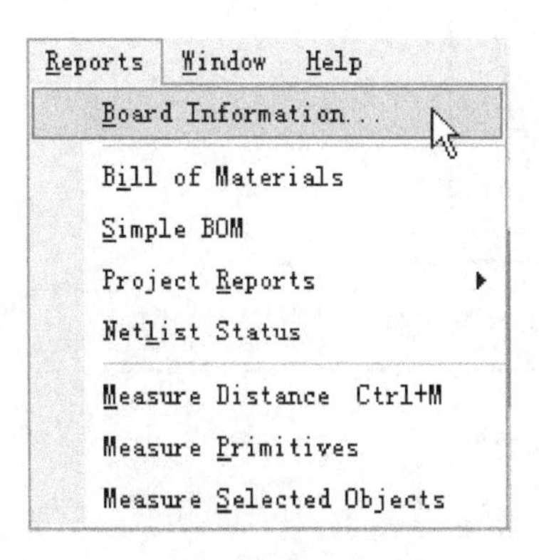

图 9-5　板图信息菜单

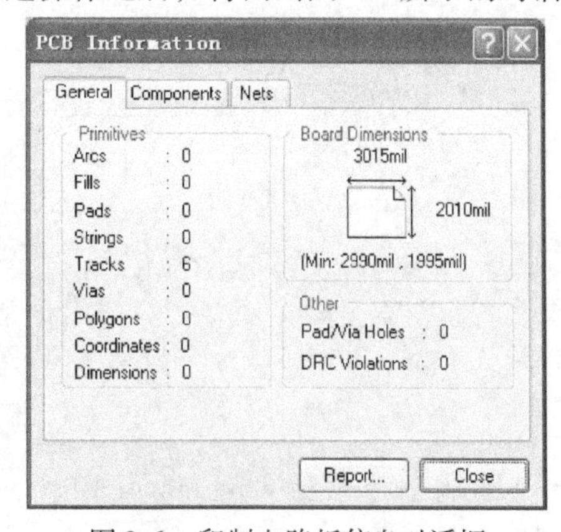

图 9-6　印制电路板信息对话框

在对话框的右边有一个矩形尺寸示意图，所标注的数值就是实际印制电路板的大小(即布局范围的大小)。如果发现设置的布局范围不合适，可以用移动整条走线、移动走线端点等方法进行调整。

9.2 放置元器件封装

9.2.1 装载元器件库

放置元器件封装之前，必须装入所需要的元器件封装库，其基本步骤如下：

1）首先执行菜单命令“Design\Add/Remove Library...”，或单击控制面板上的 Libraries 标签，打开元器件库浏览器，再单击“Libraries”按钮，即可弹出如图 9-7 所示的“Available Libraries”对话框。

2）然后即可将振荡器与积分器电路所用元器件库(Miscellaneous Devices. Intlib、Miscellaneous Connectors. Intlib、Motorola Analog timing Circuit. Intlib 和 Motorola Amplifier Oprational Amplifier. Intlib)装载。

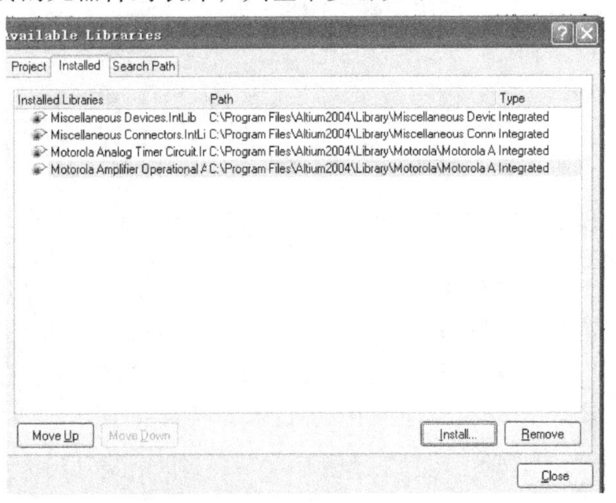

图 9-7 “Available Libraries”对话框

9.2.2 装入网络与元器件

1）打开设计好的振荡器与积分器原理图文件，如图 9-8 所示。

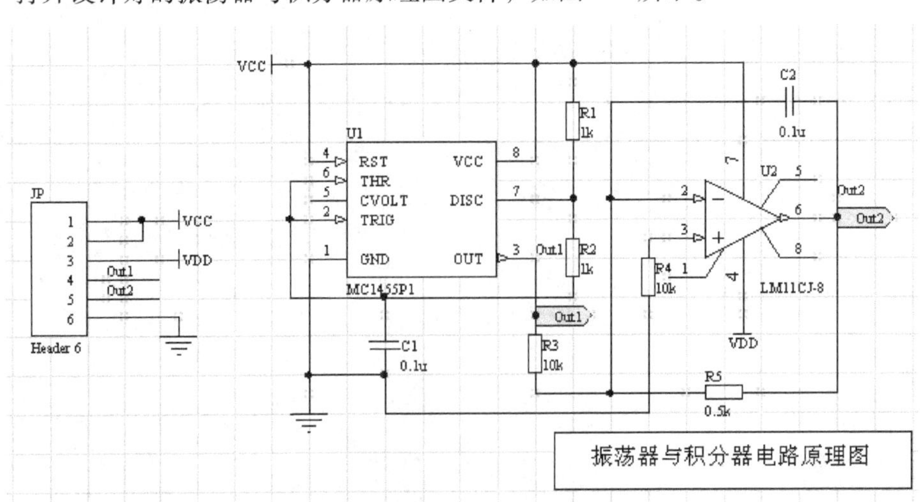

图 9-8 振荡器与积分器原理图

2）执行命令“Design\Import Changes From 振荡器与积分器 . PRJPCB”，系统将弹出图 9-9所示的对话框。

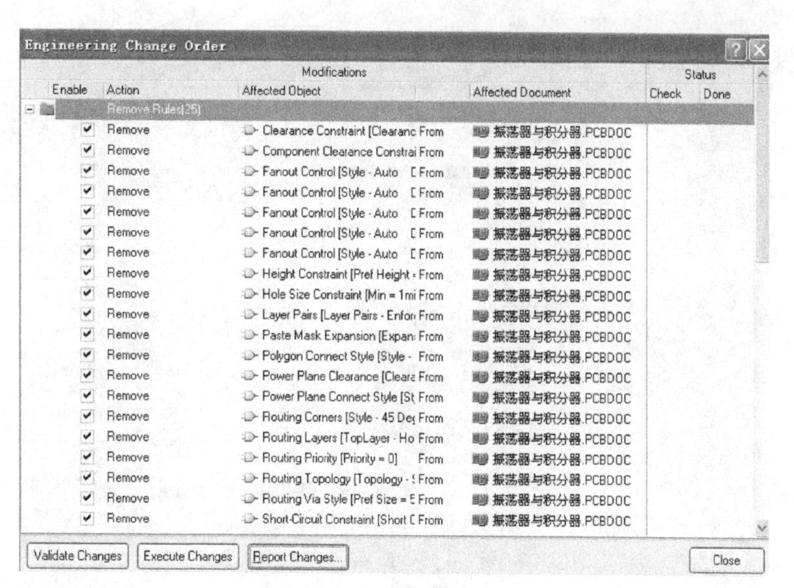

图 9-9　工程改变顺序对话框

3）单击图 9-9 所示对话框中的 Validate Changes 按钮，检查工程变化顺序，并使工程变化顺序有效。

4）单击图 9-9 所示对话框中的 Execute Changes 按钮，接受工程变化顺序，将元器件和网络添加到 PCB 编辑器中，如图 9-10 所示。如果 ECO 存在错误，则装载不能成功。

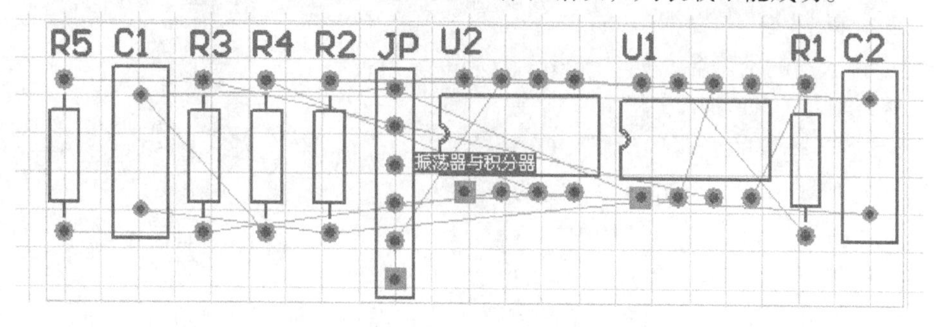

图 9-10　元器件和网络添加到 PCB 编辑器

9. 2. 3　添加网络连接

当在 PCB 中装载了元器件和网络后，一般还有些网络需要设计者自行添加，如一些遗漏的连线，或者是 PCB 与外部电源、输入输出信号等的连接。下面以图 9-10 所示的 PCB 图为例来添加网络连接。

在图 9-8 所示振荡器与积分器原理图中，C2 的 1 脚、R5 的 1 脚、R3 的 1 脚都与 U2 的 2 脚相连，而图 9-10 所示的振荡器与积分器 PCB 图中没有飞线连接，下面介绍添加网络连接的方法。

1. 使用“网络表管理器”添加网络连接

1）在打开的 PCB 文件中，执行菜单命令“Design \ Netlist \ Edit nets”，系统将弹出图 9-11所示的网络表管理器对话框。

2）在对话框的“Nets in Class”列表中查找需要连接的网络，如果找到了要添加的网络

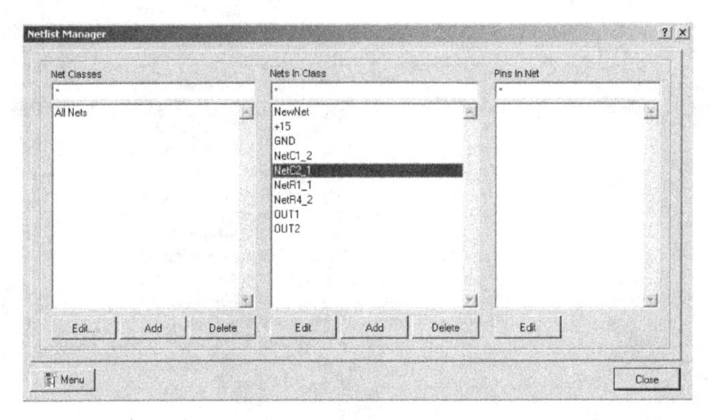

图 9-11　网络表管理器对话框

"NetC2_1"，但在"Pins in Net"栏中没有与之连接的引脚，说明存在错误，可双击该网络名或者单击下面的 Edit 按钮，系统将弹出图 9-12 所示的编辑网络对话框。如果在"Nets in Class"列表中查找不到要添加的网络，此时可单击列表栏下边的 Add 按钮，同样可以弹出图 9-12 所示的编辑网络对话框。

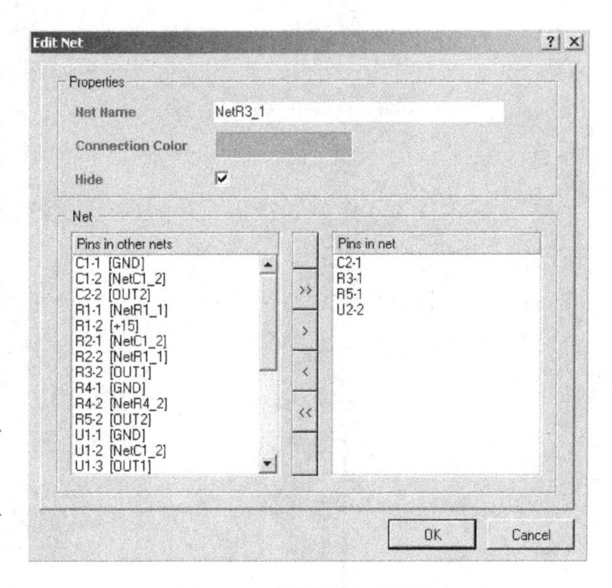

图 9-12　编辑网络对话框

3）在编辑网络对话框中的"Net Name"栏中输入新的网络名，如"NetR3_1"，并在"Pins in Other nets"栏中分别找到与"NetR3_1"连接的元器件引脚：C2_1、R5_1、R3_1 和 U2_2，单击两栏中间的 > 按钮，使之进入"Pins in net"栏中。

4）单击编辑网络对话框下面的 OK 按钮，系统将弹出图 9-13 所示的网络表管理器对话框，可以看到"Pins in Net"栏中已经添加了与"NetR3_1"连接的元器件引脚。

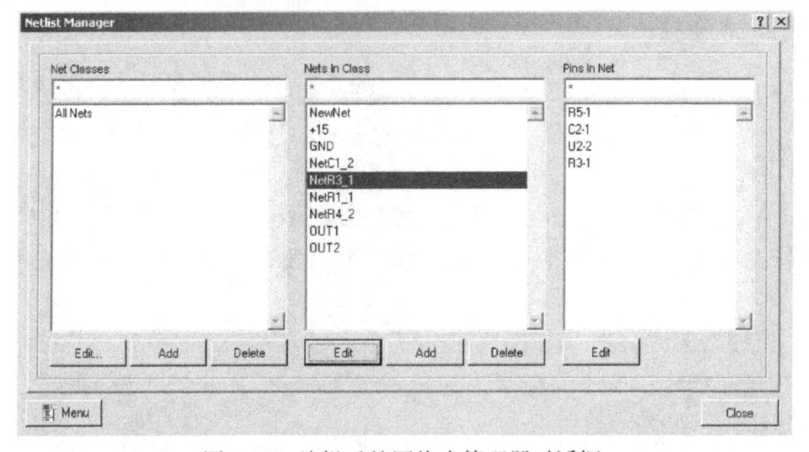

图 9-13　编辑后的网络表管理器对话框

5）单击图 9-13 所示对话框下面的 Close 按钮，即可完成网络连接的添加。重新执行菜单命令“Tools\Auto Placement\Auto Placer...”，可以看到添加的网络连接已经出现在 PCB 图上，如图 9-14 所示。

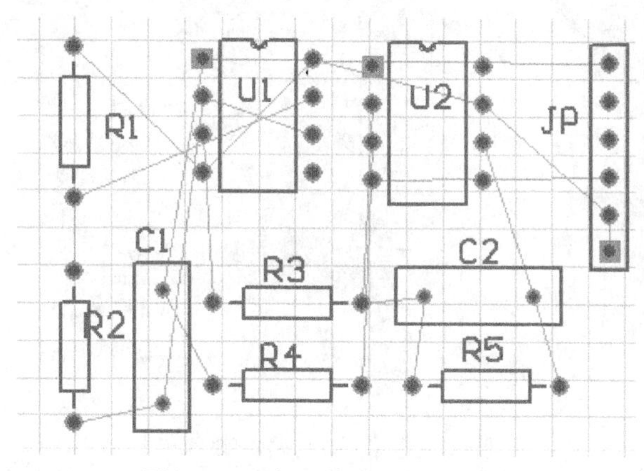

图 9-14　添加网络连接的 PCB 图

2. 使用“焊盘属性”添加网络连接

我们注意到，在振荡器与积分器 PCB 图上 JP 的第 4 号焊盘和第 5 号焊盘没有飞线连接，可以使用焊盘属性设置对话框添加网络连接，其操作步骤如下：

1）双击 JP 的第 4 号焊盘，系统将弹出图 9-15 所示的焊盘属性设置对话框。

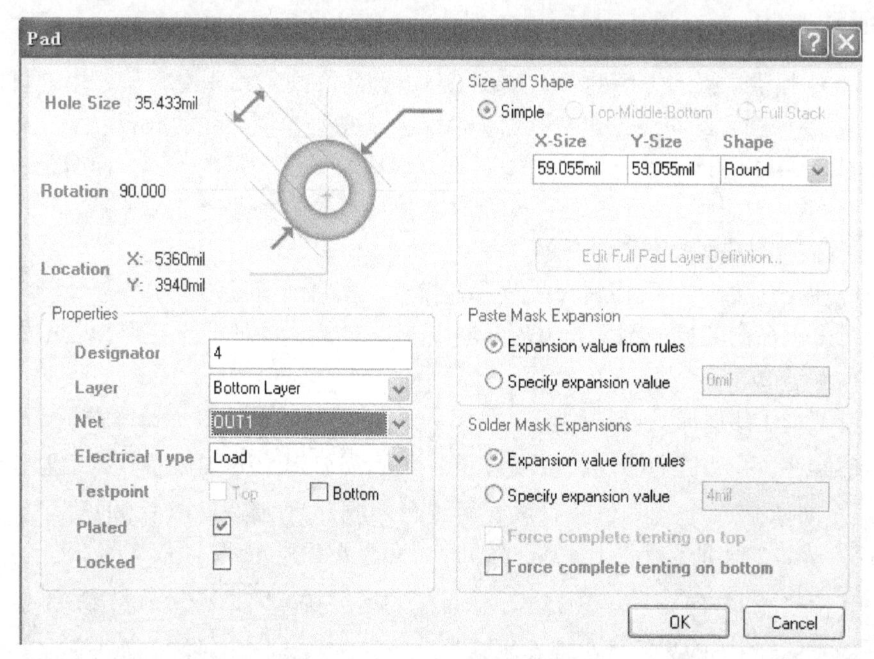

图 9-15　焊盘属性设置对话框

2）在焊盘属性设置对话框中，设计者可以设置焊盘的尺寸、形状、标号、所在板层以及连接的网络（OUT1），设置好后单击下面的 OK 按钮，移动鼠标将焊盘放置到 PCB 的合适位置。

依同样的方法可以设置 JP 的第 5 号焊盘属性，连接的网络为 OUT2。

图 9-16 所示为设置了焊盘属性的 PCB 图。

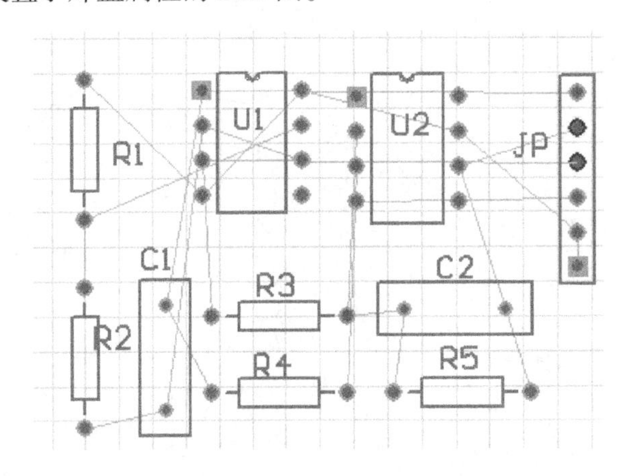

图 9-16　设置了焊盘属性的 PCB 图

9.3　手动布线和自动布线

布线就是放置导线和导孔在印制电路板上将元器件连接起来。Protel 2004 提供了手动布线和自动布线两种方式，这两种布线方式通常可以结合使用。

9.3.1　手动布线

Protel 2004 提供了许多方便的手工布线工具，使得布线工作非常容易。尽管自动布线器提供了一个容易而强大的布线方式，然而仍然需要手动去控制导线的放置。

在 Protel 2004 中，PCB 的导线是由一系列直线段组成的。每次改变方向时，也会开始新的导线段。在默认情况下，Protel 2004 开始时会使导线走向为垂直、水平或 45°角，这样可以很容易地得到比较专业的结果。

下面将使用预拉线引导我们将导线放置在板上，实现所有网络的电气连接。

1）执行菜单命令“Place\Interactive Routing”后，光标将变成十字形，表示处于导线放置模式。

2）检查文件工作区底部的层标签，看“Top Layer”标签是否是被激活的当前工作层。可以按数字键盘上的 * 键切换到底层或者顶层而不需要退出导线放置模式（这个键仅在可用的信号层之间切换），也可以在执行放置导线命令前，使用鼠标在底部的层标签上单击需要激活的层。先设置当前层为顶层（Top Layer），即先在顶层布线。

3）将光标放在 R2 的 2 号焊盘上，单击鼠标左键或按 ENTER 键固定导线的起点。

4）移动光标到 C1 的 2 号焊盘。在默认情况下，导线走向为垂直、水平或 45°角；导线有两段，第一段（来自起点）是红色实体，是当前正放置的导线段，第二段（连接在光标上）称作“look-ahead”段，为空心线，这一段允许预先查看好要放的下一段导线的位置以便很容易地绕开障碍物，并且一直保持初始的 45°或 90°角走线。

5）将光标放在 C1 的 2 号焊盘的中间，然后单击鼠标左键或按 ENTER 键，此时第一段导线变为红色，表示它已经放在顶层了。

6）将光标重新定位在 C1 的 2 号焊盘上，会有一条实心红色线段从前一条线段延伸到这个焊盘，单击鼠标左键放置这条红色实心线段。这样就完成了两个元器件引脚之间的连接。

7）完成了第一个网络的布线后，单击鼠标右键或按 Esc 键表示已完成了这条导线的放置。光标仍然是十字形，表示仍然处于导线放置模式，准备放置下一条导线。完成的 PCB 顶层布线图如图 9-17 所示。

8）然后按数字键盘上的 * 键切换到底层。接着在底层完成剩余的布线。最后按两次 Esc 键或单击鼠标右键两次退出放置导线状态。图 9-18 所示为完成手动布线的 PCB 图。

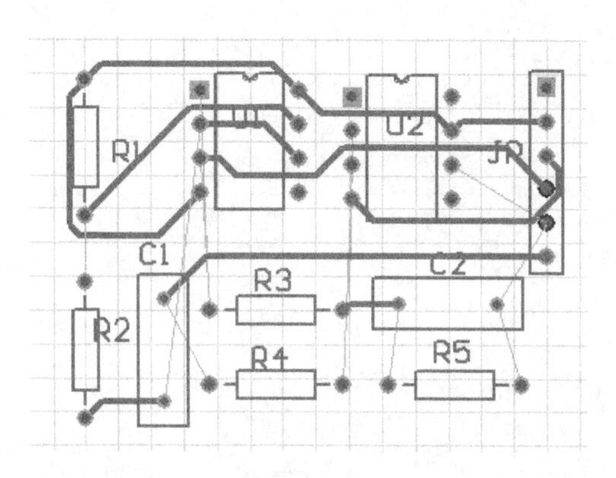

图 9-17　完成的 PCB 顶层布线图

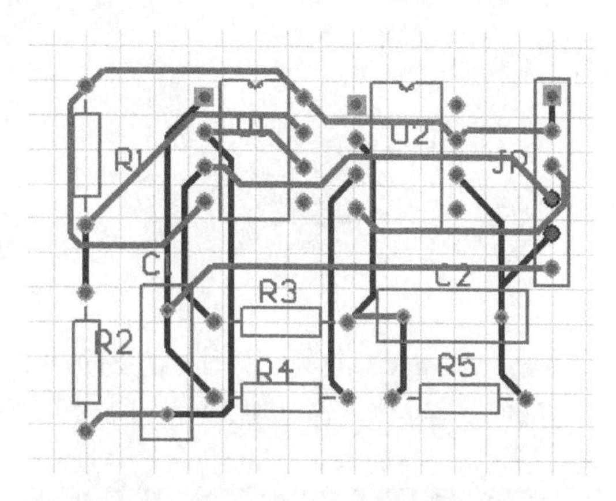

图 9-18　完成手动布线的 PCB 图

手动布线时应注意以下几点：

① 单击鼠标左键（或按 ENTER 键），放置实心颜色的导线段。空心线段表示导线的“look-ahead”部分，放置好的导线段和所在的层颜色一致。

② 按 SPACE 键可以切换要放置的导线的 Horizontal（水平）、Vertical（垂直）和 45°放置模式。

③ 任何时间按 END 键可以重画屏幕。

④ 任何时间按快捷 V、F 键，可重画屏幕并显示所有对象。

⑤ 按 Back Space 键可取消放置的前一段导线。

9.3.2　自动布线

在完成 PCB 图的布局和设置好布线参数后，就可以利用 Protel 2004 提供的布线器进行自动布线了。执行自动布线的方法主要有以下几种。

1. 全部布线

全部布线是对整个印制电路板所有导线进行布线，操作方法如下：

1）执行菜单命令“Auto Route\All”后，系统将弹出图 9-19 所示的自动布线设置对话框。在该对话框中，单击 Routing Rules... 按钮可以设置布线规则。

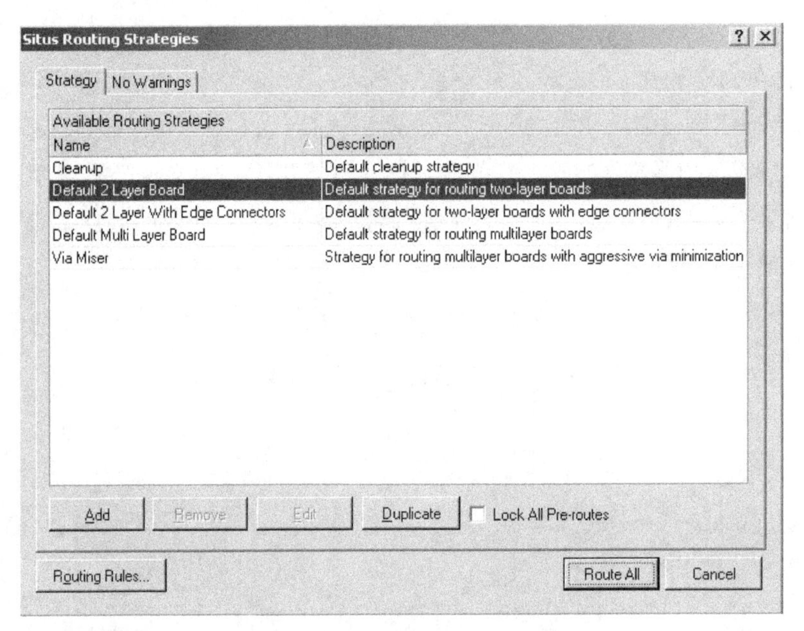

图 9-19　自动布线设置对话框

2）单击 Route All 按钮，程序就开始对印制电路板进行自动布线，系统将弹出一个布线信息框，如图 9-20 所示，设计者可以了解到布线的情况。完成的自动布线结果如图 9-21 所示。

Messages

Class	Document	Sour...	Message	Time	Date	No.
Situs E...	振荡器与积...	Situs	Routing Started	12:52:47...	2009-11-...	1
Routing...	振荡器与积...	Situs	Creating topology map	12:52:47...	2009-11-...	2
Situs E...	振荡器与积...	Situs	Starting Fan out to Plane	12:52:47...	2009-11-...	3
Situs E...	振荡器与积...	Situs	Completed Fan out to Plane in 0 Seconds	12:52:47...	2009-11-...	4
Situs E...	振荡器与积...	Situs	Starting Memory	12:52:47...	2009-11-...	5
Situs E...	振荡器与积...	Situs	Completed Memory in 0 Seconds	12:52:47...	2009-11-...	6
Situs E...	振荡器与积...	Situs	Starting Layer Patterns	12:52:47...	2009-11-...	7
Routing...	振荡器与积...	Situs	Calculating Board Density	12:52:47...	2009-11-...	8
Situs E...	振荡器与积...	Situs	Completed Layer Patterns in 0 Seconds	12:52:47...	2009-11-...	9
Situs E...	振荡器与积...	Situs	Starting Main	12:52:47...	2009-11-...	10
Routing...	振荡器与积...	Situs	Calculating Board Density	12:52:47...	2009-11-...	11
Situs E...	振荡器与积...	Situs	Completed Main in 0 Seconds	12:52:47...	2009-11-...	12

图 9-20　布线信息框

图 9-21　自动布线结果

2. 对选定网络进行布线

执行菜单命令“AutoRoute\Net”后，光标变为十字形，设计者可以选取需要进行布线的网络。当设计者单击的地方靠近焊盘时，系统可能会弹出图 9-22 所示的菜单（该菜单对于不同焊盘可能不同），一般应该选择“Pad”或“Connection”选项，而不选择“Component”选项，因为“Component”选项仅仅是局限于当前元器件的布线。

Pad U2-3(3090mil,3930mil) Multi-Layer
Connection (NetR4_2)
DIP Component U2(3140mil,3780mil) on Top Layer

图 9-22　网络布线方式选择菜单

本实例选择“Pad U2-3”进行网络布线，执行命令后，与“Pad U2-3”相连接的所有网络均被布线。

3. 对两连接点进行布线

执行菜单命令“Auto Routing\Connection”后，光标变为十字形，设计者可以选取需要进行布线的一条连线（R2 到 C1），单击选择的预拉飞线，两连接点就布上了连线。

4. 对指定元器件布线

执行菜单命令“Auto Route\Component”后，光标变为十字形，设计者可以用光标选取需要进行布线的元器件，本实例选取 U1 进行布线，可以看到系统完成了与 U1 相连所有元器件的布线。

5. 对指定区域进行布线

首先执行菜单命令“Auto Route\Area”，执行该命令后，光标变为十字形，设计者可以拖动鼠标选取需要进行布线的区域，系统将会对此区域进行自动布线。

6. 其他布线命令

还有其他与自动布线相关的命令，各命令功能与操作如下。

1）Stop：终止自动布线过程。

2）Reset：对电路重新布线。

3）Pause：暂停自动布线过程。

4）Restart：重新开始自动布线过程。

7. 自动布线设置

当设计者执行命令“Auto Route\Setup”后，系统将弹出图 9-19 所示的自动布线设置对话框。设计者可以设置一些规则和测试点的特性。

9.4　手工调整印制电路板

Protel 2004 的自动布线功能虽然非常强大，但是自动布线的结果也会存在一些令人不满意的地方。往往需要设计者在自动布线的基础上进行多次修改，才能使 PCB 设计得完美，下面讲述如何进行手工调整 PCB。

9.4.1　调整元器件

将图 9-21 中的 U1 和 U2 逆时针旋转 90°，然后重新进行自动布线，即可得图 9-23 所示的 PCB 图。

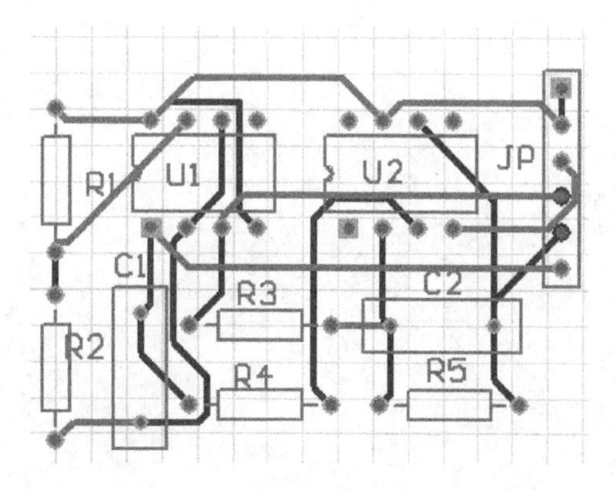

图 9-23　调整元器件后的 PCB 图

9.4.2　调整布线

在“Tools\Un-Route”菜单下提供了几个常用于手工调整布线的命令，这些命令可以分别用来进行不同方式的布线调整。

1） All：拆除所有布线，进行手动调整。

2） Net：拆除所选布线网络，进行手动调整。

3） Connection：拆除所选的一条连线，进行手动调整。

4） Component：拆除与所选的元器件相连的导线，进行手动调整。

下面以“Net”命令为例来介绍调整布线的操作步骤。图 9-23 所示的 U1 的 2 引脚和 R2 的 1 引脚之间连线转了一个大弯，现在进行手工调整如下：

① 执行菜单命令“Tools \ Un-Route \ Connection”。光标变为十字形，移动光标到要拆除的连线上，先拆除 U1-2 与 C1-1 之间连线，再拆除 C1-1 与 R2-1 之间的连线。

② 将工作层切换到底层（Bottom Layer），使底层为当前工作层。

③ 执行菜单命令“Place \ Interactive Routing”，将上述已拆除的连线重新走线。先在底层连接 U1-2 与 R2-1 之间的连线，再连接 R2-1 与 C1-1 之间连线。调整布线后的 PCB 图如图 9-24所示。

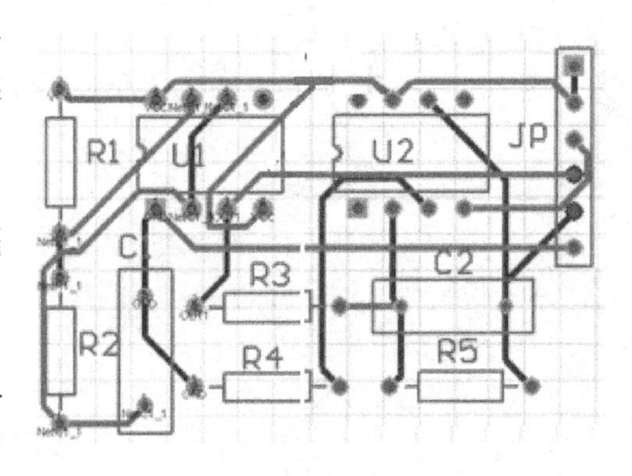

图 9-24　调整布线后的 PCB 图

9.4.3　调整焊盘

从图 9-24 可以看出，若将 JP 的 3 号焊盘与 JP 的 4 号焊盘所连接网络互换位置，连线就会简捷得多。下面介绍调整焊盘的操作方法：

1）执行菜单命令“Tools\Un-Route\Connection”。光标变为十字形，移动光标到要拆除的连线上，先拆除 JP 的 3 号焊盘与 U2-4 之间连线，再拆除 JP 的 4 号焊盘与 U1-3 之间的连线。

2）将光标移到 JP 的 3 号焊盘并双击，这时系统会弹出图 9-25 所示的“Pad”对话框。

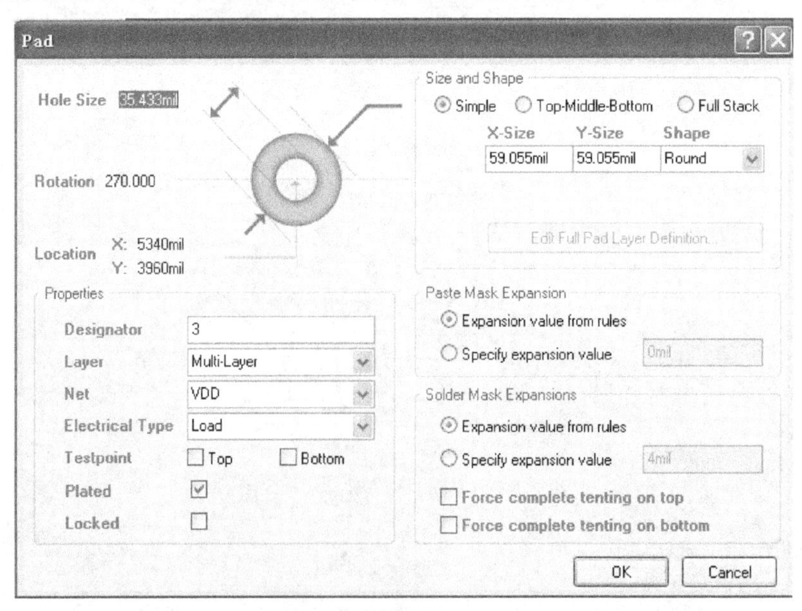

图 9-25　“Pad”对话框

3）在图9-25所示对话框中将JP的3号焊盘连接的网络(Net)由VDD改为OUT1，单击对话框中的 OK 按钮。

4）在图9-25所示对话框中将JP的4号焊盘连接的网络Net由OUT1改为VDD，单击对话框中的 OK 按钮。

5）执行菜单命令“Place\Interactive Routing”，将上述已拆除的连线重新走线。

调整焊盘后的PCB图如图9-26所示。

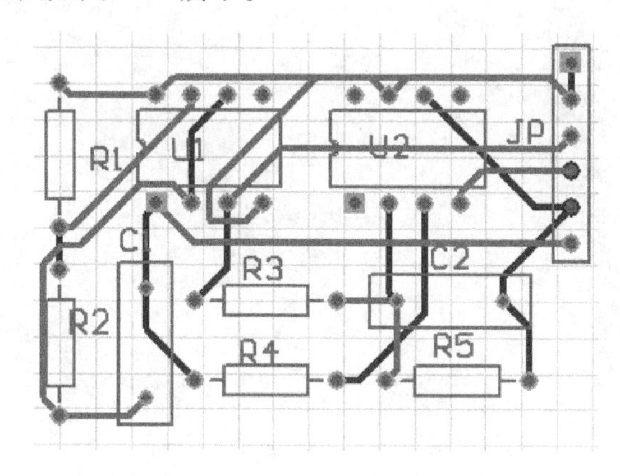

图9-26　调整焊盘后的PCB图

9.4.4　电源/接地线的加宽

电源和接地线往往流过的电流较大，为了提高系统的可靠性，可将电源和接地线加宽，增加电源和接地线的宽度可以在前面讲述的设计规则中设定，设计规则中设置的电源和接地线宽度对整个设计过程均有效。但是当设计完电路板后，如果需要增加电源和接地线的宽度，也可以直接对板上电源和接地线加宽，具体操作步骤如下：

1）移动光标，将光标指向需要加宽的电源和接地线。

2）双击电源或接地线，系统将弹出图9-27所示的对话框。

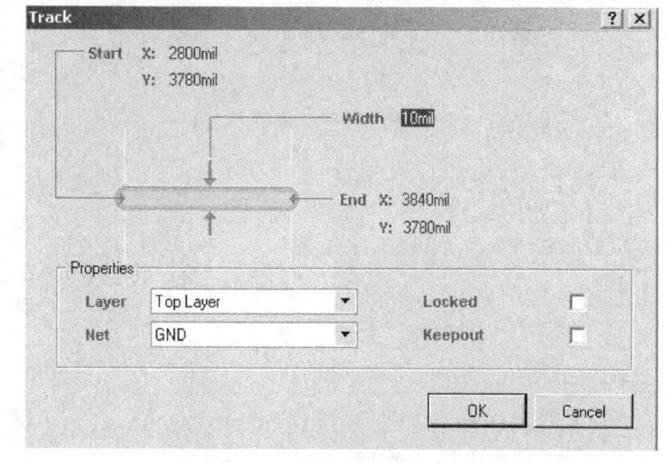

图9-27　连线属性设置对话框

3）设计者可以在对话框中的“Width”选项中输入实际需要的宽度值。如果要加宽其他线，也可按同样方法进行操作。

9.4.5　对印制电路板敷铜

为了提高PCB的抗干扰性，通常要对要求比较高的PCB实行敷铜处理。敷铜可以通过执行“Place\Polygon Plane”命令来实现。下面以前面的实例讲述敷铜处理，顶层和底层的敷铜均与GND相连。

1）将工作层切换到顶层(Top Layer)，使顶层为当前工作层。

2）单击绘图工具栏中的按钮，或执行“Place\Polygon Plane”命令。

3）执行此命令后，系统将会弹出图 9-28 所示的多边形敷铜属性对话框。

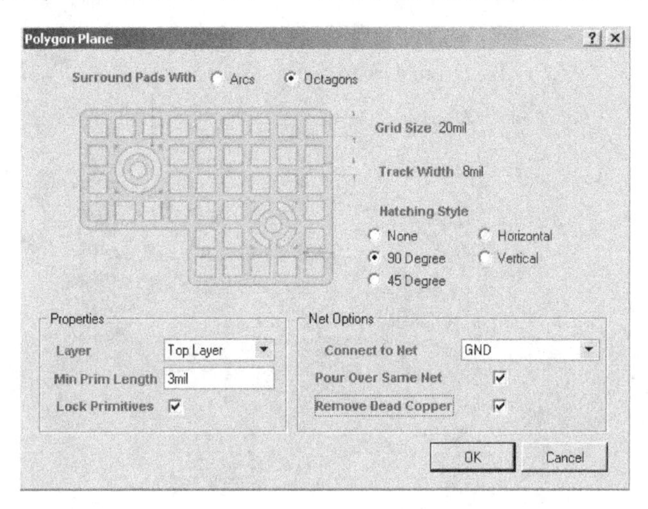

图 9-28　多边形敷铜属性对话框

此时在“Connect to Net”下拉列表中选中“GND”，然后分别选中“Pur Over Same Net”(相同的网络连接一起)和“Remove Dead Copper”(去掉死铜)复选框。选中“Lock Primitives”复选框，这样敷铜不会影响到原来的布线。“Layer”选择“Top Layer”，其他设置项可以取默认值。

4）设置完后单击 OK 按钮，光标变成了十字形，将光标移到所需的位置，单击鼠标左键，确定多边形的起点。然后再移动鼠标到适当位置单击鼠标左键，确定多边形的中间点。

5）在终点处先单击鼠标左键，再单击右键，程序会自动将终点和起点连接在一起，并且去除死铜，形成板上敷铜，如图 9-29 所示。

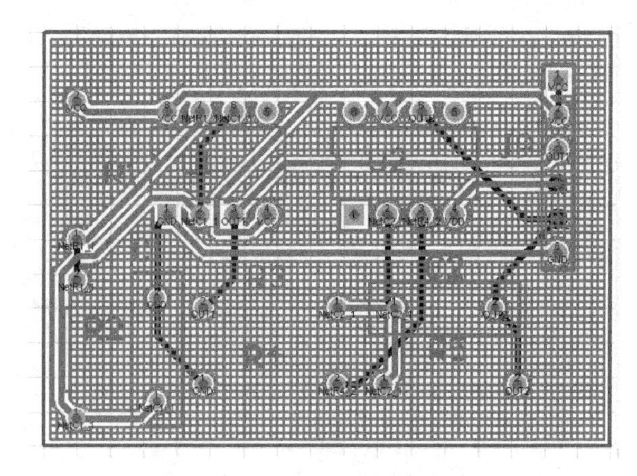

图 9-29　项层敷铜后的 PCB 图

6）将工作层切换到底层(Bottom Layer)，使底层为当前工作层。

7）重复 2）~6)的操作，同样可对底层进行敷铜。

9.4.6　文字标注的调整

在进行自动布局时，元器件的标号以及注释等将从网络表中获得，并被自动放置到 PCB 上。经过自动布局后，元器件的相对位置与原理图中的相对位置将发生变化，在经过手动布线调整后，有时元器件的序号会变得很杂乱，所以经常需要对文字标注进行调整，使文字标注排列整齐，字体一致，使电路板更加美观。调整文字标注一般可以对元器件进行流水号更新。

1. 手动更新文字标注

移动光标，将光标指向需要调整的文字标注，并双击，系统将弹出图9-30所示的对话框。

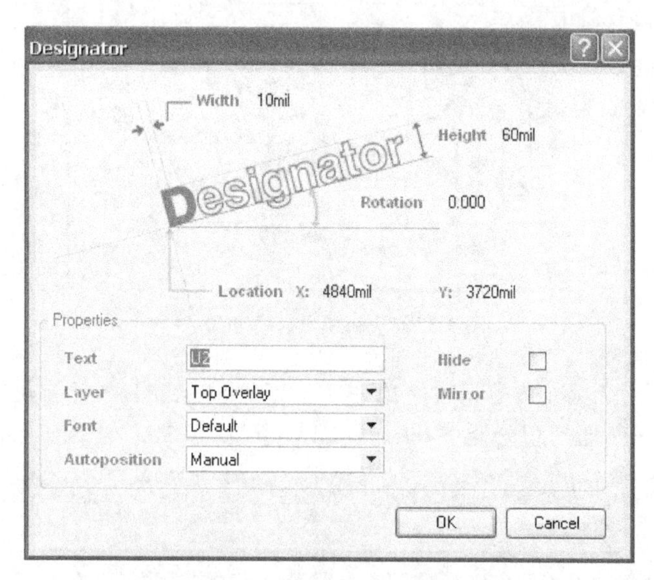

图9-30　文字标注属性对话框

在文字标注属性对话框中，设计者可以修改流水号，也可根据需要，修改对话框中文字标注的内容、字体、大小、位置及放置方向等。

2. 自动更新流水号

1）执行菜单命令"Tools\Re-Annotate"，系统将弹出图9-31所示的选择流水号方式对话框。

系统提供了五种更新方式，下面分别说明。

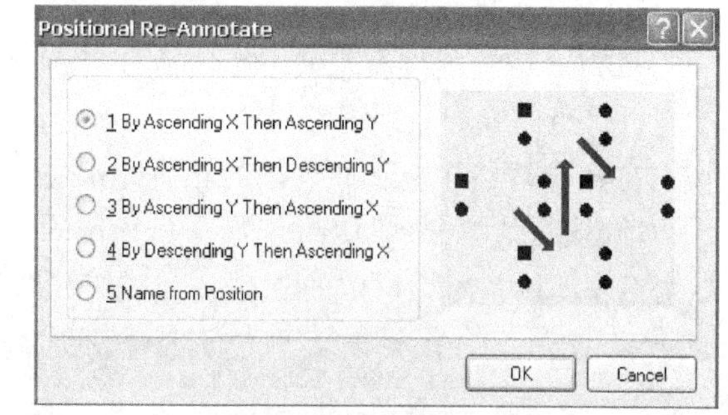

图9-31　选择流水号方式对话框

①"1 By Ascending X Then Ascending Y"选项，该选项表示先按横坐标从左到右，然后再按纵坐标从下到上编号。

②"2 By Ascending X Then Descending Y"选项表示先按横坐标从左到右，然后再按纵坐标从上到下编号。

③"3 By Ascending Y Then Ascending X"选项表示先按纵坐标从下到上，然后再按横坐标从左到右编号。

④"4 By Descending Y Then Ascending X"选项表示先按纵坐标从上到下，然后再按横坐标从左到右编号。

⑤"5 Name from Position"选项表示根据坐标位置进行编号。

2）当完成上面的方式选择后，可以单击 OK 按钮，系统将按照设定的方式对元器件流水号重新编号。这里选择第 2 种方式进行流水号排列。

元器件经过重新编号后可以获得图 9-32 所示的 PCB 图。

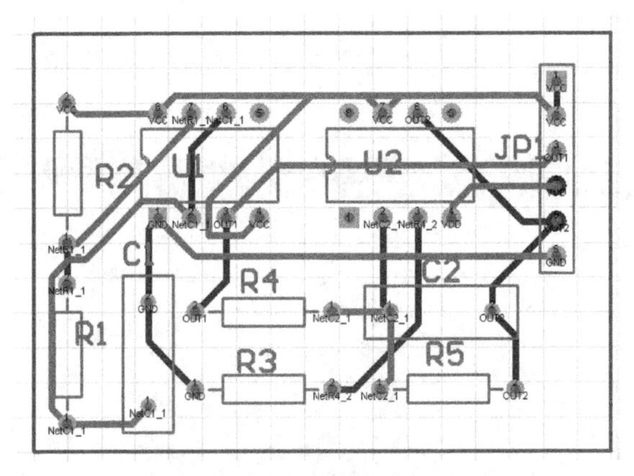

图 9-32　重新编号后的 PCB 图

元器件重新编号后，系统将同时生成一个“. WAS”文件，记录元器件编号的变化情况，本实例生成“振荡器与积分器 2009-11-13 16-06-09. WAS”文件，如图 9-33 所示。

图 9-33　“振荡器与积分器 2009-11-13 16-06-09. WAS”文件

由图 9-33 可见，重新编号后，有五个元器件编号发生了变化。

3. 更新原理图

当 PCB 的元器件流水号发生了改变后，原理图也应该相应改变，这可以在 PCB 环境下实现，也可以返回原理图环境实现相应改变。

在 PCB 环境中更新原理图的相应流水号，其操作步骤如下：

1）执行菜单命令“Design\Update Schematics in”，系统将弹出图 9-34 所示的更新变化确认对话框。单击对话框中的 Yes 按钮，即弹出图 9-35 所示的工程改变顺序对话框。

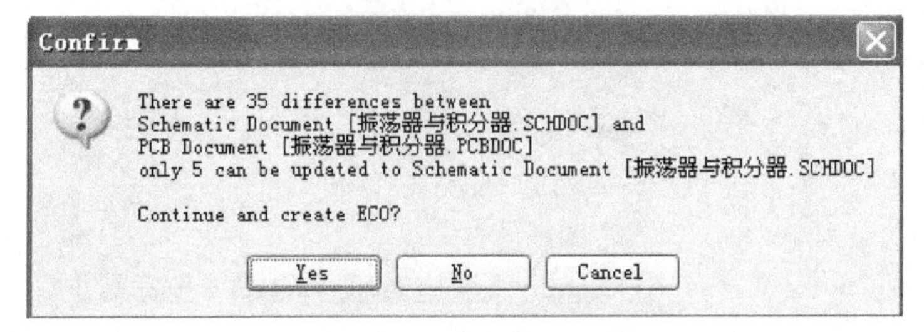

图 9-34　更新变化确认对话框

2）在图 9-35 所示的对话框中，可以单击 Validate Changes 按钮使变化有效。

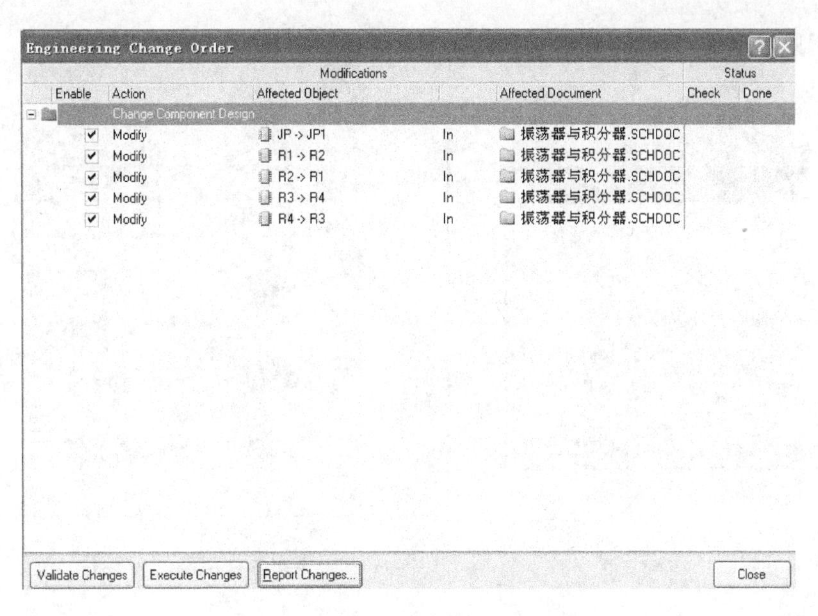

图 9-35　工程改变顺序对话框

3）然后再单击 Execute Changes 按钮，执行这些变化，此时原理图就接受了这些变化，其元器件流水号就根据 PCB 的改变而变化了。

4）单击“Close”按钮结束更新操作，原理图进行相应的更新，如图 9-36 所示。

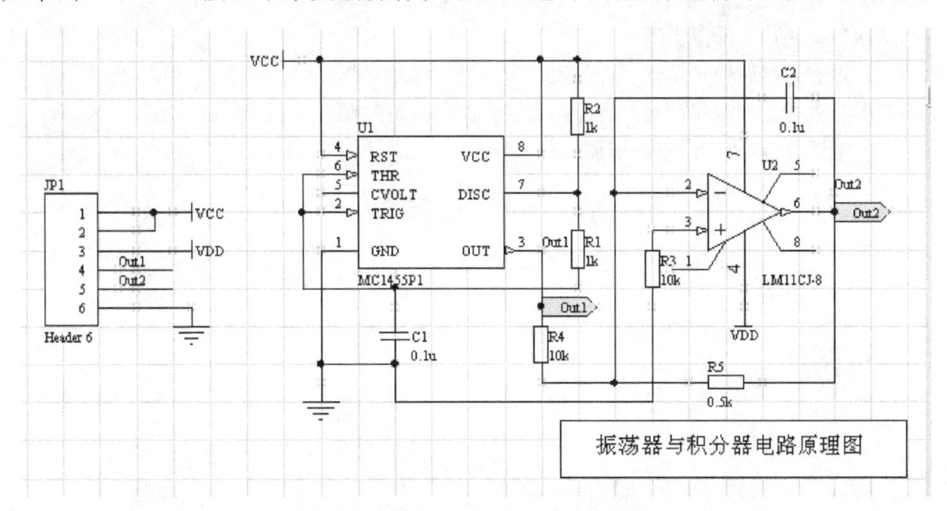

图 9-36　更新元器件流水号后的原理图

9.4.7　补泪滴处理

为了增强印制电路板（PCB）网络连接的可靠性，以及将来焊接元器件的可靠性，有必要对 PCB 实行补泪滴处理。执行“Tools\Teardrops...”命令后，系统会弹出泪滴属性对话框，如图 9-37 所示。选择需要补泪滴的对象，通常焊盘（Pad）和导孔（Via）均有必要进行补泪滴处理。然后选择泪滴的形状，并选择“Add”选项以实现向 PCB 添加泪滴，最后单击

OK 按钮即可完成补泪滴操作。补泪滴处理后的 PCB 图如图 9-38 所示。

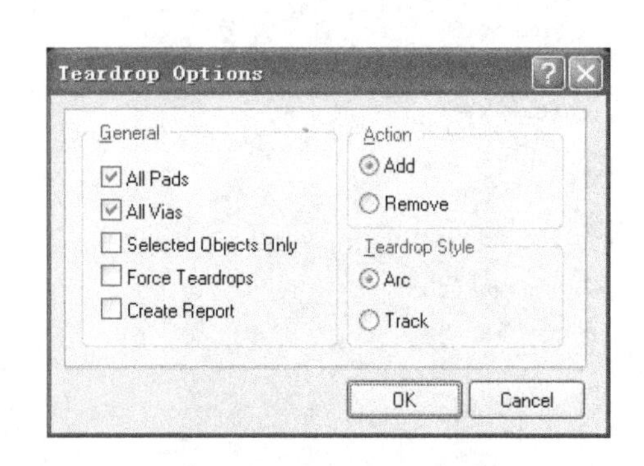

图 9-37　泪滴属性对话框

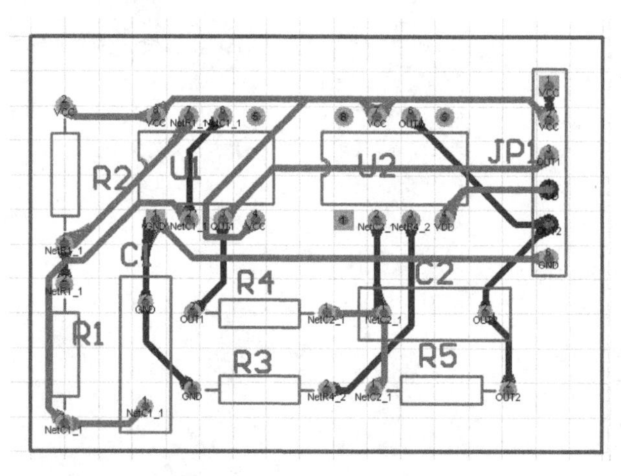

图 9-38　补泪滴处理后的 PCB 图

以上介绍了双面板布线设计的主要方法，当然在设计过程中还要及时进行设计规则检查，对出现的问题随时加以修正。

练　习　题

1. 如果不使用 PCB 创建向导，自己如何定义电路板形状及尺寸？
2. 说明手动布线的基本操作步骤。
3. 如何通过焊盘的属性编辑设置焊盘的尺寸和形状？对独立焊盘如何设置其网络连接？
4. 对印制电路板进行敷铜和补泪滴有什么意义？如何进行敷铜和补泪滴的操作？
5. 说明加宽电源/接地线的作用及如何进行操作。

上 机 实 践

根据图 3-1 所示的单片机最小系统电路原理图，设计其印制电路板(PCB)图。

第 10 章　设计规则及 PCB 报表

知识目标

1. 掌握 PCB 设计的基本规则。
2. 掌握 PCB 报表的意义。
3. 了解 PCB 检查的方法。

技能目标

1. 学会 PCB 设计的基本规则设置的方法。
2. 学会 PCB 检查的方法。
3. 学会用打印机打印 PCB 图的方法。

10.1　设计规则

设计规则是 PCB 设计的基本规则，Protel 2004 中分为 10 个类别，覆盖了电气、布线、制造、放置、信号完整性要求等，但其中大部分都可以采用系统默认的设置，而设计者真正需要设置的规则并不多。至于需要设置哪些设计规则，必须根据具体的电路板的要求而定。如果要求设计一般的双面印制电路板，就没有必要自己去设置布线板层规则了，因为系统对于布线板层规则的默认设置就是双面布线。

10.1.1　PCB 设计规则和约束编辑对话框

执行菜单命令“Design\Rules...”，或单击右键快捷菜单命令“Design\Rules...”，都可以打开图 10-1 所示的 PCB 规则和约束编辑(PCB Rules and Constraints Editor)对话框。

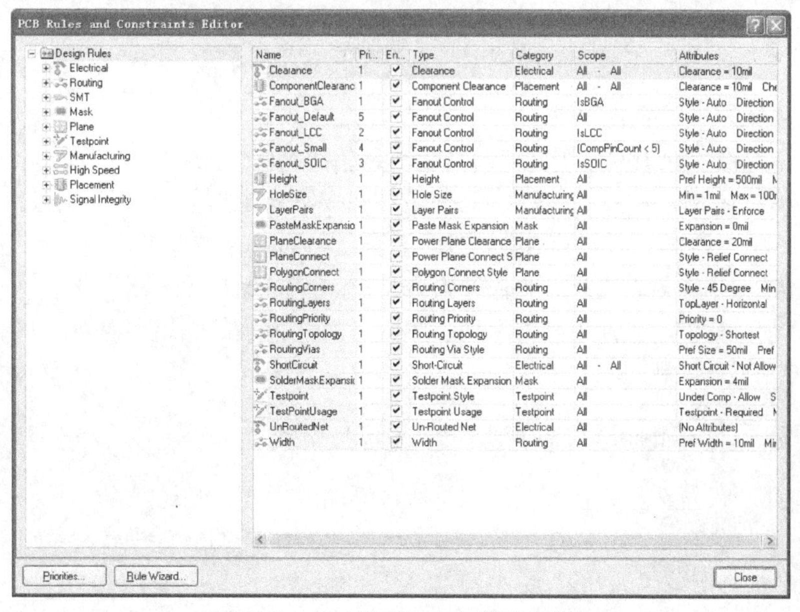

图 10-1　PCB 规则和约束编辑对话框

在图 10-1 中，左边区域以树结构的形式显示了设计规则的类别，在每类规则上单击右键都会出现图 10-2 所示的子菜单，用于“New Rule...”（建立规则）、“Delete Rule...”（删除规则）、“Import Rules...”（导入规则）、“Export Rules...”（导出规则）和“Report...”（报表）等操作。

图 10-2　设计规则子菜单

在图 10-1 中，右边区域显示设计规则的设置或编辑内容。单击任意一个规则，都将打开规则设置对话框，如图 10-3 所示。图 10-3 所示对话框的右边各部分说明如下：

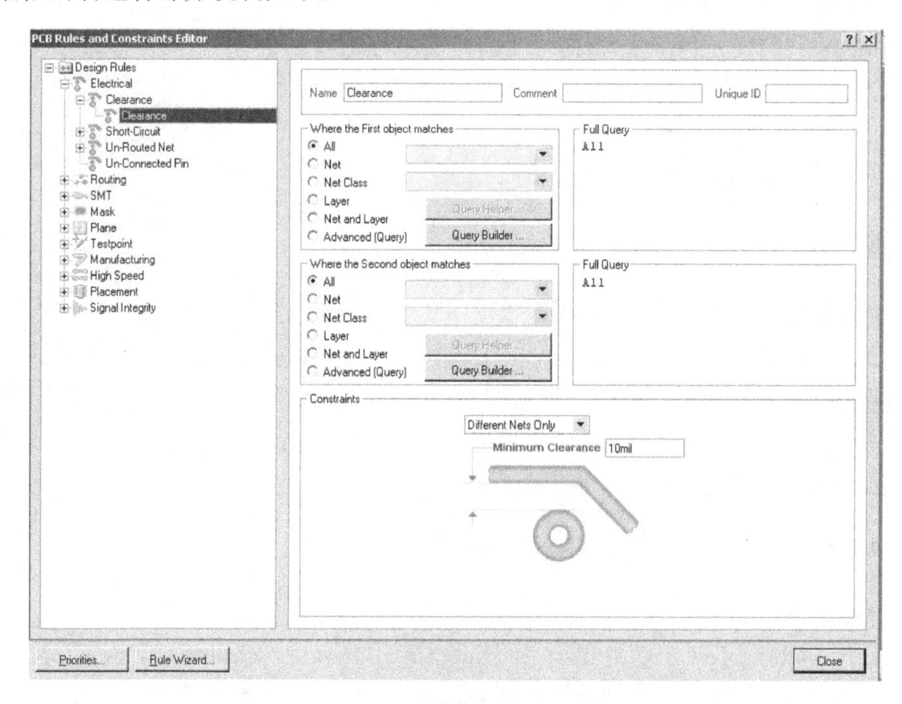

图 10-3　规则设置对话框

1）顶部单元是规则的名称栏。

2）中间单元设置规则的适用对象及其范围，主要有网络（Net）、板层（Layer）等。

3）底部单元显示规则的约束特性。通过下拉式按钮或键盘输入可以对约束特性进行设置。

图 10-3 中有三个按钮，Priorities...按钮用于设置当同时存在多个规则时启用规则的优先权，Rule Wizard...按钮用于启动设计规则向导命令，Close按钮用于关闭对话框。

在设计规则设置中，设计规则的添加、删除、适用范围的编辑等基本相同，不再重复。下面着重分类介绍设计规则中约束特性的含义和设置方法。

10.1.2　与电气相关的设计规则（Electrical）

此类规则用于设置在电路板布线过程中所遵循的电气方面的规则。

1）“Clearance”（安全距离），该规则用于设定在 PCB 的设计中，导线、导孔、焊盘、矩形敷铜填充等组件相互之间的安全距离。

2）“Short-Circuit”（短路），该规则设定电路板上的导线是否允许短路。默认设置为不允许短路。

3）“Un-Routed Net”（没有布线网络），该规则用于检查指定范围内的网络是否布线成功，布线不成功的，该网络上已经布的导线将保留，没有成功布线的将保持飞线。

4）“Un-Connected Pin”（没有连接的引脚），该规则用于检查指定范围内的元器件封装的引脚是否连接成功。

10.1.3　与布线有关的设计规则（Routing）

此类规则是与布线有关的设计规则。

1）“Width”（导线宽度）设计规则，该规则用于设定布线时的导线宽度。

2）“Routing Topology”（布线拓扑）设计规则，该规则用于选择飞线生成的拓扑规则。

3）“Routing Priority”（布线优先级）设计规则，该规则用于设置布线的优先级，其设定范围从0到100，0的优先次序最低，100最高。

4）“Routing Layers”（布线板层）设计规则，该规则用于设置布线板层。主要设置各个信号板层的走线方法，共有32个布线板层设置项，其中“Mid-Layerl”至“Mid-Layer30”是否高亮显示取决于电路板是否使用这些中间板层，系统默认状态是使用顶层（Top Layer）和底层（Bottom Layer）。

5）“Routing Corners”（布线拐角）设计规则，该规则用于设置导线的拐角方法。

6）“Routing Via Style”（布线导孔的尺寸）设计规则，该规则用于设置布线导孔的尺寸。

7）“Fanout Control”（扇出式布线控制）设计规则，该规则用于设置SMD扇出式布线控制。

10.1.4　与SMD布线有关的设计规则（SMT）

此类规则主要设置SMD与布线之间的规则，分为三个规则：

1）“SMD To Corner”（焊盘与拐角距离）设计规则，该规则用于设置SMD元器件焊盘与导线拐角之间的最小距离。

2）“SMD To Plane”（SMD与内层距离）设计规则，该规则用于设置SMD与内层（Plane）的焊盘或导孔之间的距离。

3）“SMD Neck-Down”（SMD引出导线宽度与焊盘宽度的比值）设计规则，该规则用于设置SMD引出导线宽度与SMD元器件焊盘宽度之间的比值关系。

10.1.5　与焊盘延伸量有关的设计规则（Mask）

此类规则用于设置焊盘周围的延伸量。包括两个规则：

1）“Solder Mask Expansion”（防焊层中焊盘的延伸量）设计规则，该规则用于设置防焊层中焊盘的延伸量，或者说是阻焊层中的焊盘孔比焊盘要大多少。

2）“Paste Mask Expansion”（SMD焊盘的延伸量）设计规则，该规则用于设置SMD焊盘的延伸量，该延伸量是SMD焊盘与铜膜焊盘之间的距离。

10.1.6　与内层有关的设计规则（Plane）

此类规则用于设置电源层和敷铜层的布线规则。共分为三个规则：

1）“Power Plane Connect Style”（电源层连接方法）设计规则，该规则用于设置导孔或焊盘与电源层连接的方法。

2）“Power Plane Clearance”（电源层安全距离）设计规则，该规则用于设置电源板层与穿过它的焊盘或导孔间的安全距离。

3）“Polygon Connect Style”（敷铜连接方法）设计规则，该规则用于设置敷铜与焊盘之间的连接方法。

10.1.7　与测试点有关的设计规则（Testpoint）

此类规则用于设置测试点的形状大小及其使用方法。

1）“Testpoint Style”（测试点形状）设计规则，该规则用于设置测试点的形状和大小。

2）“TestPoint Usage”（测试点用法）设计规则，该规则用于设置测试点的用法。

10.1.8　与电路板制造有关的设计规则（Manufacturing）

此类规则主要设置与电路板制造有关的设计规则。分为四类：

1）“Minimum Annular Ring”（最小环宽）设计规则，该规则用于设置最小环宽，即焊盘或导孔与通孔之间的直径之差。

2）“Acute Angle”（最小夹角）设计规则，该规则用于设置具有电气特性的导线与导线之间的最小夹角。最小夹角应该不小于 90°，否则将会在蚀刻后残留药物，导致过度蚀刻。

3）“Hole Size”（孔径尺寸）设计规则，该规则用于孔径尺寸设置。

10.1.9　与高频电路设计有关的规则（High Speed）

此类规则用于设置与高频电路设计有关的规则。共分为六项：

1）“Parallel Segment”（并行导线段）设计规则，该规则用于设置并行导线的长度和距离。

2）“Length”（网络的长度）设计规则，该规则用于设置网络的长度。

3）“Matched Net Lengths”（网络等长走线）设计规则，该规则用于设置网络等长走线。

4）“Daisy Chain Stub Length”（菊花链走线长度）设计规则，该规则用于设置用菊花链走线时支线的最大长度。

5）“Vias Under SMD”（SMD 焊盘下导孔）设计规则，该规则用于设置是否允许在 SMD 焊盘下放置导孔。

6）“Maximum Via Count”（最多导孔数）设计规则，该规则用于设置电路板上允许的最多导孔数。

10.1.10　与元器件布局有关的规则（Placement）

该类规则与元器件的布置有关，共有六个规则。

1）“Room Definition”（定义元器件盒）设计规则，该规则用于定义元器件盒的尺寸及其所在的板层。

2）“Component Clearance”（元器件封装间距）设计规则，该规则用于设置元器件封装间的最小距离。

3）“Component Orientation”（元器件封装方向）设计规则，该规则用于设置元器件封装的放置方向。

4）“Permitted Layer”（布局板层）设计规则，该规则用于设置自动布局时元器件封装的放置板层。

5）“Nets to Ignore”（忽略网络）设计规则，该规则用于设置自动布局时忽略的网络。

6）“Height”（高度）设计规则，该规则用于设置在电路板上放置组件的高度。

10.1.11　信号完整性分析

如今的 PCB 设计日趋复杂，高频时钟和快速开关逻辑意味着 PCB 设计已不只是放置元器件和布线。网络阻抗、传输延迟、信号质量、反射、串扰和 EMC(电磁兼容)是每个设计者必须考虑的因素，因而进行制板前的信号完整性分析(Signal Integrity)更加重要。

Protel 中包含了许多信号完整性分析规则，这些规则用于在 PCB 设计中检测一些潜在的信号完整性问题。信号完整性分析是基于布好线的 PCB 进行的，图 10-4 所示是一块已经制好的 Z80 系统 PCB 图。

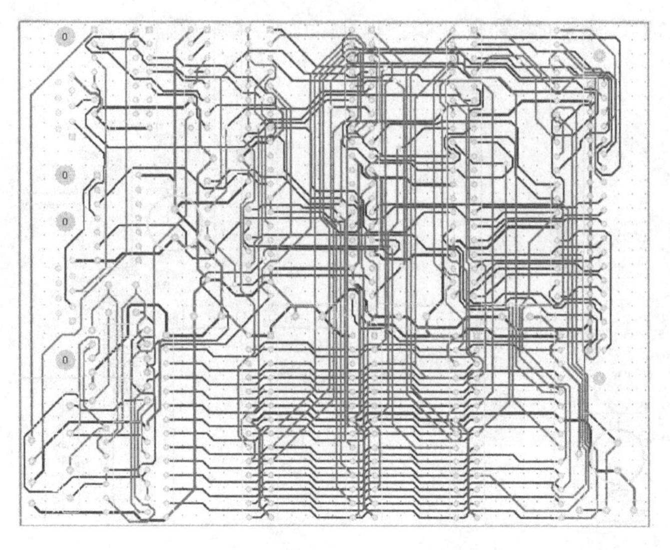

图 10-4　Z80 系统 PCB 图

执行菜单命令“Design\Rules”，系统将弹出图 10-5 所示的 PCB 规则设置对话框。

在该对话框的“Signal Integrity”选项中，设计者可以选择信号完整性分析的规则，并对所选择的规则进行设置。

在系统默认状态下，信号完整性分析规则没有定义。当需要进行信号完整性分析时，可以选中“Signal Integrity”选项中某一项，单击鼠标右键选择快捷菜单中的“New Rule”命令，即可建立一个新的分析规则。然后双击建立的分析规则即可进入规则设置对话框。

Protel 2004 信号完整性分析主要包括如下 13 条信号分析规则：

1. “Signal Stimulus”规则

“Signal Stimulus”规则用于设置电路分析的激励信号特性。选择此规则后，“Signal Stimulus”规则设置对话框如图 10-6 所示。通过该对话框，设计者可以定义所使用的激励源的特性，在规则约束特性单元中，有五项需要设置：

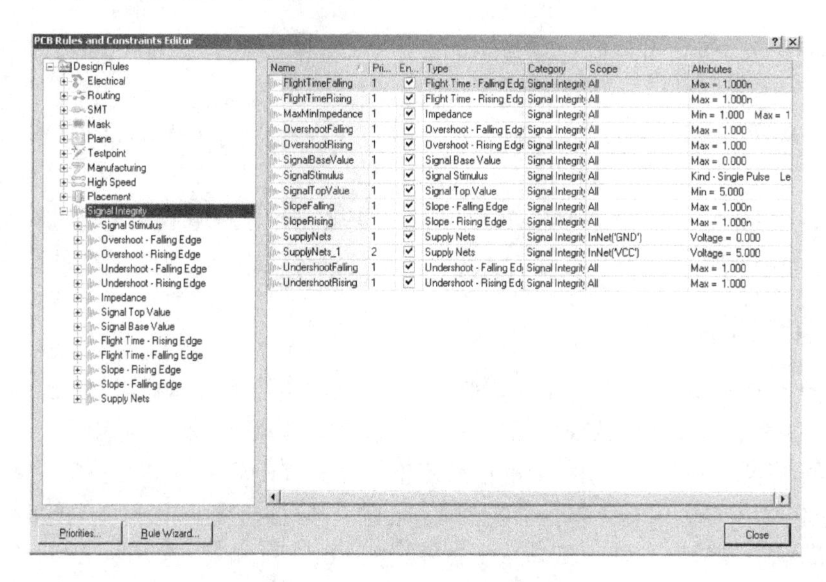

图 10-5　PCB 规则设置对话框

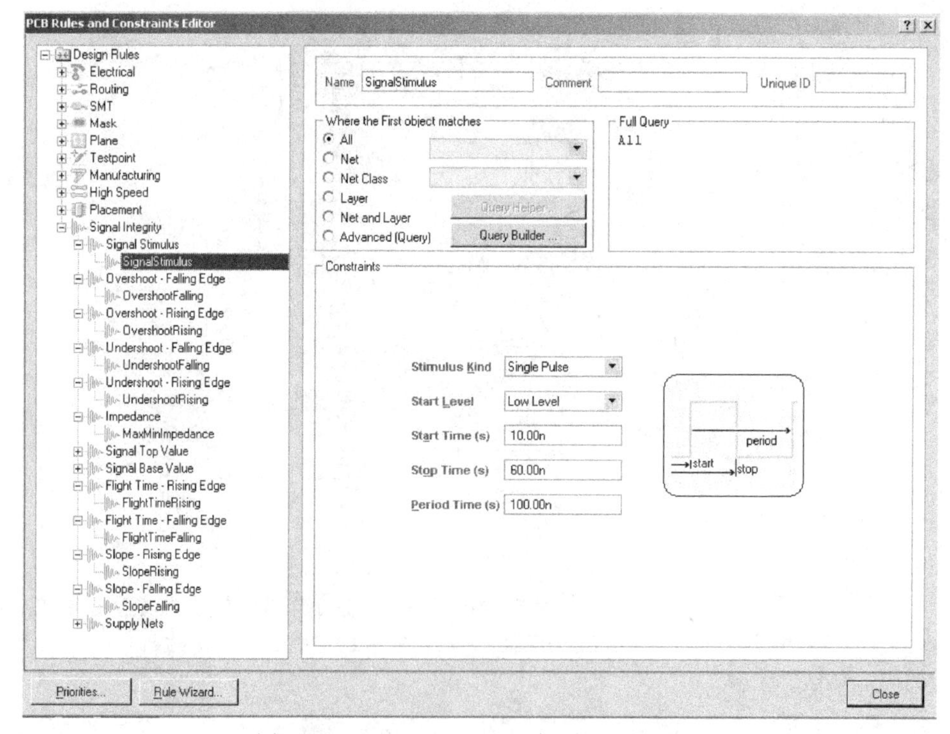

图 10-6　“Signal Stimulus”规则设置对话框

1）“Stimulus Kind”栏：设置信号的种类。通过右边的下拉式按钮，有三种种类可选择，即直流电信号(Constant Level)、单脉冲信号(Single Pulse)和周期脉冲信号(Periodic Pulse)。

2）“Start Level”栏：设置信号的初始状态。通过右边的下拉式按钮，有两种状态可选择，即低电平(Low Level)和高电平(High Level)。

3）“Start Time(s)”栏：设置信号开始时间。

4）“Stop Time(s)” 栏：设置信号停止时间。

5）“Period Time(s)” 栏：设置信号的周期。

2. “Overshoot-Falling Edge” 规则

“Overshoot-Falling Edge” 规则用于设置信号下降沿允许的最大过冲值。

3. “Overshoot-Rising Edge” 规则

该规则定义信号上升沿(Overshoot-Rising Edge)允许的最大过冲值。

4. “Undershoot-Falling Edge” 规则

“Undershoot-Falling Edge” 规则用于设置信号下降沿所允许最大下冲值。

5. “Undershoot-Rising Edge” 规则

“Undershoot-Rising Edge” 规则用于设置信号上升沿所允许的最大下冲值。

6. “Impedance” 规则

“Impedance” 规则用于设置所允许的电阻的最大值(Maximum)和最小值(Minimum)。

7. “Signal Top Value” 规则

“Signal Top Value” (信号高电平)规则用于设置信号在高电平状态时的电压值。

8. “Signal Base Value” 规则

“Signal Base Value” 规则用于设置信号电压基值。

9. “Flight Time-Rising Edge” 规则

“Flight Time-Rising Edge” 规则用于设置信号上升沿的最大允许飞升时间。

10. “Flight Time-Falling Edge” 规则

“Flight Time-Falling Edge” 规则用于设置信号下降沿的最大允许飞升时间。

11. “Slope-Rising Edge” 规则

“Slope-Rising Edge” (上升边沿斜率)规则用于设置信号从门限电压上升到一有效高电平的最大延迟时间。

12. “Slope-Falling Edge” 规则

“Slope-Falling Edge” (下降边沿斜率)规则用于设置信号从门限电压下降到一有效低电平的最大延迟时间。

13. “Supply Nets” 规则

“Supply Nets” (电源网络)规则用于电路板中电源网络的电压值。

10.2　设计规则向导

设计规则的设置也可以通过 Protel 2004 提供的设计规则向导轻松地完成，这是 Protel 2004 新增加的功能。设计规则向导操作步骤如下：

1）执行主菜单命令“Design\Rule Wizard...”，启动设计规则向导，如图 10-7 所示。

2）单击 Next > 按钮，系统弹出选择规则类型对话框，如图 10-8 所示。在“Name”栏中输入规则的名称；“Comment”栏中输入规则的特性描述；并在对话框下部分选择需要设置的规则类型。

3）单击 Next > 按钮，系统将弹出规则适用范围设置对话框，如图 10-9 所示。用鼠标左键选择规则使用的范围，比如选择“A Few Nets”项。

图 10-7　启动设计规则向导

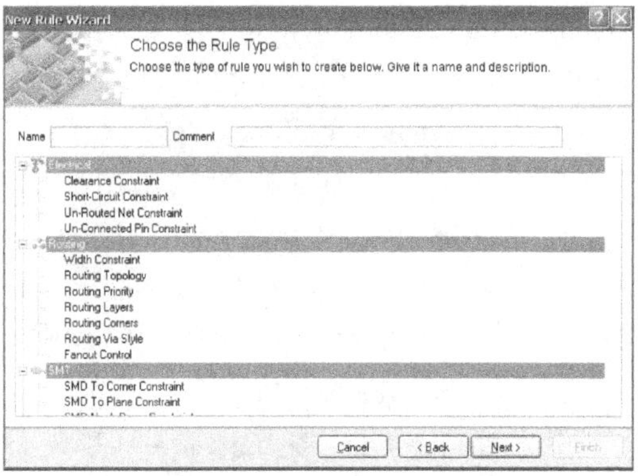

图 10-8　选择规则类型对话框

4）单击 Next > 按钮，进入使用范围高级设置对话框，如图 10-10 所示。单击“Condition Type/Operator”和“Condition Value”可设置规则的范围和条件，单击“Add another condition”可增加约束条件。

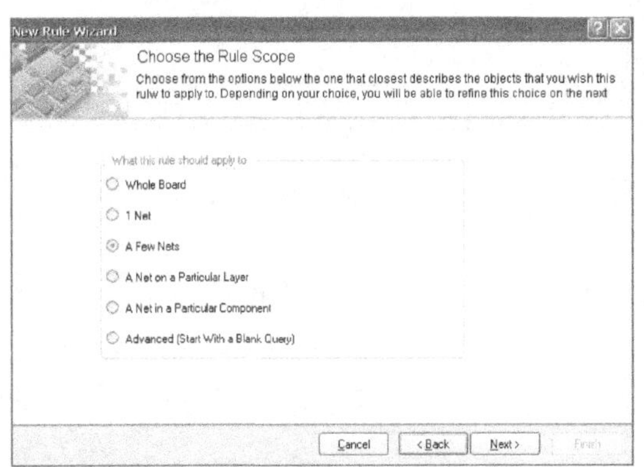

图 10-9　规则适用范围设置对话框

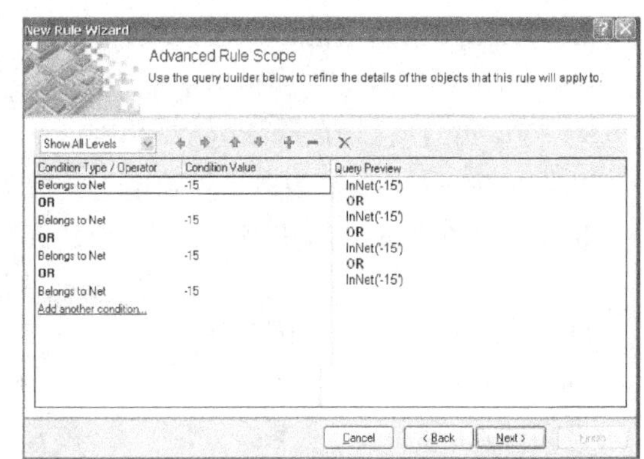

图 10-10　使用范围高级设置对话框

5）完成设置后，单击 Next > 按钮，系统将弹出优先权设置对话框，如图 10-11 所示。单击 Decrease Priority 和 Increase Priority 按钮可调整个规则之间的优先权。

6）单击 Next > 按钮，系统将弹出完成规则设置对话框，如图 10-12 所示。单击 Finish 按钮，系统将弹出规则设置对话框，关闭该对话框即可将规则设置保存。

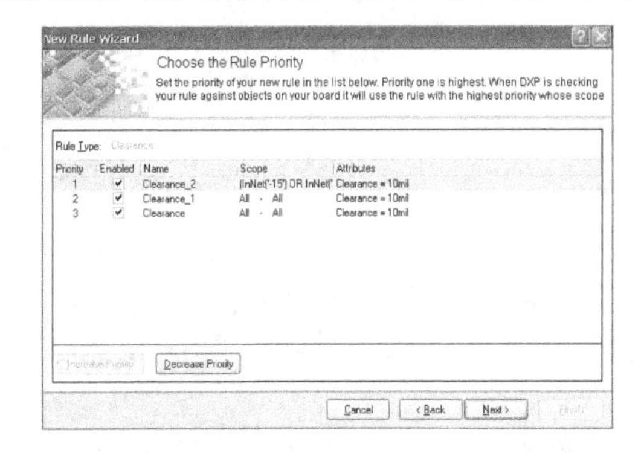

图 10-11　优先权设置对话框

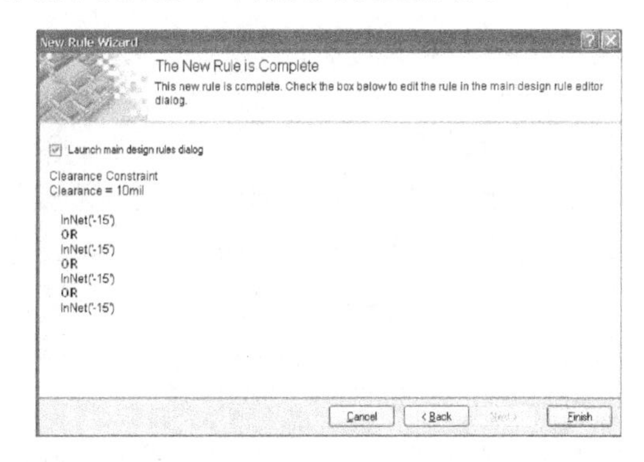

图 10-12　完成规则设置对话框

10.3　设计规则检查

设计者设置了 PCB 的设计规则，就可以在 PCB 的设计过程中和设计完成后，运行设计规则检查(Design Rule Check，DRC)，以确认是否满足设计规则。DRC 可以测试各种违反设计规则的情况，比如安全错误、未走线网络、宽度错误、长度错误、影响制造和信号完整性的错误。

若想运行 DRC，可以执行 Tools\Design Rule Check... 命令，系统将弹出图 10-13 所示的“Design Rule Check” 对话框，在此对话框中即可运行 DRC。

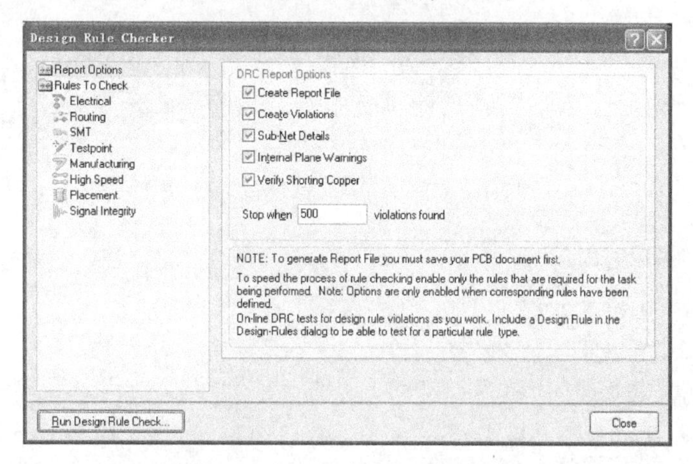

图 10-13　“Design Rule Check” 对话框

下面介绍“Design Rule Check” 对话框的相关内容：

(1) “Report Options” (报告选项)　在该项中可以设定需要检查的规则选项，这些规则选项已经在右边的“DRC Report Options” 栏中显示，具体包括以下几项。

1) “Create Report File” (创建报告文件)复选框：选择该复选框，则可以在检查设计规则时创建报告文件。

2) “Create Violations” (创建违反规则的报告)复选框：选择该复选框，则在检查设计规则时，如果有违反设计规则的情况，将会产生详细报告。

3) “Sub-Net Details” (子网络详细情况)复选框：如果定义了“Un-Routed Net” (未连接网络)规则，则选择该复选框可以在设计规则检查报告中包括子网络详细情况。

4) “Internal Plane Warnings” (内层警告)复选框：选中该复选框，则在设计规则检查报告中将包括内层的警告。

5) “Verify Shorting Copper” (验证短路敷铜)复选框：检查是否在元器件中存在没有连接的敷铜。

(2) “Rules to Check” (需要检查的规则)　该项用于设置是在线方法进行设计规则检查还是在运行设计规则检查时一并检查。在左边的区域中列出了要检查的规则项目，右边的区域用于设置“Online” 和“Batch”，如图 10-14 所示。

(3) 启动 DRC　设计好后，单击 Run Design Rule Check... 按钮，就可以启动 DRC，生成规则检查报告“ *. DRC”，如图 10-15 所示。

如果电路板上有违反设计规则的则以高亮绿色显示，同时在信息框中给出违反规则的类

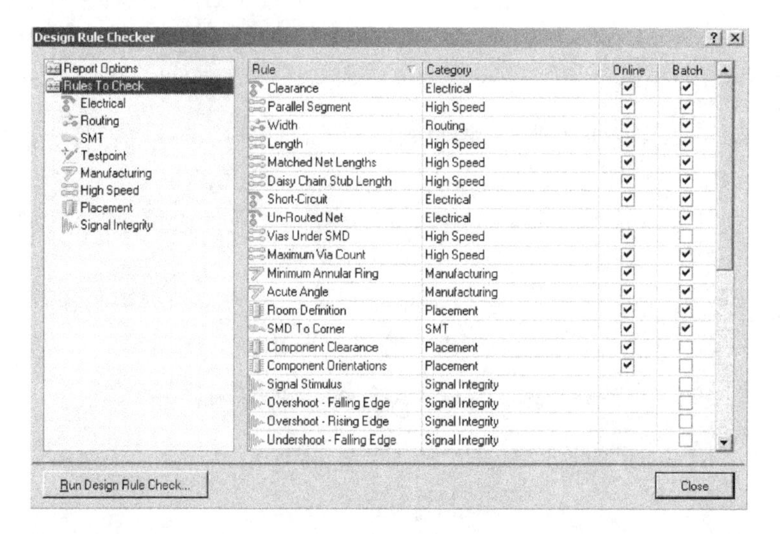

图 10-14　“Rules to Check”设置对话框

```
ZDQ.PCBDOC *   ZDQ 2006-3-7 9-39-38.WAS   ZDQ.DRC
Protel Design System Design Rule Check
PCB File : \Protel2004应用\ZDQ.PCBDOC
Date     : 2006-3-7
Time     : 10:35:30

Processing Rule : Hole Size Constraint (Min=1mil) (Max=100mil) (All)
Rule Violations :0

Processing Rule : Height Constraint (Min=0mil) (Max=1000mil) (Prefered=500mil) (All)
Rule Violations :0

Processing Rule : Width Constraint (Min=10mil) (Max=10mil) (Preferred=10mil) (All)
Rule Violations :0

Processing Rule : Clearance Constraint (Gap=10mil) (All),(All)
Rule Violations :0

Processing Rule : Broken-Net Constraint ( (All) )
Rule Violations :0

Processing Rule : Short-Circuit Constraint (Allowed=No) (All),(All)
Rule Violations :0


Violations Detected : 0
Time Elapsed        : 00:00:00
```

图 10-15　规则检查报告

型，如果要清除绿色的错误标记，执行菜单命令“Tools\Reset Error Marker”即可。

10.4　PCB 报表

Protel 2004 对设计的项目或文档具有生成各种报表和文件的功能，为设计者提供有关设计过程及设计内容的详细资料，这些资料包括用于制造和生产 PCB 的文件组合底片(Gerber)文件、数控钻(NC drill)文件、插置(pick and place)文件、材料报表等。本章仍然以振荡器与积分器电路板图“ZDQ. PCBDOC”为例，介绍 PCB 报表的生成和制造生产文件的输出。

10.4.1　生成印制电路板信息报表

如果设计者要了解印制电路板的详细信息，如印制电路板图的大小、图件数目、元器件个数、网络的情况等信息，就可以通过建立印制电路板信息报告取得这些信息。

执行菜单命令“Reports\Board Information...”，可生成印制电路板信息报告，此命令可打开印制电路板信息对话框，如图 10-16 所示。这个对话框共有三个选项卡，分别是 General、Components、Nets，各选项卡介绍如下。

1）“General”选项卡：说明了该印制电路板图的大小、印制电路板图中各种图件的数量、钻孔数目以及有无违反设计规则等。

2）“Components”选项卡：该选项卡如图 10-17 所示，显示了印制电路板图中有关元器件的信息，其中，“Total”栏说明电路板图中元器件的个数，“Top”和“Bottom”栏分别说明印制电路板顶层和底层元器件的个数。下方的方框中列出了印制电路板中所有的元器件。

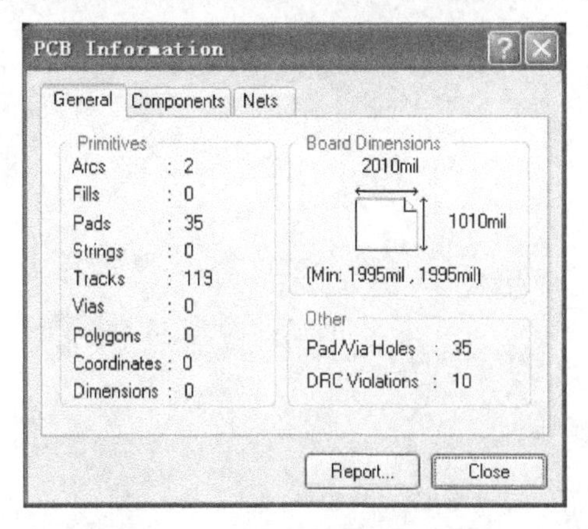

图 10-16 印制电路板信息对话框

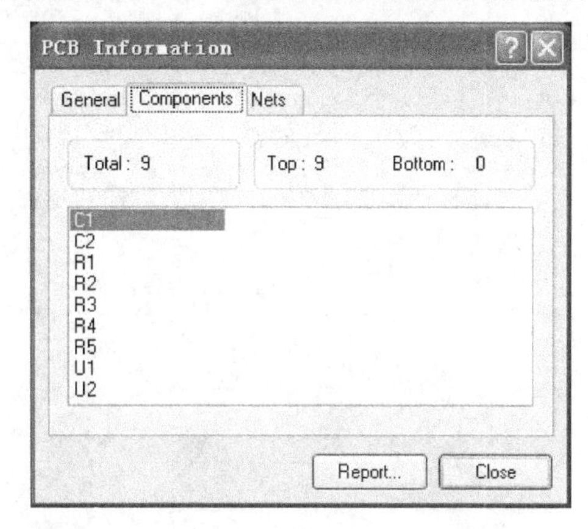

图 10-17 “Components”选项卡

3）“Nets”选项卡：该选项卡如图 10-18 所示，列出了印制电路板图中所有的网络名称，其中的“Loaded”栏说明了网络的总数。

如果需要查看印制电路板电源层的信息，可以单击“Pwr/Gnd...”按钮。

如果设计者要生成一个报告，单击任何一个选项卡中的“Report...”按钮，系统会产生印制电路板信息报表设置对话框，如图 10-19 所示。

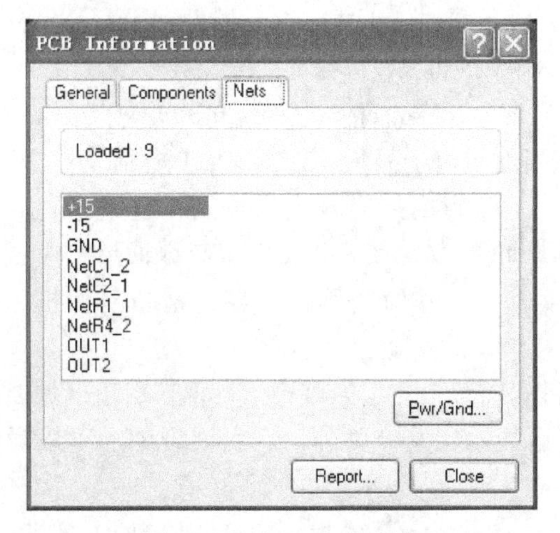

图 10-18 “Nets”选项卡

图 10-19 印制电路板信息报表设置对话框

若选中图 10-19 中的所有选项，并单击对话框下面的“Report”按钮，系统会生成印制电路板信息报告文件(“ *. REP”文件)，如图 10-20 所示。

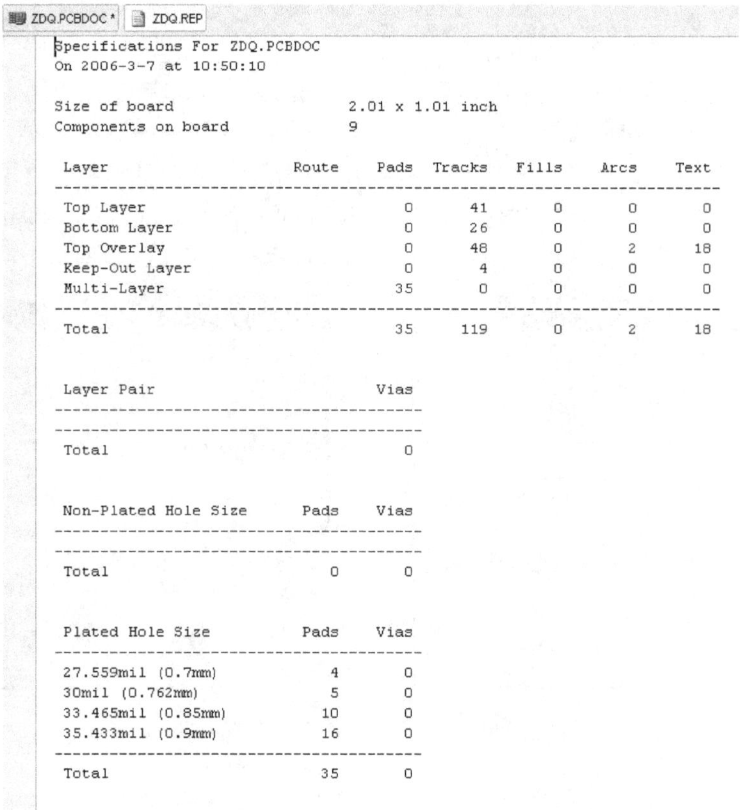

```
ZDQ.PCBDOC *   ZDQ.REP

Specifications For ZDQ.PCBDOC
On 2006-3-7 at 10:50:10

Size of board                      2.01 x 1.01 inch
Components on board                9

 Layer                      Route    Pads  Tracks   Fills    Arcs    Text
 -------------------------------------------------------------------------
 Top Layer                              0      41       0       0       0
 Bottom Layer                           0      26       0       0       0
 Top Overlay                            0      48       0       2      18
 Keep-Out Layer                         0       4       0       0       0
 Multi-Layer                           35       0       0       0       0
 -------------------------------------------------------------------------
 Total                                 35     119       0       2      18


 Layer Pair                          Vias
 ----------------------------------------
 ----------------------------------------
 Total                                  0


 Non-Plated Hole Size       Pads     Vias
 ----------------------------------------
 ----------------------------------------
 Total                         0        0


 Plated Hole Size           Pads     Vias
 ----------------------------------------
 27.559mil (0.7mm)             4        0
 30mil (0.762mm)               5        0
 33.465mil (0.85mm)           10        0
 35.433mil (0.9mm)            16        0
 ----------------------------------------
 Total                        35        0
```

图 10-20　印制电路板信息报告文件

10.4.2　生成元器件清单报表

元器件清单可以用来整理一个电路或项目中的元器件，生成一个元器件列表，给设计者提供材料信息。Protel 2004 提供两种生成元器件清单的方法。

(1) 由项目管理生成元器件清单　执行菜单命令“Project\Add New to Project\Output Job File”，系统生成一个“ *. OutJob”文件，并在当前窗口中显示，如图 10-21 所示。

图 10-21 中将输出内容按类别分为五个单元，项目的所有输出都可以在这里设置并输出。双击“Report Outputs”单元的“Bill of Materials”项，或者在文件编辑界面单击右键并选择右键快捷菜单中“Run Output Generate...”命令，系统将弹出元器件清单对话框，如图 10-22所示。

在对话框的右边区域显示元器件清单的项目和内容，左边区域用于设置在右边区域要显示的项目，在“Show”列中打勾的项目将在右边显示出来。另外，在对话框中还可以设置文件输出的格式或模板等。

设置完成后，单击 Close 按钮，显示“Bill of Materials”的报告预览，如图 10-23 所示。

单击“Print...”按钮即可启动打印机打印元器件清单，或者单击“Export...”按钮，

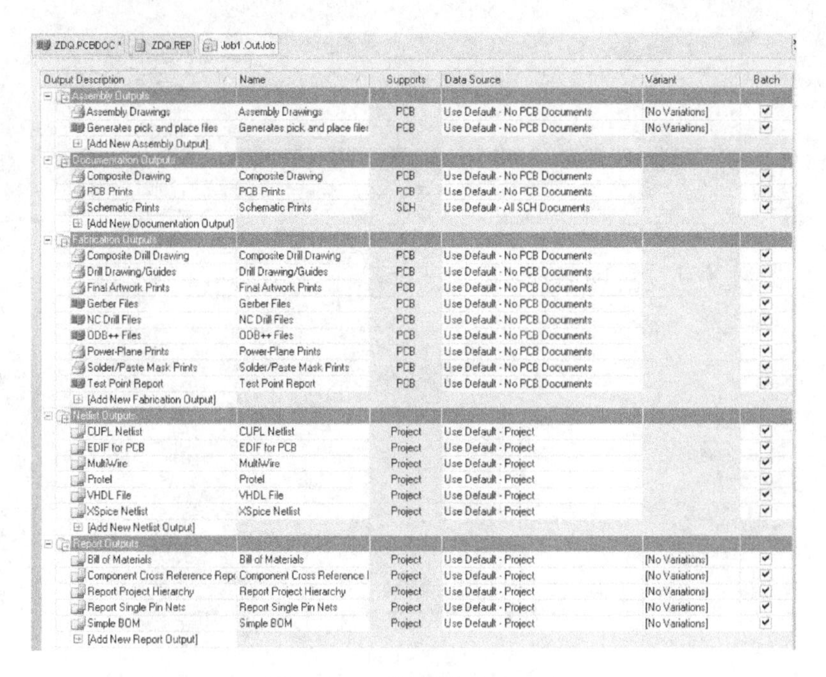

图 10-21　项目输出管理文件

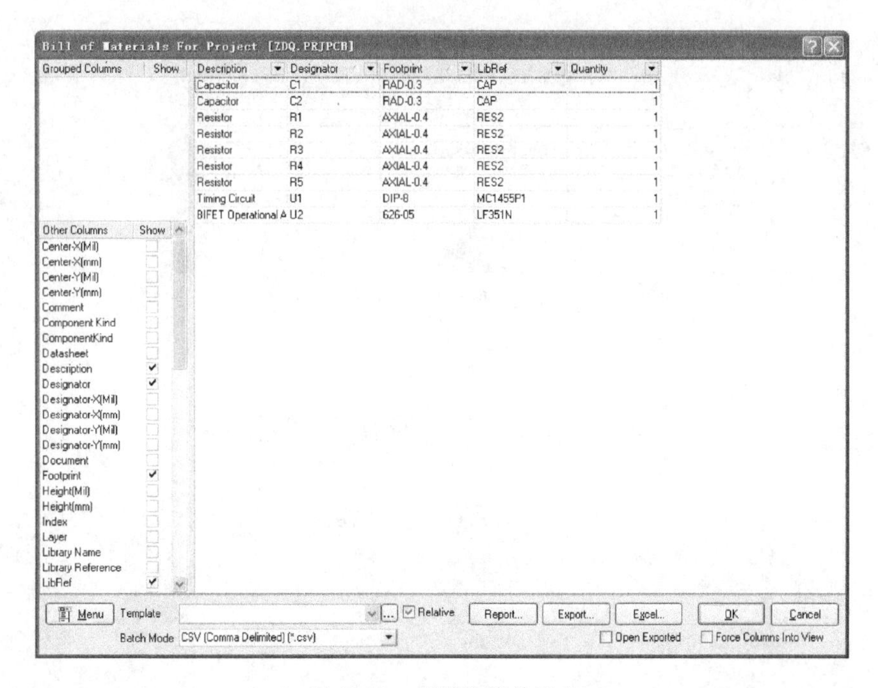

图 10-22　元器件清单报表

将“Bill of Materials”导出为一个其他的文件格式，如 Microsoft Excel 的“. xls”等。

（2）由“Report”菜单生成元器件清单

1）执行菜单命令“Reports\Bill Of Materials”，或者执行菜单命令“Reports\Project Reports\Bill Of Materials”，系统将弹出图 10-22 所示的对话框。清单项目设置和打印等与上述

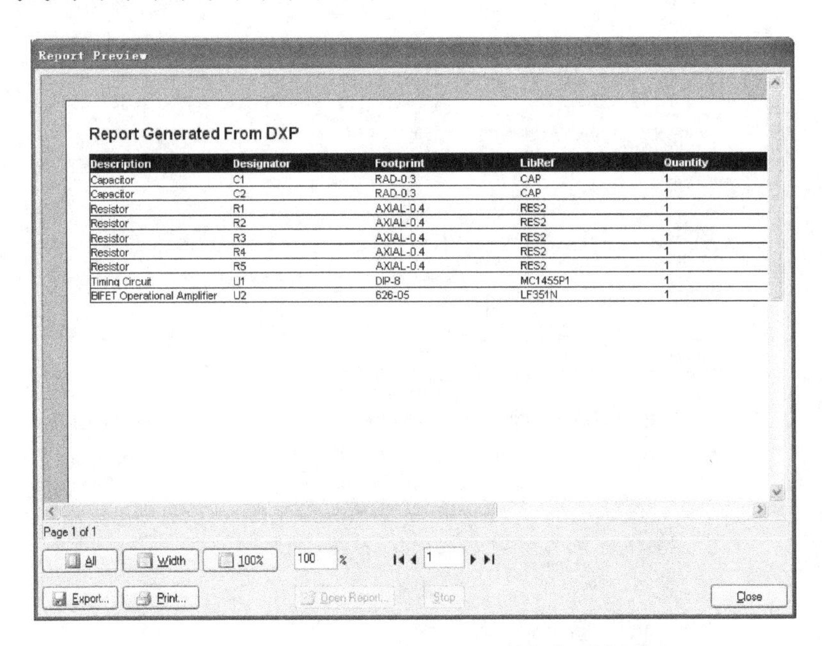

Report Generated From DXP

Description	Designator	Footprint	LibRef	Quantity
Capacitor	C1	RAD-0.3	CAP	1
Capacitor	C2	RAD-0.3	CAP	1
Resistor	R1	AXIAL-0.4	RES2	1
Resistor	R2	AXIAL-0.4	RES2	1
Resistor	R3	AXIAL-0.4	RES2	1
Resistor	R4	AXIAL-0.4	RES2	1
Resistor	R5	AXIAL-0.4	RES2	1
Timing Circuit	U1	DIP-8	MC1455P1	1
BIFET Operational Amplifier	U2	626-05	LF351N	1

图 10-23　“Bill of Materials” 的报告预览

方法相同，这里不再重复。

2）执行菜单命令 “Reports\Simple BOM”，系统同时生成文件格式为 “ *.BOM” 和 “ *.CSV” 的简易元器件清单，分别如图 10-24 和图 10-25 所示。

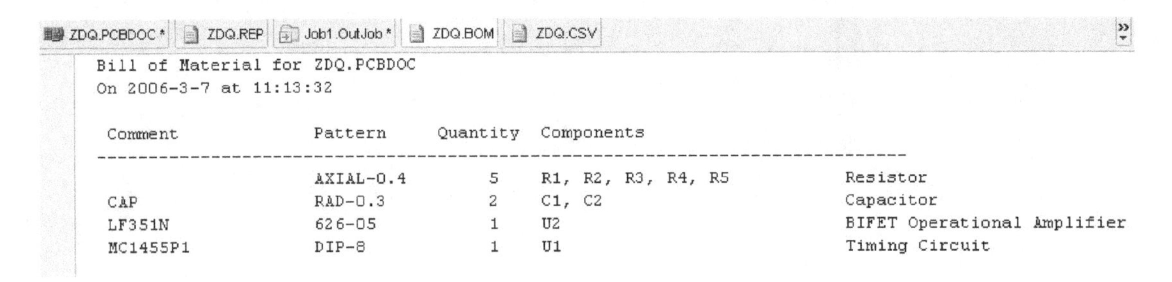

```
Bill of Material for ZDQ.PCBDOC
On 2006-3-7 at 11:13:32

 Comment              Pattern      Quantity  Components
--------------------------------------------------------------------------------
                      AXIAL-0.4         5    R1, R2, R3, R4, R5          Resistor
 CAP                  RAD-0.3           2    C1, C2                      Capacitor
 LF351N               626-05            1    U2                          BIFET Operational Amplifier
 MC1455P1             DIP-8             1    U1                          Timing Circuit
```

图 10-24　文件格式为 “ *.BOM” 的元器件清单

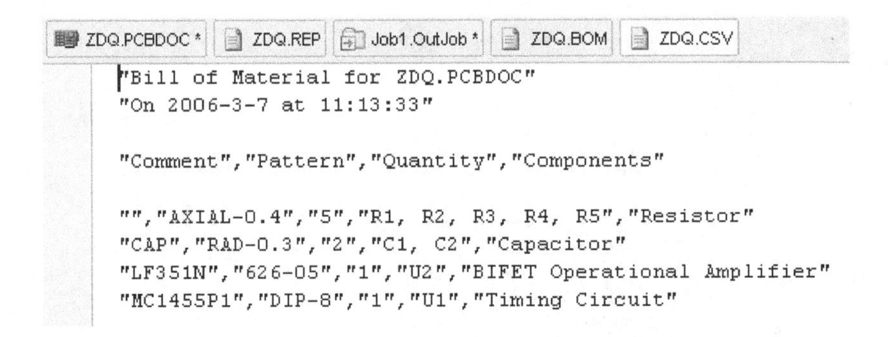

```
"Bill of Material for ZDQ.PCBDOC"
"On 2006-3-7 at 11:13:33"

"Comment","Pattern","Quantity","Components"

"","AXIAL-0.4","5","R1, R2, R3, R4, R5","Resistor"
"CAP","RAD-0.3","2","C1, C2","Capacitor"
"LF351N","626-05","1","U2","BIFET Operational Amplifier"
"MC1455P1","DIP-8","1","U1","Timing Circuit"
```

图 10-25　文件格式为 “ *.CSV” 的元器件清单

10.4.3　生成元器件交叉参考表

元器件交叉参考表主要列出项目中各个元器件的编号、名称以及所在的电路图等。

执行菜单命令“Project \ Add New to Project \ Output Job File”，系统生成一个“*.OutJob”文件，如图 10-21 所示。用鼠标左键双击“Report Outputs”单元的“Component Cross Reference Report”项，或者在单击右键菜单中选择“Run Output Generate...”命令，系统弹出元器件交叉参考表设置对话框，如图 10-26 所示。

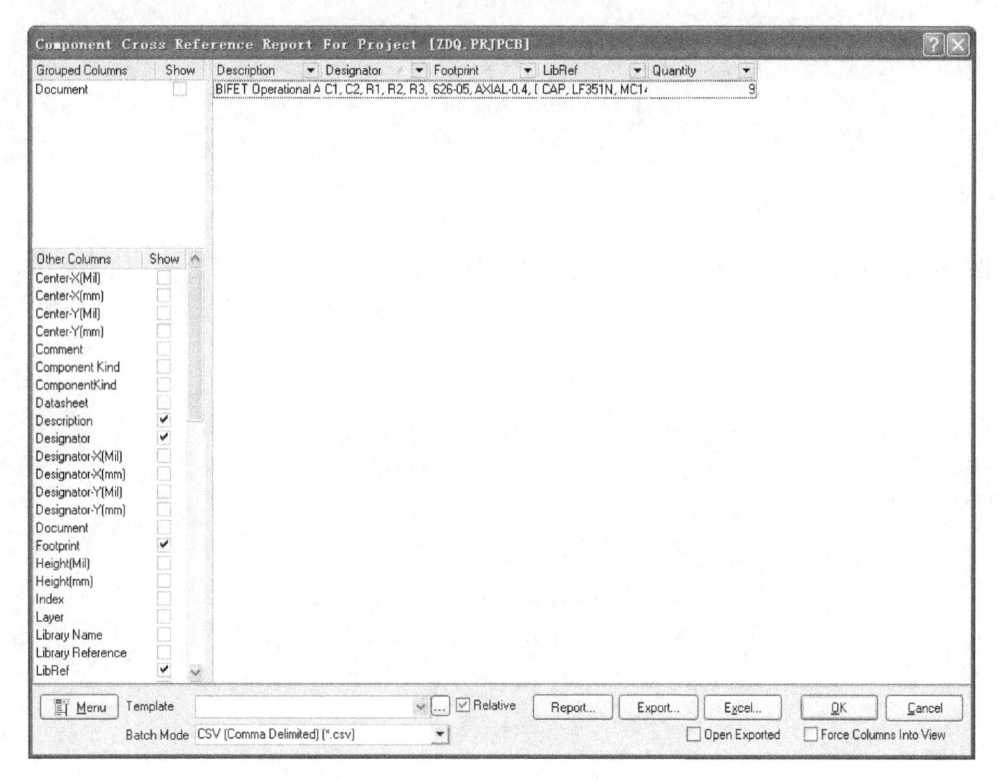

图 10-26　元器件交叉参考表设置对话框

也可以执行菜单命令“Reports\Project Reports\Component Cross Reference”，启动如图 10-26所示的对话框。

其他的操作请参考“生成元器件清单报表”的操作方法，这里不再重复。

10.4.4　生成项目文件层次报表

执行菜单命令“Project\Add New to Project\Output Job File”，系统将生成一个“*.OutJob”文件，如图 10-21 所示。双击“Report Outputs”单元的“Report Project Hierarchy”项，或者在文件编辑平面单击右键并选择右键快捷菜单中“Run Output Generate...”命令，系统将生成项目文件层次报表，如图 10-27 所示。也可以执行菜单命令“Reports\Project Reports\Report Project Hierarchy”，生成图 10-27 所示的项目文件层次报表。

生成的报表以“*.rep”为文件名自动保存在“Job Files”文件夹中。图 10-27 所示为以 Protel 2004 自带例子中的“Z80 Routed.PcbDoc”为例生成的项目文件层次报表。

```
Z80 - routed.pcbdoc | Z80 Processor (stages).REP
----------------------------------------------------------------
Design Hierarchy Report for Z80 Processor (stages).PRJPCB
-- 2004-1-31
-- 21:48:57
----------------------------------------------------------------

Z80 Processor                  SCH        (Z80 Processor.SchDoc)
    CPU Clock                  SCH        (CPU Clock.SchDoc)
    CPU Section                SCH        (CPU Section.SchDoc)
    Memory                     SCH        (Memory.SchDoc)
    Power Supply               SCH        (Power Supply.SchDoc)
    Programmable Peripheral InterfaceSCH         (Programmable Peripheral Interface.SchI
    Serial Interface           SCH        (Serial Interface.SchDoc)
        BAUDCLK                SCH        (Serial Baud Clock.SchDoc)
```

图 10-27　项目文件层次报表

10.4.5　生成网络状态表

网络状态表列出印制电路板中每一条网络的长度。

执行菜单命令“Reports\Netlist Status”，系统将生成报表文件“ *. rep”，如图 10-28 所示。

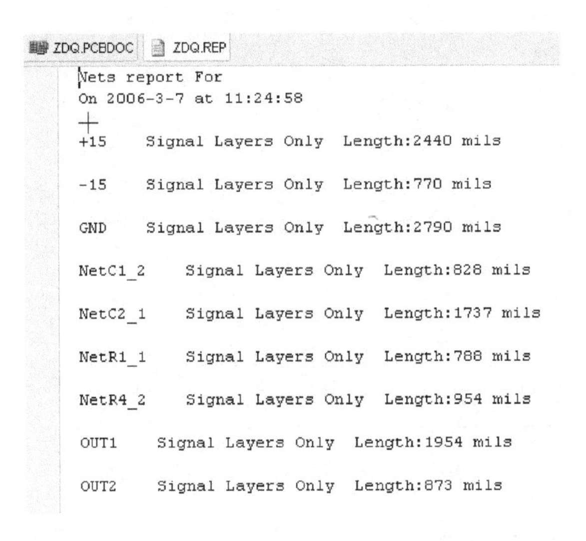

```
ZDQ.PCBDOC | ZDQ.REP
Nets report For
On 2006-3-7 at 11:24:58

+15      Signal Layers Only  Length:2440 mils

-15      Signal Layers Only  Length:770 mils

GND      Signal Layers Only  Length:2790 mils

NetC1_2     Signal Layers Only  Length:828 mils

NetC2_1     Signal Layers Only  Length:1737 mils

NetR1_1     Signal Layers Only  Length:788 mils

NetR4_2     Signal Layers Only  Length:954 mils

OUT1     Signal Layers Only  Length:1954 mils

OUT2     Signal Layers Only  Length:873 mils
```

图 10-28　生成网络状态表

10.4.6　生成网络表

在原理图设计时，可以生成网络表以供 PCB 引入或使用；在 PCB 设计时，也可以生成网络表，以便与原理图生成的网络表进行比较，从而发现设计的错误。

执行菜单命令“Project\Add New to Project\Output Job File”，系统将生成一个“ *. OutJob”文件，如图 10-21 所示。双击“Netlist Outputs”单元的“Protel”项，或者文件编辑平面单击右键并在右键快捷菜单中选择“Run Output Generate...”命令，系统将生成网络表“ *. NET”，并将该文件保存在项目下的“Generated\Protel Netlist Files”文件夹中，如图 10-29 所示。

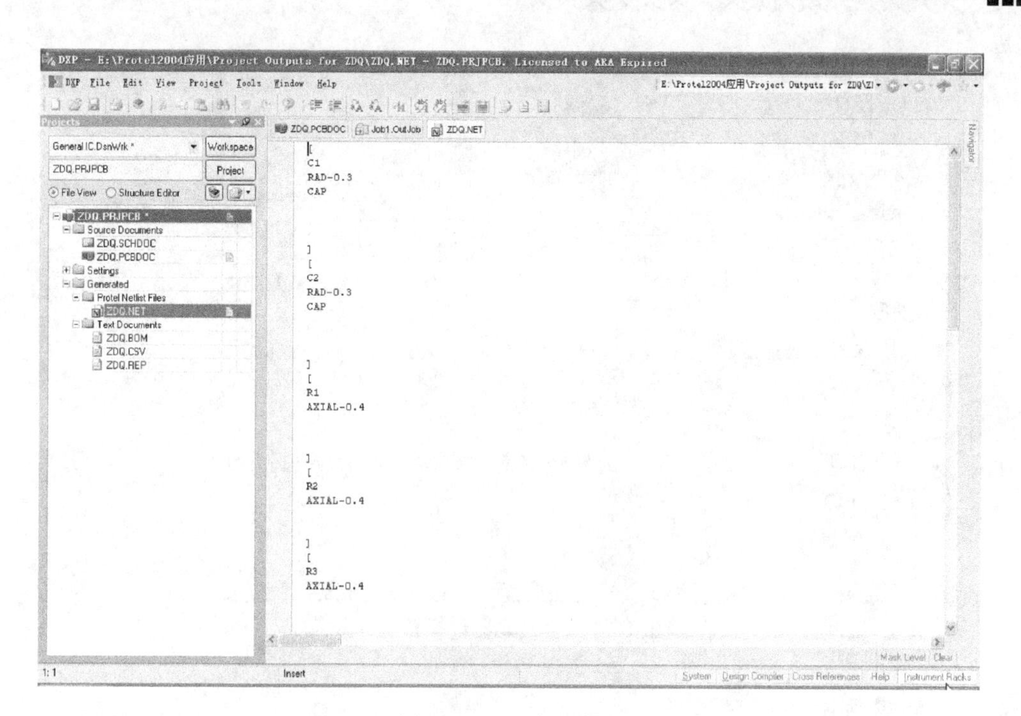

图 10-29　生成网络表

10.4.7　生成元器件插置文件

元器件插置文件是为自动插件机将元器件自动插入印制电路板所提供的信息文件。

执行菜单命令“Project \ Add New to Project \ Output Job File”，系统将生成一个“*. OutJob”文件，如图 10-21 所示。双击“Assembly Outputs”单元的“Generates pick and place files”项，或者在文件编辑平面单击右键并在右键快捷菜单中选择“Run Output Generate...”命令，系统将弹出元器件插置文件设置对话框，如图 10-30 所示。也可以通过执行菜单命令“File\Assembly Outputs\Generates pick and place files”，打开图 10-30 所示的元器件插置文件设置对话框。

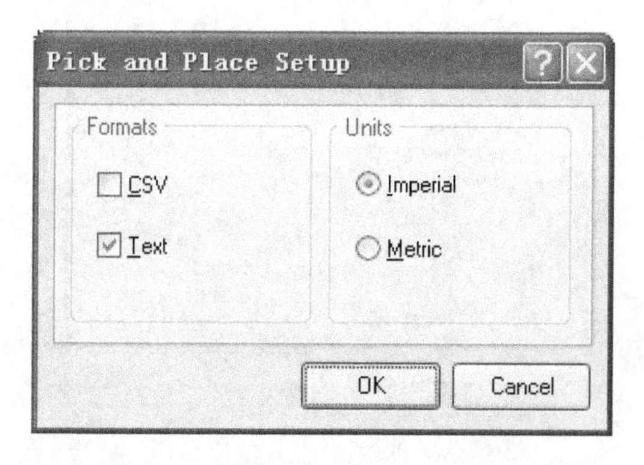

图 10-30　元器件插置文件设置对话框

该对话框要求设置输出文件的格式及其度量单位。设置完毕，单击“OK”按钮，自动生成一个“. TXT”文件。图 10-31 所示是生成的“Pick Place for ZDQ. TXT”文件。

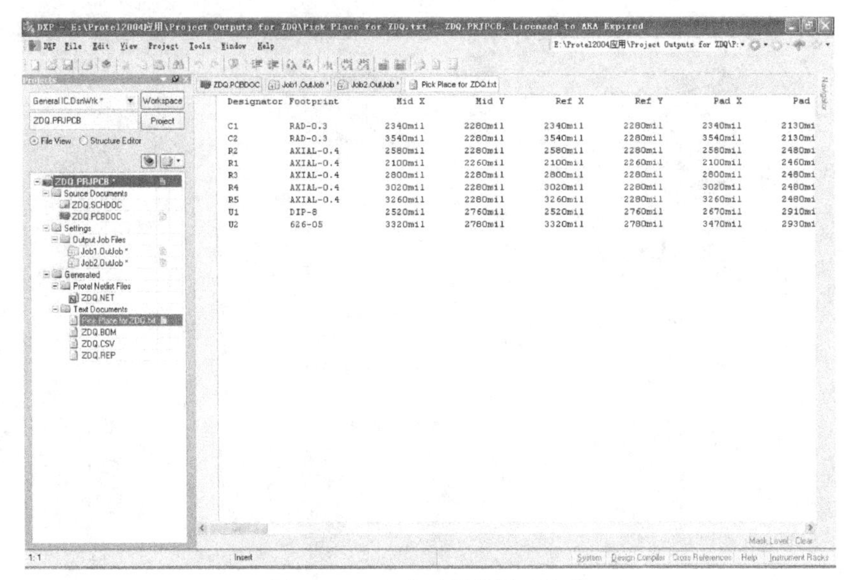

Designator	Footprint	Mid X	Mid Y	Ref X	Ref Y	Pad X	Pad
C1	RAD-0.3	2340mil	2280mil	2340mil	2280mil	2340mil	2130mi
C2	RAD-0.3	3540mil	2280mil	3540mil	2280mil	3540mil	2130mi
R2	AXIAL-0.4	2580mil	2280mil	2580mil	2280mil	2580mil	2480mi
R1	AXIAL-0.4	2100mil	2260mil	2100mil	2260mil	2100mil	2460mi
R3	AXIAL-0.4	2800mil	2280mil	2800mil	2280mil	2800mil	2480mi
R4	AXIAL-0.4	3020mil	2280mil	3020mil	2280mil	3020mil	2480mi
R5	AXIAL-0.4	3260mil	2280mil	3260mil	2280mil	3260mil	2480mi
U1	DIP-8	2520mil	2760mil	2520mil	2760mil	2670mil	2910mi
U2	626-05	3320mil	2780mil	3320mil	2780mil	3470mil	2930mi

图 10-31　生成元器件插置文件

10.4.8　生成测试点报表

执行菜单命令"Project\Add New to Project\Output Job File"，系统将生成一个"*.OutJob"文件，如图 10-21 所示。双击"Fabrication Outputs"单元的"Test Point Report"项，或者在文件编辑平面单击右键并在右键快捷菜单中选择"Run Output Generate..."命令，系统将弹出测试点报表设置对话框，如图 10-32 所示。也可以通过执行菜单命令"File\Fabrication Outputs\Test Point Report"，打开图 10-32 所示的测试点报表设置对话框。

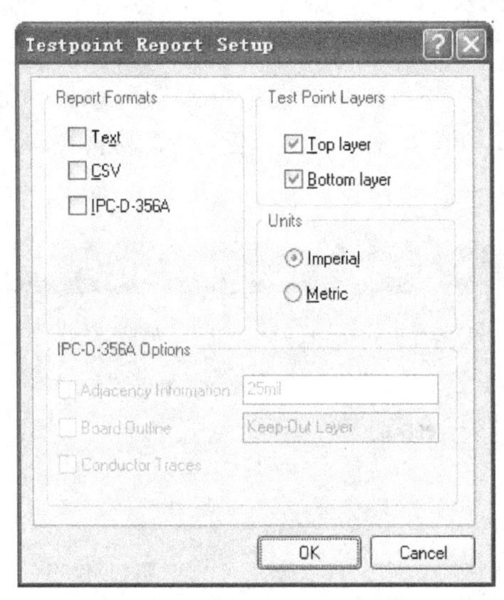

图 10-32　测试点报表设置对话框

在对话框中可以设置报表格式(Report Formats)、测试点所在的板层(Test Point Layers)和度量单位(Units)等。设置完毕，单击"OK"按钮，系统将生成测试点报表文件，如图 10-33所示。

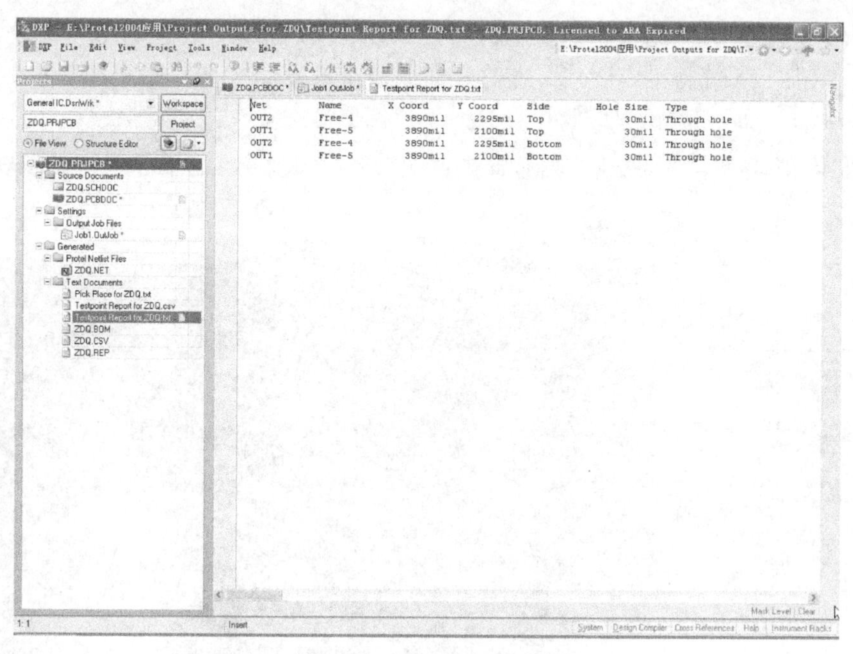

图 10-33　测试点报表文件

10.4.9　生成底片文件

执行菜单命令“Project \ Add New to Project \ Output Job File”，系统将生成一个“＊. OutJob”文件，如图 10-21 所示。双击“Fabrication Outputs”单元的“Gerber files”项，或者在文件编辑平面单击右键并在右键快捷菜单中选择“Run Output Generate...”命令，系统将弹出底片设置对话框，如图 10-34 所示。也可以通过执行菜单命令“File\Fabrication Outputs\Gerber files”，打开图 10-34 所示的底片设置对话框。

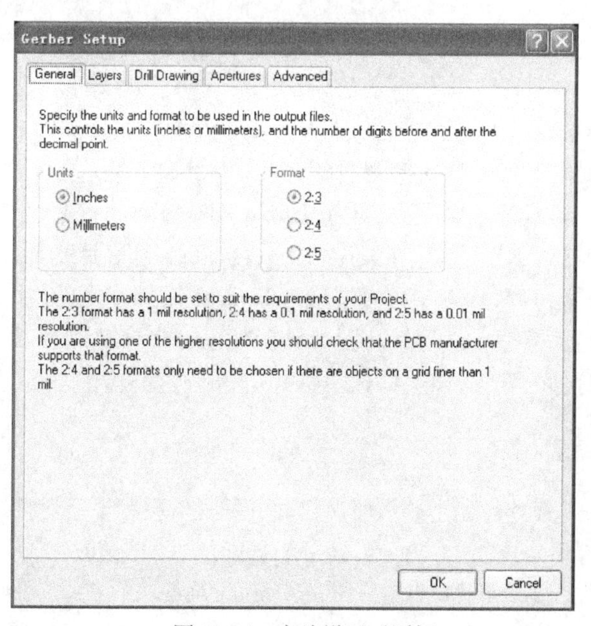

图 10-34　底片设置对话框

该对话框中有五个选项卡，用于设置底片的精度、输出板层、镜头参数等。设置结束后，单击“OK”按钮，系统将生成底片文件并自动保存在该项目自动生成的文件夹“Generated\CAMtastic1 Documents”里面，如图 10-35 所示，以图形方法显示底片图形文件。

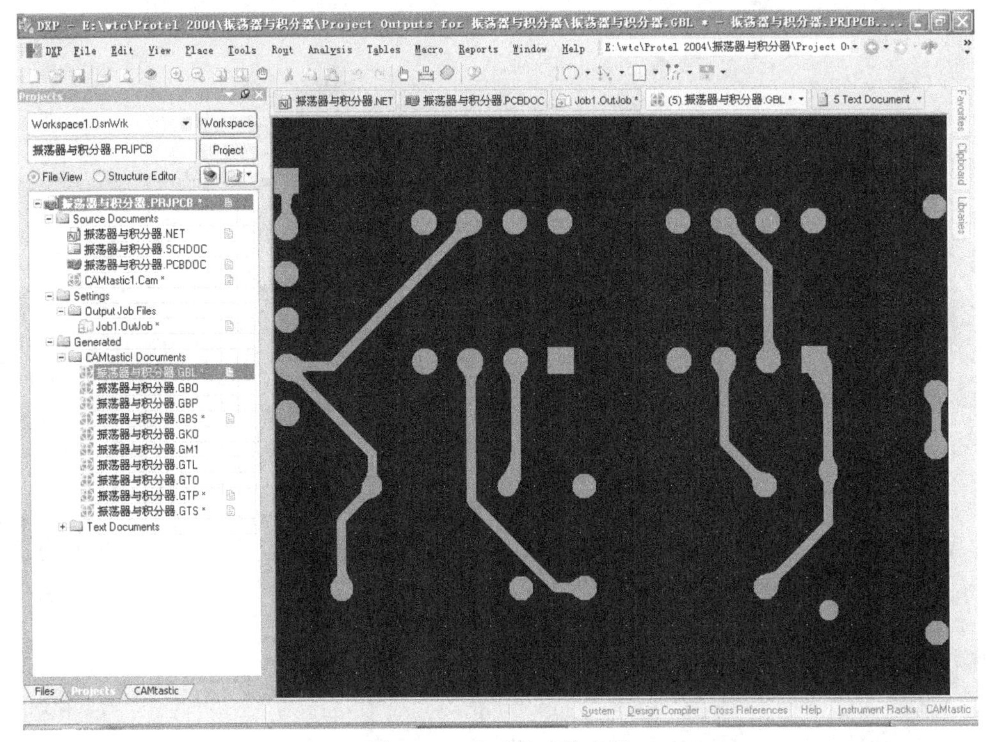

图 10-35　生成的底片文件

在图 10-35 中，生成的底片文件有以下几项。

1）振荡器与积分器 . GTL：顶层(Top)底片文件。

2）振荡器与积分器 . GBL：底层(Bottom)底片文件。

3）振荡器与积分器 . GTO：顶层覆盖层(Top Overlay)底片文件。

4）振荡器与积分器 . GBO：底层覆盖层(Bottom Overlay)底片文件。

5）振荡器与积分器 . GTP：顶层锡膏层(Top Paste Mask)底片文件。

6）振荡器与积分器 . GBP：底层锡膏层(Bottom Paste Mask)底片文件。

7）振荡器与积分器 . GKO：禁止布线层(Keep Out Layer)底片文件。

8）振荡器与积分器 . GM1：第 1 机械层(Mechanical 1)底片文件。

9）振荡器与积分器 . GBS：底层钻孔图(Drill Bottom)底片文件。

10）振荡器与积分器 . GTS：顶层钻孔图(Drill Top)底片文件。

10.4.10　生成数控钻文件

数控钻文件用于提供制作印制电路板时所需要的钻孔资料，该资料直接用于数控钻孔机。

执行菜单命令“Project\Add New to Project\Output Job File”，系统将生成一个“*.OutJob”文件，如图 10-21 所示。双击“Fabrication Outputs”单元的“NC Drill Files”项，或者在单击右键菜单中选择“Run Output Generate...”命令，系统将弹出数控钻设置对话

框，如图 10-36 所示。也可以通过执行菜单命令“File\Fabrication Outputs\NC Drill Files”，打开图 10-36 所示的数控钻设置对话框。

设计者可在对话框中设置“NC Drill”输出文件的精度和度量单位。设置完毕后，单击“OK”按钮，打开钻孔数据设置对话框，如图 10-37 所示。

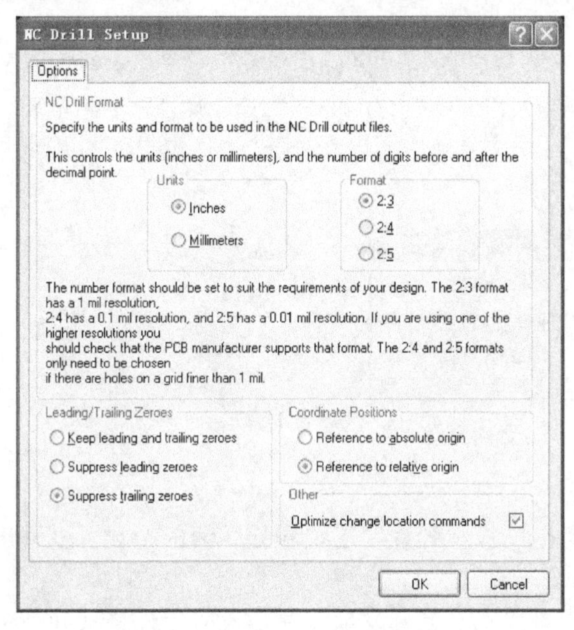

图 10-36　数控钻设置对话框

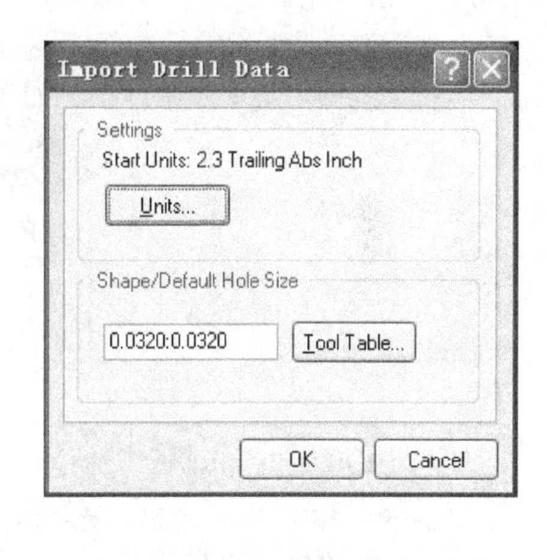

图 10-37　钻孔数据设置对话框

单击“OK”按钮即可生成扩展名为“.DRR”的钻孔文本文件和图形文件，并自动保存。图 10-38 所示的是生成的振荡器和积分器印制电路板的钻孔文件。

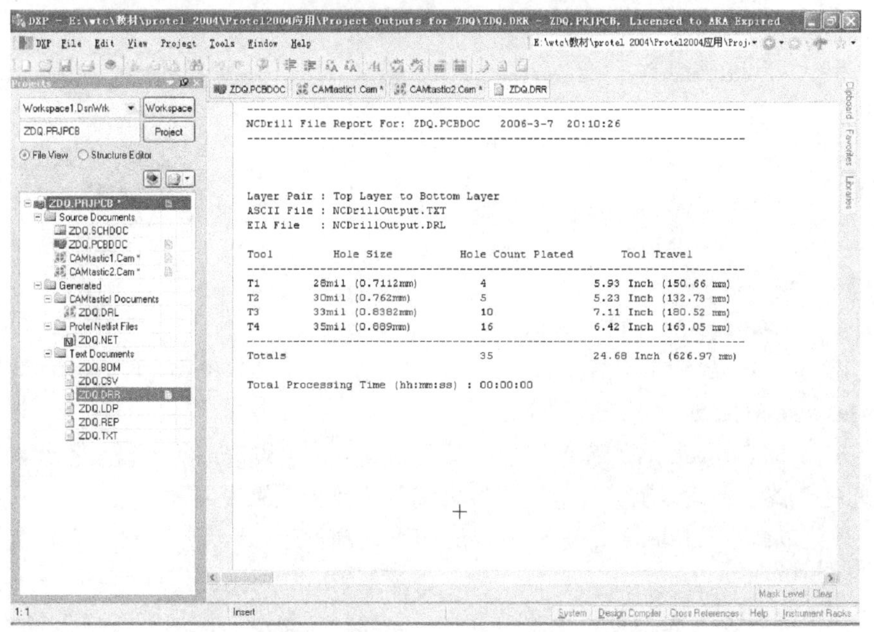

图 10-38　振荡器和积分器印制电路板的钻孔文件

10.4.11 其他报表

在 PCB 的设计中，有时还常常用到“Measure Distance”、“Measure Primitives”和“Measure Selected Objects”命令，分别介绍如下。

1. “Measure Distance”命令

“Measure Distance”命令用于测量任意两点间的距离。执行菜单命令“Reports\Measure Distance”后，光标变成十字形，将光标移动到合适位置，单击鼠标左键确定一个测量起始端点，然后移动光标到另一个测量端点上，在两个端点之间出现一条直线。单击鼠标确定测量距离，系统即可显示测量结果，如图 10-39 所示。

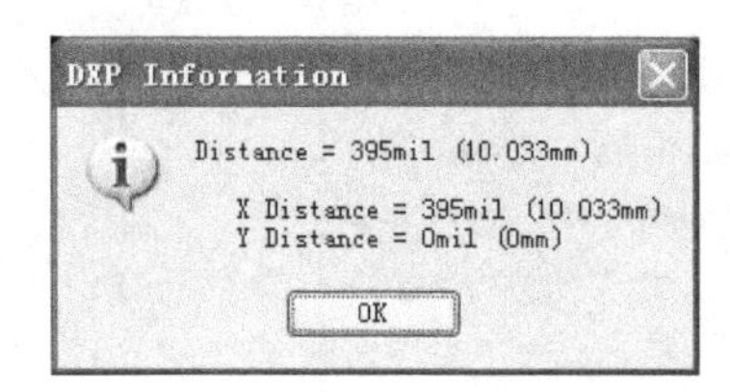

图 10-39 两点距离测量结果

2. “Measure Primitives”命令

“Measure Primitives”命令用于测量印制电路板上焊盘、连线和导孔间的距离。以测量焊盘间的距离为例来说明其用法。

执行菜单命令“Reports\Measure Primitives”后，光标变成十字形，将光标移动到一个焊盘上，将出现一个八角形，单击鼠标左键，出现图 10-40 所示的组件列表，选择第一个焊盘。此时光标又变成了十字形，按照同样的方法确定第二个焊盘，单击左键后，系统将显示出所选两个焊盘之间距离，如图 10-41 所示。

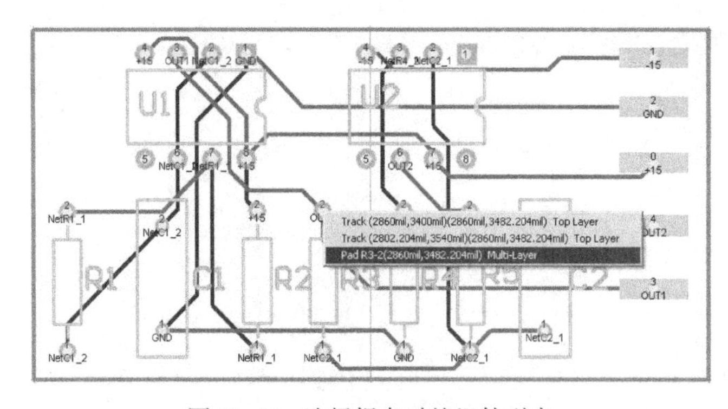

图 10-40 选择焊盘时的组件列表

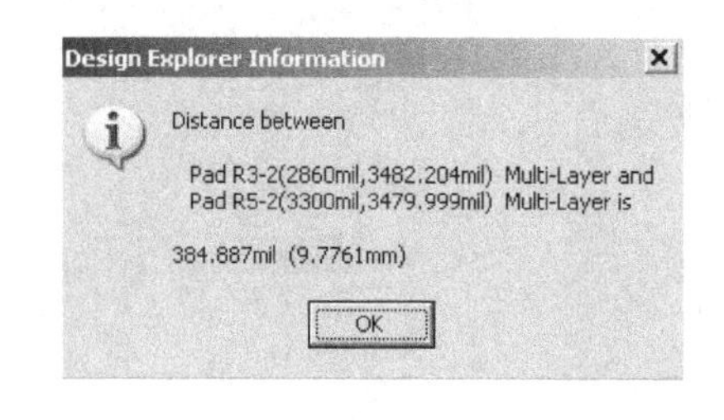

图 10-41 两个焊盘距离测量结果

3. “Measure Selected Objects”命令

“Measure Selected Objects”命令用于测量印制电路板上被选中的焊盘、连线和导孔等任意两者之间的距离。下面以测量焊盘与导线之间的距离为例来说明其用法。

1）执行菜单命令“Edit\Toggle Selection”后，光标变为十字形，移动光标到一个自由焊盘上，将出现一个八角形，单击鼠标左键，出现图 10-40 所示的组件列表，选择焊盘。此时光标又变成了十字形，按照同样的方法选择一条导线，单击右键结束连续选择组件状态。

2）执行菜单命令“Reports\Measure Selected Objects”后，系统将显示出被选中的两个组件之间距离，如图 10-42 所示。

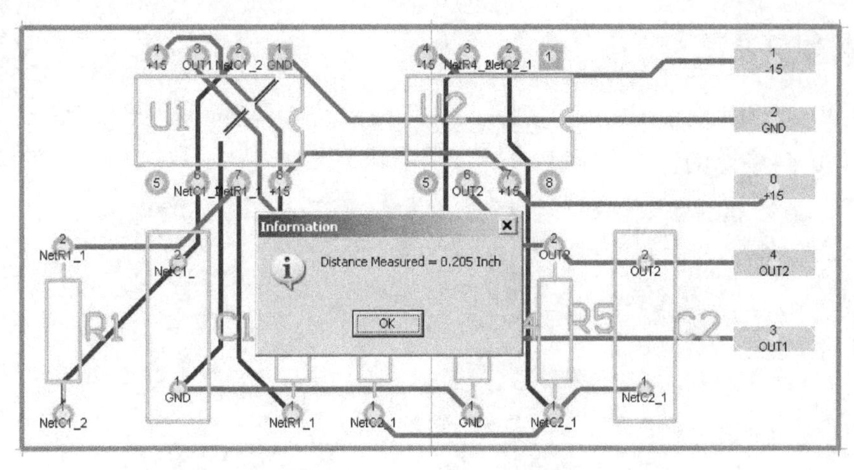

图 10-42　被选中的两个组件之间距离

10.5　PCB 图打印输出

完成了 PCB 的设计后，就需要打印输出，以生成印制电路板和焊接元器件。使用打印机打印输出印制电路板，首先要对打印机进行设置，包括打印机的类型设置、纸张大小的设定、电路图样的设定等内容，然后再进行打印输出。

10.5.1　打印属性设置

1）执行“File \ Page Setup”命令，系统将弹出图 10-43 所示的 PCB 打印属性对话框。

2）设置各项参数。在这个对话框中需要设置打印机类型、选择目标图形文件类型、设置颜色等。

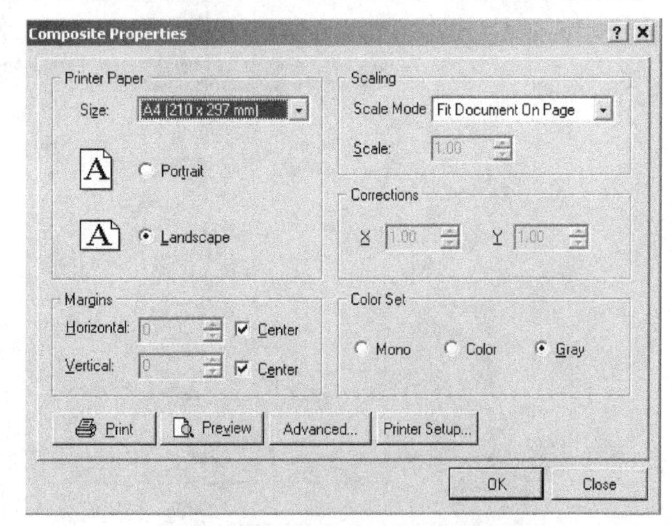

图 10-43　PCB 打印属性对话框

① Size：选择打印纸的大小和方向，包括“Portrait”（纵向）和“Landscape”（横向）。

② Scale Mode：设置缩放比例模式，可以选择“Fit Document On Page”（文档适应整个页面）和“Scaled Print”（按比例打印）。当选择了“Scaled Print”时，“Scale”和“Corrections”编辑框将有效，可以在此输入打印比例。

③ Margins：设置页边距，分别可以设置水平和垂直方向的页边距，如果选中“Center”复选框，则不能设置页边距，默认中心模式。

④ Color Set：输出颜色的设置，可以分别输出“Mono”（单色）、“Color”（彩色）和

"Gray"（灰色）。

10.5.2　打印机设置

单击图 10-43 所示对话框中的"Printer Setup..."按钮或者直接执行"File\Print"命令，系统将弹出图 10-44 所示的打印机配置对话框。

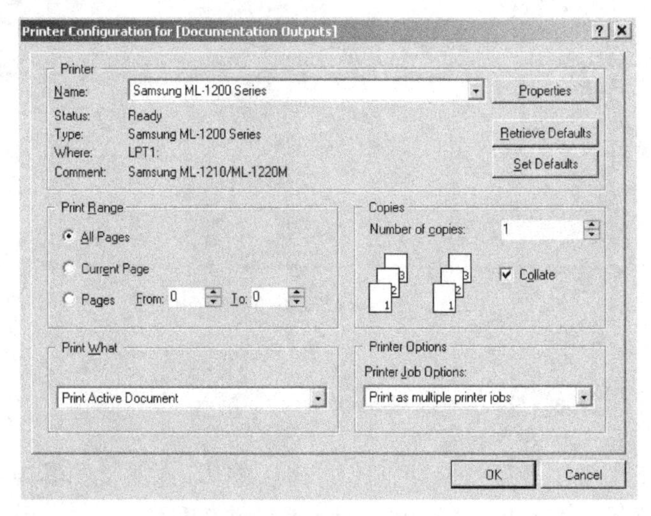

图 10-44　打印机配置对话框

此时可以设置打印机的配置，包括打印的页码、份数等，设置完毕后，单击"OK"按钮，即可实现图样的打印。

如果单击图 10-44 中的"Properties..."按钮，系统将弹出图 10-45 所示的对话框，可以设置打印纸张的方向。

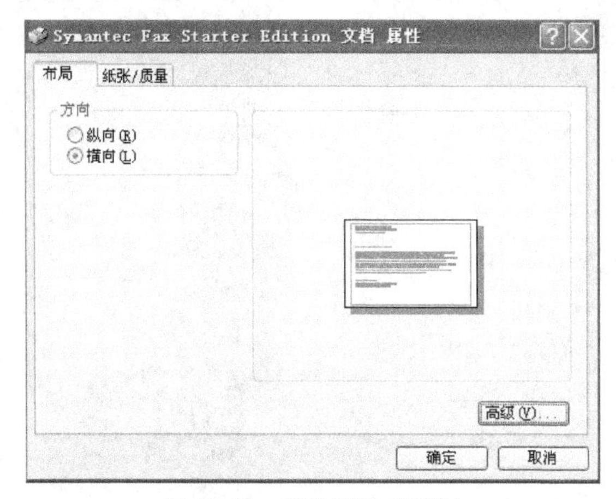

图 10-45　其他属性对话框

10.5.3　打印

如果单击图 10-43 所示对话框中的"Preview"按钮，则可以对打印的图形进行预览，图 10-46 即为 PCB 的打印预览图形。

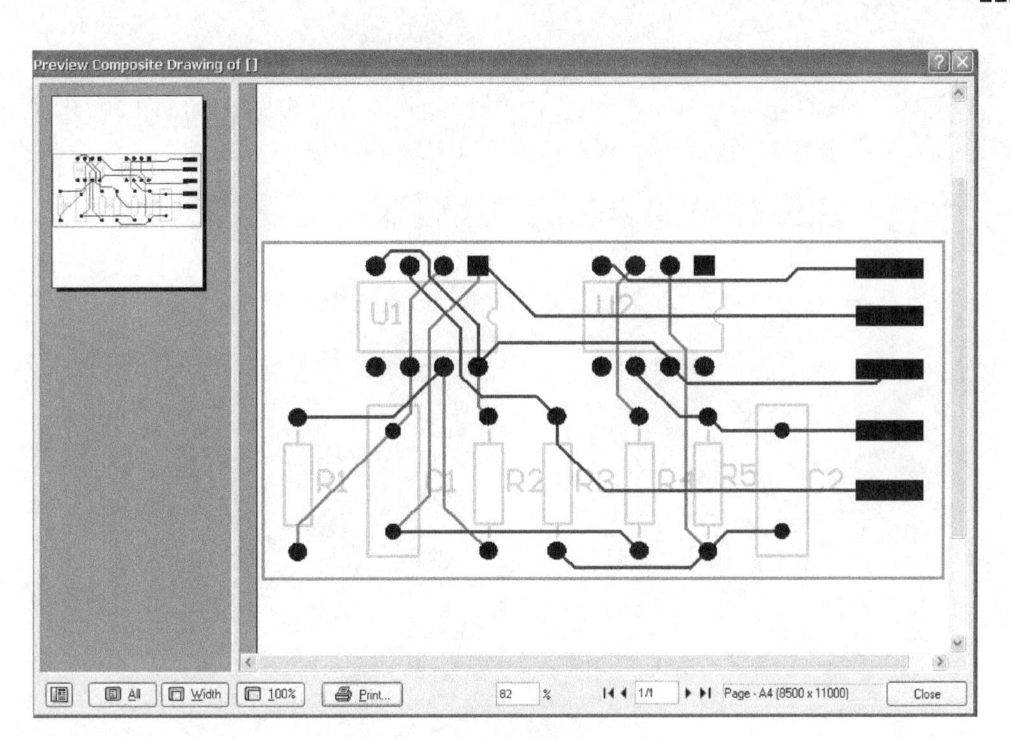

图 10-46　PCB 的打印预览图形

设置好页面和打印机的属性后，系统会返回到图 10-44 所示打印机配置对话框，单击“OK”按钮，即可打印出 PCB 图。

Protel 2004 提供有默认打印方式，以实现各种不同的打印输出。

执行菜单命令“File\Default Print...”，系统将弹出图 10-47 所示的“Default Prints”设置对话框。

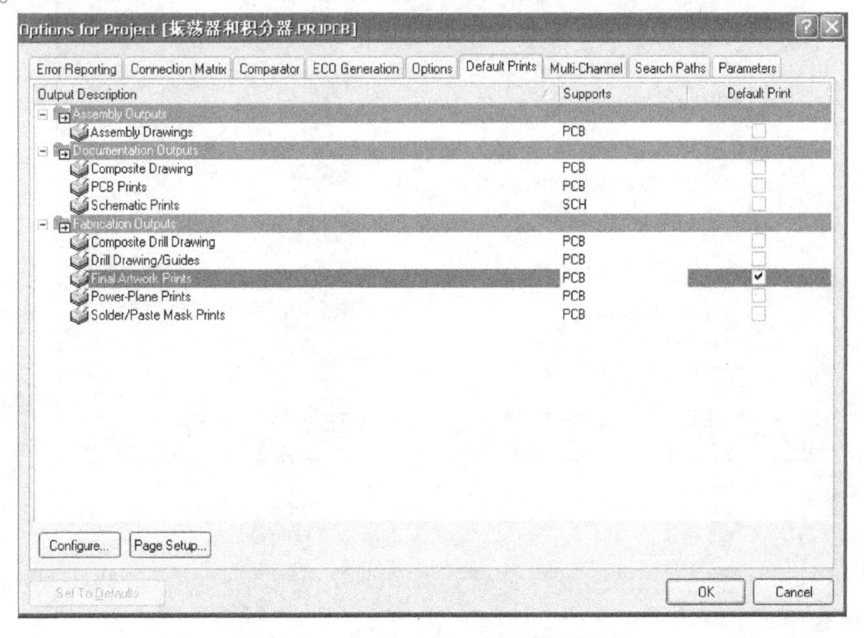

图 10-47　“Default Prints”设置对话框

对话框中列出了可供打印的文档，按类别分为三个单元。例如选择 “Fabrication Outputs” 单元的 “Final Artwork Prints” 项，单击 Next > 按钮，系统即弹出图 10-48 所示的 “Final Properties” 设置对话框。利用该对话框可以实现分层打印输出。

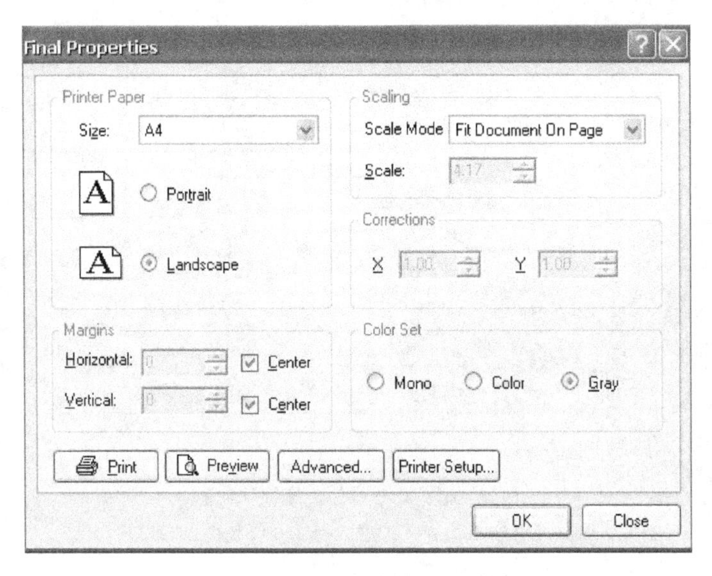

图 10-48　“Final Properties” 设置对话框

单击图 10-48 中的 “Advanced...” 按钮，系统将弹出 “PCB Printout Properties” 设置对话框，如图 10-49 所示。从图中可以看到所要打印的板层文件，并可对某些选项进行设置。

PCB Printout Properties

Printouts & Layers	Include Components			Printout Options		
Name	Top	Bottom	Double Sided	Holes	Mirror	TT Fonts
Top Layer	✔	✔	✔			
— Multi-Layer						
— Top Layer						
Bottom Layer	✔	✔	✔			
— Multi-Layer						
— Bottom Layer						
Top Silkscreen Overlay	✔	✔	✔			
— Top Overlay						
Top Solder Mask Print	✔	✔	✔			
— Top Solder						
Bottom Solder Mask Print	✔	✔	✔			
— Bottom Solder						
Top Pad Master	✔	✔	✔			
— Multi-Layer						
— Top Layer						
Bottom Pad Master	✔	✔	✔			
— Multi-Layer						
— Bottom Layer						
Drill Drawing For (Top Layer,Bottom ...	✔	✔	✔			
— Drill Drawing						
— Keep-Out Layer						
Drill Guide For (Top Layer,Bottom La...	✔	✔	✔			
— Drill Guide						

Preferences...　OK　Cancel

图 10-49　“PCB Printout Properties” 设置对话框

单击图 10-48 中的 “Preview” 按钮，系统将弹出 “Preview Final Artwork Prints Of” 预览文件，如图 10-50 所示。

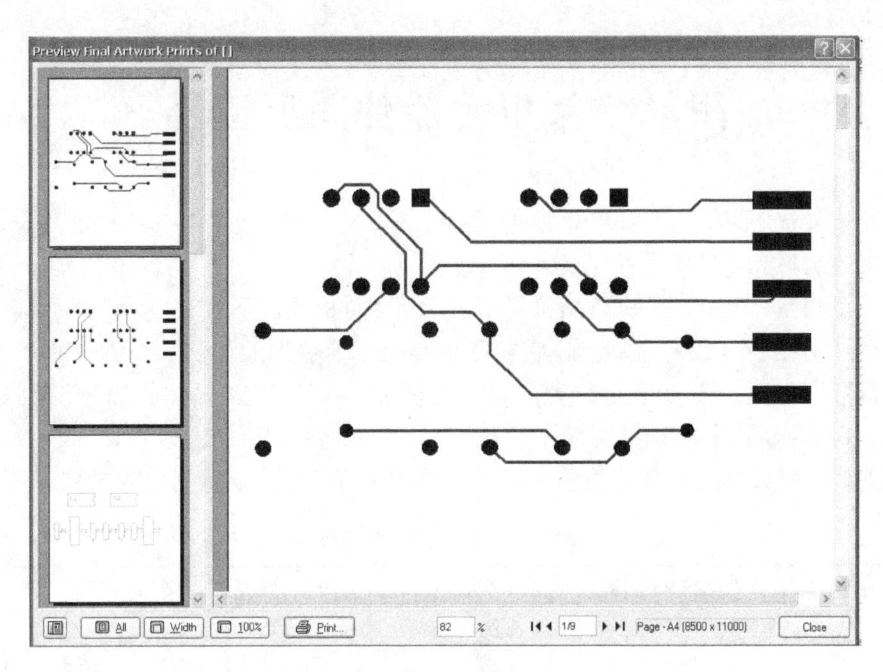

图10-50　“Preview Final Artwork Prints Of”预览文件

练　习　题

1. 设计规则对PCB设计具有什么意义？
2. 与布线有关的设计规则有哪些？
3. 与布局有关的设计规则有哪些？
4. PCB设计完成后，怎样使用设计规则对PCB进行检查？
5. 印制电路板的信息报表可以提供哪些信息？如何得到电路板信息报表？
6. 元器件报表有何作用？如何生成元器件报表文件？
7. 将PCB图生成网络报表有什么意义？如何生成PCB网络报表？
8. Protel 2004可提供哪些计算机辅助制造文件？
9. 如何将PCB图分层打印输出？

上机实践

用打印机将设计的PCB图分层打印出来。

附录　常用元器件图形符号

为方便读者选用元器件，我们将常用元器件的中文名称、元器件库中的名称、原理图符号、PCB 封装名称和封装符号在附录表中列出。

需要注意的是，元器件的原理图符号不表示元器件的实际形状和尺寸大小。而元器件的封装图形符号是在 PCB 设计时用的，它实际地反映了元器件的形状和尺寸大小。一个原理图元器件符号可以对应着多个封装图形符号。例如，一个 NPN 晶体管原理图符号可以有 BCY-W3、SO-G3 等多种 PCB 封装符号。同样，一个元器件封装符号也可以对应多个原理图符号，例如 AXIAL-0.4 可以作为电阻元件的封装，也可以作为电感元件的封装。

附录表　常用元器件图形符号

序号	中文名称	元器件库中的名称	原理图符号	PCB 封装名称	PCB 封装符号
1	二极管	Diode	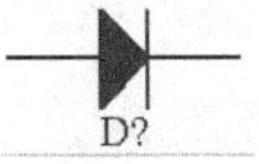	DSO-C2/X3.3	
2	稳压二极管	D Zener	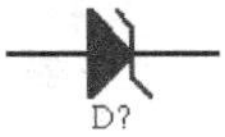	DIODE-0.7	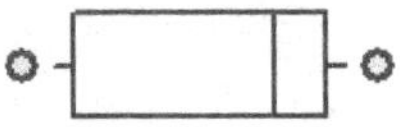
3	发光二极管	LED2	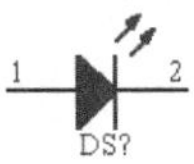	DSO-F2/D6.1	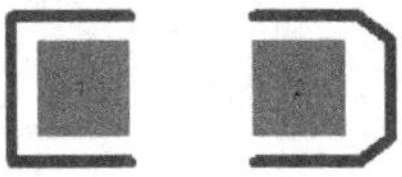
4	光敏二极管	Photo Sen	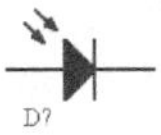	PIN 2	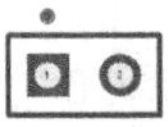
5	光耦合器	Optoisolator2	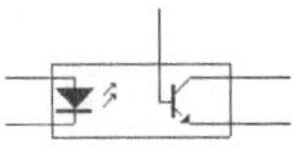	SO-G5/P.95	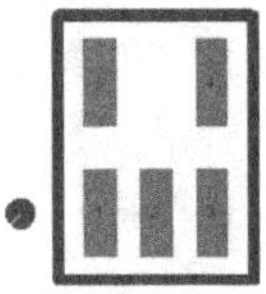
6	光耦合器	Optoisolator1	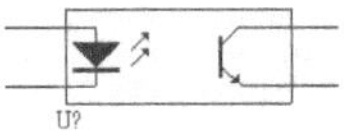	DIP-4	
7	氖泡	Neon	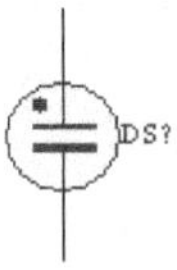	PIN2	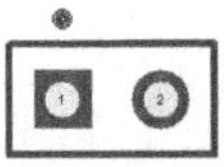
8	三端稳压器	Volt Rep	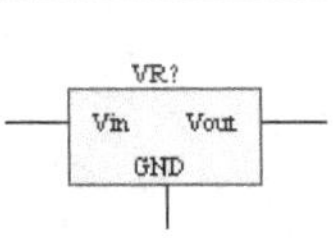	SIP-G3/Y2	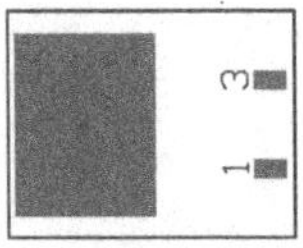

（续）

序号	中文名称	元器件库中的名称	原理图符号	PCB封装名称	PCB封装符号
9	可调电阻	Res Varistor	R?	R2012-0805	
10	电阻	RES2	R?	AXIAL-0.4	
11	电阻	RES1	R?	AXIAL-0.3	
12	电位器	Rpot2	R?	VR2	
13	调压器	Trans Adj	T?	TRF-4	
14	理想变压器	Trans Ideal	T?	TRF-4	
15	PNP晶体管	PNP	Q?	SO-G3/C2.5	
16	NPN晶体管	NPN	Q?	BCY-W3/E4	3 1
17	单结晶体管	UJT-N	Q?	CAN-3/Y1.4	1 3 2
18	N型绝缘栅双极晶体管	IGBT-N	Q? IGBT-N	SFM-F3/Y2.3	1 2 3

（续）

序号	中 文 名 称	元器件库中的名称	原理图符号	PCB 封装名称	PCB 封装符号
19	P 型绝缘栅双极晶体管	IGBT-P	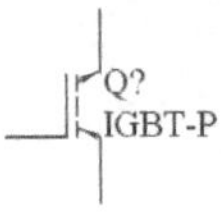 Q? IGBT-P	SFM-F3/B1. 5	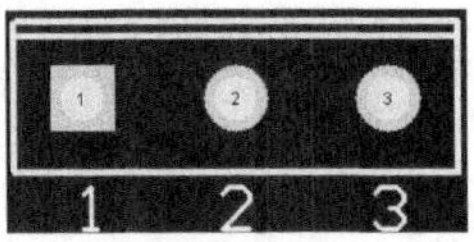 1 2 3
20	N 沟道绝缘栅场效应晶体管	MOSFET-N	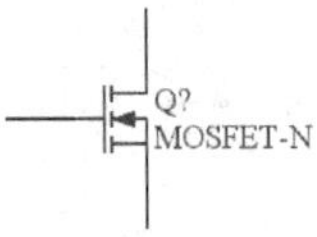 Q? MOSFET-N	BCY-W3/H. 8	 1 3
21	P 沟道绝缘栅场效应晶体管	MOSFET-P	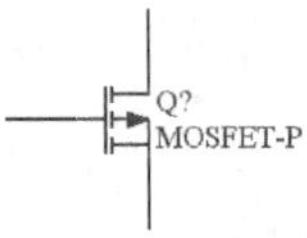 Q? MOSFET-P	BCY-W3/H. 8	 1 3
22	按钮	SW-PB	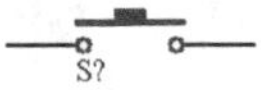 S?	SPST-2	
23	继电器	Relay	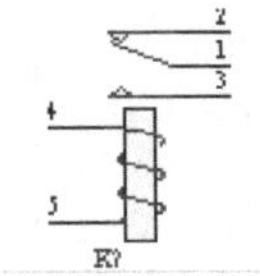 K?	DIP-P5/X1. 65	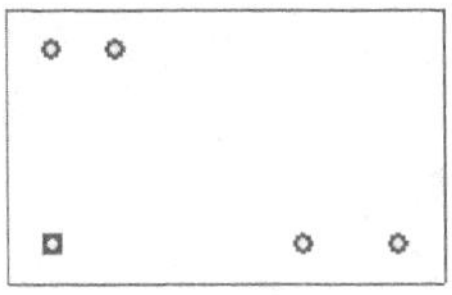
24	单刀开关	SW-SPST	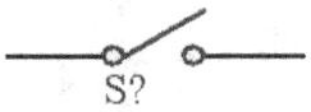 S?	SPST-2	
25	双刀双掷开关	SW-DPDT	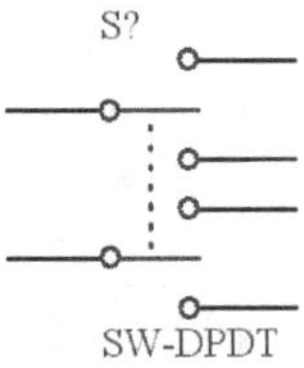 S? SW-DPDT	DPDT-6	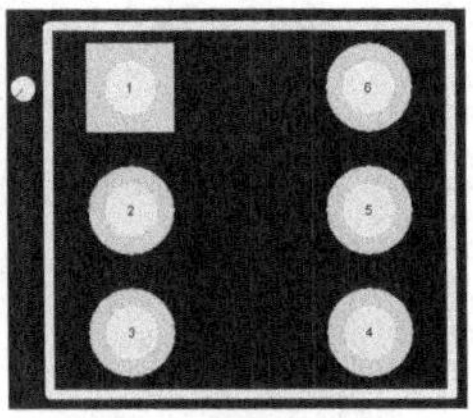
26	晶闸管	SCR	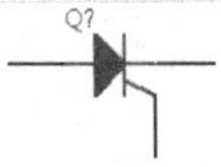 Q?	SFM-T3/E10. 7V	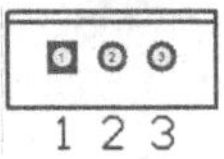 1 2 3
27	双向晶闸管	Triac	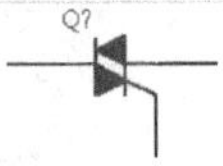 Q?	SFM-T3/A2. 4V	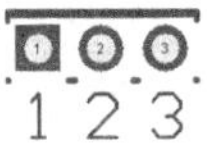 1 2 3
28	伺服电动机	Motor Servo	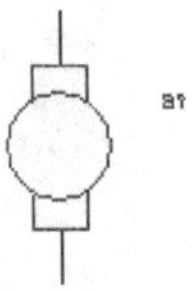 B?	RAD-0. 4	

（续）

序号	中文名称	元器件库中的名称	原理图符号	PCB封装名称	PCB封装符号
29	电容	Cap	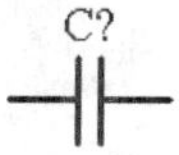 C?	RAD-0.3	
30	极性电容	Cap Pol3	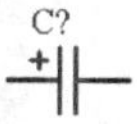 C?	CC2012-0805	
31	极性电容	Cap Pol1	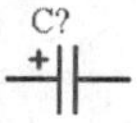 C?	RB7.6-15	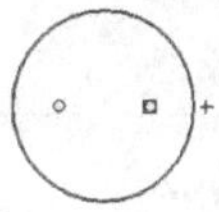
32	极性电容	Cap Pol2	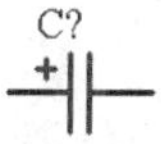 C?	POLAR0.8	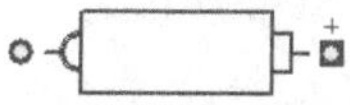
33	可调电容	Cap Var	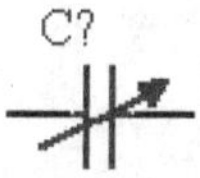 C?	C3225-1210	
34	AC插座	Plug AC Female	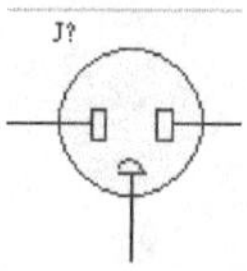 J?	PIN3	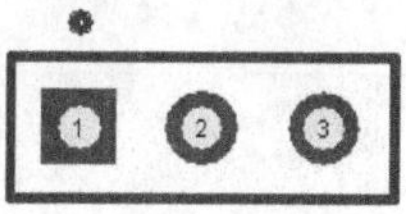
35	传声器	Mic1	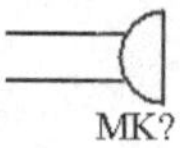 MK?	PIN2	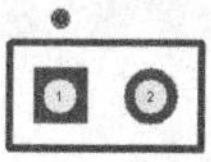
36	直流电源	Battery	 BT?	BAT-2	
37	电动机	Motor	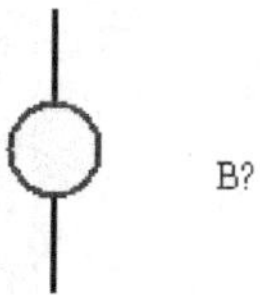 B?	RB5-10.5	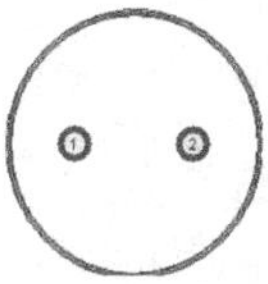
38	铁心电感	Inductor Iron	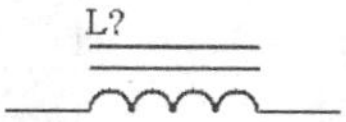 L?	AXIAL0.9	
39	扬声器	Speaker	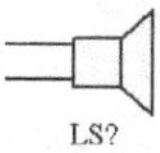 LS?	PIN2	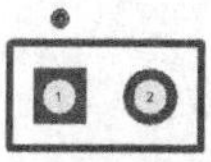
40	电感	Inductor	 L?	C1005-0402	
41	电灯	Lamp	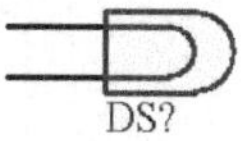 DS?	PIN2	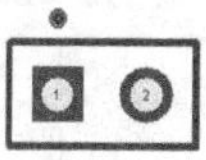

（续）

序号	中文名称	元器件库中的名称	原理图符号	PCB 封装名称	PCB 封装符号
42	熔断器	Fuse1	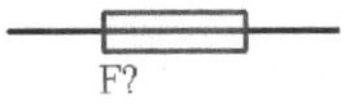 F?	PIN-W2/E2.8	
43	整流器	Brighe1	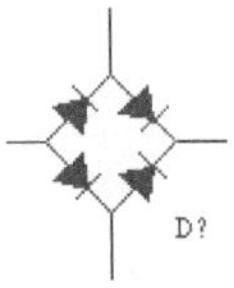 D?	E-BIP-P4/D10	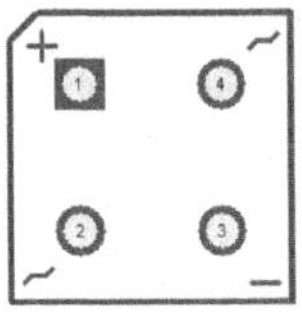
44	石英晶体	XTAL	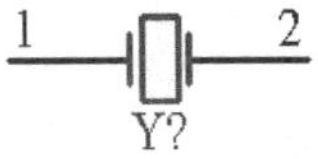 1 2 Y?	BCY-W2/D3.1	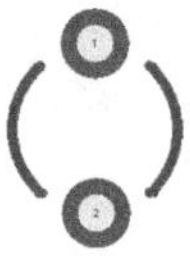
45	555 定时器	MC1455P1	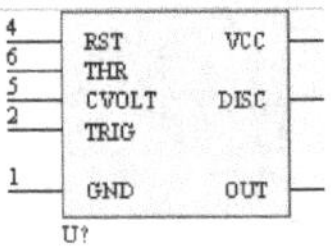 RST VCC THR CVOLT DISC TRIG GND OUT U?	DIP-8	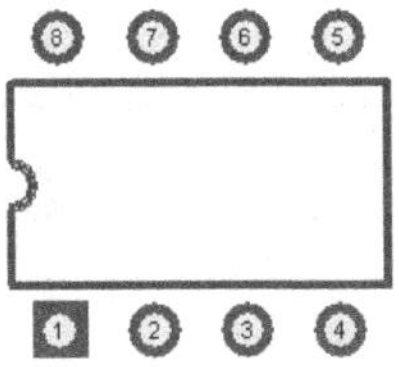
46	运算放大器	Op Amp	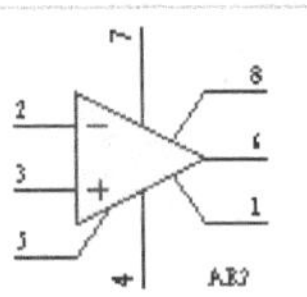 AR?	CAN-8/D9.4	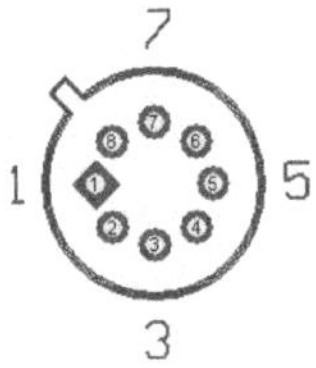 7 1 5 3
47	14 头连接件	Connector 14	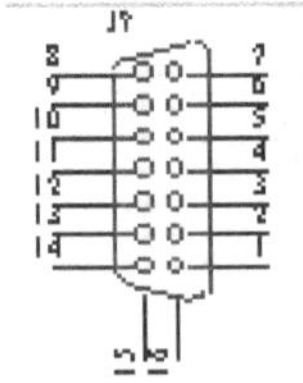 J?	CHAMP1.27-2H14A	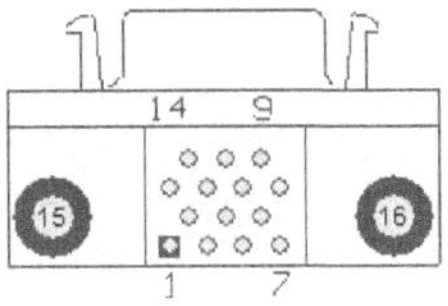 14 9 15 16 1 7
48	D 形连接件	D Connector 9	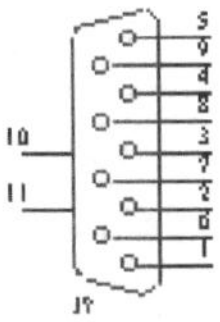 J?	DSUB1.385-2H9	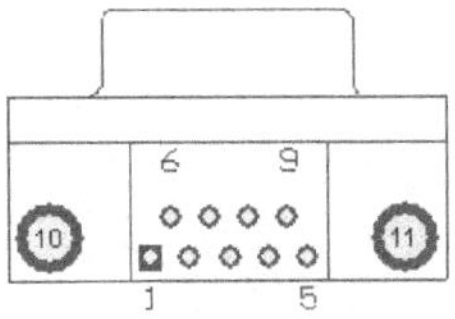 6 9 10 11 1 5
49	8 端插头	Header 8	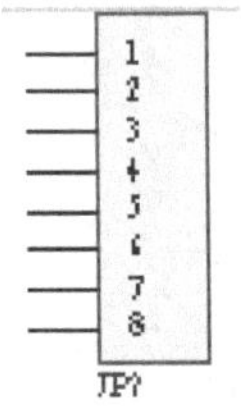 1 2 3 4 5 6 7 8 JP?	HDR1 ×8	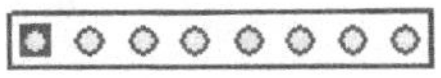

（续）

序号	中文名称	元器件库中的名称	原理图符号	PCB 封装名称	PCB 封装符号
50	单芯插座	Socker	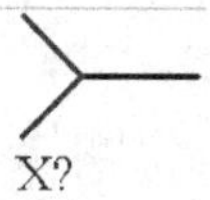 X?	PIN1	
51	双列插头	Header 8×2H	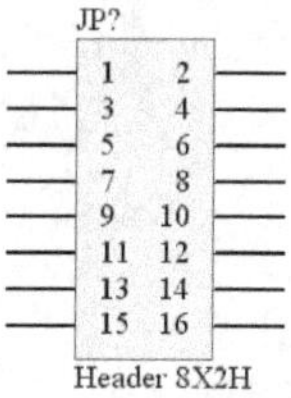 JP? 1 2 3 4 5 6 7 8 9 10 11 12 13 14 15 16 Header 8X2H	HDR2×8H	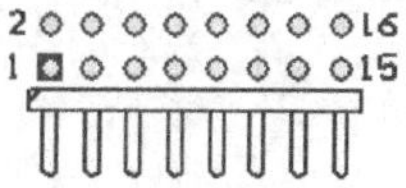 2 16 1 15

参 考 文 献

[1]王廷才. Protel DXP 应用教程[M]. 北京：机械工业出版社，2004.
[2]王廷才. 电子线路辅助设计 Protel 2004[M]. 北京：高等教育出版社，2006.
[3]谷树忠，闫胜利. Protel 2004 实用教程[M]. 北京：电子工业出版社，2005.
[4]龙马工作室. Protel 2004 完全自学手册[M]. 北京：人民邮电出版社，2005.
[5]神龙工作室. Protel 2004 入门与提高[M]. 北京：人民邮电出版社，2004.
[6]老虎工作室. 电子设计与制板 Protel DXP 入门与提高[M]. 北京：人民邮电出版社，2003.
[7]老虎工作室. 电子设计与制板 Protel DXP 典型实例[M]. 北京：人民邮电出版社，2003.
[8]王廷才. 电子线路 CAD Protel 99 SE [M]. 2 版. 北京：机械工业出版社，2007.